# Adobe Premiere Pro 2024

## 经典教程 彩色版

[英] 马克西姆·亚戈（Maxim Jago）◎ 著

武传海 ◎ 译

人民邮电出版社

北 京

图书在版编目（CIP）数据

Adobe Premiere Pro 2024 经典教程：彩色版 /
(英) 马克西姆·亚戈 (Maxim Jago) 著 ; 武传海译.
北京：人民邮电出版社, 2025. -- ISBN 978-7-115
-67408-1

I. TP317.53

中国国家版本馆 CIP 数据核字第 2025NJ9963 号

## 版 权 声 明

◆ 著　　　[英]马克西姆·亚戈（Maxim Jago）
　 译　　　武传海
　 责任编辑　王　冉
　 责任印制　陈　犇

◆ 人民邮电出版社出版发行　　北京市丰台区成寿寺路 11 号
　 邮编　100164　电子邮件　315@ptpress.com.cn
　 网址　https://www.ptpress.com.cn
　 雅迪云印（天津）科技有限公司印刷

◆ 开本：787×1092　1/16
　 印张：26.25　　　　　　2025 年 10 月第 1 版
　 字数：705 千字　　　　 2025 年 10 月天津第 1 次印刷
　 著作权合同登记号　图字：01-2024-3640 号

定价：179.90 元

读者服务热线：(010)81055410　印装质量热线：(010)81055316
反盗版热线：(010)81055315

# 内容提要

本书由 Adobe 产品专家编写，是 Adobe Premiere Pro 的经典学习用书。

本书共 16 课，每课围绕具体的示例进行讲解，步骤详细，重点明确，逐步指导读者进行实际操作。本书全面介绍 Adobe Premiere Pro 的操作流程及其新功能，并提供大量提示和操作技巧，帮助读者更高效地使用 Premiere Pro 软件。

如果读者对 Premiere Pro 比较陌生，可以先了解 Premiere Pro 的基本概念和特性；如果读者是 Premiere Pro 的老用户，则可以将主要精力放在软件新功能和新操作技巧的应用上。

本书适合 Premiere 软件相关培训班的学员及广大自学人员学习。

# 前　言

Adobe Premiere Pro（后简称 Premiere Pro）是一款对视频编辑爱好者和专业人士来说必不可少的视频编辑软件，它提供的视频编辑功能极具扩展性，并且高效灵活，支持多种视频、音频和图像格式。Premiere Pro 能够帮助用户提高效率，创作出富有创意的作品，同时无须转换媒体格式。它提供了一整套功能强大的专用工具，让用户能够顺利应对编辑、制作以及工作流程中遇到的挑战，最终得到满足要求的高质量作品。

Adobe 公司高度重视用户使用体验，为推出的多款应用软件设计了一套统一的界面元素，这些界面元素直观、灵活易用，为用户探索和使用这些软件提供了极大的便利。

## 关于本书

本书是 Adobe 图形图像、排版、创意视频制作软件的官方系列培训教程之一。本书内容做了精心的设计，读者可以灵活地使用本书进行自学。对于初次接触 Premiere Pro 的读者，可以在本书中学到各种基础知识和概念，为掌握 Premiere Pro 的使用方法打下坚实的基础。当然，在本书中，读者也可以学到这款软件的许多高级功能。

讲解相关知识的同时，本书也为读者提供了动手实践的机会，让读者亲自体验软件的抠像、动态修剪、颜色校正、媒体管理、音频和视频效果制作、音频混合等功能。此外，书中还将介绍如何使用 Media Encoder 为 Web 和移动设备创建文件。得益于 Premiere Pro 在 Windows 和 macOS 两种平台上的良好兼容性及项目文件的通用性，只要读者的设备能运行于这两种平台之一，即可顺利使用本书进行学习。

## 学前准备

学习本书内容之前，请确保计算机系统配置正确，并且安装了所需要的软件和硬件。

另外，读者应该对自己的计算机和操作系统有一定的了解并能熟练使用它们。例如，掌握鼠标和触控板的基本操作，熟悉标准菜单与命令的用法，能够轻松打开、保存及关闭文件，知道如何在不同文件夹之间跳转，以及在文件夹之间复制文件。如果不懂这些操作和知识，请阅读 Windows 或

macOS 帮助文档。

## 安装 Premiere Pro

本书不提供 Premiere Pro 安装文件，该软件是 Adobe Creative Cloud 的一部分，必须另行购买，或者安装 Adobe 官方提供的试用版。有关安装 Adobe Premiere Pro 的系统需求与说明，请访问 Adobe 官方网站。购买完成后，根据屏幕提示操作，即可顺利完成安装。除了 Premiere Pro，可能还需要安装 Photoshop、After Effects、Audition 等软件。安装 Premiere Pro 时，Adobe Media Encoder 会被一同安装到计算机中。这些软件都包含在完整的 Adobe Creatvie Cloud 中。

## 选择音频硬件

在 Premiere Pro 的【首选项】对话框中，可以自由选择用来播放与录制声音的音频硬件。这非常有用，因为有时我们希望编辑项目中的音频通过专业的演播室设备播放，而其他系统声音则通过较小的设备或内置的声卡播放。

首次打开 Premiere Pro 时，必须先选择音频硬件，才能正常播放声音。依次选择【Premiere Pro】>【首选项】>【音频硬件】命令（macOS）或【编辑】>【首选项】>【音频硬件】命令（Windows），即可打开音频硬件配置界面。

虽然音频硬件有一些高级配置项，但一般只需要配置好【默认输入】和【默认输出】即可。选择好系统默认选项后，当发生变动时（比如插入头戴式耳机），Premiere Pro 会自动切换到你选择的系统声音。

## 优化性能

编辑视频对计算机处理器和内存的要求较高。计算机性能越强，视频编辑工作就越高效，同时也会带来更流畅和更愉悦的创作体验，创作者也更容易进入创作状态。

Premiere Pro 能够充分利用多核处理器和多处理器系统。处理器速度越快，CPU 核数越多，Premiere Pro 表现出的性能就越出色。

运行 Premiere Pro 的最低内存要求为 8GB。如果要处理高清（HD）视频素材，建议内存不低于 16GB；如果要处理超高清（UHD 或 4K）视频素材，建议内存不低于 32GB。

另外，用来播放视频的存储器速度也会对性能产生影响。建议使用专用的高速存储器来存放素材。强烈推荐使用独立冗余磁盘阵列或快速固态硬盘，尤其是在处理高分辨率或 RAW 格式的视频素材时。注意，将媒体文件与程序文件保存到同一磁盘可能会影响性能。建议将素材文件与程序文件保存在不同的磁盘上，这样做不但能够提高软件的运行速度，也便于管理素材。

Premiere Pro 能够充分利用计算机图形处理器（GPU）的能力来提高播放性能。GPU 加速可显著提升软件运行效率。支持该功能的显卡通常需配备 2GB 以上专用视频显存（VRAM），但建议选择 VRAM 不低于 4GB 的显卡。

## 使用课程文件

本书有配套的资源文件，包括视频文件、音频文件、图像文件（使用 Photoshop 和 Illustrator 制作）。学习某些课程时，还会用到其他课程中的文件，所以，请务必把所有资源文件复制到计算机中。保存这些课程文件大约需要 7GB 的存储空间。

## 重新链接课程文件

课程文件中的 Premiere Pro 项目含有指向特定素材文件的链接。当把这些文件复制到一个新位置后，第一次打开项目时，需要更新这些链接。

打开一个项目时，如果 Premiere Pro 找不到链接的媒体文件（即素材文件），就会弹出【链接媒体】对话框，要求重新链接脱机文件。此时，从下拉列表中选择一个脱机剪辑，单击【查找】按钮，弹出一个查找文件对话框，在查找文件对话框中，使用左侧导航器找到 Lessons 文件夹，单击【搜索】按钮，Premiere Pro 会查找 Lessons 文件夹中的素材文件。

单击【搜索】按钮前，勾选【仅显示精确名称匹配】复选框，可以隐藏其他所有文件，以便精确查找目标文件。

查找到目标文件后，Premiere Pro 会在查找文件对话框顶部显示目标文件的最终路径、文件名，以及当前所在的路径和文件名。选择查找到的目标文件，单击【确定】按钮。

默认情况下，重新链接其他文件的选项是开启的，一旦重新链接了一个文件，其他文件也会自动重新链接。

## 如何使用本书

本书课程采用的是步骤式讲解方式。有些课程内容相对独立，但是更多课程是建立在前面课程基础之上的。因此，学习本书最好的方式是按照顺序从头到尾一课一课地学习。

本书按照实际使用顺序介绍各种技能和技术，从导入素材文件（如视频、音频、图像）开始，然后创建序列、添加效果、美化音频，最后导出项目。

本书还包含许多【注意】和【提示】内容，这部分内容通常用来解释某种技术或提供其他操作方法。建议阅读一下这些内容，或按照其所述方法尝试操作，因为这些内容不但能加深你对正文内容的理解，还能让你学到更多扩展知识。

学完本书全部课程后，你会对视频后期制作流程有清晰的了解，并且能够掌握视频编辑所需的各种技能。

在本书的学习过程中，你会发现前面学过的课程和基本编辑技术对学习当前课程非常有帮助。这是因为高级工作流程都建立在前面介绍过的基本原则之上，花点时间回顾一下前面学过的课程有利于发现一些共同原则。

本书重点讲解常用的视频制作技术，视频制作者也一直在使用这些技术制作影视剧、电视节目及社交媒体视频。在学习过程中，花一些时间，多尝试用不同方法来实现同一效果，可以帮助你提高自身的技能。学习新技术和技能时，尝试用分析的眼光看待那些由有经验的人制作的视频，思考他们在制作流程中使用了哪些技术。一旦你掌握了工作流程，就会发现那些最简单的技术反而是最有效的。

总而言之，熟能生巧，仅此而已。

# 目　录

# 了解 Adobe Premiere Pro

## 课程概览

本课主要学习如下内容。

- 非线性编辑
- 使用 Premiere Pro 增强工作流
- 定制工作区
- 视频编辑基本流程
- Premiere Pro 界面
- 设置键盘快捷键和首选项

## 学完本课大约需要 **75**分钟

请先准备好本课要用到的课程文件，并把它们保存到计算机中合适的位置。

Premiere Pro 是一款先进的视频编辑软件，不仅兼容很多新技术与各类摄像机，还内置了丰富多样、操作简便且功能强大的编辑工具。这些工具让 Premiere Pro 能够轻松处理各类视频素材，实现无缝集成，最终制作出符合各种交付标准的视频作品。

# 1.1 课前准备

如今，人们对高质量视频内容的渴望愈发强烈，视频制作与编辑从业者正置身于一个技术日新月异的环境中，他们需要持续学习，紧跟技术潮流，不断创新，才能创作出引人入胜、符合时代审美的视频作品。虽然摄像机技术日新月异，视频发布渠道层出不穷，尤其是社交媒体的兴起、生成式 AI 技术的飞速发展以及营销手段的不断创新与精进，但是视频编辑的目标始终未变，即获取优质素材，根据个人创意精心雕琢，最终实现与观众的有效沟通。

Premiere Pro 为视频创作者提供了一套功能强大且操作简便的视频编辑系统，不仅支持新的摄像技术与摄像设备，还配备了丰富多样且易于上手的工具，让创作者能够轻松整合各类素材资源，自由发挥创意。更值得一提的是，Premiere Pro 还支持大量第三方插件及多种后期制作工具，为创作者提供了多元的创作手段，让创意的火花得以尽情迸发。

# 1.2 使用 Premiere Pro 做非线性编辑

Premiere Pro 是一款非线性视频编辑软件。类似于文字处理软件，Premiere Pro 允许在视频编辑项目中随意放置、替换和移动视频、音频、图像，调整时无须按照特定顺序进行，并且允许随意调整项目的任何部分，这些都是非线性编辑的优势。

在 Premiere Pro 中，把多个视频片段（每个视频片段称为一个"剪辑"）按一定顺序拼接起来，就创建出了一个序列。可以按照任意顺序编辑序列的任意部分，然后更改内容或移动视频剪辑，控制这些剪辑的播放顺序。此外，还可以把多个视频图层混合在一起，更改图像大小、调整颜色、添加特殊效果、做混音等。

在 Premiere Pro 中，可以把多个序列组合在一起，跳转到视频剪辑或序列的任意一个时间点，而无须做快进或倒带操作。在 Premiere Pro 中组织视频剪辑就像组织计算机中的文件一样简单。

Premiere Pro 支持多种媒体文件格式，包括 XDCAM、XAVC、DPX、DVCProHD、QuickTime（含 Apple ProRes）、AVCHD（含 AVCCAM 与 NXCAM）、AVC-Intra、DNxHR 和 Canon XF。此外，Premiere Pro 可以对 RAW 视频格式提供原生支持，包括使用 RED、ARRI、Sony、Canon、Blackmagic 摄像机拍摄的视频（见图 1-1），并且对 Apple ProRes RAW 和多种 360° 视频、DSLR 视频与手机视频格式提供了支持。

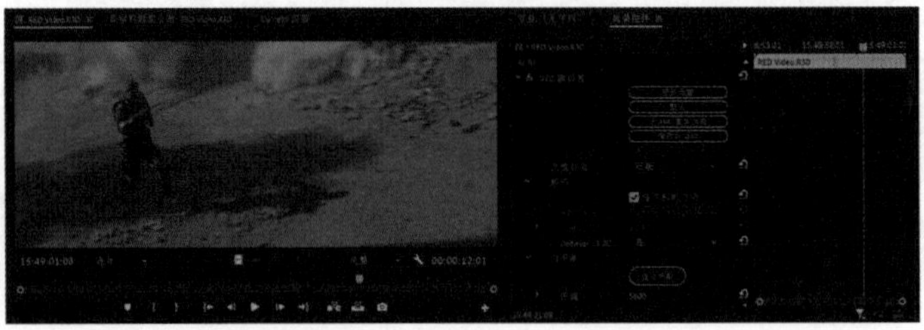

图 1-1

## 1.2.1 视频编辑基本流程

在积累了一些视频编辑经验后，对于如何编辑一个视频项目，每个人都会有一套自己独有的视频编辑流程。一般来说，一个视频项目往往会分成多个编辑阶段，每个阶段需要花费的时间不同，所使用的工具也不一样。而且，即便是同一个阶段，在不同视频项目中需要花费的时间也可能大相径庭。

然而，不论是快速略过某些阶段，还是在某些阶段投入数小时乃至数日精雕细琢，大体步骤是一致的，具体如下。

**1** 获取素材：这一步的主要工作包括为项目录制视频素材、制作动态内容、从素材网站中选购素材、使用生成式 AI 创建素材，以及使用其他手段收集项目所需的各类素材。

**2** 收录视频素材至存储器中：Premiere Pro 可以直接从拍摄设备读取视频文件至指定存储器，而且在这一过程中通常不需要做各种转换。请务必记得对收录的视频素材进行备份，以防磁盘出现意外故障导致素材丢失。在视频编辑过程中，若想保证视频流畅播放，建议使用读写速度快的存储器。

**3** 组织视频素材：一个视频项目涉及的视频素材可能有很多，编辑人员需要从众多素材中筛选出项目真正需要的。为此，最好先花一些时间组织视频素材，把它们分门别类地放入不同文件夹（称为"素材箱"，这个术语源自电影胶片盛行的时代，那时所有电影胶片都被分门别类地存放在一些巨大的带衬布的箱子里，方便编辑人员快速取阅）中。此外，还可以为不同视频素材添加不同颜色的标签和其他信息作为元数据，以便更好地对它们进行分类。

**4** 创建序列：序列类似于一个容器，一旦创建好，就可以在【时间轴】面板中把想用的视频和音频片段放入序列中。换言之，序列由一系列音频、视频片段按照特定顺序编排而成。

**5** 添加过渡效果：在序列剪辑之间添加过渡效果，并应用多样化的视觉效果，将剪辑分散放在不同图层（对应【时间轴】面板中的轨道）上可创建出复杂且充满创意的合成画面。

**6** 创建或导入标题、图形、字幕：把标题、图形与字幕添加到序列中，帮助叙事。

**7** 调整混音：精心调整音频剪辑的音量大小，确保混音效果恰到好处，并在音频剪辑中巧妙地应用过渡效果和特效，进一步改善声音。

**8** 输出：把处理好的视频项目导出为一个视频文件。

针对上面每一个步骤，Premiere Pro 都提供了行业领先的强大支持工具，确保用户能够高效、精确地完成每一步操作。此外，Premiere Pro 还拥有一个由创意人士、技术专家组成的庞大社区，该社区中包含大量分享 Premiere Pro 使用经验的文章，能够为用户在视频编辑行业中的成长提供帮助和支持。

## 1.2.2 使用 Premiere Pro 增强工作流

Premiere Pro 为视频编辑初学者提供了简单易用的工具。同时它还提供了丰富多样的高级工具，让用户能够轻松实现对项目的操控与调整。

在最初的几个视频项目中，可能用不到下面列出的功能。但随着经验的积累和对非线性编辑理解的深入，你可能希望进一步提升自己的技术水平，这时就需要认真学习和掌握 Premiere Pro 提供的高级功能和工具了。

由于篇幅限制，本书无法详细介绍 Premiere Pro 的所有创意工具和功能。尽管如此，本书仍会竭力为大家介绍 Premiere Pro 的一些高级功能，以帮助大家深入学习，进而提升个人的技术水平。

本书将讲解如下主题。

- 高级音频编辑：学习使用 Premiere Pro 提供的各种音频效果和音频编辑工具。在 Premiere Pro 中，不仅可以做音轨混合，还可以消除噪声、减少混响、编辑取样电平、向音频剪辑或整个音轨应用多种音频效果、使用先进的 VST（虚拟演播室技术）插件。

- 颜色校正与分级：在 Premiere Pro 中，可以使用专业的颜色校正和颜色分级面板来校正和调整视频素材的颜色。还可以做二次颜色校正，调整分离颜色、调整图像的所选区域，以及自动在两个图像之间匹配颜色。

- 关键帧控制：在 Premiere Pro 中，即使不用专门的合成和运动图形软件，也可以通过关键帧来精确控制视觉效果和运动效果的显示时机。Adobe 对关键帧进行了统一的界面设计，如果你学会了如何在 Premiere Pro 中使用它们，那么所有 Adobe Creative Cloud 产品中的关键帧你就都会用了。

- 广泛的硬件支持：Premiere Pro 支持大量专用输入和输出硬件，你可以根据自身需求和预算选择需要的硬件组建系统。无论是台式计算机、笔记本式计算机，还是高性能工作站，都可以使用 Premiere Pro 轻松编辑高清、4K、8K、3D、360°视频。

- GPU 加速：水银回放引擎（Mercury Playback Engine）仅有 Mercury Playback Engine 软件、Mercury Playback Engine GPU 加速（用来增强回放性能）两种工作模式。大多数配备不低于 2GB 专用视频内存的显卡都支持 GPU 加速模式。

- 多摄像机编辑：你可以快速、轻松地编辑使用多台摄像机拍摄的视频素材。Premiere Pro 在分屏视图中显示多个摄像机源，可以单击相应屏幕或使用键盘快捷键来选择一个摄像机视图，也可以根据音频剪辑或时间码自动同步多台摄像机的角度。

- 项目管理：查看、删除、移动、搜索、重组剪辑和素材箱。可通过把序列中用到的素材复制到同一个位置来合并项目、删除未使用的素材文件，从而节省存储空间。

- 元数据：Premiere Pro 支持 Adobe XMP 文件，该文件中存储着素材文件的元数据（一些描述素材文件属性和特征的数据），供其他应用程序访问。元数据不仅可以用来查找视频，还可以用来记录一些重要信息，比如优选镜头、版权声明等。

- 制作字幕和图形：使用【基本图形】面板制作字幕和图形。在 Premiere Pro 中，可以使用其他图形图像软件创建的图形。例如，可以把 Photoshop 图像拼合后整体导入，也可以分别导入各个图层，然后根据需要进行组合或制作动画。另外，还可以使用 After Effects 中的动态图形模板。

- 高级修剪：在 Premiere Pro 中，可以使用专门的修剪工具精确调整序列中剪辑的起始点和结束点。Premiere Pro 不但提供了修剪快捷键，还提供了可视化的修剪界面，以便对多个剪辑做复杂的时序调整。

- 重新组织视觉元素：在视频编辑项目中，有时候需要为同一个视频作品制作宽屏、竖屏、方屏版本。在 Premiere Pro 中，可以采用手动或自动方式轻松地调整与完善每个输出版本的视觉元素。

- 媒体编码：在 Premiere Pro 中，可以使用简单的导出预设或详细设置导出序列，以创建符合要求的视频和音频文件。借助 Media Encoder 的高级功能，可使用预设或首选项设置把最终序列以多种格式导出。文件导出期间，可以进行颜色调整、时间调整和信息叠加，最终媒体文件通过简单的步骤就可以上传到社交媒体平台。

- 360°VR 视频：编辑、制作 360°视频素材时会用到一种特殊的 VR 视频显示模式，这种模式能够展示图像的特定区域。借助 VR 头盔，可以同时看到视频素材和编辑后的剪辑，从而获得更自然、直观的编辑体验。此外，Premiere Pro 还提供了多种专门用于 360°视频的视觉特效。

# ▌1.3 扩展工作流程

Premiere Pro 既可以作为独立的软件使用，也可以和其他软件一起使用。Premiere Pro 是 Adobe Creative Cloud 的一员，拥有出色的协同能力，能够无缝地与众多其他 Adobe 软件及第三方工具协同工作。

了解并掌握这些软件之间的协同方式，不仅可以大幅提高工作效率，还可以为创作带来更大的自由度。

## 1.3.1 把其他软件纳入视频编辑流程

Adobe Creative Cloud 集成了 Adobe 公司旗下的多款创意软件，覆盖了图像处理、矢量图形设计、页面排版、视频编辑、音频处理、动态图形制作等多个领域，这些软件具备如下功能。

- 创建高级 3D 动态效果。
- 创建复杂文本动画。
- 制作带图层的图形。
- 创建矢量作品。
- 制作音频。

要在实际工作中使用上面这些功能，需要先在计算机中安装 Adobe Creative Cloud 套件中的相应创意软件。Adobe Creative Cloud 集成的创意软件阵容强大且全面，能够全方位满足用户制作高水准作品的需求。

Adobe Creative Cloud 套件中集成的创意软件如下。

- Adobe Express：Adobe Express 是一款全能的创意工具，集版面设计、照片编辑、视频制作于一身，能让内容创作变得更简单、快速。
- Premiere Rush：Premiere Rush 是一款轻量级的视频编辑工具，支持在移动设备和台式计算机上使用，由它创建的项目能够轻松导入 Premiere Pro 等专业视频编辑软件中进行进一步编辑。
- Adobe After Effects：Adobe After Effects 是一款深受动态图形设计师、动画师、视觉效果艺术家喜爱的创意工具，其凭借强大的功能、卓越的表现力和灵活性，成为他们实现创意的得力助手。
- Adobe Character Animator：Adobe Character Animator 是一款动作捕获和动画制作软件，它使用摄像头捕捉演员的面部表情和肢体动作，并将这些表情和动作实时映射到 2D 角色上，生成自然、逼真的动画。
- Adobe Photoshop：Adobe Photoshop 是一款功能强大且易于使用的专业图形图像处理软件。可以用它轻松处理各类照片、视频，然后把这些处理过的素材应用到视频编辑项目中。
- Adobe Audition：Adobe Audition 是一款功能强大、操作简便的专业音频编辑软件，可以用于音频编辑、音频去噪和修复，音乐创作和修整，以及多轨录制、混音、编排等工作。
- Adobe Illustrator：Adobe Illustrator 是一款专业的矢量图形制作软件，在印刷出版、视频制作及网页设计等多个行业中有广泛应用。
- Adobe Media Encoder：Adobe Media Encoder 是一款专业的视频和音频编码软件，主要用于

将 Premiere Pro、After Effects、Audition 创建的项目转换成合适的格式，以适应不同的播放平台、设备或工作流。

· Adobe Dynamic Link：Adobe Dynamic Link 是连接 Adobe 不同创意软件（如 After Effects、Audition、Premiere Pro 等）的桥梁，通过它能够轻松实现素材、合成、序列的实时共享和处理，让创意工作无缝衔接，极大地提升工作效率和创作流程的连贯性。

### 1.3.2 了解 Adobe Creative Cloud 工作流程

每个项目有其独特的需求，因此使用 Premiere Pro 和 Adobe Creative Cloud 时所采用的工作流程也不一样。下面是一个典型的工作流程。

· 使用 Photoshop 对从数码相机、扫描仪导入或者从视频片段中截取的单张图像以及图像序列进行修饰并应用各种视觉效果，增强其视觉表现力。随后，将它们作为素材导入 Premiere Pro 视频项目。当在 Photoshop 中调整这些素材时，每次修改都会实时同步至 Premiere Pro 视频项目中，实现无缝协作。

· 直接从 Premiere Pro 时间轴发送单个剪辑至 Audition，做音频去噪和音质改善等处理。在 Audition 中所做的处理会立即体现在 Premiere Pro 中。

· 发送整个 Premiere Pro 序列至 Audition，做专业音频混音处理，包括应用兼容的音频特效及精细调整电平等。Premiere Pro 会自动根据所编辑的序列创建一个 Audition 会话，其中包含视频，让你在 Audition 中能够边观看视频边调整音频。

· 通过 Dynamic Link，把用 After Effects 制作的视频合成添加到 Premiere Pro 项目中。在 After Effects 中为项目应用特效、添加动画和视觉元素。在 After Effects 中所做的调整会立即在 Premiere Pro 项目中体现出来。

· 使用 After Effects 创建动态图形模板，这些动态图形模板可以在 Premiere Pro 中直接编辑。使用专属控件，可限制用户只能对动态图形模板做指定类型的修改，以此确保动态图形模板的完整性和风格一致性等。

· 使用 Media Encoder 以多种分辨率和编码器导出视频项目，以满足在各类网站、社交平台展示以及长期存档的多样化需求。借助 Premiere Pro 内置的丰富预设、专业效果以及集成的社交媒体发布功能，用户可以轻松将视频作品直接上传至各大社交媒体平台，实现一键分享。

本书内容围绕 Premiere Pro 工作流程展开讲解。但在讲解 Premiere Pro 工作流程的同时，也会穿插介绍如何在创作过程中配合使用其他 Adobe Creative Cloud 创意软件，以帮助大家制作出更出色、更有创意的作品。

## 1.4　Premiere Pro 界面概览

下面一起了解 Premiere Pro 的界面，这样在接下来的学习过程中，大家就能快速且准确地找到需要的工具了。不同界面布局构成不同工作区，Premiere Pro 本身内置了多种工作区，用户也可以自定义工作区。在 Premiere Pro 中执行不同任务（如编辑视频、应用特效、混音）时，应该选用不同工作区。在相应工作区下，能够更快地找到完成任务所需的各种面板和工具，从而大大提高创作效率。

> **注意** 开始学习前，请先把 Premiere Pro 首选项恢复成默认设置，具体操作为：在桌面上双击 Premiere Pro 图标，并立即按住【Option】键（macOS）或【Alt】键（Windows），在弹出的【重置选项】对话框中，勾选【重置应用程序首选项】，单击【继续】按钮。

先简单浏览一下【编辑】工作区。后续学习中会用到一些 Premiere Pro 项目文件，可以从本书的学习资源中找到它们。往下学习前，请先把学习资源中的所有课程文件夹及其内容复制到本地计算机中。

在桌面上双击 Premiere Pro 图标，启动 Premiere Pro。Premiere Pro 启动后，首先出现的是【主页】界面。

首次启动 Premiere Pro 时，【主页】界面中显示的是线上培训视频的链接，观看这些视频能够快速入门软件的基本操作。

当在 Premiere Pro 中打开过多个项目后，【主页】界面中间会显示一个列表，显示最近打开过的项目信息，包括项目名称、打开时间、大小、类型，如图 1-2 所示。移动鼠标指针至项目名称上，会弹出一个信息提示框，显示所指项目文件的位置。

图 1-2

Premiere Pro 项目文件中不仅包含用户对项目的所有编辑，还包含指向所选素材文件的链接（剪辑）、由这些剪辑组合而成的序列，以及应用的各种特效等。Premiere Pro 项目文件的扩展名为 .prproj，如图 1-3 所示。

在 Premiere Pro 中处理项目，其实就是对项目文件进行调整与编辑，项目文件会详细记录用户的所有调整。因此，使用 Premiere Pro 的第 1 步就是新建一个项目文件，或者打开一个已有项目。

【主页】界面中有几个按钮（有的按钮看起来像文本，但其实是可以单击的），如图 1-4 所示。请注意，Premiere Pro 中有许多文本本质上是按钮，单击可触发相应操作和功能。

图 1-3

图 1-4

- 主页：返回【主页】界面。
- 学习：里面有多个教程，旨在帮助用户快速熟悉 Premiere Pro。

- 新建项目：新建一个项目文件。项目文件名称可随意指定，但最好设定一个易于辨识的名称，尽量不要使用默认的名称。

- 打开项目：单击该按钮，弹出【打开项目】对话框，浏览磁盘中已有的项目文件，选择一个打开。此外，还可以在 macOS 的【访达】或 Windows 的【文件资源管理器】中浏览存储在磁盘中的项目文件，找到想要打开的项目文件并双击，将其在 Premiere Pro 中打开。

- 新建团队项目：使用 Adobe Team Project 服务新建一个团队项目。本书不讨论有关团队项目的内容，但书中讲解单人项目时所涉及的工具和技术在团队项目中同样适用，二者的区别仅在于后者运用的是多人协同工作模式。

- 打开团队项目：单击可打开【管理团队项目】对话框，在该对话框中，用户可以轻松选择一个已有的团队项目进行编辑。

- 打开 Premiere Rush 项目：用于在 Premiere Pro 中打开一个已有的 Premiere Rush 项目。任何使用 Premiere Rush 创建的项目都可以在这里打开，前提是使用相同的 Adobe ID 登录 Premiere Pro。

下面尝试在 Premiere Pro 中打开一个已有项目。

❶ 单击【打开项目】按钮。

❷ 在【打开项目】对话框中，进入 Lessons 文件夹，如图 1-5 所示，双击 Lesson 01.prproj 项目文件，将其在 Premiere Pro 中打开。保持打开状态，下一节会用到。

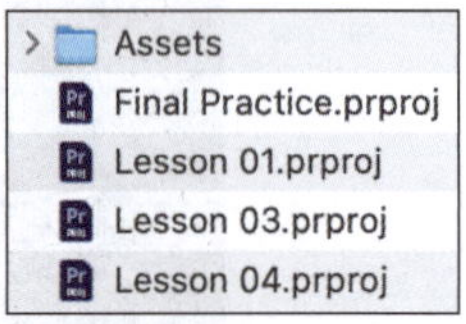

当打开一个已有的项目文件时，Premiere Pro 有时会弹出【链接媒体】对话框，询问某个素材文件的位置。当项目中用到的素材文件的存储路径发生变化而 Premiere Pro 又无法自动找到它们时，就会弹出【链接媒体】对话框。此时，需要重新链接素材文件新的存储路径。

图 1-5

> 💡 注意　如果你使用的 Premiere Pro 版本高于本书所用版本，打开 Lesson 01.prproj 文件时会弹出【转换项目】对话框，要求转换原始项目文件。该转换不会改变原始项目文件，也不会影响本书内容的学习，单击【确定】按钮同意转换即可。

【链接媒体】对话框中有一个包含缺失文件的列表，默认第一个缺失文件处于高亮显示状态。单击对话框右下角的【查找】按钮，打开【查找文件】对话框。

【查找文件】对话框顶部显示了素材文件的【最后路径】（文件最后已知位置）和【路径】（当前浏览的位置）。

在左侧导航至 Lessons\Assets 文件夹，单击右下角的【搜索】按钮。Premiere Pro 会搜索缺失文件，并在右侧将其高亮显示出来。选择查找到的目标文件，单击【确定】按钮。Premiere Pro 会记住指定的文件位置，并自动在该位置下查找并链接其他缺失的素材文件，省去了逐个链接的烦琐过程，大大提高了工作效率。

# 1.5　动手实操：编辑一个简单的视频

> 💡 注意　建议大家将本书的课程资源文件全部复制到自己的计算机中，并一直保留到学完本书。部分资源文件会在多节课程中用到。

下面一起编辑一个简单的视频，在实际操作中体验 Premiere Pro 的强大功能。这个简单视频的编辑仅涉及 Premiere Pro 的基本功能。

编辑视频过程中项目文件会发生改变，为了保护原始项目文件，建议动手前先将项目文件另存为一个新文件，然后对新文件进行编辑。将 Premiere Pro 的界面重置为默认状态，以确保书中展示的界面与你在计算机屏幕上看到的界面相同。

**1** 在 Lesson 01.prproj 处于打开的状态下，在菜单栏中依次选择【文件】>【另存为】命令，在【保存项目】对话框中，输入名称"Lesson 01 Working.prproj"，单击【保存】按钮。

**2** 默认设置下，Premiere Pro 会打开【学习】工作区。执行如下操作进入【编辑】工作区：在菜单栏中依次选择【窗口】>【工作区】>【编辑】命令，确保【编辑】菜单项左侧有一个黑色实心点（有关工作区的更多介绍，请阅读"工作区"一节）。

**3** 在菜单栏中依次选择【窗口】>【工作区】>【重置为保存的工作区】命令，将【编辑】工作区重置为默认状态。

该项目包含许多个视频剪辑，其中有些视频剪辑已经添加到了一个序列中，这在【时间轴】面板中可以看到，如图 1-6 所示（有关面板的更多介绍，请阅读"工作区"一节）。

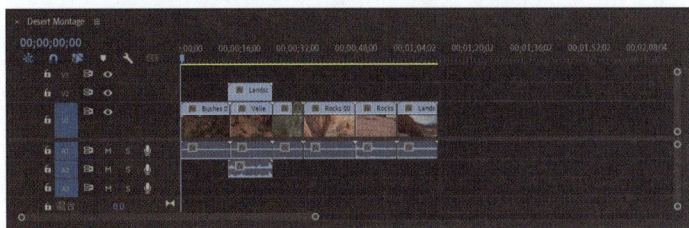

图 1-6

> **注意** 与其他大多数面板不同，【时间轴】面板不会在标题栏中显示自身名称，标题栏中显示的是当前序列的名称。

接下来，往序列中添加一些剪辑。

**4** 在【时间轴】面板顶部，有当前序列的名称 Desert Montage，还有一个带有一系列数字的水平条——时间标尺。时间标尺上有一个蓝色的播放滑块（播放指示器），它与其他视频播放器中的播放滑块是一样的。单击时间标尺，播放滑块会立即跳到所单击的时间点处。

**5** 把播放滑块拖曳至时间标尺的左端，如图 1-7 所示。

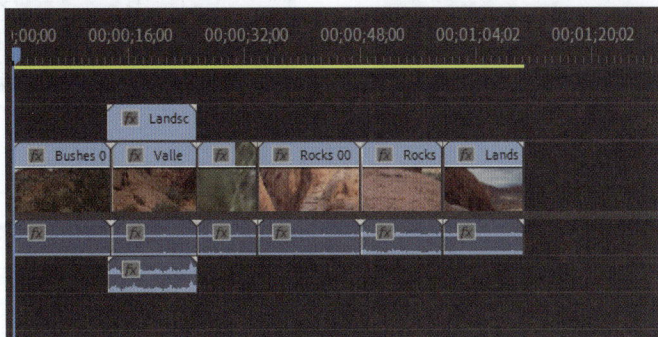

图 1-7

⑥ 按空格键，播放当前序列。【节目监视器】（位于界面的右上方）中会显示当前播放的序列内容。

【项目】面板位于 Premiere Pro 界面的左下方，当前项目中用到的所有剪辑和资源都会显示在该面板中。【项目】面板名称中包含当前项目的名称，这里是"项目：Lesson 01 Working"，如图 1-8 所示。

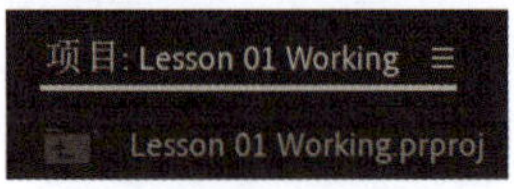

【项目】面板的左下方设计了多个切换按钮，用于切换不同视图，让用户能够以不同方式查看【项目】面板中的内容。

图 1-8

⑦ 在【项目】面板左下方，单击【图标视图】按钮（▣）。

在【图标视图】模式下，视频剪辑以缩览图形式展现，使用户能够轻松区分并快速识别不同剪辑，如图 1-9 所示。

⑧ 把名为 Bushes 001 的剪辑从【项目】面板拖曳至【时间轴】面板中，使其位于序列末尾。拖曳时，请确保拖曳的是剪辑的缩览图，而非剪辑名称。

拖曳新剪辑靠近序列中某个剪辑的首部或尾部时，新剪辑会自动吸附并对接至该剪辑的首部或尾部。若非如此，则表明【在时间轴中对齐】功能当前处于关闭状态。在【时间轴】面板的左上方单击【在时间轴中对齐】按钮（▣），将其开启（▣）。

⑨ 向下滚动【项目】面板，再找几个剪辑，将它们逐个拖入序列中。

在【时间轴】面板中，把播放滑块拖曳至序列的起始位置（序列左端），然后按空格键播放序列，再次按空格键则停止播放。

⑩ 在序列中添加好剪辑后，播放序列，观看整个序列的效果。

在【时间轴】面板中，可以把播放滑块拖曳至时间标尺的任意位置，然后从播放滑块所在的位置开始播放。

【时间轴】面板中当前打开的是 Desert Montage 序列，它同时也出现在【项目】面板中，如图 1-10 所示。Premiere Pro 不允许用户把它从【项目】面板拖入【时间轴】面板的 Desert Montage 序列中，即不允许序列自我嵌套。

图 1-9

图 1-10

项目包含的所有内容，如剪辑、序列，都会在【项目】面板中呈现出来。在一个项目中，用户可以创建任意多个序列，每个序列缩览图的右下角都会显示一个序列专属图标：在【图标视图】或【自由变换视图】下图标为▣，在【列表视图】下图标为▣。

恭喜你！到这里，第 1 个序列就编辑完成了。

# 1.6 工作区

Premiere Pro 用户界面（具体表现为一个工作区）由多个面板组成，每个面板都有其特定用途。例如，【效果】面板用于列出所有可以应用至剪辑的效果，而【效果控件】面板则用于更改这些效果的具体设置。

工作区由一系列面板按照特定方式排列组合而成。根据任务类型选择合适的工作区，可以更快、更轻松地完成指定任务，比如【编辑】工作区适合编辑视频、【音频】工作区适合处理音频、【颜色】工作区适合调整颜色等。

在 Premiere Pro 中，可以通过【窗口】菜单轻松打开各个面板，但是通过工作区，可以更快地打开一组面板，而且这组面板都是围绕特定任务组织与排列的。

在菜单栏中依次选择【窗口】>【工作区】>【编辑】命令，进入【编辑】工作区。然后依次选择【窗口】>【工作区】>【编辑】>【重置为保存的布局】命令，重置【编辑】工作区。

> 💡 提示　在【窗口】>【工作区】菜单中，【重置为保存的布局】命令右侧显示了对应的键盘快捷键。在 Premiere Pro 中，许多操作都可以使用键盘快捷键执行，包括选择工作区。需要注意的是，使用非美式键盘时，相关功能的快捷键可能和书中介绍的不一样。有关快捷键的内容，请阅读本课"使用和更改键盘快捷键"一节。

当前项目名称显示在 Premiere Pro 用户界面顶部。

在用户界面左上方单击【主页】按钮（🏠），可打开【主页】界面，在其中可以快速打开一个最近使用过的项目或者新建一个项目。

【主页】按钮右侧有 3 个按钮，分别是【导入】按钮、【编辑】按钮和【导出】按钮，如图 1-11 所示。这 3 个按钮分别对应 3 种模式，单击任意一个，即可切换至相应界面。

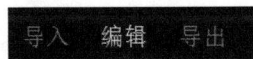

导入　编辑　导出

图 1-11

当前处在【编辑】模式下，后面会介绍另外两种模式。

用户界面右上方有一个【工作区】按钮（▣），单击它会弹出一个菜单，其中列出了 Premiere Pro 内置的所有工作区，根据需要选择某个工作区，即可快速切换至所选工作区。学习后续课程的过程中，会陆续用到其他一些工作区。当前请确保处在【编辑】工作区。

> 💡 提示　在界面右上角单击【工作区】按钮，从弹出的菜单中选择【显示工作区标签】命令，Premiere Pro 会将当前工作区的名称显示在【工作区】按钮左侧。

初次接触非线性编辑的用户，看到【编辑】工作区中的各种按钮和菜单，很可能会感到不知所措。不用担心！一旦熟悉了各种按钮的功能，你会惊讶地发现它们其实并不复杂，反而相当简洁直观。界面设计得如此简洁，旨在为用户构建一个直观易用的视频编辑环境，让编辑人员在编辑视频时能够迅速找到所需要的编辑工具。

工作区由一系列面板组成，这些面板围绕特定任务组织在一起，并且各个面板的大小和位置都事先设定好了。多个面板可以灵活地组织在一起，形成一个面板组，这样不仅能节省宝贵的屏幕空间，还能使界面更加整齐有序。在一个面板组中，所有面板的名称都显示在面板组顶部。单击某个面板名称，可激活相应面板，将其在面板组中显示出来，如图 1-12 所示。

项目：Lesson 01 Working ≡　媒体浏览器　库　信息

图 1-12

当一个面板组中包含很多个面板时，面板组顶部空间有限，某些面板名称可能无法显示出来。此时，Premiere Pro 会在面板组右上角显示一个双箭头按钮（它是一个溢出菜单）。单击该双箭头按钮，将弹出一个菜单，其中列出了该面板组中包含的所有面板，如图 1-13 所示，单击某个面板名称，即可将其在当前面板组中打开。

图 1-13

当需要打开某个面板时，在菜单栏中打开【窗口】菜单，然后单击相应面板的名称，也可将其在当前界面中显示出来。

Premiere Pro 的主要界面元素如图 1-14 所示。

图 1-14

其中最重要的几个界面元素如下。

· 【项目】面板：在该面板中用户可以使用素材箱组织剪辑、序列、图形等资源。素材箱类似于文件夹，用户可以把一个素材箱放入另一个素材箱中，以便更好地组织项目。

· 【时间轴】面板：一个视频项目的大部分编辑工作都是在【时间轴】面板中完成的，用户可以在【时间轴】面板中查看和处理序列。不同序列之间可以嵌套，即可以把一个序列放入另一个序列。通过序列，用户可以把一个复杂的视频制作项目拆分成多个部分，然后对每个部分进行单独编辑或者应用视觉特效，最后再把各个序列组织成一个完整的项目。

- 轨道：一个序列可包含若干个视频轨道和音频轨道，用户可以把视频、图像、图形、字幕分别组织到不同轨道（不限数量）上。在时间轴上，上层视频轨道中的视频和图形剪辑会覆盖下层轨道中的内容。当需要在画面中展现下层轨道的剪辑内容时，请调整上层轨道剪辑的透明度或适当缩小其尺寸。

- 监视器：【源监视器】（位于界面左上方）用于查看剪辑内容或者截取剪辑的某个片段。在【项目】面板中双击某个剪辑，或者将其拖入【源监视器】，即可在【源监视器】中查看该剪辑。【节目监视器】（位于界面右上方）用于查看【时间轴】面板中当前选择的序列内容。

- 【媒体浏览器】面板：在该面板中，用户能够方便地搜索存储器中的内容，查找指定的素材文件，以便将其导入项目。类似于【导入】模式，【媒体浏览器】面板尤为适合从摄像设备中导入素材文件（支持 RAW 格式文件），因为它允许用户在导入前预览它们。导入素材时，用户完全可以使用【导入】模式，但用【媒体浏览器】导入素材时，用户可以使用其提供的各种控制功能来更灵活地组织和管理导入的素材文件。

- 【库】面板：在该面板中，用户能够访问多个项目共享的资源，比如自定义的 Lumetri 颜色外观、动态图形模板、图形，以及共享库等。若想获取更多相关信息，请访问 Adobe 帮助页面。

- 【效果】面板：在该面板中，用户能够轻松搜到适用于序列的大多数效果，包括视频效果、音频效果、过渡效果，如图 1-15 所示。这些效果都是按类型分组组织的，方便查找。面板顶部有一个搜索框，输入关键字即可快速查找所需要的效果。某个效果一旦被应用，其控件就会在【效果控件】面板中显示出来。

- 【效果控件】面板：在序列中选择一个剪辑，或者在【源监视器】中打开一个剪辑，然后把一个效果应用至所选剪辑上，此时该效果的控件就会在【效果控件】面板中显示出来。当把视频、图像等剪辑添加至序列中时，Premiere Pro 会自动为其应用【运动】【不透明度】【时间重映射】3 种效果，并在【效果控件】面板中显示这 3 种效果的控件。大多数效果都支持制作动画。

- 【音频剪辑混合器】面板：该面板的设计仿照了音频制作工作室中常用的硬件设备，集成了音量滑块和左右声道控件，如图 1-16 所示。时间轴中的每个音频轨道（声道）都有一组控件。调整这些控件时，Premiere Pro 会把调整应用到相应的音频剪辑上。另外，还有一个【音轨混合器】面板，在该面板中做调整时，Premiere Pro 会把调整应用于轨道而非剪辑上。

图 1-15

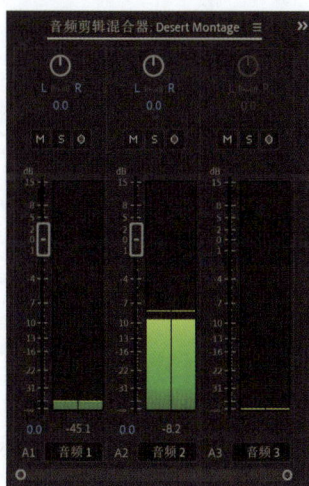

图 1-16

- 【工具】面板：该面板中每个图标均对应一个具有特定功能的工具，如图 1-17 所示，这些工具用于在【时间轴】面板或【节目监视器】中执行特定操作。关于这些工具的更多信息和用法，将在后面的课程中讲解。【选择工具】可执行的功能与上下文紧密相关，用户单击不同区域或对象会触发其不同功能，以满足当前操作情景。

仔细观察，有些工具按钮的右下角有一个三角形图标，这表明它是一个工具组，其下包含多个工具。移动鼠标指针至某个右下角带三角形图标和工具按钮上，按住鼠标左键不放就会弹出一个列表，其中列出了该工具组中的所有工具，如图 1-18 所示。

图 1-17

- 【信息】面板：在【项目】面板中选择某个素材，或者在序列中选择某个剪辑或过渡时，相关信息就会在【信息】面板中显示出来。

- 【历史记录】面板：该面板会跟踪记录用户做的所有操作，方便撤销之前的操作。在【历史记录】面板中选择某个操作后，Premiere Pro 会撤销所选操作之后的所有操作。

图 1-18

- 【快速导出】按钮：该按钮位于界面的右上方，单击它可打开【快速导出】面板，其中包含常用的媒体文件导出选项，方便用户快速导出自己制作的作品，以便与他人分享。

大多数面板的名称显示在面板顶部。在某个面板组中，单击其中某个面板的名称，可将其激活，此时面板名称下方出现下画线，同时被激活面板的周围出现蓝色线框。大多数面板名称右侧都有一个面板菜单按钮（▤），单击它可打开面板菜单，其中包含与当前选定面板紧密相关的各种命令。例如，打开【项目】面板菜单，其中包含一系列与项目管理、操作等相关的命令。

## 1.6.1　使用【学习】工作区

Premiere Pro 内置了多种工作区，不同工作区用于处理不同的任务，但【学习】工作区是个例外，它更像一个学习环境。【学习】工作区中有一个【学习】面板，其中有一系列 Premiere Pro 教程，可帮助用户快速熟悉 Premiere Pro 的界面和一些常用的操作技巧。

这些教程是对本书练习的有益补充。建议先完成本书练习，然后观看【学习】面板中的相关教程，进一步巩固并拓展所学知识。

## 1.6.2　自定义工作区

在 Premiere Pro 中，除了使用内置的各种工作区，用户还可以手动控制各个面板的显示与隐藏，自由调整各个面板的位置与布局，打造出符合个人工作流程的工作区。Premiere Pro 允许用户针对不同编辑任务创建个性化的工作区，以提高工作效率。

- 调整一个面板或面板组的尺寸时，其他相关的面板的尺寸也会随之改变。
- 面板组中的各个面板都可以通过单击面板名称来激活。
- 所有面板都是可移动的，用户可以把一个面板从一个面板组拖曳至另一个面板组。
- 一个面板可以脱离所属的面板组，成为独立的浮动面板。
- 双击某个面板名称，面板将最大化显示，再次双击，面板将恢复到原始大小。

下面尝试调整几个面板，自定义一个工作区，并将其保存下来，方便以后使用。

❶ 在【项目】面板中，双击 Valley 001 剪辑图标，将其在【源监视器】中打开。

❷【源监视器】和【节目监视器】之间有一个垂直分隔栏，将鼠标指针置于该分隔栏上，鼠标指针变成双箭头（⬌）。按住鼠标左键向左或向右拖曳可以改变监视器的大小，如图 1-19 所示。在视频制作的不同阶段，用户可以根据显示的具体需要使用这种方法随时调整监视器的大小。

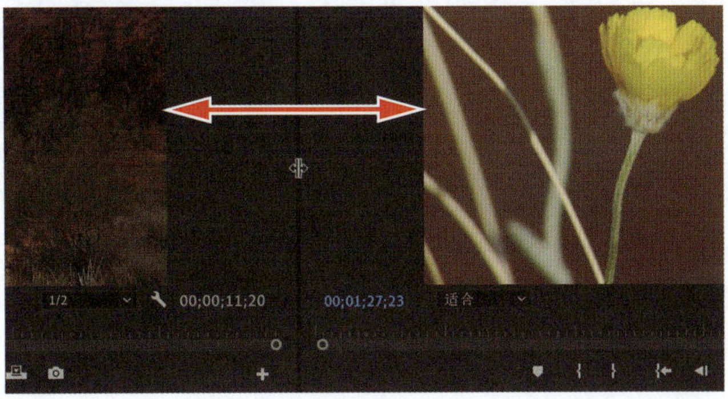

图 1-19

❸【节目监视器】和【时间轴】面板之间有一个水平分隔栏，将鼠标指针置于水平分隔栏上，此时鼠标指针会变成双箭头。按住鼠标左键上下拖曳可改变这两个面板的大小。

❹ 单击【媒体浏览器】面板名称，并按住鼠标左键，将其拖曳到【源监视器】的中央区域，此时【源监视器】的中央区域出现蓝色矩形（投放区域），如图 1-20 所示。释放鼠标左键，【媒体浏览器】面板会加入【源监视器】所在的面板组。

图 1-20

❺ 默认设置下，【效果】面板和【项目】面板在同一个面板组中。将鼠标指针放到【效果】面板名称上，按住鼠标左键，将其拖曳至所在面板组的右侧区域，此时面板右侧出现一个蓝色梯形区域，如图 1-21 所示。

❻ 释放鼠标左键，此时【效果】面板显示在一个独立的面板组中。若【效果】面板未显示，在【窗口】菜单中选择【效果】命令，即可将其打开。

当单击面板名称并拖曳面板时，Premiere Pro 会显示投放区域。若高亮显示的投放区域为矩形，释放鼠标左键后，被拖曳的面板会添加到目标面板组中；若投放区域为梯形，Premiere Pro 会新建一个面板组，用于存放被拖曳的面板；若投放区域为绿色，则 Premiere Pro 会新建一个面板组，且该面板组的高度或宽度与 Premiere Pro 界面相同。

此外，还可以把面板设为浮动面板。

⑦ 按住【Command】键（macOS）或【Ctrl】键（Windows），将【源监视器】拖离其所在的面板组。

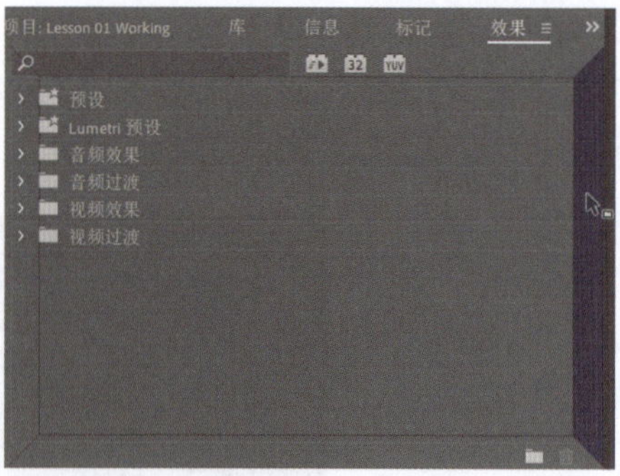

图 1-21

⑧ 把【源监视器】拖曳至任意位置，可使其变成浮动面板，如图 1-22 所示。拖曳浮动面板的某个边缘或角，可调整面板大小。

💡 提示　有些面板需要调整一下尺寸，才能显示出其包含的全部控件。

图 1-22

要保存工作区，可在菜单栏中依次选择【窗口】>【工作区】>【另存为新工作区】命令，打开【新建工作区】对话框，在该对话框中输入工作区名称，单击【确定】按钮。

⑨ 在菜单栏中依次选择【窗口】>【工作区】>【编辑】命令，返回【编辑】工作区。然后依次选择【窗口】>【工作区】>【编辑】>【重置为已保存的布局】命令，重置【编辑】工作区。

# 1.7　首选项

随着视频编辑经验的不断增加，定制 Premiere Pro 的意愿会越发强烈。针对用户多样化的定制需求，Premiere Pro 提供了多种灵活的定制方式。例如，单击面板名称右侧的面板菜单按钮（▤），可打开面板菜单，每个面板菜单都根据面板的功能提供了不同的命令。同时用户还能通过右键单击序列中的某个剪辑，快速访问一系列针对该剪辑的个性化设置命令。

面板名称显示在各个面板顶部，这些名称通常也被称作"面板选项卡"，方便用户快速识别和切换不同面板。面板名称不仅是标识，还是操作面板的"抓手"。通过这个"抓手"，用户可以随心所欲地移动面板，实现界面的个性化定制。

此外，Premiere Pro 还提供了首选项设置，用于优化性能、工作流程，满足一致性和个性化需求。这些首选项设置被组织在一个单独的对话框中，用户能够轻松找到并调整它们，且不会因项目而异。接下来，着重介绍几个与本书内容紧密相关的首选项。

**1** 在 macOS 中，依次选择【Premiere Pro】>【首选项】>【外观】命令；在 Windows 系统中，依次选择【编辑】>【首选项】>【外观】命令，打开【首选项】对话框的【外观】选项卡，如图 1-23 所示。

> 💡**注意** 打开【首选项】对话框后，可通过对话框左侧的列表快速切换到其他选项卡。

图 1-23

**2** 向右拖曳【亮度】滑块，可以提高界面的显示亮度。

默认设置下，界面是深灰色，这种颜色有利于用户分辨颜色（人类对色彩的感知很容易受到周围颜色的影响）。

**3** 尝试分别调整【交互控件】和【焦点指示器】滑块。调整时，注意观察【示例】中颜色亮度的细微变化。调整这两个滑块可以给用户带来不同的编辑体验。

**4** 单击各个滑块下方的【默认】按钮，可将滑块恢复至默认状态。

**5** 在左侧的列表中，单击【自动保存】，切换至【自动保存】选项卡，如图 1-24 所示。

假如有一个项目你制作了好几小时，然后突然停电了。如果停电前没有保存，那么将丢失大部分工作内容。为了应对类似的突发状况，Premiere Pro 提供了【自动保存】首选项。在【自动保存】选项卡中，用户可以设置自动保存的间隔时间，以及需要保存的版本数。执行自动保存操作时，Premiere Pro 会将备份文件的创建日期和时间一起添加到文件名中。

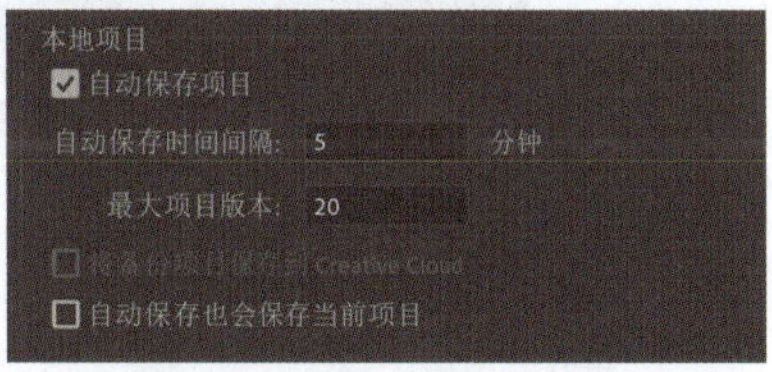

图 1-24

> 💡**注意** 在 Premiere Pro 中，用户可以同时打开和编辑多个项目。这满足了用户编辑多项目的需求，极大提高了编辑的灵活性和效率。

与素材文件相比，项目文件尺寸都很小，即便增加项目版本数量，也不会给系统带来显著负担，用户完全可以根据实际需求灵活增加保存的版本数量。

在【自动保存】选项卡中，有一个【将备份项目保存到 Creative Cloud】复选框。勾选该复选框，Premiere Pro 将会自动在 Creative Cloud Files 文件夹中为项目文件创建一个副本。项目处理期间，若突遇系统故障，用户可以使用自己的 Adobe ID 登录至另一台设备的 Premiere Pro，访问项目备份文件，并迅速将项目恢复至故障发生前的状态。为了保证该功能正常发挥作用，必须确保所有素材文件都有备份，并且最好有多个备份，以增强数据保护能力，降低潜在风险。

**6** 单击【取消】按钮，关闭【首选项】对话框，不保存任何修改。

# 1.8 使用和更改键盘快捷键

在 Premiere Pro 中，熟练掌握并运用键盘快捷键可以轻松实现快速操作，大大提高工作效率。一些键盘快捷键在许多非线性编辑软件中是通用的，例如，空格键用于控制视频的播放与暂停，这一便捷操作甚至还被一些网站所采纳，让用户在这些网站观看视频时享受同样的操作便利。

在众多标准的键盘快捷键中，有些键盘快捷键源自传统的胶片电影编辑工作。例如，【I】键和【O】键用于为素材和序列设置入点和出点。这些特殊的标记表示一个片段的起点和终点，最初是直接画在电影胶片上的。

此外，还有许多其他键盘快捷键可使用，但是在默认设置里这些快捷键并未被预先配置。这为用户构建自己独有的编辑系统带来了很高的灵活性。

❶ 在 macOS 中，依次选择【Premiere Pro】>【键盘快捷键】命令；在 Windows 系统中，依次选择【编辑】>【快捷键】命令，打开【键盘快捷键】对话框，如图 1-25 所示。

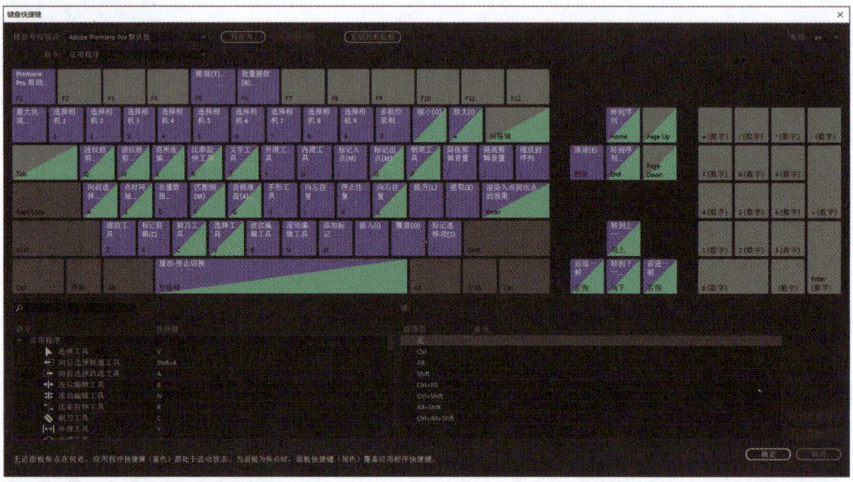

图 1-25

初次见到这么多键盘快捷键，你可能会不知所措。不过请安心，学完本书全部内容后，你一定能熟练记住并使用大部分快捷键。有些键盘快捷键是专门为特定面板设计的，用于帮助用户更便捷地操作这些面板。

❷ 在对话框顶部，打开【命令】下拉列表，从中选择一个面板，然后就可以为所选面板创建新的快捷键或修改现有的快捷键了。默认情况下，【命令】下拉列表中显示的是【应用程序】。

❸ 打开【键盘快捷键】对话框后，其中的搜索框会自动激活，方便用户查找特定快捷键。在搜索框外部单击，取消激活搜索框，按住【Command】键（macOS）或【Ctrl】键（Windows），出现图 1-26 所示的界面。

此时，对话框中显示的键盘快捷键已经发生了变化，仅显示那些与当前按住的修饰键（图 1-26 中是【Ctrl】键）相匹配的快捷键组合。需要注意的是，在按下某个特定的修饰键后，会发现键盘上有些键位是空白的，这表示它们尚未被指派任何快捷键，用户可以根据个人需要自由地给它们指派快捷键。

❹ 建议尝试不同的修饰键组合，包括【Shift】+【Option】（macOS）或【Shift】+【Alt】（Windows）组合键。设置键盘快捷键时，用户拥有充分的自主权，能够自由组合修饰键和字符键。

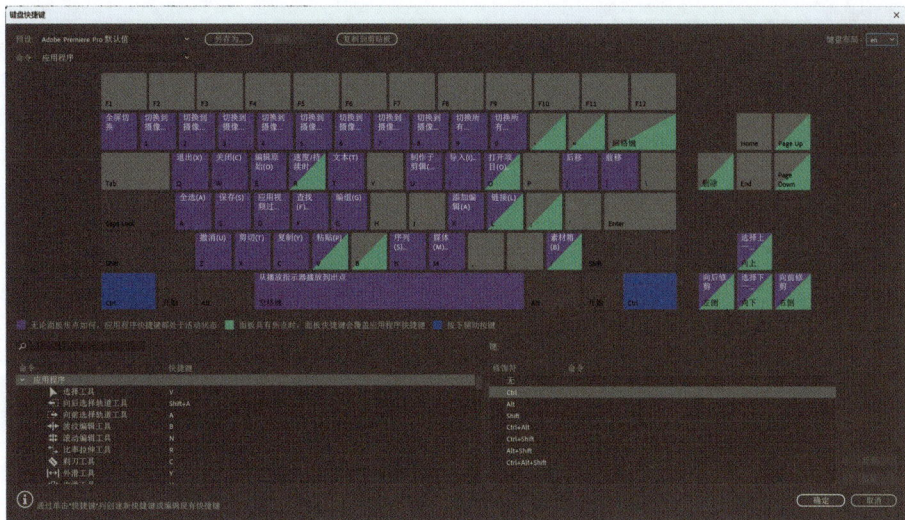

图 1-26

当用户按下某个字符键，或者某个字符键与修饰键的组合时，相应的快捷键信息会立即显示出来。

对话框左下方的列表中列出了所有可指定快捷键的命令。这个列表很长，可以使用搜索框快速找到想找的命令。

⑤ 执行下述操作之一，更改键盘快捷键。

• 找到想要指定快捷键的命令后，将其从列表中拖曳至键盘的某个键上，即可完成快捷键的指派。指派快捷键过程中，若同时按住了修饰键，则修饰键会被一起纳入快捷键组合。此外，用户还可以在虚拟键盘中把一个键拖到一个命令上进行指派。

• 若要删除某个现有快捷键，只需在键盘上单击相应键位，然后单击右下方的【清除】按钮即可。

⑥ 单击【取消】按钮，关闭【键盘快捷键】对话框。

# 1.9  同步首选项

Premiere Pro 首选项中包含大量重要的设置选项，可帮助用户轻松定制个性化的编辑环境和工作流程。大多数情况下，保持默认设置即可，也可以根据实际情况做一些个性化的调整，比如提高界面亮度以适应不同环境。

为了方便用户在不同计算机间无缝切换，Premiere Pro 提供了强大的同步机制，帮助用户在多台计算机之间共享和更新首选项设置，以满足多样化的工作需求。安装 Premiere Pro 时，安装程序一般都会要求用户输入自己的 Adobe ID 来核验软件许可证。使用 Adobe ID 成功登录后，用户可以把自己的首选项设置存储至 Adobe Creative Cloud，这样每次安装 Premiere Pro，用户都可以把已存储的首选项设置同步至本地软件中。

按照如下操作同步首选项：在 Premiere Pro 菜单栏中，依次选择【Premiere Pro】>【同步设置】>【立即同步设置】命令（macOS）或【文件】>【同步设置】>【立即同步设置】命令（Windows）；此时，弹出【同步设置】对话框，提示 Premiere Pro 将关闭当前项目，单击【确定】按钮；然后弹出一个对话框询问是否保存对当前项目的更改，单击【是】按钮。

## 1.10 复习题

1. 为什么说 Premiere Pro 是一款非线性视频编辑软件?
2. 请简述视频编辑基本流程。
3. 【媒体浏览器】面板有什么用?
4. 在 Premiere Pro 中自定义的工作区能保存吗?
5. 【源监视器】和【节目监视器】分别有什么用?
6. 如何将某个面板变成浮动面板?

## 1.11 答案

1. Premiere Pro 允许用户将视频剪辑、音频剪辑、图形放至序列中的任意位置;允许重排序列中的已有剪辑,添加过渡、应用效果;允许用户按照自己希望的顺序编辑视频。使用 Premiere Pro 时,用户不必按照固定顺序编辑视频。

2. 上传视频素材至计算机;创建一个序列,并向序列添加视频、音频、图像等剪辑;做色彩校正;添加效果和过渡;添加文本和图形;添加音频;导出序列为视频。

3. 使用 Premiere Pro 内置的【媒体浏览器】面板,用户能够直接浏览和导入存储设备中的素材文件,无须使用操作系统的【文件资源管理器】(Windows)或【访达】(macOS),大大提高了工作效率。当项目需要导入摄像机中的视频素材时,【媒体浏览器】面板会特别有用,它允许用户在其中预览摄像机中的视频素材。

4. 能。在 Premiere Pro 中自定义工作区后,在菜单栏中依次选择【窗口】>【工作区】>【另存为新工作区】命令,即可将自定义的工作区保存。

5. 【源监视器】用于浏览原始素材,并允许用户选取片段;【节目监视器】用于浏览当前显示在【时间轴】面板中的序列内容。

6. 按住【Command】键(macOS)或【Ctrl】键(Windows),拖曳面板名称,即可使该面板成为浮动面板。

# 创建与设置项目

## 课程概览

本课主要学习如下内容。

- 新建项目
- 自定义序列预设
- 选择视频和音频显示格式
- 选择序列预设
- 选择视频渲染和播放设置
- 设置暂存盘

## 学完本课大约需要 **60** 分钟

学习本课不需要使用课程文件。

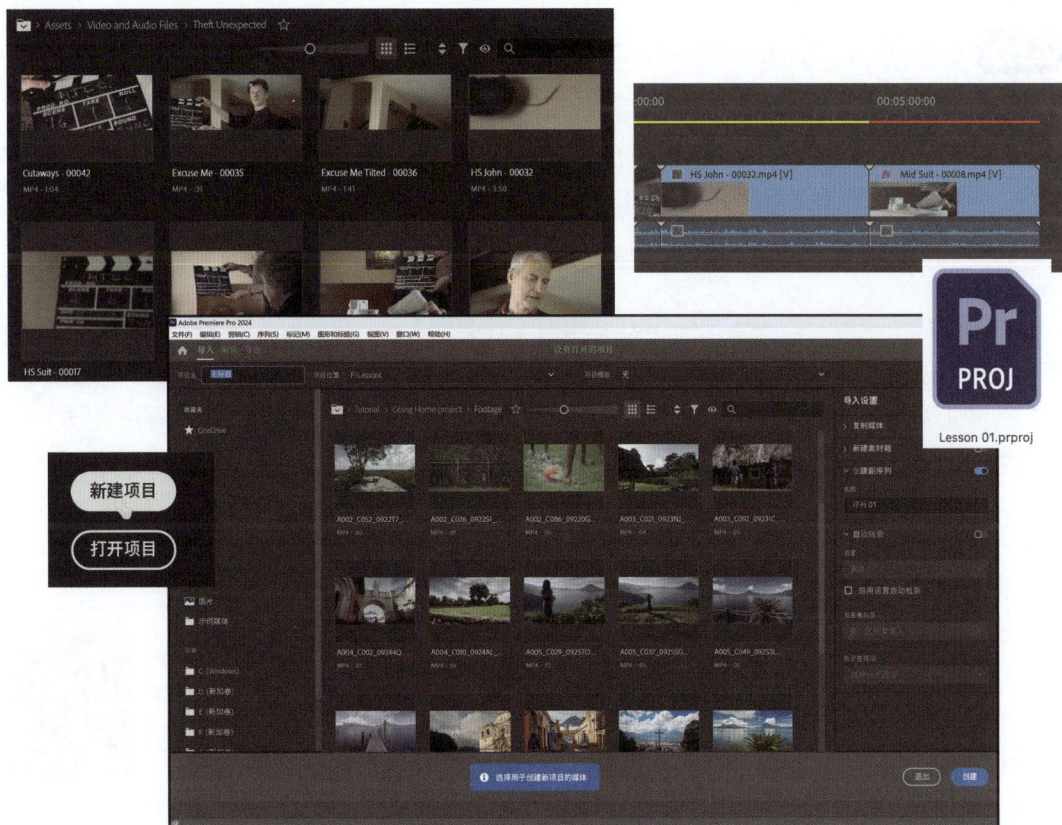

使用 Premiere Pro 编辑视频的第一步是新建项目和序列。本课学习如何在 Premiere Pro 中新建项目、序列，以及做相应设置。

# ▌2.1　课前准备

不熟悉视频编辑技术的初学者，第一次编辑视频项目时，常常会感到迷茫、困惑，不知道该从哪里入手。鉴于此，Premiere Pro 提供了简单有效的入门指导，旨在帮助用户迅速掌握基本操作，轻松上手视频编辑。不仅如此，在 Premiere Pro 中，无论是哪类视频项目，所遵循的原理都是一样的，这大大简化了学习曲线。

Premiere Pro 为用户提供了编辑视频所需的一切，用户只要清楚自己的创作目标，就能游刃有余地开展工作。本课主要讲解一些有关文件格式和视频编辑技术的内容，因此初学本课内容时不必强求自己立刻掌握所有视频编辑的概念与技术。

在实际工作中，新建项目时一般不会修改默认设置，尽管如此，了解各个设置项的含义还是非常有必要的。

每个导入的素材都以"剪辑"的形式显示在【项目】面板中。"剪辑"（clip）一词，其起源可追溯至早期的电影制作，当时指的是从电影胶卷上剪下来的胶片片段，在 Premiere Pro 中用于表示项目中用到的各类素材。无论是什么类型的素材，均可称为"剪辑"。例如，在一个 Premiere Pro 项目中，说到"剪辑"时，它可以指视频剪辑、音频剪辑或者图像剪辑等。

> ♀ 注意　在 macOS 与 Windows 两个操作系统中，Premiere Pro 的项目文件完全相同。除了菜单布局有少许差异，其他使用体验完全一样。

在【项目】面板中，仔细观察剪辑，感觉像是真实的素材文件，但其实它们仅仅是指向真实素材文件的链接。需要特别强调的是，剪辑和它所指向的素材文件只是链接在一起而已。在【项目】面板中，多个剪辑可以指向同一个素材文件，删除其中某一个剪辑，不会影响其他指向该素材文件的剪辑。

在一个视频项目中，至少要有一个序列，用于导出最终作品。在序列中可精心编排一系列剪辑，同时巧妙融入各种视觉特效、字幕以及声音等元素，构建出引人入胜的作品。在 Premiere Pro 中编辑视频时，用户要决定在序列中使用哪些剪辑的哪些片段，以及按照什么顺序在序列中编排它们，以便能够把自己的创意构思充分表达出来。

Premiere Pro 全面支持非线性编辑技术，用户在编辑视频时拥有极大的灵活性和自由度，可以随时根据新想法调整或修改现有内容，而无须从头再来。

Premiere Pro 项目文件的扩展名为 .prproj，如图 2-1 所示。

使用 Premiere Pro，用户只需几步简单操作就能轻松开始一个新项目：新建项目文件，导入素材，选择序列预设，开始编辑。其中，前 3 个步骤可以一次性完成。

新建项目时，用户可以灵活选择：让 Premiere Pro 基于素材自动创建序列，或者根据个人需求手动创建序列。当然，创建项目和序列可以不同步进行，比如先创建项目，然后根据需要灵活创建一个或多个序列。不管使用什么方法创建序列，最终得到的序列都必须明确设定帧速率、帧大小等参数，确保序列能够正常播放。

Lesson 01.prproj

图 2-1

在接下来的学习中，请重点关注序列的各个设置会对视频和音频剪辑的播放产生怎样的影响（Premiere Pro 会根据序列设置自动调整添加至序列中的所有剪辑）。手动设置序列参数时，为了提升效率，可以先选择某个预设，然后根据项目的具体要求做一些必要的调整和修改。

即便序列是 Premiere Pro 根据素材自动创建的，了解序列各个设置的具体作用依然是必要的，因为不同项目的需求是不一样的，有时需要调整序列的某些设置来满足项目的特定需求。

创建序列时，请务必明确素材（音频、视频等）类型，基于素材创建序列并设置各个参数，能够有效避免播放过程中不必要的格式转换，大大减轻系统的工作负担。Premiere Pro 提供的序列预设都是根据不同交付标准命名和分类的，比如广播、HD、社交、UHD 等，如图 2-2 所示。在创建序列并选择预设时，应尽量选择与素材参数相近的预设，若需要做转换，最好把转换放在最终输出作品的时候。

本课将介绍如何在 Premiere Pro 中新建项目、创建序列，还会介绍【项目设置】对话框。

图 2-2

## 关于帧

使用摄像机拍摄视频时，本质是在连续捕获一系列被摄对象在不同时刻的静态图像。当每秒捕获的静态图像达到一定数量时，连续播放（或展现）静态图像就能形成连贯的动态画面，得到一段流畅的视频。其中一张静态图像称为视频的一"帧"，每秒的帧数叫"帧率"，单位是"帧/秒"（fps）。录制视频时采用的帧率叫"录制帧率"，播放视频时使用的帧率叫"播放帧率"。

在不同摄像机设备、视频编码格式以及拍摄设置下，帧率是不一样的，常见的帧率有 23.976 帧/秒、24 帧/秒、25 帧/秒、29.97 帧/秒、30 帧/秒、50 帧/秒、59.94 帧/秒等。大多数摄像机支持多种帧率和帧大小，用户可以根据需求自由选择。要想在 Premiere Pro 中正确设置播放选项，必须准确把握录制视频时使用的各项参数。

# 2.2　新建项目

> 注意　开始学习前，请先把 Premiere Pro 首选项恢复成默认设置，具体操作为：在桌面上双击 Premiere Pro 图标，并立即按住【Option】键（macOS）或【Alt】键（Windows），在弹出的【重置选项】对话框中，勾选【重置应用程序首选项】，单击【继续】按钮。

首先新建一个项目。

❶ 启动 Premiere Pro，进入【主页】界面。【主页】界面右上方有一个放大镜按钮，单击后会进入一个多功能搜索界面，其中包含一个搜索框。在搜索框中输入关键词，Premiere Pro 会在最近打开的项目中查找并列出名称中含关键词的项目，还会列出 Adobe Premiere Pro Learn&Support 中的相关教程。观看这些网络教程，需要确保所使用的计算机正常连接到互联网。

- 新增功能：单击【主页】界面左下方的【新增功能】按钮，会弹出一个新界面，里面列出了 Premiere Pro 当前版本中新增的主要功能与特性。

- 用户按钮：放大镜按钮右侧有一个用户按钮，该按钮显示的是 Adobe ID 用户头像。如果是新注册用户，该按钮显示的是网站提供的通用头像。单击用户按钮，可管理 Adobe Creative Cloud 账户。

图 2-3

❷ 单击【新建项目】按钮，如图 2-3 所示，进入【导入】模式窗口，其中包含许多与项目创建相关的选项，如图 2-4 所示。

图 2-4

这个窗口有两个用途：一是在处理项目的过程中，可以使用这个窗口浏览和导入素材；二是可以在这个窗口中新建项目和序列。

在该窗口的左侧列表中，用户可以轻松浏览各个存储位置下存放的素材。选择一个存储位置后，其中存储的素材文件会在中间区域显示出来。默认情况下，中间区域内显示的是示例素材。

中间区域上方有一个滑块，用于调整素材缩览图的大小，其右侧有两个按钮，分别用于切换到【网格视图】和【列表视图】，如图 2-5 所示。

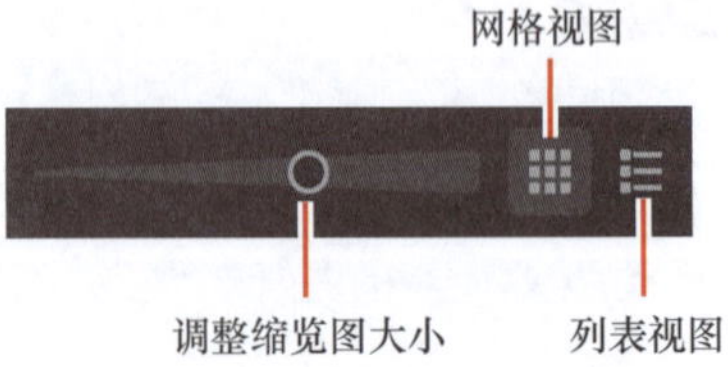

右侧【导入设置】面板中有如下 4 个选项，旨在提升项目创建的便捷性与效率。

- 复制媒体：开启该选项后，Premiere Pro 会将所选素材复制至指定位置。处理素材时，Premiere Pro 改动的是副本文件，而非原始素材文件。从外部存储器、相机存储卡等可拔插存储设备导入素材时，建议开启该选项。

图 2-5

- 新建素材箱：为了帮助用户组织和管理项目中用到的剪辑，Premiere Pro 提供了"素材箱"这个容器，它类似于常用的文件夹。开启该选项后，Premiere Pro 会自动在【项目】面板中以指定名称创建一个素材箱，并把所选剪辑素材放入其中。

· 创建新序列：开启该选项后，Premiere Pro 将基于选择的第 1 个剪辑的设置，自动新建一个序列（有关序列设置的更多内容，请阅读"创建序列"一节）。

· 自动转录：开启该选项后，Premiere Pro 将自动转录剪辑，从而支持基于文本的编辑技术，并帮助用户快速创建字幕。

接下来，输入项目名称，并指定项目位置。然后在该项目中创建一个包含 3 个剪辑的序列。在此过程中，将为大家介绍几个重要的序列设置选项。

③ 在界面左上方，单击【项目名】右侧的文本框，输入项目名称 First Project。

④ 单击【项目位置】右侧的下拉按钮，在弹出的菜单中选择【选择位置】，打开【项目位置】对话框。转到 Lessons 文件夹，单击【选择文件夹】按钮，把新项目保存到该文件夹下。

> **注意** 【项目位置】下拉菜单中会自动显示用户最近用过的文件夹。当希望将其他文件存放至先前选定的文件夹中时，只需从该下拉菜单中选择最近用过的文件夹即可。

⑤ 在界面左侧的存储位置列表中，选择 Lessons 文件夹所在的存储器，然后在中间区域依次进入 Lessons\Assets\Video and Audio Files\Theft Unexpected 文件夹。切换至【网格视图】，所有剪辑都以较大的缩览图呈现，如图 2-6 所示，极大地提升了剪辑的浏览效率和选择的便捷性。

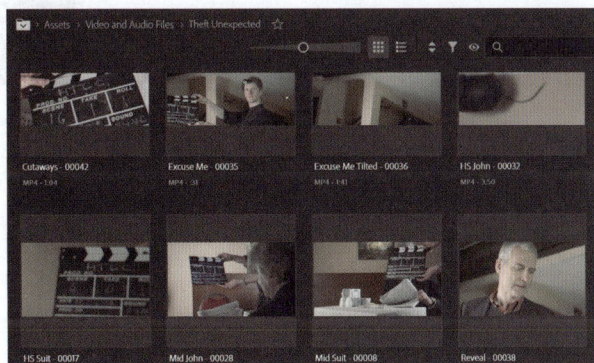

图 2-6

⑥ 单击剪辑【Excuse Me - 00035】，将其选中。在【网格视图】下，把鼠标指针移动到某个剪辑缩览图上，左右移动鼠标可快速预览剪辑内容。

选中某个剪辑后，Premiere Pro 会以蓝色高亮显示它，并将其添加到窗口底部的【收藏夹】中，如图 2-7 所示。

图 2-7

⑦ 分别单击剪辑【HS John - 00032】和【Mid Suit - 00008】。此时，3 个剪辑都以蓝色高亮显示，并同时出现在窗口底部的【收藏夹】中，如图 2-8 所示。

图 2-8

至此，新项目要用的 3 个剪辑就都选好了。新建项目时，并不强制要求用户同时选择要在项目中使用的素材，但提前选好要用的素材可以极大地提升工作效率，尤其是在处理仅包含少量剪辑的简单项目时，这么做是明智之举。

⑧ 在右侧【导入设置】面板中，确保【复制媒体】【新建素材箱】【自动转录】选项处于关闭状态，开启【创建新序列】选项，如图 2-9 所示。

⑨ 单击【创建】按钮，新建项目。

至此，一个新项目就创建好了，其中包含 3 个剪辑与 1 个序列。

⑩ 前面一直使用【窗口】菜单来切换和重置工作区，但其实有一种更加快捷的方式：在界面右上方单击【工作区】按钮（■），然后在弹出的菜单中选择【编辑】命令。这样便进入了【编辑】工作区，其中包含编辑项目时常用的各种面板和工具。

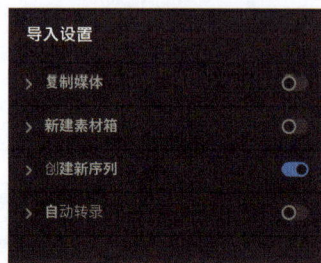

图 2-9

⑪ 再次单击【工作区】按钮，在弹出的菜单中选择【重置为已保存的布局】命令，把【编辑】工作区恢复成默认状态。

⑫ 保存当前项目。在菜单栏中依次选择【文件】>【保存】命令，保存当前项目。

## 2.3　创建序列

创建好项目后，下一步便是创建一个或多个序列（用于编排视频、音频、图形和图像等剪辑）。序列是项目不可或缺的组成部分，其作用犹如一个空桶，内部可填充各类剪辑，比如视频、音频、图形和图像等。与视频剪辑相似，序列也拥有帧速率、帧大小等属性。当剪辑的帧速率、帧大小与序列不匹配时，Premiere Pro 会在播放期间自动进行转换。转换时，Premiere Pro 会依据序列设置调整序列中的所有剪辑，使它们保持一致，该过程称为"匹配序列设置"。

Premiere Pro 具有很强的灵活性，允许用户为项目中的各个序列设置不同参数，以满足多样化的创作需要。创建序列时，推荐选择与原始素材相匹配（或最接近）的设置，这样能有效地减少播放过程中烦琐的"匹配序列设置"操作，减轻系统负担，提升播放性能，最大限度地提高画面质量，同时保证播放的流畅性和连续性。

如果项目中会用到不同格式的素材，创建序列时，必须明确告知 Premiere Pro 依据哪个素材来设置序列属性。虽然 Premiere Pro 支持用户在项目中混用不同格式的素材，但是只有当素材（剪辑）与序列设置相匹配时，播放性能才能得到显著提升。因此，创建序列时，明智之举是选择能够兼容大多数素材的序列设置。

向序列添加剪辑时，若添加的剪辑与序列设置不匹配，Premiere Pro 会弹出【剪辑不匹配警告】对话框，询问是否更改序列以匹配剪辑的设置，如图 2-10 所示。

编辑视频项目的过程中，涉及的文件类型丰富多样，编解码器和文件格式亦纷繁复杂，常常令人目不暇接。

图 2-10

Premiere Pro 可以兼容多种视频和音频格式，并支持各类编解码器，即使格式不完全匹配，通常也能顺畅播放。

不过在播放与序列设置不匹配的视频时，Premiere Pro 必须先对视频做一定的调整，而这会大大增加编辑系统的负担，还会影响编辑系统的实时性能（丢帧现象严重，造成播放卡顿）。因此，在动手编辑之前，有必要花一些时间来确保序列设置与原始素材文件一致。

视频格式的基本参数都是一样的，如帧速率、帧大小、音频格式（立体声、单声道、5.1 环绕立体声）。如果想把序列变成一个素材文件，同时又不想做转换处理，那么新文件的帧速率、帧大小、音频格式等必须与创建序列时的设置保持一致。

在将序列输出成文件时，可以选择一种自己喜欢的格式（更多相关内容请参阅第 16 课"导出帧、剪辑和序列"）。

## 2.3.1　创建自动匹配源素材的序列

在 Premiere Pro 中创建序列时，即使不知道该进行什么样的设置，也不必担心，Premiere Pro 可以基于所选剪辑自动创建序列。其实前面在创建项目时，已经用这种方式创建了一个序列。

此外，还可以在【项目】面板中使用匹配设置新建一个序列。【项目】面板底部有一个【新建项】按钮（■）。请注意，可能需要调整一下面板尺寸才能看到该按钮。使用它可以在项目中轻松创建新项，包括序列、字幕、颜色遮罩（用作背景的全屏彩色图形）。

在【项目】面板中把某一个剪辑（或多个剪辑、整个素材箱）拖曳到面板底部的【新建项】按钮上，然后释放鼠标左键，Premiere Pro 会自动根据素材的格式设置创建一个序列。创建的新序列和选择的第 1 个剪辑有相同的名称、帧大小和帧速率。

此外，还可以选择一个或多个剪辑，使用鼠标右键单击剪辑，在弹出的菜单中选择【从剪辑新建序列】命令来新键序列。使用这种方法可以确保创建的新序列的设置和素材匹配。如果【时间轴】面板是空的，还可以通过把一个或多个剪辑拖入其中来创建序列，这时新建序列的设置和所选剪辑是一样的。

## 2.3.2　选择序列预设

如果明确知道应该如何设置新序列，那么新建序列时，完全可以自己手动设置序列。若不知道如何设置，那可以使用 Premiere Pro 提供的众多预设。

❶ 在【项目】面板右下方，单击【新建项】按钮（■），在弹出的菜单中选择【序列】命令，打开【新建序列】对话框。

> 💡提示　按【Command】+【N】组合键（macOS）或【Ctrl】+【N】组合键（Windows），也可以打开【新建序列】对话框。

【新建序列】对话框中有 4 个选项卡，分别是【序列预设】【设置】【轨道】【VR 视频】，如图 2-11 所示。

💡 注意 在【序列预设】选项卡的【预设描述】区域，一般会显示拍摄该素材时所使用的摄像机类型。

当选择一个预设之后，Premiere Pro 会把相应设置应用到新序列以匹配特定的视频和音频格式。如果所选预设不完全符合要求，还可以在【设置】选项卡中做一些修改和调整。

针对常用的素材类型，Premiere Pro 提供了大量预设供用户选用，这些预设依据交付格式放在了不同文件夹中。在【可用预设】中还有一个【旧版】文件夹，里面存放的是旧版本 Premiere Pro 提供的预设。

单击各个文件夹左侧的箭头按钮，展开相应文件夹，可看到存放在其中的具体预设。各个预设通常都是围绕帧速率、帧大小设计的。下面选择一个预设来创建序列。

② 单击【HD 1080p】文件夹左侧的箭头按钮，将其展开，如图 2-12 所示。

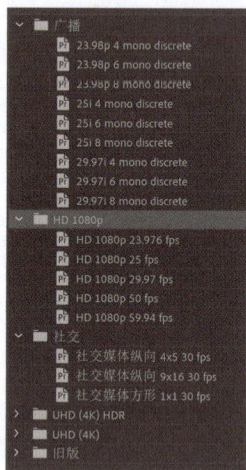

图 2-11          图 2-12

该文件夹下有 5 个预设，它们的帧大小一样，但是帧速率不一样。注意，摄像机通常都可以使用多种帧速率拍摄视频。

③ 单击【HD 1080p 29.97 fps】，将其选中，如图 2-13 所示。

这里使用默认设置。选择一个预设后，【预设描述】中会显示该预设的描述信息，建议花点时间读一下，了解所选预设的设置细节。

④ 单击【序列名称】文本框，输入 First Sequence，作为序列名。

图 2-13

⑤ 单击【确定】按钮创建序列。

当前，【项目】面板中有两个序列：序列 01 和 First Sequence。

💡 注意 使用【导入】模式时，Premiere Pro 会给创建的序列指定一个默认名称（类似于序列 01）。展开【创建新序列】选项，在【名称】文本框中输入新名称，即可修改序列名称。

⑥ 在菜单栏中依次选择【文件】>【保存】命令，保存当前项目。

恭喜你！至此，就在 Premiere Pro 中新建好了一个项目和序列。

# 编解码器与格式

编解码器（Codec）由编码器（coder）和解码器（decoder）合成，用来存储、回放视频和音频信息。音频、视频信息的存储和回放都是通过编解码器实现的。

MOV、MP4、MXF 等格式文件用来存储视频与音频，它们都是一种容器，其中包含某种视频、音频解码器的配置。

媒体文件又称为"包装器"（wrapper），文件中的视频和音频（使用某种编解码器存储）有时也称为"实体"（essence）。

在把制作好的序列输出至文件时，需要选择正确的输出格式、文件类型和编解码器。

在不同上下文环境中，"格式"一词有不同含义。格式既可以指帧速率、帧大小、音频采样率等，也可以指一系列设置，其中包含视频设置、音频设置、编解码器类型及其配置等。当然，格式也可以用来指媒体文件的类型。

在本书中，"格式"都是指帧速率、帧大小、音频采样率等。

## 2.3.3　调整序列预设

根据原始视频素材，选择与之匹配的序列预设之后，可能还需要对预设的某些设置做一些调整，以符合交付要求或内部工作流程。下面学习如何调整预设的具体设置。

❶ 在菜单栏中依次选择【文件】>【新建】>【序列】命令，打开【新建序列】对话框。

❷ 单击【HD 1080p 29.97 fps】，将其选中。此时，右侧的【预设描述】中显示出该预设的具体设置。

向【时间轴】面板中添加素材时，Premiere Pro 会根据序列的设置自动调整素材的帧速率、帧大小，使两者匹配，而不需要考虑剪辑原来的格式是什么。这使得序列设置成为项目配置的关键。

> 💡 **提示**　与前面不同，这次使用了【文件】菜单来创建新序列。在 Premiere Pro 中，实现同一个目标的方法往往有多种，正所谓"条条大道通罗马"。

❸ 在【新建序列】对话框中，打开【设置】选项卡，如图 2-14 所示。

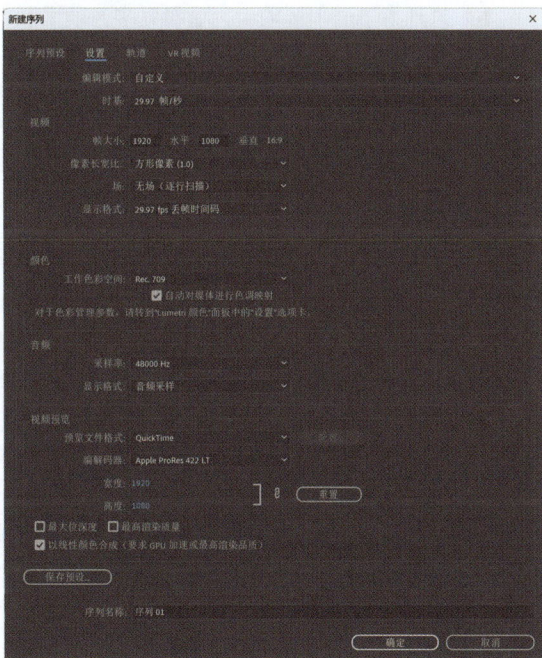

图 2-14

> 💡 **提示**　如果要制作一个发布在社交平台上的方形视频，请把帧大小修改为 1080 像素 ×1080 像素（或者其他方形尺寸）。在【编辑模式】下拉列表中选择【自定义】选项后，可更改【帧大小】的值。

当前所选预设的帧速率为 29.97 帧 / 秒（传统广播电视网络传送 NTSC 视频时使用的帧率）。

## 创建序列预设

虽然标准预设用起来很方便，但有时还是需要自定义预设。为此，可以先选择一个与素材最接近的序列预设，然后在【新建序列】对话框的【设置】和【轨道】选项卡中做相应的修改。做好调整之后，单击【设置】选项卡底部的【保存预设】按钮，保存经过修改的预设，方便将来使用。

单击【保存预设】按钮，弹出【保存序列预设】对话框，分别在【名称】和【描述】文本框中输入新预设的名称和描述，然后单击【确定】按钮。在【序列预设】的【自定义】文件夹中可以看到自定义的预设。

④ 如果能在【可用预设】中找到与素材相匹配的预设，那么就没必要做什么修改了，直接使用相应预设即可。请花点时间了解【新建序列】对话框中的各个设置，熟悉新建序列时都需要进行哪些设置。

如果新创建的序列仅用来在网络上发布与播放，建议在【设置】选项卡中把【时基】（帧速率）修改为 30 帧 / 秒，这样可以精确估算播放速度。

【编辑模式】下拉列表中包含适合特定媒体类型的设置选项。选择某些选项将禁用某些设置，以帮助用户避免不兼容的情况。选择要想获得最大的灵活性，请将【编辑模式】设置为【自定义】。

⑤ 打开【轨道】选项卡，查看其中各项设置，相关内容将在下一小节讲解。

## 最大位深度和最大渲染质量

在视频编辑过程中开启 GPU 加速（使用专用的图形硬件渲染和播放一些视觉效果）后，Premiere Pro 会启用一些高级算法，并使用 32 位深颜色渲染受支持的视觉效果（质量非常高）。

不开启 GPU 加速时，可以开启【最大位深度】选项，此时，Premiere Pro 会尽可能地使用最高质量渲染效果。对许多效果而言，这意味着要使用 32 位的浮点颜色，它支持数万亿的颜色组合。这样可以获得最佳效果，但是需要计算机做更多工作，所以实时性可能会下降。

如果开启【最大渲染质量】选项，或者在项目设置中开启 GPU 加速，Premiere Pro 会使用更高级的算法来做变换（比如缩放、旋转、移动等视觉调整）。若关闭该选项，做变换时，会出现一些明显的人工处理的痕迹或噪点。

这两个选项可以随时开启或关闭，比如在编辑视频时关闭它们以获得最佳性能，然后在输出最终作品时再把它们开启。即使这两个选项都处于开启状态，也可以使用实时效果并获得良好的性能。

### 2.3.4　了解音频轨道类型

在【时间轴】面板中，向一个序列添加剪辑时，一定是将其放在了某个轨道上。在【时间轴】面板中，轨道表现为多个水平条，用于在特定时间点上放置剪辑，如图 2-15 所示。

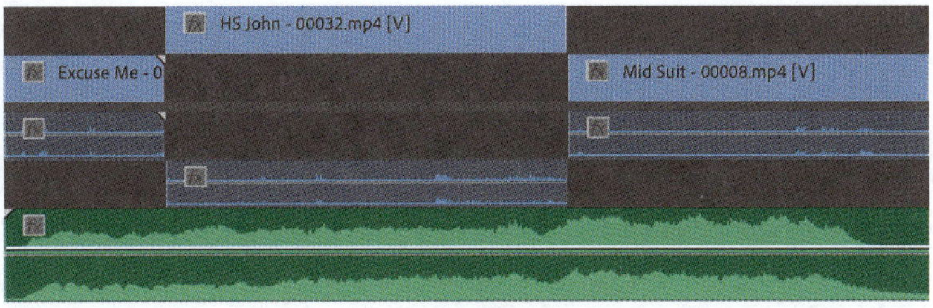

图 2-15

　　若同时存在多个视频轨道，则上方轨道上的剪辑会覆盖下方轨道上的剪辑。例如，如果第 2 个视频轨道上有图形，而第 1 个视频轨道上有视频剪辑（第 1 个视频轨道位于第 2 个视频轨道之下），那么会看到图形出现在视频上方。

　　【新建序列】对话框中有一个【轨道】选项卡，可以在其中为新序列预选轨道类型，如图 2-16 所示。在编辑过程中，可以随时添加或删除轨道，特别是在自定义序列预设时，由于音频轨道名称已预先设定好，所以这些选项用起来会格外方便。

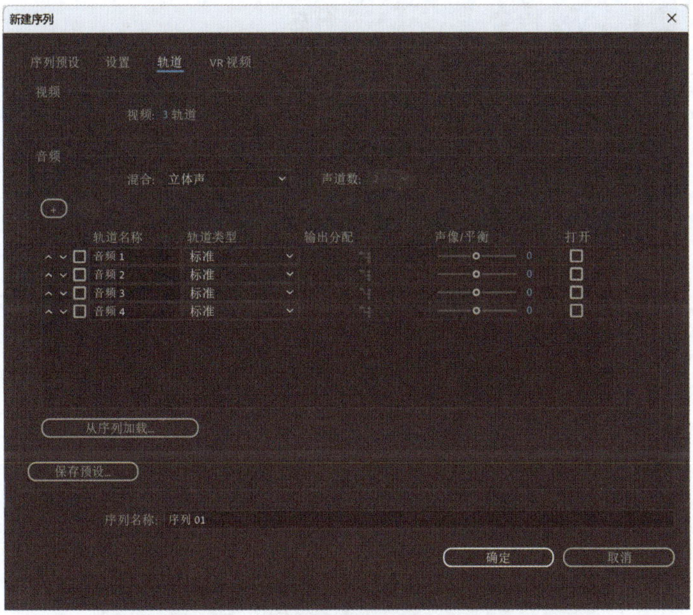

图 2-16

　　所有音频轨道会同时播放，形成音频混音。创建音频混音时，只需把音频剪辑放到不同的轨道中，并按照时间顺序排列即可。在组织解说、原声、音效、音乐时，可以将它们放入不同轨道。还可以给轨道起一个容易辨识的名字，这样在处理复杂的序列时，就不至于被各种轨道搞得晕头转向了。

　　在 Premiere Pro 中新建序列时，可以指定其中要包含多少个视频轨道和音频轨道。在【混合】下拉列表中可设置序列的音频混合输出，可以选择【立体声】【5.1】【多声道】【单声道】选项。一旦设置好，就无法再更改了，所以新建序列时必须小心设置它。这里选择【立体声】选项（默认选项）。

　　音频轨道有多种类型，每种轨道类型都是针对特定类型的音频剪辑设计的。当从【轨道类型】下拉列表中选择某种类型的轨道时，Premiere Pro 会根据轨道中声道的数量显示相应的控件来调整声音。例如，立体声剪辑的控件和 5.1 环绕立体声剪辑的控件就不一样。

　　音频轨道的类型如图 2-17 所示。

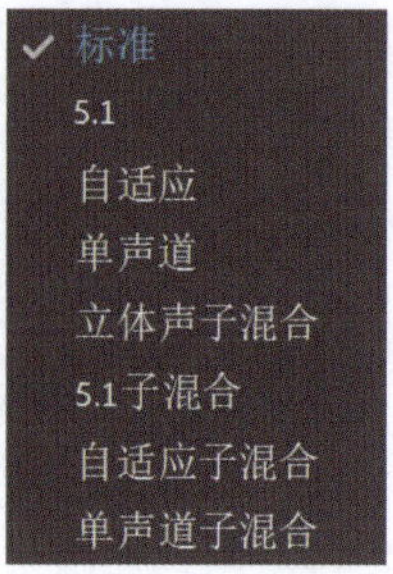

- 标准：用于单声道和立体声音频剪辑。
- 5.1：用于带有 5.1 环绕立体声的音频剪辑。
- 自适应：用于单声道、立体声或多通道音频，可以精确控制每个声道的输出路径。例如，能决定是否把声道 3 输出到声道 5 的混音中。在多语种广播电视中常使用这种轨道，以精确控制传输中使用的声道。
- 单声道：这类轨道仅适用于单声道音频剪辑。

在高级混音工作流程中，可以使用【轨道类型】下拉列表中的子混合选项，但这些内容超出了本书的讨论范围，这里不介绍。

图 2-17

注意，千万不要把音频剪辑放到错误的轨道。Premiere Pro 也会确保剪辑放到正确的轨道，例如，向一个序列添加剪辑时，若找不到合适的轨道，Premiere Pro 会自动为其创建一个合适的轨道。

有关音频的更多内容，请参阅第 10 课"编辑和混合音频"。这里单击【取消】按钮，关闭【新建序列】对话框。

# 2.4 【项目设置】对话框

前面创建好了项目，并添加好了序列和剪辑。接下来，一起了解一下有哪些重要的项目设置选项。

在菜单栏中依次选择【文件】>【项目设置】>【常规】命令，打开当前项目的【项目设置】对话框，如图 2-18 所示。

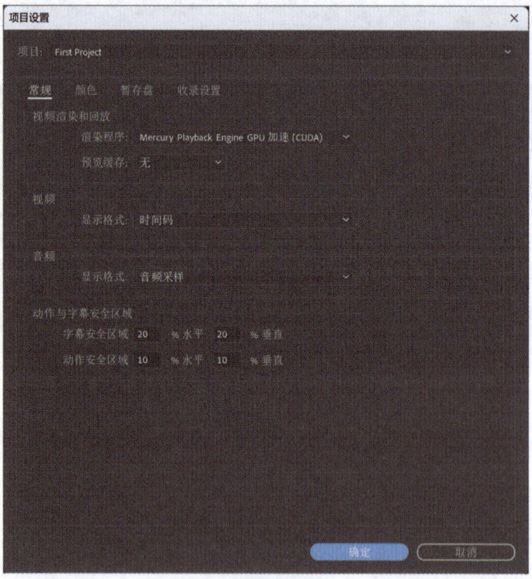

图 2-18

这些设置可以随时修改，因此刚开始设置错了也不要紧，后面改过来就好。

## 2.4.1 选择视频渲染和播放设置

处理序列中的视频剪辑时，可能会应用一些视觉效果来改变素材外观。其中，有些效果可以立即显示出来。当单击【播放】按钮时，Premiere Pro 会将原始视频和效果组合在一起，呈现最终结果，这种播放称为实时播放。实时播放很受欢迎，因为它允许即时查看处理结果，不会因为等待而丢失创意思路。

如果剪辑中应用了很多效果，或者选用的效果不适合实时播放，那么计算机很可能无法以全帧率显示最终结果。在这种情况下，Premiere Pro 做实时播放时会尽力显示视频剪辑和特效，但是无法保证把每一帧都显示出来，这就是所谓的"丢帧"现象。

在【时间轴】面板顶部有一些彩色线条（在有序列的地方），这些线条用来指示播放视频时是否需要做额外的处理。如果没有线条，或者线条为绿色、黄色，则表示 Premiere Pro 能够在不丢帧的情况下播放序列。红色线条表示 Premiere Pro 在播放该段序列时可能会丢帧，如图 2-19 所示。

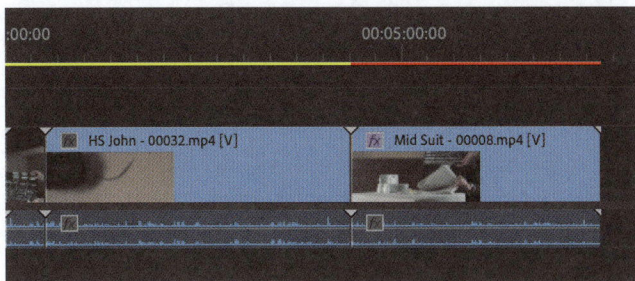

图 2-19

💡注意 【时间轴】面板顶部的红色线条并不代表一定会丢帧。它只表示相应视觉效果未经加速，在配置较低的计算机上播放很可能会出现丢帧现象。

播放序列时，出现丢帧问题也没关系，这并不会影响最终输出结果。当完成编辑，输出最终序列时，得到的仍然是所有帧，而且是高质量的（更多相关内容请阅读第 16 课"导出帧、剪辑和序列"）。

实时播放能够大大提升编辑体验，也能实时预览应用的效果。对于丢帧问题，Premiere Pro 提供了一个简单的解决方案：预览渲染。

渲染时，Premiere Pro 会先创建新的媒体文件，这些文件已经应用了指定的效果，然后播放新媒体文件而非原始素材。渲染好的预览文件就是普通的视频文件，因此可以以合适的质量全帧率播放，并且不需要计算机额外做其他工作。

在【序列】菜单中选择一个渲染命令，如图 2-20 所示，即可渲染序列的效果。

图 2-20

## 渲染与实时播放

渲染视觉效果有点类似于画家拿着画笔画画。画画要耗费纸张和时间，而纸张与时间这两种资源都是有限的。

在渲染一段序列时，Premiere Pro 需要花一些时间，然后会生成一个新的媒体文件。

假设有一段视频画面很暗，为它添加了一个视觉效果，想让画面变亮一些，但是使用的视频编辑系统无法在播放原始视频的同时把画面调亮。在这种情况下，可以先让系统渲染添加的视觉效果，新建一个临时视频文件，该临时视频的画面更亮，看起来就像是原始视频和视觉效果融合的产物。

播放编辑好的序列时，渲染的部分会显示渲染好的视频文件，而非原始剪辑（一个或多个）。这一过程是不可见的，也是无缝的。在这个例子中，渲染好的文件看起来和原始视频文件是一样的，只是画面要更亮一些。

假设序列中包含一段需要提亮的片段，在播放这个序列时，当需要提亮的部分播放完，系统会悄无声息地从预览文件切换回序列中的其他原始视频文件，继续往下播放。

渲染不仅耗费时间，还会额外占用大量磁盘存储空间。另外，由于显示的是一个新的视频文件（对原始素材的复制），所以可能会有一些画质损失。渲染好一段序列后，即使把【回放分辨率】设置为【完整】，仍然能流畅地预览最终效果。

相比之下，实时播放是即时的。应用了某种实时效果后，系统能立即播放融入了该效果的视频剪辑，并不需要等待效果渲染完成。实时播放的唯一缺点是对系统配置要求较高，系统配置决定着在不做渲染的情形下可以做多少事。添加的效果越多，实时播放时系统需要做的工作也越多。选用高性能显卡可以显著提升实时播放性能（参见有关介绍水银回放引擎的部分）。另外，选用的效果也要支持 GPU 加速，但并非所有效果都支持 GPU 加速。

返回【项目设置】对话框，若【常规】选项卡【视频渲染和回放】区域的【渲染程序】下拉列表可用，则表明计算机显卡支持 GPU 加速，而且安装正确。

【渲染程序】下拉列表中包含以下两个选项。

• Mercury Playback Engine GPU 加速：选择该选项，Premiere Pro 会把许多回放任务发送给计算机的显卡，并支持大量实时效果和序列中混合格式文件的流畅播放。使用不同的显卡和操作系统，可能会看到 CUDA、OpenCL、Metal 等多个 GPU 加速选项。不同显卡拥有不同的加速性能，有些显卡还支持多种加速性能，所以可能需要反复尝试才能找到最佳选项。在 macOS 中，请选择 Metal GPU 加速选项。有些高级 GPU 还支持【预览缓存】（可提升播放性能）。使用时可以反复尝试这些选项，直到获得最佳播放性能。

• 仅 Mercury Playback Engine 软件：选择该选项仍然能够获得不错的性能。若计算机显卡不支持 GPU 加速，则只有该选项可用，并且无法打开下拉列表。

如果计算机系统支持 GPU 加速功能，强烈推荐开启 GPU 加速，这将有助于提升整体性能。在使用 GPU 加速的过程中，若出现性能降低或不稳定等问题，请尝试选择【仅 Mercury Playback Engine 软件】。可以随时修改【渲染程序】的设置。

现在，请从两个可用的 GPU 选项中选择一个使用。

# Mercury Playback Engine（水银回放引擎）

Premiere Pro 的【Mercury Playback Engine】用来解码和播放视频文件，它有如下三大特征。

• 播放性能好：Premiere Pro 拥有极高的视频播放效率，即便在处理一些难以播放的视频格式（比如 H.264、H.265、AVCHD）时也是如此。使用 DSLR 摄像机或手机录制的视频很可能就是 H.264 编码的。得益于 Mercury Playback Engine，Premiere Pro 可以流畅地播放这些文件。如果计算机 GPU 支持硬件加速，可以在【媒体】首选项中开启硬件加速编码，这样可以提升播放性能。

- 64 位和多线程：Premiere Pro 可以使用计算机中的所有随机存取存储器（RAM）。这在处理高清或超高清视频（比如 4K 以上视频）时特别有用。Mercury Playback Engine 支持多线程，它可以使用计算机中的所有 CPU 核心。计算机的配置越高，Premiere Pro 的性能就越好。
- CUDA、OpenCL、Apple Metal、Intel 显卡支持：如果显卡功能十分强大，Premiere Pro 会把一部分视频播放任务委托给显卡，而不会全部推给 CPU。这样在处理序列时能够获得更好的性能和响应能力，许多效果可以实时播放，而且不会出现丢帧问题。

有关显卡支持的更多内容，请访问 Adobe 帮助页面。

## 2.4.2　选择视频和音频显示格式

在【新建项目】对话框的【常规】选项卡中，有两个选项用来指示 Premiere Pro 应该如何为视频和音频剪辑显示时间。

大多数情况下使用默认设置，即【视频显示格式】为【时间码】和【音频显示格式】为【音频采样】。这些设置不会改变 Premiere Pro 播放视频或音频剪辑的方式，只会改变时间度量的显示方式，而且可以随时修改。

### 1. 视频显示格式

【视频显示格式】下拉列表中提供了 4 个选项供用户选择，如图 2-21 所示。对于一个给定的项目，要根据源素材是视频还是胶片来进行选择。现在用胶片制作的影片已经很少了，如果不确定源素材的类型，可以直接选择【时间码】选项。

图 2-21

【视频显示格式】下拉列表包含如下几个选项。

- 时间码：这是默认选项，时间码是摄像机在记录图像信号时为每幅图像记录的唯一时间编码。时间码系统是一个全球通用系统，用于为视频中的每帧分配一个数字，以表示小时、分钟、秒和帧。全世界的摄像机、专业视频录像机和非线性编辑系统都使用该系统。

- 【英尺 + 帧 16mm】和【英尺 + 帧 35mm】：如果源文件来自胶片，并由显影室的工作人员按照编辑要求将原始负片修剪成完整电影，那么可能需要使用这两个选项来计算时间。与使用秒和帧测量时间的方法不同，这两个选项会统计英尺数和最后一英尺后的帧数。

- 画框：该选项只用于统计视频帧数。做动画项目时会用到这个选项。

这里把【视频显示格式】设置为【时间码】。

### 2. 音频显示格式

对于音频文件，时间可以用【音频显示格式】下拉列表中的【音频采样】或【毫秒】选项来表示，如图 2-22 所示。

图 2-22

- 音频采样：录制数字音频时，通常会使用麦克风采集声级样本（又称为"气压水平"），每秒采集几千次。在大多数专业摄像机中，每秒大约采集 48000 次。播放剪辑和序列时，Premiere Pro 允许选择或编辑音频时间的显示方式，如时、分、秒、帧或者时、分、秒、采样。

- 毫秒：选择该选项后，Premiere Pro 会使用时、分、秒、毫秒来显示序列中的时间。

默认情况下，Premiere Pro 允许放大【时间轴】面板，以方便查看各个剪辑片段的帧。不过可以轻松地切换到音频显示格式，从而对音频做精细的调整。

这里设置【音频显示格式】为【音频采样】。

### 2.4.3　动作安全区和字幕安全区

在为传统广播电视制作项目时，可能需要针对电视裁切画面边缘进行补偿，以产生干净的边缘。这会涉及以下两个区域。

* 动作安全区：该图像区域在大多数电视上都会被保留，需要把重要的图像内容放到这一区域内。
* 字幕安全区：该图像区域只有在校准很差的电视上才会被裁切掉。大多数情况下，把字幕放在这一区域内，可防止字幕被屏幕边缘裁切掉，确保字幕总是可见的。

Premiere Pro 会在【源监视器】和【节目监视器】中显示安全边距框线，把动作安全区和字幕安全区明确标识出来。在使用安全边距框线之前，先要搞清楚作品要在什么样的屏幕上播放。技术越先进的电视屏幕，安全边距越小，显示的图像越大。要想了解更多相关内容，请阅读第 4 课"组织剪辑"。

### 2.4.4　颜色管理设置

Premiere Pro 支持高动态范围（HDR）视频，允许录制与处理具有高动态范围（指画面中最亮区域与最暗区域之间的跨度范围）和高饱和度的视频。本书不会详细讲解有关 HDR 的内容，但建议大家花些时间好好了解一下相关内容。

要想制作 HDR 视频内容，首先得有一台能够录制 HDR 视频的摄像机和支持 HDR 视频的编辑软件（Premiere Pro），当然还要有能够显示 HDR 视频内容的显示器。

在【项目设置】对话框的【颜色】选项卡中，Premiere Pro 提供了一些用于解释、显示剪辑和序列中颜色和亮度信息的高级选项。【Lumetri 颜色】面板为这些选项提供了快捷方式，相关内容将在第 13 课"应用颜色校正和颜色分级"中讲解。

### 2.4.5　设置暂存盘

在【项目设置】对话框中打开【暂存盘】选项卡，如图 2-23 所示。

当从磁带捕捉（录制）视频、渲染效果、保存项目文件副本、从 Adobe Stock 中下载素材、导入动态图形模板或者录制画外音时，Premiere Pro 都会在磁盘中新建文件。

暂存盘就是 Premiere Pro 存储这些文件的地方。虽然"暂存盘"名称中包含一个"盘"字，但它其实只是一些文件夹。存储在暂存盘中的文件，有些是临时的，有些则是 Premiere Pro 新创建或导入的。

暂存盘可以是一个单独的磁盘，也可以是现有存储器上的一个子文件夹。可以把暂存盘设置在当前项

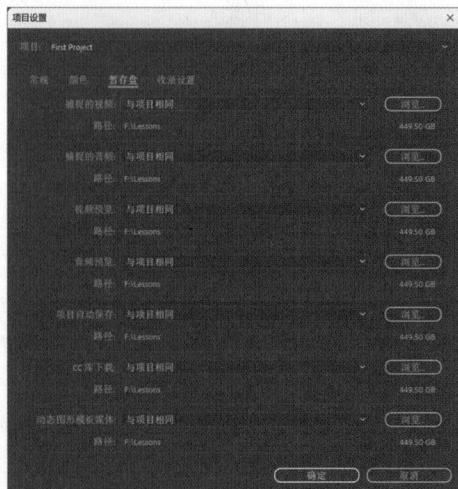

图 2-23

目文件夹中，也可以设置在其他地方，这取决于计算机的磁盘状况和工作流程。如果使用的媒体文件尺寸非常大，可以把各个暂存盘设置在不同的磁盘上，这样可以大大提升系统性能。

编辑视频时，常用的两种存储设置方法如下。

- 基于项目设置：将所有相关素材文件和项目文件存储在同一个文件夹中。这是默认设置，也是最易管理的选项。

默认情况下，Premiere Pro 会把新建的素材文件和项目文件存放在一起，即在暂存盘下拉列表中选择【与项目相同】选项。把所有相关文件放在一起，有助于查找文件。

向项目导入素材文件之前，把它们放入同一个文件夹中，会使这些文件的组织更有条理。而且在项目制作完成后，可以直接删除存储项目文件的那个文件夹，从而把所有相关文件一起从系统中删除。

可以使用多个子文件夹组织项目素材、笔记、脚本以及相关资源。

使用基于项目的设置也有不利的一面：把所有素材文件和项目文件存放在一起，编辑时会大大增加磁盘负担，最终影响视频播放性能，尤其是在处理慢速影片时，影响更明显。

- 基于系统设置：将不同项目的素材文件集中存放在一个地方（通常是高速网盘），项目文件存放在另外一个地方。在这个过程中，可以把不同类型的素材文件存放在不同的位置。

有些编辑人员喜欢将所有项目的素材文件保存在一起。而另外一些编辑人员喜欢把素材文件夹和预览文件夹存放在与项目不同的位置。当编辑人员使用多个编辑软件，并且连接到同一个网络存储位置时，通常会选择使用基于系统的设置。此外，有些编辑人员习惯使用高速硬盘存储视频素材，用低速硬盘存储其他内容，这时他们也会选用基于系统的设置。

基于系统的设置也有缺点：一旦项目编辑完成，如果想把所有文件收集存档，此时，素材文件分散在不同的存储位置，收集起来费劲且麻烦。

如果想更改存放某类数据的暂存盘的位置，请从该数据类型对应的下拉列表中选择一个存储设置。下拉列表中可供选择的存储设置如下。

- 文档：使用 Premiere Pro 子文件夹，把暂存盘设置在系统用户下的【文档】文件夹中。
- 与项目相同：把暂存盘设置在项目文件夹下。这是默认设置。
- 自定义：允许用户自己指定暂存盘位置。单击【浏览】按钮，在打开的【选择文件夹】对话框中选择一个文件夹，单击【选择文件夹】按钮，Premiere Pro 会将暂存盘设置在所选文件夹。

每个暂存盘的位置下方都有一个路径，用来指示当前暂存盘所在的位置，还有可用磁盘空间的大小。

可以把暂存盘设置在本地硬盘上，也可以设置在远程网络存储系统上，只要计算机能够访问即可。不过有一点需要注意，那就是暂存盘的读写速度和响应能力会对视频的播放和渲染性能产生很大影响，所以建议尽量选择读写速度快的存储设备。

## 硬盘存储和网络存储

虽然所有类型的文件都可以放在同一个硬盘中，但是标准的编辑系统往往有两个硬盘：硬盘1，用来存放操作系统和程序；硬盘2，通常读写速度更快，用来存储素材文件（包括录制的音/视频、音/视频预览文件、静态图像和导出后的文件）。为了获得更好的性能，最好再准备一个存储器（推荐 SSD），专门保存临时的媒体缓存文件。

NVMe 固态硬盘的读写速度非常快，即使把所有文件都存储在一个硬盘中，可能也不会感觉到播放性能受到了影响。但是，在使用 8K RAW 这类特大尺寸的素材文件时，影响就会比较明显，而且为了简化项目的组织，还是建议大家把素材单独存放在一个硬盘中。

有些存储系统使用本地计算机网络在多个系统之间共享存储器。如果是这种情况，请确保配置正确，并测试一下访问速度是否符合要求。

除了可以指定新媒体文件的创建位置，还可以指定存放项目自动备份文件的位置。处理项目的过程中，Premiere Pro 会自动生成项目文件的副本。在【暂存盘】选项卡的【项目自动保存】下拉列表中，选择一个存储位置，用来保存项目文件的副本，如图 2-24 所示。

图 2-24

计算机中的存储驱动器有时会出现故障，导致存储在其中的文件丢失，而且不会有任何警告。一般情况下，如果一个文件只有一个副本，那就别指望丢失后再把它找回来。为了防止出现这种情况，最好将【项目自动保存】的位置设置在另外一个物理上独立的存储设备中。

如果选用 Dropbox、OneDrive、Google Drive 等文件同步共享服务来存储自动保存的文件，那么就可以做到随时随地访问所有自动保存的项目文件。

通过【库】面板，用户可以轻松访问其他项目的共享资源，也可以把自己的资源共享给其他用户。从【库】面板把资源直接拖入当前项目的【项目】面板或【时间轴】面板，即可将其添加到当前项目中。

Premiere Pro 可以导入和显示使用 After Effects 或 Premiere Pro 创建的动态图形模板和字幕素材。在向当前项目导入一个动态图形模板时，Premiere Pro 会把该模板的一个副本存储到指定的位置。

> 💡注意 这里不修改暂存盘，保持默认设置，即每一项都设置为【与项目相同】选项。

## 2.4.6 收录设置

专业编辑人员将向项目添加素材文件的行为称为"导入"或"收录"素材。这两个术语经常混用，但其实它们有着不同的含义。

向一个项目"导入"某个素材文件时，Premiere Pro 并不会直接把素材文件放入项目中，而是创建一个剪辑，链接至素材文件，被导入的素材文件仍然保存在原来的位置。所谓向序列中添加素材，其实就是把链接至素材文件的剪辑添加到序列中。

而在【项目设置】对话框的【收录设置】选项卡中勾选【收录】复选框（见图 2-25），或者在【导入】模式下开启【复制媒体】选项后，情况就变得不一样了。勾选【收录】复选

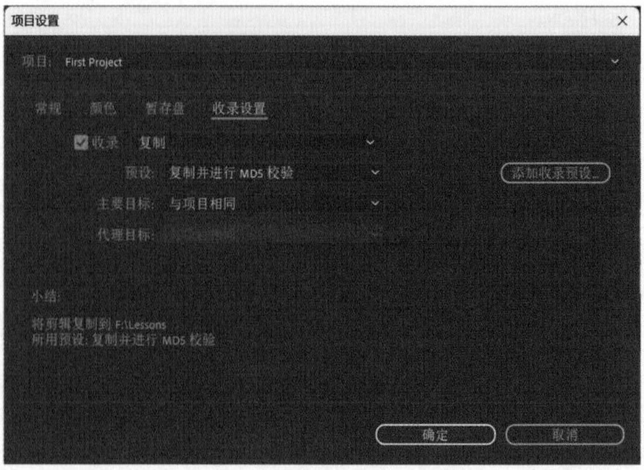

图 2-25

框后，Premiere Pro 会把原始素材文件复制到一个新位置以便更好地组织素材文件，并且在导入项目前，将其转换成适合编辑的新格式。

在【收录设置】选项卡中，勾选【收录】复选框，【收录】下拉列表中列出了对素材文件的几种处理方式，具体如下。

 • 复制：用于把素材文件复制到一个新的存储位置。选择该选项后，Premiere Pro 会把所有素材放入同一个文件夹中。

 • 转码：用于把素材文件转换成一种新格式。在一个大型项目中，当需要对用到的素材文件统一做标准化处理时，建议选择该选项。

 • 创建代理：为素材文件创建代理。选择该选项，Premiere Pro 会为素材文件创建低分辨率代理版本，这样既能保证在配置较低的计算机上实现流畅播放，又能有效地减少占用的存储空间。当然，此时原始素材文件仍然可用，且可以根据需要在两种不同品质（高品质和代理品质）的素材文件之间自由切换。

 • 复制并创建代理：用于把原始素材文件复制到新位置，并为它们创建代理版本。

更多相关内容，将在第 3 课"导入媒体素材"中讲解。在实际工作中，用户可以根据需要随时修改这些设置。这里不勾选【收录】复选框。

检查项目所有设置，确保无误之后，单击【确定】按钮，使修改生效。保存当前项目，然后在菜单栏中依次选择【文件】>【关闭项目】命令，将项目关闭。

---

**♀ 注意**　在 Premiere Pro 中，向一个项目导入素材的方法有多种。勾选【收录】复选框后，无论选用哪种导入方法，Premiere Pro 都会应用选择的【收录】下拉列表中的选项。但是，那些已经导入项目中的剪辑则不会受到任何影响，也就是说，Premiere Pro 不会向它们应用【收录】下拉列表中的选项。

---

## VR 视频

Premiere Pro 对 360° 和 180° 视频提供了很好的支持。这两类视频使用多台摄像机或超广角镜头拍摄而成，通常称为 VR 视频（或沉浸式视频）。使用 VR 头盔观看此类视频，能够获得身临其境的体验。

在【新建序列】对话框的【VR 视频】选项卡中，可以手动指定捕捉视图的角度，以使 Premiere Pro 准确显示图像。

有关 VR 视频的内容超出了本书的讨论范围，建议在掌握了基本的视频编辑知识之后再学习相关内容。

## 2.5　复习题

1. 在【新建序列】对话框中，【设置】选项卡的用途是什么？
2. 如何选择序列预设？
3. 什么是时间码？
4. 如何自定义序列预设？
5. 如何为视频编辑过程中产生的临时文件指定存储位置？

## 2.6　答案

1. 【设置】选项卡用来修改已有预设，或新建预设。
2. 最好选择与原始素材相匹配的预设，尽量减少播放期间的转换工作。Premiere Pro 从摄像机系统角度对每个预设进行了描述，可以根据这些描述轻松找到要使用的预设。
3. 时间码是一个使用时、分、秒、帧测量时间的通用系统。在不同录制格式下，每秒的帧数不同。
4. 首先，在【新建序列】对话框的【设置】选项卡中设置各个选项，然后单击【保存预设】按钮，在【保存序列预设】对话框中输入名称和描述，单击【确定】按钮。
5. 在【项目设置】对话框的【暂存盘】选项卡中，可以为视频编辑过程中产生的临时文件指定存储位置。

## 第 3 课

# 导入媒体素材

## 课程概览

本课主要学习如下内容。

- 创建代理
- 使用【导入】命令导入素材
- 自定义媒体缓存
- 使用【导入】模式与【媒体浏览器】面板导入素材
- 录制画外音

## 学完本课大约需要 **75**分钟

请先准备好本课要用到的课程文件，并把它们保存到计算机中的合适位置。

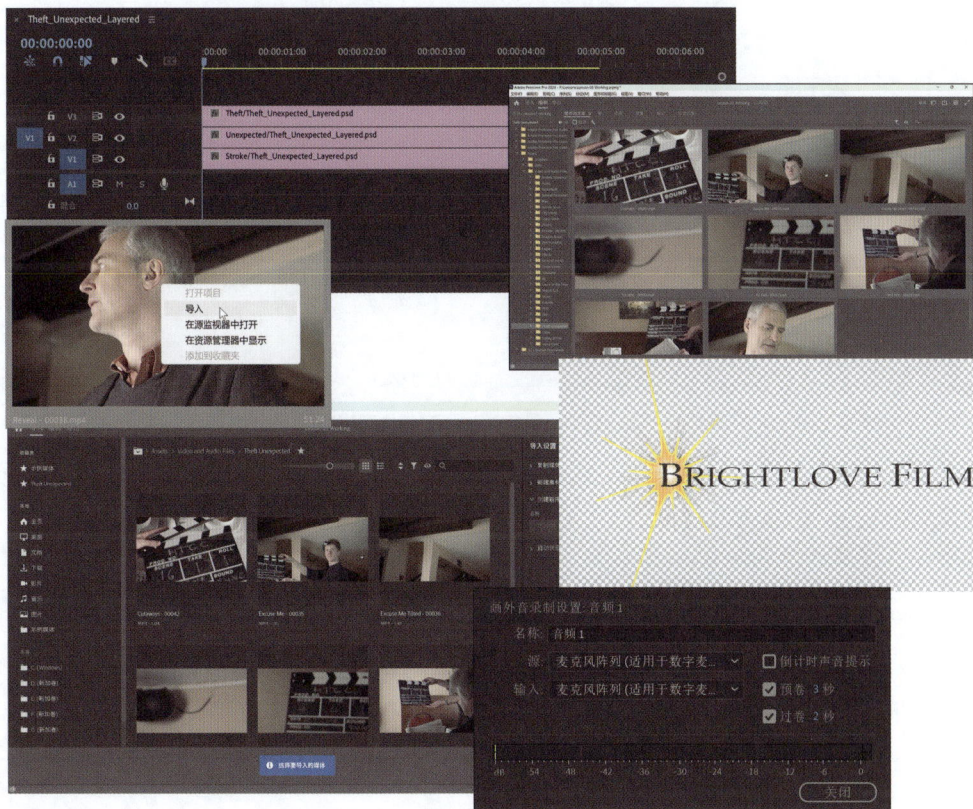

无论使用哪种方法编辑序列，第一步要做的都是把素材文件导入【项目】面板，然后按照某种逻辑组织素材。本课将详细讲解导入素材文件的多种方法。

# 3.1　课前准备

创建序列前，需要先把素材导入项目，包括视频素材、动画文件、解说、音乐、图形、图像、照片等。

> 💡注意　开始学习前，请先把 Premiere Pro 首选项恢复成默认设置，具体操作为：在桌面上双击 Premiere Pro 图标，并立即按住【Option】键（macOS）或【Alt】键（Windows），在弹出的【重置选项】对话框中，勾选【重置应用程序首选项】，单击【继续】按钮。

在 Premiere Pro 中，不仅是图形、字幕、标题，序列中用到的所有素材都会显示在【项目】面板中。例如，把一个视频剪辑直接导入某个序列时，Premiere Pro 会自动把它显示在【项目】面板中。当在【项目】面板中删除一个剪辑时，Premiere Pro 也会把该剪辑从使用它的序列中删除（执行该操作时，会出现一条警告和一个撤销选项）。

本课介绍如何把媒体素材导入 Premiere Pro。导入大多数素材文件时会用到【媒体浏览器】面板，它是一个非常棒的资源浏览器，可以使用它浏览要导入 Premiere Pro 中的各种素材。此外，还会介绍一些特殊情况的应对方法，例如，导入包含单个图层或多个图层的图形图像的方法。

① 打开第 2 课中创建的项目文件。如果前面学习第 2 课时没有实际动手创建项目，可以直接使用 Lesson 03 文件夹中的 Lesson 03.prproj 文件。

② 在菜单栏中依次选择【文件】>【另存为】命令。

③ 在【保存项目】对话框中转到 Lessons 文件夹，输入 Lesson 03 Working.prproj，单击【保存】按钮，保存当前项目。

④ 单击【工作区】按钮（■），在弹出的菜单中选择【编辑】命令，然后再次单击该按钮并选择【重置为已保存的布局】命令。

> 💡注意　当打开一个在其他计算机上创建的项目时，可能会出现一条"渲染器丢失"的警告信息，这表示最近一次保存项目时所使用的项目设置针对的是另外一个 GPU。此时，单击【确定】按钮即可。

# 3.2　导入素材

在向一个项目中导入素材时，Premiere Pro 不是把素材文件复制到项目中，而是创建一个指向素材文件的链接。在 Premiere Pro 中，这样的"链接"称为"剪辑"。其实"剪辑"也可以看作素材文件的一个"别名"（macOS）或"快捷方式"（Windows）。

在 Premiere Pro 中使用剪辑时，并不是在复制或修改原始文件，而是在用一种非破坏性的方式有选择地选取原始素材的一部分或全部。

例如，选取剪辑的一部分并将其放入序列中时，剪辑中那些未被选取的部分并不会被裁掉。Premiere Pro 会把剪辑的一个副本添加到序列中，其中包含内置指令，只允许 Premiere Pro 播放选取的那部分内容。这么做只是改变了剪辑在序列中的持续时间，实际上素材文件原来的持续时间并没有发生改变，而且仍然可用。

另外，当向一个剪辑添加画面变亮效果时，该效果只会应用到选择的剪辑上，而不会应用到剪辑所链接的素材文件上。从某种意义上说，原始素材文件是通过"剪辑"这个替身参与到项目中的，所有设置和效果都应用在"剪辑"上。

在 Premiere Pro 中，导入素材的方法主要有如下 4 种。

- 使用【导入】命令。
- 把素材文件直接从【访达】（macOS）或【文件资源管理器】（Windows）拖入【项目】面板或【时间轴】面板。
- 使用【导入】模式。
- 使用【媒体浏览器】面板。

> 💡 提示　除了使用【导入】命令，另一种打开【导入】对话框的方法是在【项目】面板中双击空白区域。

## 3.2.1　使用【导入】模式或【媒体浏览器】面板

当不知道该选哪种导入方法时，可使用【导入】模式。【导入】模式提供了一个功能强大且易于使用的界面，它可以自动管理素材，帮助用户轻松地把素材导入 Premiere Pro。例如，当使用摄像机拍摄的素材包含多个视频片段时，在【导入】模式下，Premiere Pro 会自动把各段视频拼接成完整的剪辑呈现出来。无论原始录制格式是什么，都会把每个录制文件看作一个包含音频、视频的素材。这样一来，就不必再去理会摄像机那些复杂的文件夹结构，只使用方便浏览的缩览图就可以了。

在【编辑】模式下，【媒体浏览器】面板提供了高级的媒体浏览工具、与【导入】模式相同的媒体浏览和导航选项，还提供了导入前在【源监视器】中预览剪辑的附加选项，以及访问剪辑元数据的方法。只要能够看到元数据（包含剪辑持续时间、录制日期、文件类型等重要信息），就能轻松地从一大堆剪辑中选出需要使用的剪辑。【媒体浏览器】面板还支持导入 Illustrator 文件和图像序列，但【导入】模式不支持导入这些类型的文件。

进入【导入】模式很简单，只需单击界面左上角的【导入】按钮即可，如图 3-1 所示。

在【导入】模式下浏览素材文件时，先在左侧区域中选择素材文件所在的位置，然后在中间区域双击文件夹，即可查看文件夹下的所有内容。当进入多层文件夹时，完整的文件夹路径会显示在上方，如图 3-2 所示，单击某个文件夹名称，可直接进入相应文件夹。

| 图 3-1 | 图 3-2 |

在最下方的【云】区域中，单击某个云存储，可在计算机中找到云存储对应的本地文件夹。

若有一个文件夹需要经常访问，可以单击文件夹路径右侧的星号，将其添加到屏幕左侧的【收藏夹】区域中，如图 3-3 所示，以便随时访问。

进入【编辑】模式，在【编辑】工作区的默认布局下，【媒体浏览器】面板显示在界面左下方。默认状态下，【媒体浏览器】面板与【项目】面板在同一个面板组，如图 3-4 所示。

图 3-3

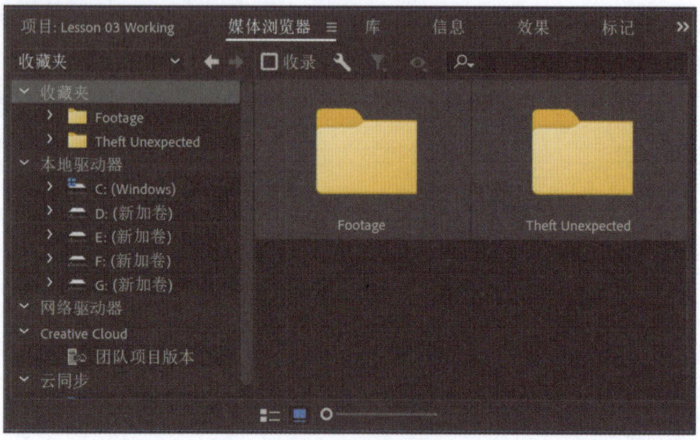

图 3-4

> 💡 **提示** 按【Shift】+【8】组合键（请使用键盘顶部的数字键【8】，不要用数字小键盘上的数字键【8】），也可以快速打开【媒体浏览器】面板。

单击面板名称右侧的面板菜单按钮（≡），在面板菜单中选择【浮动面板】命令，可以使【媒体浏览器】面板成为浮动面板。

在【媒体浏览器】面板中浏览文件与在【访达】（macOS）或【文件资源管理器】（Windows）中浏览文件类似。【媒体浏览器】面板左侧为导航文件夹，显示的是计算机硬盘中的内容，【媒体浏览器】面板顶部有向前与向后的导航按钮。

在【媒体浏览器】面板中选择了某个文件夹或素材文件后，可以使用键盘上的方向键来选择其中的各个素材。

无论何时，都可以交替使用【导入】模式和【媒体浏览器】面板来导入素材。随着对 Premiere Pro 越来越熟悉，最终会找到自己最喜欢的方式。

使用【导入】模式或【媒体浏览器】面板有如下一些好处。

· 浏览文件夹时，可启用过滤功能。在【导入】模式下，可按素材类型过滤素材，仅显示某一类素材，比如仅显示视频、仅显示音频、仅显示图像；在【媒体浏览器】面板中，单击过滤器图标（▼），可按素材格式过滤素材，仅显示某种格式的素材，比如仅显示 JPEG、PSD、XML 或 ARRIRAW 格式的素材。

· 自动侦测摄像机数据，包括 AVCHD、Canon XF、P2、RED、Cinema DNG、Sony HDV、XDCAM（EX 与 HD），确保正确显示和导入剪辑。

· 正确显示和导入存放在多个存储卡中的素材文件。即便某些素材文件很大，存放在多个存储卡中，Premiere Pro 也能自动把它们作为一个整体导入项目。

· 在【媒体浏览器】面板中，可查看素材的元数据，并且可以指定显示哪些元数据。

· 在【导入】模式下，导入新剪辑时，Premiere Pro 会自动创建素材箱或序列。

## 打开或浏览项目

Premiere Pro 允许用户同时打开多个项目文件。这样用户可以很方便地把一个项目中的剪辑复制到另外一个项目中。

请注意，所有打开的项目都是可编辑的。打开一个项目复制其中的剪辑时，需要特别小心，防止意外修改了项目。

在 Premiere Pro 中同时打开多个项目后，这些项目名称会出现在【窗口】>【项目】子菜单中，单击项目名称可切换到相应项目。

此外，还可以使用【媒体浏览器】面板浏览其他项目文件。在【媒体浏览器】面板中找到要浏览的项目文件，双击即可查看其内容。然后从中选择要用的剪辑和序列，把它们导入当前项目的【项目】面板中。

在【媒体浏览器】面板中浏览项目时，项目处于锁定状态，无法直接编辑项目，这样可以防止意外修改项目。

### 3.2.2 使用【导入】命令

在菜单栏中选择【文件】>【导入】命令，可打开【导入】对话框，如图 3-5 所示。

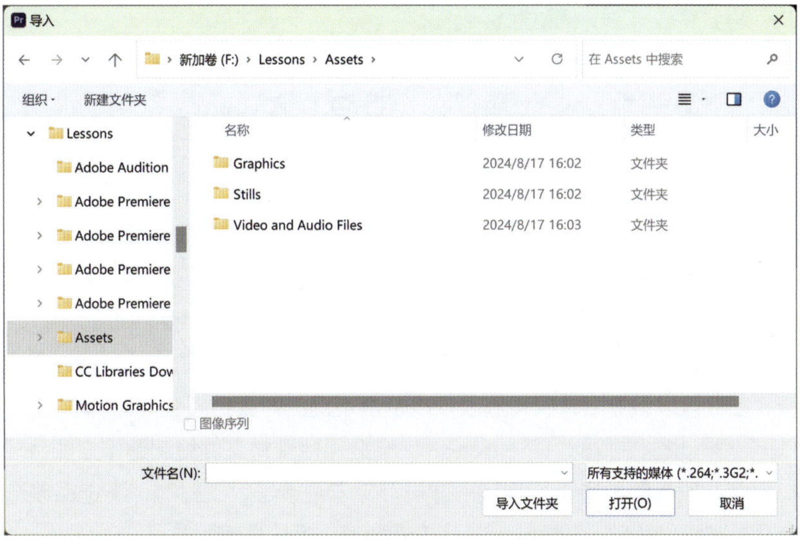

图 3-5

此外，还可以使用【Command】+【I】组合键（macOS）或【Ctrl】+【I】组合键（Windows）来打开【导入】对话框。

【导入】命令特别适合用来导入独立素材，比如图形、音频、视频［MOV（QuickTime）、MP4（H.264）］等。尤其是确切知道素材放在什么地方，而且能够快速找到它们时，建议使用这种导入方法。

请注意，【导入】命令不适合用来导入基于文件的摄像机素材（这类素材通常有复杂的文件夹结构，而且有独立的音频、视频文件，以及描述素材的重要数据——元数据），也不适合用来导入 RAW 素材。对于大多数使用摄像机拍摄的素材，使用【导入】模式或【媒体浏览器】面板导入即可。

### 3.2.3 在【时间轴】面板中显示剪辑名称和标签颜色

在【项目】面板中，可以修改剪辑名称或标签颜色来组织剪辑。在把剪辑添加到序列中后，剪辑的新名称和标签颜色会在【时间轴】面板中显示出来。不过在默认设置下，该剪辑的原有实例仍会显示原来的名称和标签颜色。

在【时间轴】面板中，用户可以自己指定是显示源剪辑名称和标签颜色，还是显示更改后的剪辑名称和标签颜色。在【项目】面板中，双击 First Sequence 序列，将其在【时间轴】面板中打开，激活【时间轴显示设置】按钮（🔧）。单击【时间轴显示设置】按钮，从弹出的下拉列表中启用【显示源剪辑名称和标签】选项，如图 3-6 所示。

是显示源剪辑名称和标签颜色（启用【显示源剪辑名称和标签】），还是显示更改后的剪辑名称和标签颜色（关闭【显示源剪辑名称和标签】），取决于具体项目的制作流程，可以根据需要随时在两者之间切换。

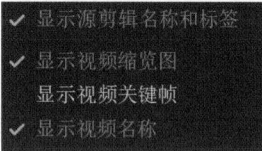

✔ 显示源剪辑名称和标签
✔ 显示视频缩览图
　 显示视频关键帧
✔ 显示视频名称

图 3-6

# 3.3  收录设置和代理

在播放素材和向素材应用效果方面，Premiere Pro 有很好的性能表现，而且支持大量媒体格式和编解码器。但是，有时在播放和处理某些素材，特别是超高分辨率的 RAW 素材时，系统硬件会显得"力不从心"，从而导致系统卡顿，无法顺畅运行。

针对这个问题，有一个有效的解决办法：编辑时使用分辨率较低的副本，编辑完成后切换回全分辨率版本，最后检查效果并输出。这就是所谓的"代理工作流"（proxy workflow），即创建低分辨率的代理文件，然后用它临时代替原始文件做各种处理。无论何时，都可以随意在原始文件和代理文件之间切换。

导入期间，Premiere Pro 会自动创建代理文件。如果计算机系统性能十分好，能够完全胜任原始素材的处理工作，那大可不必使用该功能。不过 Premiere Pro 的代理功能对于改善系统性能、提升协作效率有明显的效果，尤其是在低配计算机上处理高分辨率的素材文件时，使用代理的优势更明显。

在菜单栏中依次选择【文件】>【项目设置】>【收录设置】命令，进入【项目设置】对话框的【收录设置】选项卡，在此可以设置素材收录选项，以及指定是否为素材创建代理。

• 复制：复制导入素材文件时，Premiere Pro 会把原始素材文件复制到【主要目标】中指定的位置，原始文件仍保留在原来的位置上。当从摄像机存储卡直接导入素材时，请选择该选项，以确保即便之后将存储卡从计算机中移除，Premiere Pro 仍然能够访问这些素材文件。

💡 提示　复制素材文件时，可以选择让 Premiere Pro 做 MD5 校验。这样可以确保复制准确无误，但会增加文件的复制时间。

• 转码：导入素材文件时，Premiere Pro 会根据选择的预设将素材文件转换成新的格式，并把新文件保存到指定的目标位置。如果需要进行后期制作，并且所有项目使用的都是标准文件格式和编解码器，请选择【转码】选项。

• 创建代理：导入素材文件时，Premiere Pro 会创建尺寸更小的低分辨率副本，以确保素材能够流畅地播放，Premiere Pro 还会把它们保存到【代理目标】中指定的位置。如果计算机配置较低，或者希望在携带素材外出时节省存储空间，请选择【创建代理】选项。这些低分辨率的素材质量较低，一般不会在最终作品中使用它们，但在多软件协同工作流程中，使用它们可以大大提升工作效率，加快视觉效果的应用速度。

• 复制并创建代理：导入素材文件时，Premiere Pro 会把原始文件复制到【主要目标】中指定的位置，并创建代理，将其保存到【代理目标】指定的位置。

在为项目中的剪辑创建好代理之后，在【源监视器】或【节目监视器】中单击【切换代理】按钮（■），可以轻松地在原始文件（全分辨率）和代理文件（低分辨率）之间来回切换。

接下来，详细讲解一下这些设置。

① 在菜单栏中依次选择【文件】>【项目设置】>【收录设置】命令，进入【项目设置】对话框的【收录设置】选项卡。

默认设置下，所有收录选项都处于未选择状态。需要注意的是，无论选择哪种导入方式，Premiere Pro 都只会把收录设置应用到即将导入的素材上，之前已经导入的素材不受任何影响。

② 勾选【收录】复选框，如图 3-7 所示，展开右侧的下拉列表，会看到里面有多个选项。

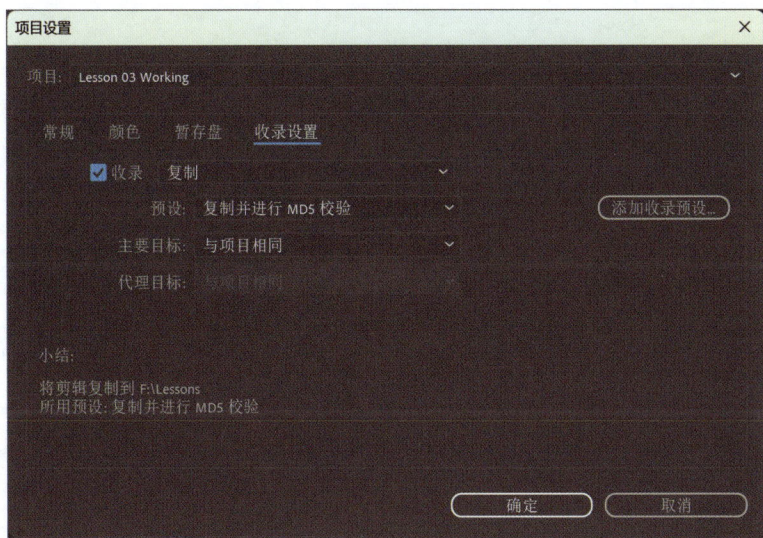

图 3-7

③ 在下拉列表中选择【创建代理】选项，然后打开【预设】下拉列表，如图 3-8 所示，依次选择各个选项，在对话框底部的【小结】中查看每个选项的说明。

④ 浏览完各个选项后，单击【取消】按钮，退出【项目设置】对话框，不做任何修改。

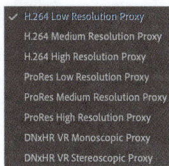

图 3-8

上面简单介绍了使用素材代理的工作流程。有关管理、浏览、链接代理文件，以及新建代理文件预设的更多内容，请阅读 Premiere Pro 帮助文档。

# 3.4 【导入】模式与【媒体浏览器】面板

编辑项目的过程中,可以随时切换到【导入】模式,浏览备用素材文件,然后选择合适的添加到当前项目中。也可以在【编辑】模式下打开【媒体浏览器】面板(该面板可作为【编辑】工作区的一部分保持打开状态),通过它可以快速访问存储器中的素材文件,并将其与项目中已有的剪辑做比较,以判断是否选用。

> 💡 **注意** 在本课的学习过程中,需要把素材文件导入项目。请确保已经把本书所有课程文件复制到了计算机中。关于如何复制课程文件,请参考本书前言中的相关内容。

## 3.4.1 使用素材文件

Premiere Pro 可以直接使用基于文件的摄像机素材,并不需要进行转换,包括由 P2、XDCAM、AVCHD 等摄像机系统生成的经过压缩的原生素材,由 Canon、Sony、RED、ARRI 生成的 RAW素材,以及由 Avid DNxHD、Apple ProRes、GoPro Cineform 等编解码器生成的便于后期制作的素材。

在实际工作中,请务必遵守如下原则(当前学习不必如此)。

- 为每个项目单独创建一个素材文件夹。这样在清理存储器时能够轻松地区分不同项目。

- 将素材从摄像机复制到目标存储器时,请保留素材原有组织结构。例如,复制时可直接把摄像机存储卡根目录下的整个数据文件夹复制到目标存储器中。从摄像机存储卡读取和转移素材文件时,推荐使用摄像机制造商提供的专用程序,以保证数据的完整性和安全性。复制完成后,核对摄像机存储卡中的原始素材文件和复制得到的文件大小是否一致,确保所有素材文件均已成功复制。

- 为复制好的素材文件夹起一个合适的名字,名称中最好包含摄像机型号、存储卡编号、拍摄日期等。

- 为素材文件再创建一个备份,存放在另外一个物理上独立的硬盘中,防止第 1 个硬盘出现故障。

- 再次强调,创建第 2 个备份时,原则上要放在另外一个独立的硬盘上,构建多重防护体系。有时数据存储操作失败系统不会发出警告信息,这会导致用户难以及时发现问题。多种防护措施能够有效地应对这种情况。

- 对于那些需要长期保存的素材,推荐采用一种截然不同的备份方法,比如 LTO 磁带(一种广受欢迎的长期存储系统)、移动存储设备和云存储。

## 3.4.2 Premiere Pro 支持的视频文件类型

编辑视频项目时,经常需要整合来自不同摄像机的视频素材,这些素材的文件类型、媒体格式和编解码器往往不同。这对 Premiere Pro 来说完全不是问题,它支持用户在同一个序列中混合使用不同类型的素材文件。此外,使用【导入】模式和【媒体浏览器】面板几乎可以显示和导入所有类型的素材文件,如图 3-9 所示。

Premiere Pro 支持下面多种摄像机拍摄的素材。

- 大多数 DSLR 相机。
- 松下。
- RED。
- ARRI。
- 佳能。
- 索尼。
- Blackmagic Design。

Premiere Pro 还支持多种常见的标准媒体类型，比如QuickTime、MXF、DPX、OMF。关于 Premiere Pro 所支持的相机型号与媒体类型，请查阅 Premiere Pro 帮助文档。

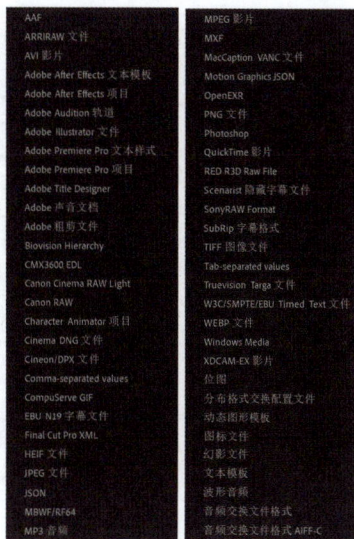

图 3-9

### 3.4.3 在【导入】模式下导入素材

【导入】模式提供了一种查找和导入素材的简单方法。在【导入】模式下，用户界面分成三部分，左侧区域显示的是素材存储位置和收藏夹，中间区域显示左侧所选文件夹的内容，右侧区域提供常用的导入设置选项。

下面分别使用【导入】模式和【媒体浏览器】面板向项目中添加一些素材，体验一下两种导入方法的异同。

> 💡注意　导入素材文件时，请务必把文件复制到本地存储器中，或者使用【项目收集】选项在移除外部存储卡或存储器之前创建好副本。

**1** 单击界面左上方的【导入】按钮，如图 3-10 所示，进入【导入】模式。请注意，当前是在向现有项目导入素材，并非新建项目，所以创建项目的按钮不显示。

图 3-10

**2** 在左侧区域中，单击 Lessons 文件夹所在的硬盘，然后在中间区域中依次双击子文件夹，进入 Lessons\Assets\Video and Audio Files\Theft Unexpected 文件夹。

### 选中与移除收藏夹

在【导入】模式下，单击某个文件夹可选中文件夹，再次单击该文件夹可取消选中该文件夹，双击某个文件夹可进入该文件夹。

选中某个文件夹后，底部的临时选集收藏夹中会出现该文件夹，并且显示该文件夹中的素材数目。在临时选集收藏夹中，单击某个文件夹，按【Delete】键（macOS）或【Backspace】键（Windows），可将其从选集中移除。

**3** 单击顶部的【网格视图】按钮（▦），然后向右拖曳左侧的缩览图大小控制滑块，把素材缩览图放大一些。根据自身需要，把缩览图放大到合适大小，如图 3-11 所示。

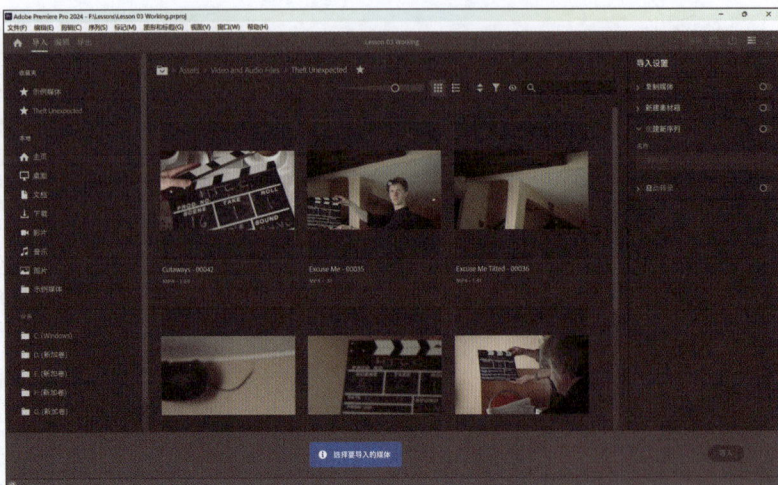

图 3-11

把鼠标指针移到某个剪辑缩览图上，不要单击鼠标左键或右键，左右移动鼠标指针，可快速浏览剪辑内容。把鼠标指针放到剪辑缩览图的左边缘，会显示剪辑的第 1 帧；放到右边缘，会显示剪辑的最后一帧。

④ 单击下面 3 个视频文件，将它们同时选中。

- Excuse Me Tilted - 00036。
- HS Suit - 00017。
- Mid John - 00028。

⑤ 在右侧的【导入设置】区域中，确保【复制媒体】【新建素材箱】【创建新序列】处于关闭状态，单击【导入】按钮。

稍待片刻，导入完成。Premiere Pro 进入【编辑】模式，刚刚导入的素材显示在【项目】面板中，如图 3-12 所示。

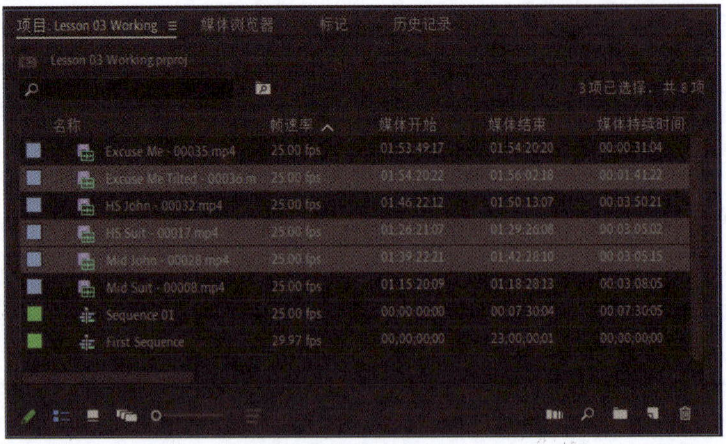

图 3-12

像这样，在编辑项目的过程中，用户可以轻松地在【导入】和【编辑】两种模式之间自由切换，确保新素材能够及时添加到项目中。接下来，介绍另一种导入素材的方法，即使用【媒体浏览器】面板导入素材。

## 3.4.4　使用【媒体浏览器】面板导入素材

【媒体浏览器】面板和【访达】（macOS）、【文件资源管理器】（Windows）很相似，都提供了【前进】和【上一步】按钮，方便用户查看最近浏览的内容。在左侧区域中选择一个存储位置，其内容会在右侧区域中显示出来。

❶ 把工作区切换至【编辑】工作区，并重置为默认状态。在界面右上方单击【工作区】按钮，在弹出的菜单中选择【编辑】命令。然后再次单击【工作区】按钮，在弹出的菜单中选择【重置为已保存的布局】命令。

❷ 在界面左下方的面板组中，单击【媒体浏览器】面板名称，将其打开。默认设置下，【媒体浏览器】面板和【项目】面板在同一个面板组中，如图 3-13 所示。

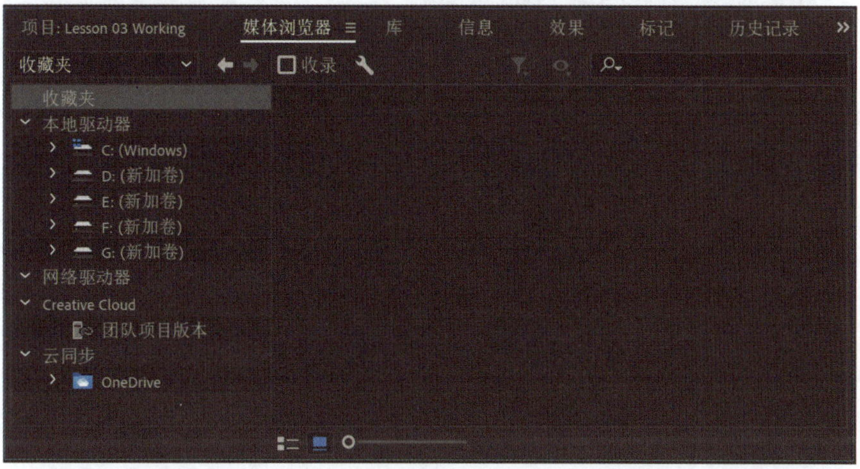

图 3-13

❸ 把鼠标指针放到【媒体浏览器】面板中，然后按【`】（重音符号）键（该键通常位于键盘的左上方），或者直接双击面板名称，将【媒体浏览器】面板最大化。

❹ 在左侧导航区域中，转到 Lessons\Assets\Video and Audio Files\Theft Unexpected 文件夹。

> 💡 提示　使用【媒体浏览器】面板浏览存储器中的文件时，左侧是导航区域，里面列出了存储器中的各种文件夹，右侧是文件夹内容显示区域，两个区域之间有一条垂直分隔线，左右拖曳分隔线可以调整左右两个区域的大小。此外，导航区域右侧有一个滚动条，拖曳滚动条，可以浏览所有文件夹。

> 💡 注意　【媒体浏览器】面板会自动过滤那些不是素材的文件和不受支持的文件，大大提升了浏览视频和音频素材的便捷性和效率。

❺ 在【媒体浏览器】面板左下方单击【缩览图视图】按钮（■），向右拖曳缩览图大小控制滑块，将素材缩览图放大一些。根据实际需要，把缩览图放大到合适大小，如图 3-14 所示。

与【导入】模式一样，把鼠标指针放在某个未选中的素材缩览图上，不要按鼠标左键或右键，左右移动鼠标指针，可浏览素材内容。把鼠标指针放在素材缩览图的左边缘，会显示素材的第 1 帧；放在右边缘，会显示素材的最后一帧。

❻ 单击某个素材缩览图，将其选中。

图 3-14

接下来，就可以使用键盘快捷键来预览了。在缩览图视图下，选中某个缩览图后，其下方会显示一个预览时间条，如图 3-15 所示。

⑦ 按【L】键或空格键，播放所选视频素材。

⑧ 按【K】键或者空格键，暂停播放。

⑨ 按【J】键，倒放素材。

⑩ 尝试播放其他视频素材。播放期间，能够同时听到素材中的声音。

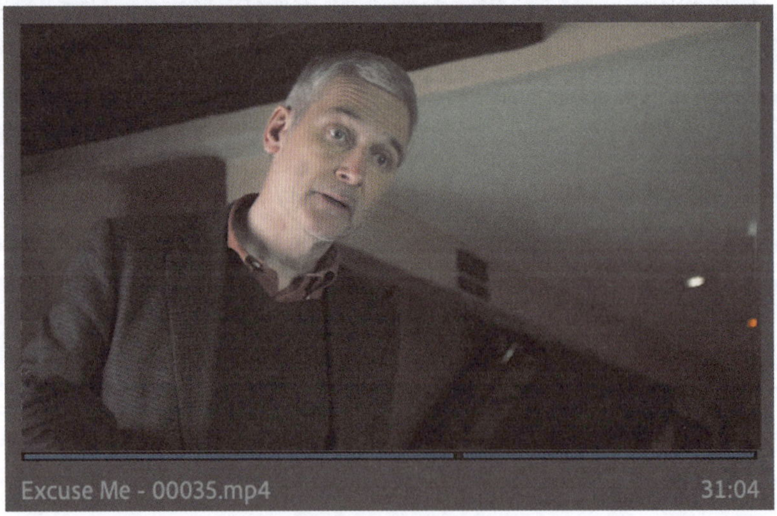

Excuse Me - 00035.mp4                              31:04

图 3-15

多次按【J】键或【L】键，可加快播放速度，实现快速预览。

💡 注意　无法听到声音时，请检查【音频硬件】的首选项设置，确保所选的输出设备无误。

⑪ 把最后两个视频素材导入项目。单击 Cutaways - 00042，将其选中。然后按住【Command】键（macOS）或【Ctrl】键（Windows），单击 Reveal - 00038，同时选中两个视频素材。

⑫ 在其中一个素材上单击鼠标右键，在弹出的菜单中选择【导入】命令，如图 3-16 所示。

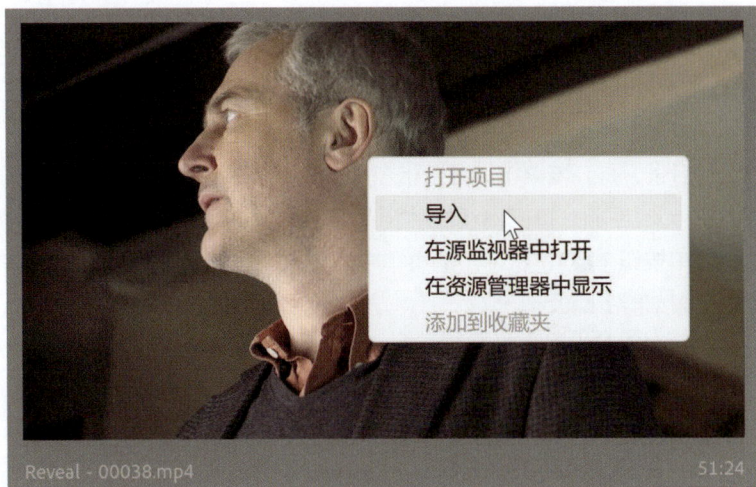

图 3-16

> **提示** 此外，还可以直接把所选素材拖入【项目】面板，然后在【项目】面板的空白区域释放鼠标左键来导入素材。

　　导入完成后，Premiere Pro 会自动打开【项目】面板，把刚刚导入的素材全部高亮显示出来。

　　⑬ 把鼠标指针放到【项目】面板中，然后按【`】（重音符号）键，或者双击【项目】面板名称，把面板组恢复成原始大小。

　　与【导入】模式和【媒体浏览器】面板相似，在【项目】面板中，剪辑既可以以图标（缩览图）形式显示，也可以以列表（含剪辑的详细信息）形式显示。除了这两种显示方式，还有一种更灵活的显示方式——自由变换视图。在【项目】面板左下方有 3 个按钮，分别是【列表视图】按钮（▤）、【图标视图】按钮（▦）和【自由变换视图】按钮（▥），单击相应的按钮，可以在不同的显示方式之间切换。

## 巧用【导入】模式与【媒体浏览器】面板

　　【导入】模式和【媒体浏览器】面板集成了多个功能，旨在帮助用户快速浏览和筛选存储器中的各类素材文件。

　　• 左侧导航区域上方有一个【收藏夹】，用于存放经常访问的文件夹。如果需要经常从某个文件夹导入素材，建议把该文件夹添加到收藏夹中。在【媒体浏览器】面板中，先用鼠标右键单击文件夹，然后在弹出的菜单中选择【添加到收藏夹】命令，即可把该文件夹添加到收藏夹中。在【导入】模式下，在顶部的文件夹路径右侧单击【收藏位置】按钮（☆），即可把当前文件夹添加到收藏夹中。无论采用哪种方式添加文件夹至【收藏夹】，被添加的文件夹都会同时在两个地方（【导入】模式与【媒体浏览器】面板）显示出来。

　　• 在【媒体浏览器】面板中，【前进】【上一步】按钮（◀▶）与网页浏览器中的前进、后退按钮功能类似，允许用户在浏览过的内容之间跳转。

　　• 面板右上方有一个漏斗形按钮（▼），单击可打开一个文件类型列表，从中选择需要显示的文件类型后，Premiere Pro 将只显示所选类型的文件。

- 漏斗形按钮右侧有一个【目录查看器】按钮（⚙），单击它，从弹出的菜单中选择一个摄像机系统，Premiere Pro 将只显示由该摄像机系统拍摄的素材文件。
- 在【媒体浏览器】面板中，左侧导航区域正上方有一个【最近目录】菜单，里面保存着最近访问过的目录，打开该菜单，选择相应目录，可立即跳转到该目录。
- Premiere Pro 支持同时打开多个【媒体浏览器】面板，以便同时访问多个文件夹中的内容。单击面板菜单按钮（☰），从弹出的菜单中选择【新建媒体浏览器面板】命令，即可打开新的【媒体浏览器】面板。
- 默认设置下，在【媒体浏览器】面板中，【列表视图】下显示的剪辑信息非常有限（这一点与【项目】面板不一样，【项目】面板在默认设置下会显示大量剪辑信息）。若希望在【列表视图】下显示更多信息，请打开【媒体浏览器】面板菜单，选择【编辑列】命令，在打开的【编辑列】对话框中勾选希望显示的元数据。

# 3.5  导入静态图像

视频后期制作中，图形与图像是必不可少的设计元素。合理运用图形与图像，不仅能有效提升信息传递的效率与准确性，还能极大丰富画面的视觉体验，增强画面的吸引力和表现力。Premiere Pro 导入功能异常强大，几乎支持导入所有类型的图形与图像。而且 Premiere Pro 对使用 Adobe 图形与图像编辑软件（如 Illustrator、Photoshop）制作的各类图形与图像提供了完美支持。

Photoshop 是一款功能强大的图形与图像处理软件，其应用范围日益扩展到其他领域，如视频制作等。

## 3.5.1  导入单图层图像

视频编辑中用到的大部分图像都只有一个图层，组成图像的所有像素都位于该图层上。下面在项目中导入一张单图层图像。

❶ 在菜单栏中依次选择【文件】>【导入】命令，或者按【Command】+【I】组合键（macOS）或【Ctrl】+【I】组合键（Windows），打开【导入】对话框。

❷ 在【导入】对话框中，转到 Lessons\Assets\Graphics 文件夹。

❸ 选择 Theft_Unexpected.png 文件，单击【打开】按钮。

Theft_Unexpected.png 是一个简单的图标，导入之后，它会出现在【项目】面板中，如图 3-17 所示。在【图标视图】下，【项目】面板以缩览图形式显示图像。

图 3-17

## 关于动态链接（dynamic link）

Premiere Pro 能够完美地与 Adobe Creative Cloud 中的其他软件协同工作，这主要得益于 Adobe Creative Cloud 提供的一系列辅助技术。这些技术的运用极大地加速了后期制作流程，提升了工作效率。

其中，最常提及的就是动态链接技术。它允许用户将 After Effects 合成（类似于 Premiere Pro 中的序列）导入 Premiere Pro，同时在两个应用程序之间建立一个实时链接。借助动态链接技术，将 After Effects 中的合成导入 Premiere Pro 项目后，其外观与功能就与 Premiere Pro 项目中的其他剪辑一样了。

当在 After Effects 中修改合成后，Premiere Pro 中的合成也会随之更新，大大节省了时间，提高了工作效率。

动态链接技术会自动在 Premiere Pro 和 After Effects 之间，以及 Premiere Pro 与 Audition 之间创建实时链接，但要求这些程序的版本是一致的。

## 3.5.2　导入包含多个图层的图像文件

使用 Photoshop 处理过的图像可能包含多个图层，通常以 PSD 或 TIFF 格式保存。图层类似于 Premiere Pro 序列中的轨道，用于把不同视觉元素分隔开，方便分别处理。虽然 TIFF 格式的图像允许包含多个图层，但在将其导入 Premiere Pro 后，图像中的所有图层都会被合并在一起。导入包含多个图层的 PSD 图像时，Premiere Pro 允许用户单独导入各个图层，以便分别调整各个图层并制作动画。

导入 PSD 图像后，当在 Photoshop 中修改 PSD 文件并保存后，所做的修改也会自动更新到 Premiere Pro 中。也就是说，在 Premiere Pro 中把一个 PSD 图像添加到序列后，可以继续在 Photoshop 中修改它，执行保存操作后，所有修改都会自动同步到 Premiere Pro 中。

导入一个包含多个图层的 PSD 图像时，Premiere Pro 会自动打开【导入分层文件】对话框，在【导入为】下拉列表中，可以指定导入 PSD 文件时对其图层的处理方式，如图 3-18 所示。

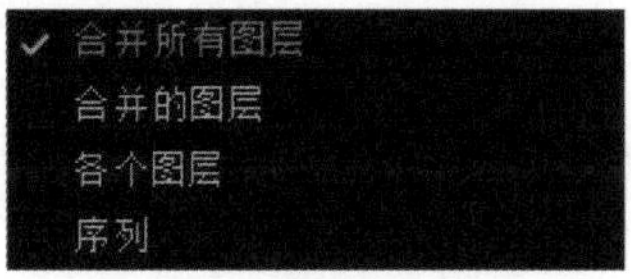

图 3-18

- 合并所有图层：选择该选项后，Premiere Pro 会把所有图层合并成一个图层，整体作为一个剪辑导入项目。
- 合并的图层：选择该选项后，Premiere Pro 只合并用户选择的图层，将其作为一个剪辑导入。
- 各个图层：选择该选项后，Premiere Pro 只导入用户在对话框中勾选的图层，且在【项目】面板中，每个图层都是素材箱中一个独立的剪辑。
- 序列：选择该选项后，Premiere Pro 只导入在对话框中勾选的图层，每个图层都是一个独立的剪辑。同时 Premiere Pro 还会自动新建一个序列（基于导入的 PSD 文件设置帧大小），其中每个剪辑都在一个单独的轨道上，且保持原有的堆叠顺序。

选择【序列】或【各个图层】选项后，位于【导入分层文件】对话框底部的【素材尺寸】下拉列表就变为可用状态，其中包含如下两个选项。

- 文档大小：选择该选项后，Premiere Pro 会根据原始 Photoshop 文件的尺寸导入所选图层。
- 图层大小：选择该选项后，Premiere Pro 会根据原始 Photoshop 文件中各个图层的大小设置新建剪辑的帧大小。对于那些无法填满整个画布的图层，其周围的透明区域（包含图层像素的矩形之外的区域）会被自动剪裁掉，并且图层会被放到帧的中央，失去它们原有的相对位置。

💡提示　若 PSD 文件中各个图层的尺寸不一样，导入时建议分别导入各个图层。有些平面设计师在使用 Photoshop 为视频项目制作素材时，习惯把创建好的多个图像分别放到同一个 PSD 文件的不同图层上，以便视频编辑人员把它们应用到视频项目中。此时，PSD 文件就像一个存放不同图像的仓库。

下面把一个包含多个图层的 PSD 图像文件导入项目。

① 在【项目】面板中双击空白区域，或者在菜单栏中依次选择【文件】>【导入】命令，打开【导入】对话框。

② 在【导入】对话框中，转到 Lessons\Assets\Graphics 文件夹。

③ 选择 Theft_Unexpected_Layered.psd 文件，单击【打开】按钮，弹出【导入分层文件】对话框，如图 3-19 所示。

图 3-19

> 💡 **注意** 在【导入分层文件】对话框的导入列表中，有些图层处于未勾选状态。这些图层在原来的 PSD 文件中处于隐藏不可见状态（设计者只是将它们隐藏了起来，实际并未删除）。导入 PSD 文件时，Premiere Pro 默认不导入这些图层。

④ 在【导入为】下拉列表中选择【序列】选项，在【素材尺寸】下拉列表中选择【文档大小】选项，然后单击【确定】按钮。

⑤ 此时，Premiere Pro 在【项目】面板中创建了一个名为 Theft_Unexpected_Layered 的素材箱（■）。双击 Theft_Unexpected_Layered 素材箱，将其打开。

> 💡 **注意** 在【项目】面板中双击 Theft_Unexpected_Layered 素材箱时，Premiere Pro 会在当前面板组中打开【素材箱】面板。【素材箱】面板提供的选项与【项目】面板一样，而且可以同时打开多个素材箱，以便浏览其中内容，查找要在项目中使用的素材。

> 💡 **注意** 【项目】面板中的素材箱和计算机文件系统中的文件夹在外观和功能上非常像，但素材箱只存在于项目文件中，是一种组织素材的好方式。

⑥ 在 Theft_Unexpected_Layered 素材箱中，双击 Theft_Unexpected_Layered 序列，将其在【时间轴】面板中打开，如图 3-20 所示。

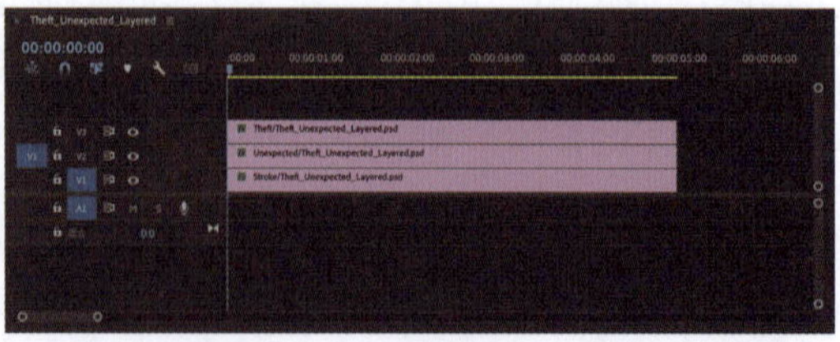

图 3-20

在【列表视图】下，序列图标（■）显示在名称左侧；而在【图标视图】下，序列图标显示在缩览图的右下角。

当无法分辨某个素材项是剪辑还是序列时，可以把鼠标指针移到素材项名称（而非图标）上，稍等片刻，会出现提示信息，如图 3-21 所示。根据提示信息，可以轻松判断所指素材项是剪辑还是序列。

当在【时间轴】面板中打开序列后，其内容也会同时显示在【节目监视器】中。

**⑦**【时间轴】面板底部有一个导航条，如图 3-22 所示。

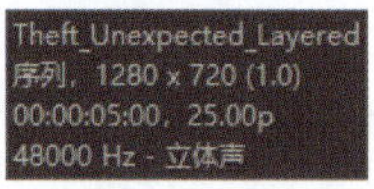

图 3-21

图 3-22

向左或向右拖曳导航器可放大或缩小时间轴，以便更清楚地查看序列中都包含哪些剪辑。

**⑧** 此时，在【时间轴】面板中可以看到导入的序列。同时序列内容也会在【节目监视器】中显示出来。在【时间轴】面板中，每个轨道的左侧有一个【切换轨道输出】按钮（◉），单击它，可隐藏或显示对应轨道的内容。

**⑨** 单击【素材箱】面板菜单按钮，然后从弹出的菜单中选择【关闭面板】命令，关闭 Theft_Un-expected_Layered 素材箱。

## 使用 PSD 图像时的注意事项

在 Premiere Pro 中使用 PSD 图像文件时，有如下一些注意事项。

- 当把包含多个图层的 PSD 图像导入为序列，并且在【素材尺寸】下拉列表中选择【文档大小】选项时，Premiere Pro 会根据 PSD 图像大小创建一个同等大小的序列。
- 选择图像时，即便不打算在 Premiere Pro 中放大或平移图像，也请尽量保证所选图像的尺寸不小于序列的帧大小。这样当不得不放大图像时，不至于丢失太多清晰度。
- 如果原本就有放大或平移图像的打算，那么创建素材图像时，尺寸要设置得大一些，至少确保图像放大或平移后的尺寸不小于序列的帧大小。例如，在编辑全高清（1920 像素 ×1080 像素）项目时，如果想将画面放大 2 倍，则使用的图像尺寸应该不低于 3840 像素 ×2160 像素，这样才能保证画面在放大后仍然有较高的清晰度。
- 导入大尺寸图像文件会占用大量系统内存，而且会拖慢系统运行速度。若要使用的原始图像尺寸非常大，建议导入前先把它们处理得小一点。
- 把图像转换为 16 位 RGB 颜色模式。CMYK 颜色模式只适用于打印工作（Premiere Pro 不支持该颜色模式），编辑视频时请使用 RGB 或 YUV 颜色模式。

### 3.5.3　导入包含多个图层的 Illustrator 文件

Illustrator 也是 Adobe Creative Cloud 套件的一员，是一款基于矢量的图形处理软件。矢量图形不是由一个个像素组成的，它是基于数学公式绘制的。矢量图形最大的优点是无论如何放大、缩小或旋转都不会失真，并且能够保持原有的清晰度，非常适合用来在视频中制作字幕与图形元素。

矢量图形通常用于制作技术图解、艺术作品、复杂图形等。

下面向 Premiere Pro 项目导入一个矢量图形。

❶ 单击【项目】面板名称，打开【项目】面板。

❷ 在【项目】面板中，取消选择 Theft_Unexpected_Layered 素材箱，这样新导入的素材就不会放入该素材箱。

❸ 双击空白区域，或者按【Command】+【I】组合键（macOS）或【Ctrl】+【I】组合键（Windows），打开【导入】对话框。

❹ 在【导入】对话框中，转到 Lessons\Assets\Graphics 文件夹。

❺ 选择【Brightlove_film_logo.ai】文件，单击【打开】按钮，或者直接双击该文件。

❻ 此时，在【项目】面板中出现一个新剪辑，它指向刚刚导入的 Illustrator 文件。双击剪辑图标，在【源监视器】中打开刚刚导入的图形（一个图标）。

在【源监视器】的黑色背景下，图标中的黑色文本是看不见的。这是因为图标中包含透明区域，而【源监视器】的背景是黑色的。

❼【源监视器】中有一个【设置】按钮（🔧），单击该按钮可打开【设置】菜单，其中包含的命令可以用来改变剪辑的呈现方式。在【设置】菜单中选择【透明网格】命令，效果如图 3-23 所示。

此时，可以非常清晰地看到图标中的文本，因为【源监视器】中的黑色背景已经变成了透明网格。

> 💡 **注意** 在【项目】面板中，使用鼠标右键单击【Brightlove_film_logo.ai】，弹出的菜单中有一个【编辑原始】命令。如果计算机中安装了 Illustrator，选择【编辑原始】命令后，将在 Illustrator 中打开【Brightlove_film_logo.ai】。即使在 Premiere Pro 中把图层合并了，仍然可以返回 Illustrator 编辑原始分层文件，然后将其保存。在 Illustrator 中做出的修改会立即呈现在 Premiere Pro 中。

图 3-23

❽ 再次在【设置】菜单中选择【透明网格】命令，将其关闭。有关图层和透明度的更多内容将在第 14 课中进一步讲解。

## Premiere Pro 如何处理 Illustrator 文件

- 类似于 PSD 文件，Illustrator 文件也可以包含多个图层。但是，Premiere Pro 不支持按图层导入 Illustrator 文件，导入时它会把 Illustrator 文件内的所有图层合并成一个图层。
- 导入矢量图形时，Premiere Pro 会对图形做"栅格化"（rasterization）处理，将矢量图形转换成适合自身使用的图像。该转换过程会在导入图形时自动执行，在向 Premiere Pro 导入矢量图形前，务必在 Illustrator 中设置好矢量图形，确保其有足够高的分辨率。
- Premiere Pro 会自动对使用 Illustrator 创建的矢量图形的边缘做抗锯齿或平滑处理。
- Premiere Pro 会对 Illustrator 文件中的所有空白区域做透明处理，这样位于下层轨道上的剪辑会显示出来。

- 【导入】模式不支持导入 Illustrator 文件（扩展名为 .ai）。要导入 Illustrator 文件，请使用【文件】>【导入】命令，或者双击【项目】面板空白处，打开【导入】对话框进行导入，当然也可以使用【媒体浏览器】面板进行导入。

### 3.5.4　导入文件夹

在 Premiere Pro 中导入素材时，除了逐个选择分别导入，还可以选择包含所有素材的整个文件夹，将素材一次性全部导入。导入包含多个素材的文件夹时，Premiere Pro 会在【项目】面板中创建一个同名的素材箱。

从相机存储卡导入素材时，不建议直接导入整个文件夹，因为相机通常会将视频和音频文件分开存放在不同文件夹下。因此，当需要从相机存储卡导入素材时，推荐使用【导入】模式或【媒体浏览器】面板。

导入 QuickTime 影片、MP4 这类独立的素材文件时，使用常用的导入方式即可。

下面尝试导入整个素材文件夹。

❶ 在菜单栏中依次选择【文件】>【导入】命令，或者按【Command】+【I】组合键（macOS）或【Ctrl】+【I】组合键（Windows），打开【导入】对话框。

❷ 在【导入】对话框中，转到 Lessons\Assets 文件夹，选择【Stills】文件夹。不要双击【Stills】文件夹，否则会进入该文件夹。

❸ 单击【导入】按钮（macOS）或【导入文件夹】按钮（Windows）。此时，Premiere Pro 会把整个【Stills】文件夹导入项目，其中有两个包含图片的子文件夹。同时在【项目】面板中会出现一个与所选文件夹同名的素材箱。在【列表视图】下，单击素材箱左侧的箭头，将其展开，可以看到其中有两个子文件夹，如图 3-24 所示。

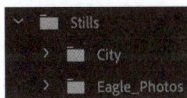

图 3-24

💡注意　此外，在【媒体浏览器】面板中使用如下方法也可以导入文件夹（包括子文件夹）：在【媒体浏览器】右侧区域中选择一个文件夹，然后使用鼠标右键单击它，从弹出的菜单中选择【导入】命令。在【导入】模式下导入文件夹时，Premiere Pro 总是会把文件夹（及其子文件夹）中的所有素材合并在一起放入【项目】面板中。

## 导入 VR 视频

人们常说的 VR 视频其实是 360° 视频，它是使用拍摄设备拍摄周围一圈（360°）得到的。观看这类视频时，使用专用的 VR 头盔才能获得最好的观看效果。戴着 VR 头盔观看 VR 视频时，转动头部可变换观看方向。Premiere Pro 全面支持 360° 与 180° 视频编辑，不仅为这类视频量身定制了丰富的视觉效果，还内置了专属的观看模式。此外，它还提供了对 VR 头盔的本地支持，并针对 360° 视频的独特性开发了一系列特色效果，以满足专业制作需求。

导入 360° 视频和普通视频没什么不同，可以使用【导入】命令导入，也可以使用【媒体浏览器】面板导入。

Premiere Pro 支持导入预缝合的等距柱状投影素材，但导入之前必须先使用其他应用程序对 360° 视频做一些必要的预处理，以确保素材在 Premiere Pro 中可以正常编辑与使用。

有关 360° 视频的内容已经超出了本书的讨论范围，若想了解更多，请阅读 Premiere Pro 帮助文档。

💡 **注意** 导入整个文件夹时，若文件夹中包含 Premiere Pro 不支持的文件，Premiere Pro 会弹出提示信息，告知有些文件无法导入。

# 3.6 录制画外音

在编辑视频项目的过程中，有时需要给视频添加画外音，以丰富视频内容、增强叙事效果、提供额外信息等。这些画外音通常由专业人员在录音棚（至少是一个很安静的场合）中使用专业设备录制而成，但其实也可以使用音频输入设备直接在 Premiere Pro 中录制画外音。

在 Premiere Pro 中录制画外音，有助于准确把控音频在视频中的位置，从而保证音频和视频画面完美同步。

在 Premiere Pro 中录制画外音的具体步骤如下。

❶ 使用外置麦克风或混音器时，请确保已经把它们正确无误地连接至计算机。为了做到这一点，建议查阅计算机和声卡的相关文档，以获得准确的操作指导。

❷ 在【时间轴】面板中，单击 Theft_Unexpected_Layered 序列，将其在【时间轴】面板中显示出来。若之前已经关闭了该序列，在【项目】面板中双击序列名称左侧图标，可将其重新打开。

❸ 在【时间轴】面板中，每个音频轨道的最左侧区域都有一排按钮和选项，如图 3-25 所示。该区域称为音轨头，其中包含一个【画外音录制】按钮（🎤）。

图 3-25

使用鼠标右键单击【画外音录制】按钮，从弹出的菜单中选择【画外音录制设置】命令，打开【画外音录制设置】面板，如图 3-26 所示。在【源】下拉列表中，选择要用的音频硬件，在【输入】下拉列表中，为音频硬件选择特定输入。

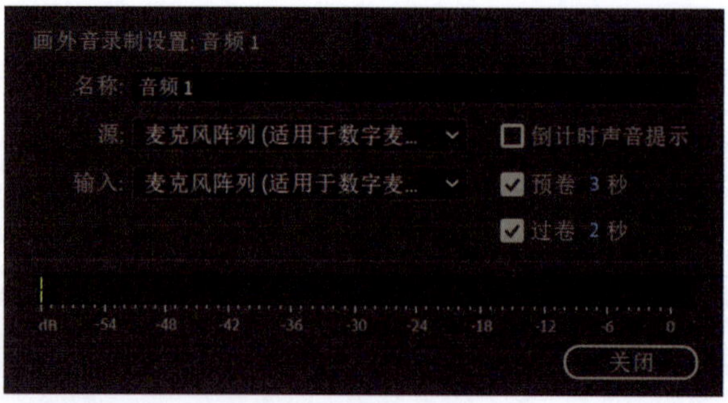

图 3-26

单击【关闭】按钮，关闭该面板。

❹ 调低计算机扬声器的音量，或者使用头戴式耳机，以防止录音过程中出现回音。

⑤ 增加音轨 A1 的高度，方便观察录音情况。

双击音轨头右侧的空白区域（位于【画外音录制】按钮旁边），可增加音频轨道高度，如图 3-27 所示；向下拖曳两个音轨之间的水平分隔线，或者把鼠标指针放到相应的音轨头上，按住【Option】键（macOS）或【Alt】键（Windows），滚动鼠标滚轮，同样可以增加音频轨道的高度。

图 3-27

⑥ 在【时间轴】面板中，时间是从左到右增加的，这与在线视频一致。【时间轴】面板顶部的时间标尺上有一个播放滑块（■），用于指示【节目监视器】中显示的当前帧。在时间标尺的任意位置单击，播放滑块会立即移动到所单击的位置，并在【节目监视器】中显示那个位置的帧内容。此外，左右拖曳播放滑块，也可以浏览当前序列的内容。

拖曳播放滑块至序列开头，然后单击音轨 A1 的【画外音录制】按钮（■），启动录音。

⑦ 此时，【节目监视器】中出现倒计时，倒数 3 个数之后，Premiere Pro 开始录音。说几句话，然后按空格键，停止录音。

此时，Premiere Pro 会新建一个音频剪辑，如图 3-28（a）所示，并将其添加到【项目】面板和当前序列中，如图 3-28（b）所示。

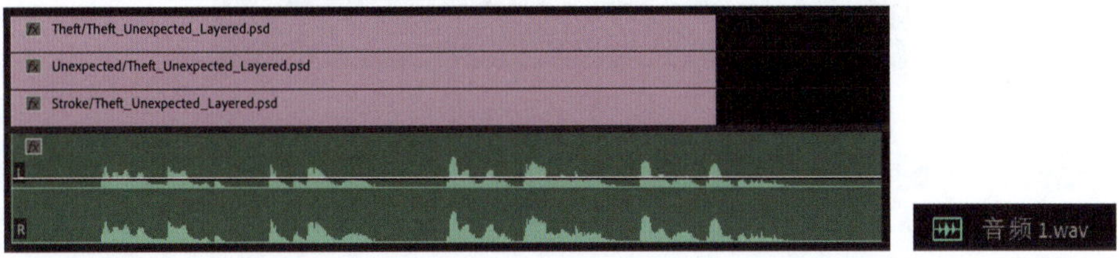

（a）                                                    （b）

图 3-28

Premiere Pro 会把新录制的音频保存到暂存盘设置中指定的位置，在默认设置下，保存位置与项目相同。在本例中，录制的音频文件被保存到了项目中一个名为 Adobe Premiere Pro Captured Audio 的子文件夹（由 Premiere Pro 自动创建）中。

⑧ 在菜单栏中依次选择【文件】>【保存】命令，保存当前项目，然后关闭当前项目。当然，也可以不关闭，保持打开状态。

# 3.7  自定义媒体缓存

导入某些格式的音频、视频文件时，Premiere Pro 会自动进行转换与缓存处理（临时存储这些文件及其相关附属文件），以确保它们能够流畅地播放并准确地显示波形。特别是在导入高度压缩的素材文件时，缓存处理更是必不可少的。

必要时，Premiere Pro 还会自动把导入的音频文件转换成 CFA 文件，以便高效地处理和播放音频。大多数 MPEG 文件都有索引，类似于文件的一张"地图"，保存在 MPGINDEX 文件中，以快速读取和播放文件。

在导入素材的过程中，屏幕右下方会出现小小的进度条，这表示 Premiere Pro 正在自动创建缓存。

有了媒体缓存的强大支持，编辑系统能够更高效地解码并流畅播放媒体素材，进而显著提升预览时的播放性能与响应速度。Premiere Pro 支持用户根据需要自定义缓存。Premiere Pro 使用缓存数据库来管理缓存文件，实现了在多个 Adobe Creative Cloud 应用程序之间的高效共享与协同。

可按如下操作打开【媒体缓存】选项卡，了解媒体缓存的有关设置项。在菜单栏中依次选择【Premiere Pro】>【首选项】>【媒体缓存】命令（macOS）或【编辑】>【首选项】>【媒体缓存】命令（Windows），打开【媒体缓存】选项卡，如图 3-29 所示。

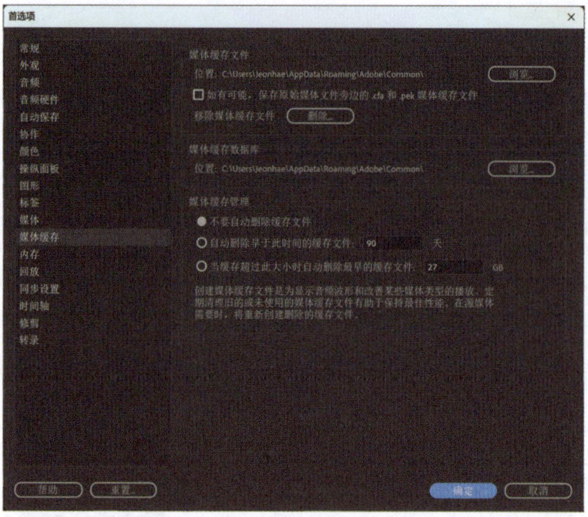

图 3-29

其中设置项的说明如下。

• 要移动媒体缓存文件或媒体缓存数据库到新位置，请单击【浏览】按钮，在打开的【选择文件夹】对话框中选择目标文件夹，然后单击【选择】按钮（macOS）或【选择文件夹】按钮（Windows）。

• 勾选【如有可能，保存原始媒体文件旁边的 .cfa 和 .pek 媒体缓存文件】复选框，Premiere Pro 会把媒体缓存文件与素材存储在同一个硬盘中。当音频素材存放在外部存储器上，且在不同编辑系统中使用时，最好勾选该复选框，这样 Premiere Pro 就不需要再次重建缓存，这大大节省了时间。若希望把所有内容集中保存在一个中央文件夹，请不要勾选该复选框。请记住一点：存放媒体缓存文件的硬盘的读写速度直接影响 Premiere Pro 的播放性能，速度越快，播放就越顺畅。

• 务必定期清理媒体缓存数据库，删除那些不再需要的旧缓存文件和索引文件。若要删除，请单击【删除】按钮，然后在打开的【删除媒体缓存文件】对话框中单击【确定】按钮。

建议完成整个项目后执行该操作，删除那些不需要的预览渲染文件，这样可以节省大量存储空间。

• 在【媒体缓存管理】区域中，选中相应选项，可在一定程度上实现缓存文件管理的自动化。必要时，Premiere Pro 会自动重建缓存文件，因此，大可放心地去选中这些选项以节省空间。

• 按照如下操作删除所有媒体缓存文件（包括当前正在使用的媒体缓存文件）：重启 Premiere Pro，不要打开任何项目，在菜单栏中依次选择【编辑】>【首选项】>【媒体缓存】命令；然后单击【移除媒体缓存文件】右侧的【删除】按钮，在【删除媒体缓存文件】对话框中，选中【删除系统中的所有媒体缓存文件】选项，单击【确定】按钮。更新 Premiere Pro 之后，最好删除所有媒体缓存文件，以保证缓存的条理性。

这里单击【取消】按钮，关闭【首选项】对话框，不保存任何更改。

## 3.8 复习题

1. 导入 P2、XDCAM、R3D、ARRIRAW、AVCHD 素材时，Premiere Pro 会对其做转换吗？
2. 导入多个素材文件（同属于一个剪辑）时，相比于【导入】命令，使用【导入】模式或【媒体浏览器】面板的优点是什么？
3. 导入包含多个图层的 PSD 文件时，有哪 4 种不同的导入方法？
4. 媒体缓存文件保存在哪里？
5. 导入视频素材时，如何开启自动创建代理功能？

## 3.9 答案

1. 不会。Premiere Pro 原生支持编辑 P2、XDCAM、R3D、ARRIRAW、AVCHD 等多种格式的素材文件。
2. 【导入】模式与【媒体浏览器】面板能够自动识别 P2、XDCAM 等多种文件格式的复杂文件夹结构，并且在需要时能够自动把多个素材文件拼接成一个完整的剪辑。
3. 在【导入分层文件】对话框中，在【导入为】下拉列表中选择【合并所有图层】选项，可以把 PSD 文件中的所有可见图层合并成一个剪辑导入；选择【合并的图层】选项，可以选择指定的图层导入。如果想把各个图层分别导入为独立的剪辑，可选择【各个图层】选项，并选择要导入的图层；选择【序列】选项，可以导入选定的图层，并使用它们新建一个序列。
4. 用户可以把媒体缓存文件保存到任意位置，或者存储在媒体素材所在的硬盘中。
5. 在【媒体浏览器】面板顶部，勾选【收录】复选框或单击【收录】复选框右侧的扳手按钮，打开【项目设置】对话框的【收录设置】选项卡，然后在【收录设置】选项卡中勾选【收录】，从下拉列表中选择【创建代理】选项，即可开启自动创建代理功能。

# 第 4 课

# 组织剪辑

## 课程概览

本课主要学习如下内容。

- 使用【项目】面板
- 使用基本播放控件
- 使用素材箱组织项目
- 修改剪辑

## 学完本课大约需要 **90**分钟

请先准备好本课要用到的课程文件，并把它们保存到计算机中的合适位置。

当项目中需要融入音频和视频剪辑时，首先要浏览这些剪辑，然后根据实际需要挑选出最合适的片段添加到序列中。但在此之前，最好花些时间好好组织一下剪辑，这样一旦项目需要某个剪辑，就能迅速找到它，避免查找时浪费太多时间。

# 4.1　课前准备

当项目中包含大量剪辑且为来自不同类型的素材时，要做到了然于胸并能快速找到所需要的剪辑并非易事，此时组织和管理剪辑就显得尤为重要。

本课将学习如何在 Premiere Pro 中使用【项目】面板组织剪辑。具体做法是创建一些特殊的文件夹（素材箱），然后把剪辑分门别类地放入这些素材箱。本课还要学习如何向剪辑添加重要的元数据和标签等。

> 💡 **注意**　开始学习前，请先把 Premiere Pro 首选项恢复成默认设置，具体操作为：在桌面上双击 Premiere Pro 图标，并立即按住【Option】键（macOS）或【Alt】键（Windows），在弹出的【重置选项】对话框中，勾选【重置应用程序首选项】，单击【继续】按钮。

❶ 在 Lessons 文件夹中打开 Lesson 04.prproj 项目文件。

❷ 把工作区恢复成默认状态。在菜单栏中依次选择【窗口】>【工作区】>【编辑】命令，然后依次选择【窗口】>【工作区】>【重置为保存的布局】命令，重置【编辑】工作区。

❸ 在菜单栏中依次选择【文件】>【另存为】命令，打开【保存项目】对话框。

❹ 在【保存项目】对话框中，输入文件名 Lesson 04 Working.prproj。

❺ 转到 Lessons 文件夹，单击【保存】按钮，保存当前项目。

先把项目文件另存为一个副本，然后使用副本跟学本课内容，这样当操作中出现问题时仍然有办法恢复到最初状态。

> 💡 **提示**　在【文件】菜单中有【另存为】和【保存副本】两个命令。选择【另存为】命令后，Premiere Pro 会使用一个新名称保存当前项目文件，并保留以前的版本不变。选择【保存副本】命令后，Premiere Pro 会新建一个独立的项目文件，并允许用户继续处理当前项目。

# 4.2　使用【项目】面板

导入 Premiere Pro 项目中的所有内容都会在【项目】面板中显示出来，如图 4-1 所示。除了提供浏览剪辑和处理元数据的工具，【项目】面板还提供了一种类似文件夹的容器——素材箱来组织项目中的各种素材。

除了存放剪辑，【项目】面板还提供了一些用于解释素材的重要选项。例如，所有素材都具备的帧速率、像素长宽比（像素形状）、颜色空间（一般由摄像机设置）等。根据创作需要或技术要求，用户可以自由修改这些设置。

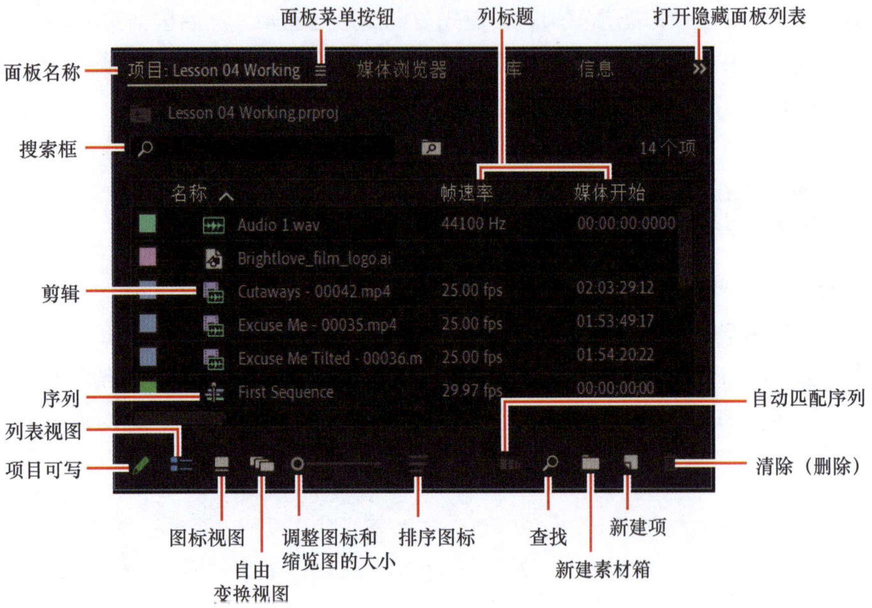

图 4-1

例如，当视频文件的播放帧率不对时，可以修改剪辑解释来纠正它；当视频像素长宽比设置错误时，也可以修正它。

Premiere Pro 播放视频时会读取视频的元数据，并根据元数据播放视频，用户可以在【项目】面板或【元数据】面板中查看与编辑视频的元数据（如位置记录数据）。【项目】面板支持元数据的编辑与调整，用户在【项目】面板中可以轻松完成元数据的修改工作。

### 4.2.1 定制【项目】面板

使用【项目】面板的过程中，根据显示的需要，会时不时地调整其大小。【项目】面板提供了两种呈现剪辑的方式——【列表视图】和【图标视图】，且支持在这两种方式之间自由切换。就查看剪辑信息而言，增大【项目】面板尺寸是明智之举，这比拖动面板右侧与底部的滑块要便捷、高效得多，如图 4-2 所示。

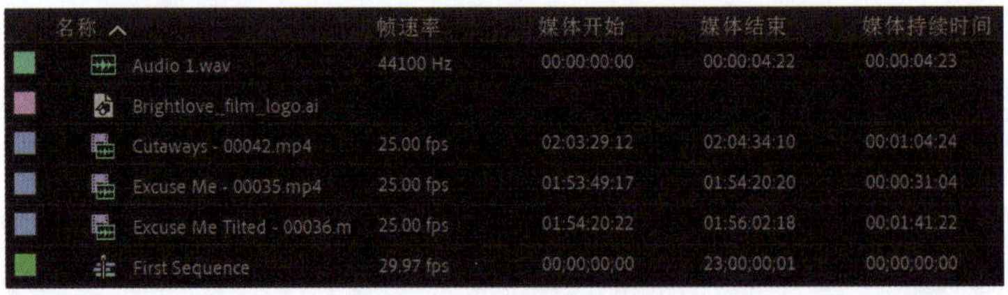

图 4-2

> 💡 提示　在【列表视图】下，拖动右侧或底部的滑块，可显示更多剪辑和剪辑信息，把鼠标指针放在某个剪辑名称上，会弹出一个信息提示框，里面显示着剪辑的更多信息。

默认【编辑】工作区下，界面简洁、清爽，有助于用户集中注意力心无旁骛地投入创作中。【预览区域】是【项目】面板的一个组成部分，允许用户在其中查看剪辑的详细信息，但默认情况下，【预览区域】处于隐藏状态。

下面一起了解一下。

❶ 在默认【编辑】工作区下，单击【项目】面板菜单按钮（▤）。

❷ 在弹出的面板菜单中选择【预览区域】命令，显示【预览区域】，如图 4-3 所示。

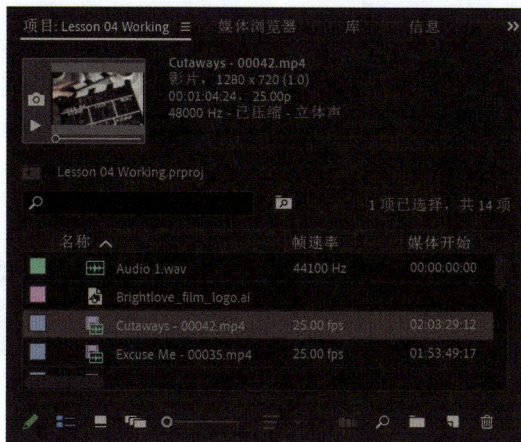

图 4-3

> 💡提示　把鼠标指针放到【项目】面板中，按【`】键，可以在【项目】面板的最大化和初始状态之间快速切换。该方法也适用于其他面板。如果键盘上没有【`】键，也可以双击面板名称在最大化与初始状态之间切换。

当在【项目】面板中选择一个剪辑时，【预览区域】会显示该剪辑的一些重要信息，如帧大小、像素长宽比、持续时间和帧速率等，如图 4-4 所示。

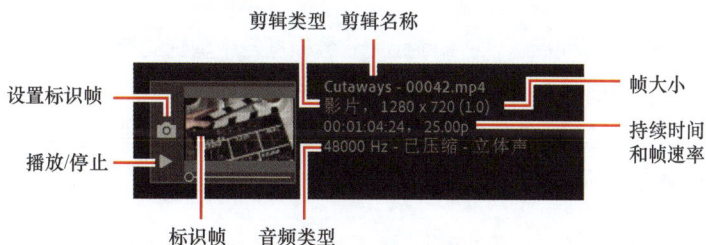

图 4-4

> 💡提示　单击【标识帧】按钮，可设置该剪辑在【项目】面板中显示的缩览图。

❸ 若【项目】面板左下角的【列表视图】按钮（▤）处于未激活状态，单击它，将其激活。在【列表视图】下，会显示各个剪辑的大量信息，这些信息按列组织，有些列需要通过拖曳面板底部的水平滚动条才能显示出来。

> 💡提示　移动鼠标指针至【项目】面板中，滚动鼠标滚轮可滚动显示的内容。当然，如果有触控板，也可以使用手势来控制。

❹ 在【项目】面板菜单中再次选择【预览区域】命令，将其隐藏起来。

【项目】面板中还有一个【自由变换视图】（▦），可以组织剪辑，甚至构建序列（更多内容，请阅读 4.4 节中的"自由变换视图"部分）。

## 4.2.2 在【项目】面板中查找剪辑

当只有一两个剪辑时，完全没必要整理和组织。但是，当有 100 ~ 200 个剪辑时，就需要把它们有条理地组织起来。

为了确保编辑工作顺利进行，通常都会先花点时间在【项目】面板精心整理和组织剪辑。成功导入素材后，接下来是给它们重命名（参阅本课 4.3.6 小节），这样既方便日后查找，又方便分类组织。

**1** 单击【项目】面板顶部的【名称】列。每次单击【名称】列，Premiere Pro 就会在【项目】面板中按照字母表正序或逆序显示各个剪辑。【名称】右侧有一个方向箭头，指示当前的排序方式，如图 4-5 所示。

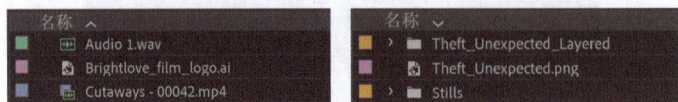

图 4-5

> **注意** 可能需要向右拖曳列间分隔符，增加列宽度，才能显示出排序指示图标和完整的列信息。

当搜索具有特定特征（比如时长或帧大小）的剪辑时，调整相关列的显示顺序（从左到右）会很有帮助。

**2** 在【项目】面板中，向右拖曳水平滚动条，直到显示出【媒体持续时间】列。该列显示的是各个剪辑的总持续时间（总时长）。调整【项目】面板尺寸，可显示出更多缩览图。

> **注意** 在【项目】面板中向右拖曳水平滚动条时，Premiere Pro 总是在最左侧把剪辑名称和标签显示出来，这样就可以知道当前查看的是哪个剪辑的信息。

**3** 单击【媒体持续时间】列标题，Premiere Pro 会根据各个剪辑的持续时间升序或降序显示剪辑。请注意，此时在【媒体持续时间】列标题右侧也有一个方向箭头。

每次单击列标题，方向箭头的朝向就会发生改变，朝上表示按持续时间从短到长排列剪辑，朝下表示按持续时间从长到短排列剪辑。

> **提示** 在 Premiere Pro 中，【项目】面板的配置是随工作区一起保存的。如果希望保留【项目】面板的当前配置，请将其所在的工作区作为自定义工作区保存起来。

向左拖曳【媒体持续时间】列标题，直到蓝色分隔符出现在【帧速率】和【名称】列之间，如图 4-6 所示。然后释放鼠标左键，此时【媒体持续时间】列就移动到了【名称】列和【帧速率】之间。

图 4-6

> **注意** 导入 PSD、JPEG、AI 等格式的文件时，Premiere Pro 会应用默认的帧速率和持续时间。在【媒体】首选项中，在【不确定的媒体时基】下拉列表中选择某个帧速率，可改变当前默认的帧速率。在【时间轴】首选项中，在【静止图像默认持续时间】右侧文本框中输入一个数值，可改变默认的持续时间。

## 4.2.3　过滤素材箱内容

Premiere Pro 内置了搜索工具，用于帮助用户快速找到所需要的素材。即使素材名称由摄像机自动生成，对搜索不友好，用户也可以使用 Premiere Pro 内置的强大搜索工具通过素材的某些特征（如帧大小、文件类型）快速找到要使用的素材。

在【项目】面板顶部的【过滤素材箱内容】搜索框中输入文本，Premiere Pro 将只显示那些名称或元数据与搜索文本相匹配的素材（剪辑）。如果记得剪辑名称（或名称的一部分），可以直接在搜索框中输入剪辑名称，这样可以快速查找到需要的剪辑。在搜索框中输入搜索文本后，Premiere Pro 会把那些与搜索文本不匹配的剪辑隐藏起来，同时把与搜索文本相匹配的剪辑全部显示出来，不管这些剪辑所在的素材箱是否处于展开状态。

具体操作如下。

**1** 单击【过滤素材箱内容】（放大镜图标），输入 jo，如图 4-7 所示。

> **注意**　"素材箱"这个名称来自传统的胶片电影时代。【项目】面板其实也是一个素材箱，它不仅能存放剪辑，还具备普通素材箱的功能。

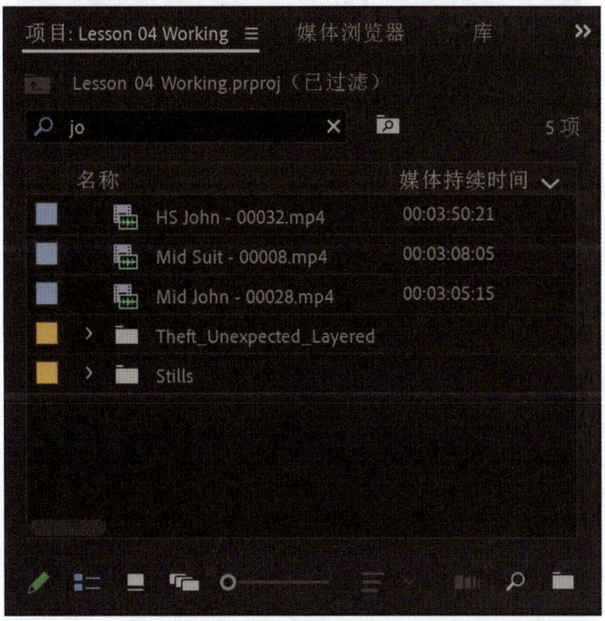

图 4-7

Premiere Pro 仅显示名称或元数据中包含 jo 字样的剪辑，必要时还会展开素材箱。同时项目名称会在搜索框上方显示出来，而且后面带有"已过滤"字样。项目名称后面出现"已过滤"（或者搜索框中有搜索文本）字样，就表示【项目】面板中有些剪辑被隐藏了起来。

> **提示**　请注意观察项目名称后面是否带有"已过滤"字样，并以此判断当前是否应用了过滤器。如果在搜索框处于激活的状态下误按了空格键，Premiere Pro 会应用一个空白过滤器，这会导致有些剪辑被隐藏起来。

**2** 单击搜索框右侧的 ✕ 按钮，清空搜索框。

❸ 在搜索框中输入 psd，如图 4-8 所示。

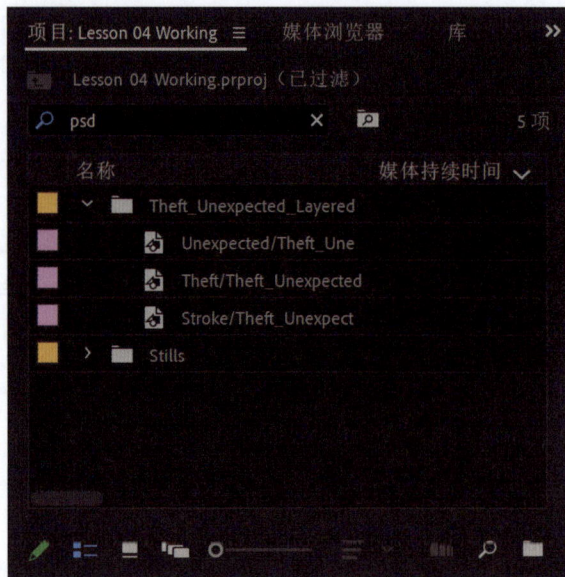

图 4-8

Premiere Pro 仅显示那些名称或元数据中包含 psd 字样的剪辑，同时项目中的所有素材箱也会一同显示出来。

> 💡 **注意** 输入搜索词，启动过滤器后，不管是否包含搜索词，项目中的所有素材箱都会在搜索结果中显示出来。

借助【过滤素材箱内容】搜索框，用户可以快速搜索出特定类型的文件。当目标剪辑位于某个折叠的素材箱中时，Premiere Pro 会自动展开该素材箱，并把符合搜索条件的剪辑显示出来。

有些元数据可以直接在【项目】面板中进行编辑。例如，可以在【说明】域中添加说明文本，而且这些说明文本也是可以直接参与搜索的。

> 💡 **注意** 在这里，"域"又叫"字段"（列字段），指的是一个输入框或空白，可以在其中输入文本或数字。对于【项目】面板中的剪辑来说，虽然很多域都已经被占用了，但有些域还是可以用来协助组织项目的。

找到所需要的剪辑后，请记得单击一下搜索框右侧的 ✕ 按钮，以清空搜索框，退出搜索模式。此时【项目】面板中将再次显示出所有剪辑。

## 4.2.4 使用高级查找

除了上面介绍的搜索功能，Premiere Pro 还提供了一种更高级的查找功能。在学习高级查找功能之前，导入一些素材。

使用第 3 课中介绍的方法，导入如下视频素材。

• Seattle_Skyline.mov，位于 Assets\Video and Audio Files\General Views 文件夹中。

• Under Basket.mov，位于 Assets\Video and Audio Files\Basketball 文件夹中。

在【项目】面板底部，单击【查找】按钮（🔍）。此时，Premiere Pro 打开【查找】对话框，其中包含多个用来查找剪辑的高级选项。

借助【查找】对话框，可以同时执行两个查找。在【匹配】下拉列表中，可选择【全部】选项（匹配所有）或【任意】选项（匹配任意一个）。

- 全部：搜索名称中同时包含"dog"与"boat"的剪辑，如图 4-9 所示。

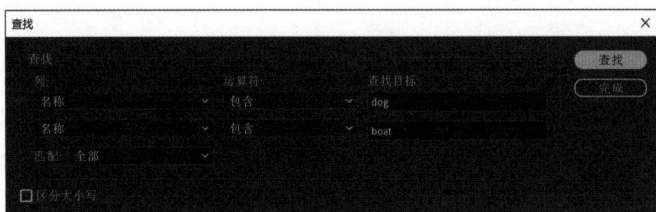

图 4-9

- 任意：搜索名称中包含"dog"或"boat"的剪辑。

设置如下选项，可进一步改善搜索结果。

- 列：该下拉列表会列出【项目】面板中的列。单击【查找】按钮后，Premiere Pro 将只在选择的列中进行搜索。
- 运算符：该下拉列表包含了一系列标准搜索选项。通过选择这些搜索选项，可以控制搜索行为，让其返回符合指定条件的剪辑，例如，只搜索包含目标搜索词、与目标搜索词精确匹配、以目标搜索词开始、以目标搜索词结尾、不包含目标搜索词的剪辑。

> 💡 提示　此外，还可以在序列中查找剪辑，具体做法是先在【时间轴】面板中打开序列，然后在菜单栏
> 中依次选择【编辑】>【查找】命令。

- 区分大小写：勾选该复选框后，Premiere Pro 将严格按照输入字母的大小写返回搜索结果。
- 查找目标：在此处输入搜索词。

单击【查找】按钮，Premiere Pro 突出显示第 1 个符合搜索条件的剪辑。再次单击【查找】按钮，Premiere Pro 突出显示下一个符合搜索条件的剪辑。

单击【完成】按钮，退出【查找】对话框。

# 4.3　使用素材箱

借助素材箱，用户可以将剪辑、序列、图形、图像等素材归入不同分组中，分别进行管理和操作。

【项目】面板允许用户根据需要自由创建多个素材箱，每个素材箱内还可继续创建子素材箱，如图 4-10 所示，形成层层嵌套的复杂组织结构。

虽然素材箱和文件夹很相似，但是它们之间存在一个根本区别，就是素材箱只存在于 Premiere Pro 项目文件中。因此，在计算机中不可能找到脱离 Premiere Pro 项目文件而独立存在的素材箱。

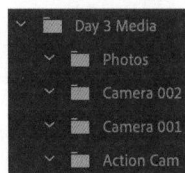

图 4-10

## 4.3.1　创建素材箱

下面创建一个素材箱。

❶ 单击【项目】面板底部的【新建素材箱】按钮（▣）。

此时，Premiere Pro 新建一个素材箱，并自动使其名称处于可编辑状态，如图 4-11 所示，等待用户修改素材箱名称。

图 4-11

💡 提示 当不小心在一个现有素材箱中新建了一个素材箱时，可以把新建的素材箱拖曳出来，或者在菜单栏中依次选择【编辑】>【撤销】命令，删除新创建的素材箱。

❷ 前面已经在项目中导入了一些素材（这些素材来自一个短片），接下来，将这些剪辑（素材）放入一个素材箱中。把新素材箱命名为 Theft Unexpected，按【Return】键（macOS）或【Enter】键（Windows）。

在【项目】面板中，若新创建的素材箱是最后一项，按【Return】键（macOS）或【Enter】键（Windows），新名称生效，同时高亮显示面板中的第 1 项，且其名称处于可编辑状态。若新创建的素材箱不是最后一项，按【Return】键（macOS）或【Enter】键（Windows）后，新名称生效，同时高亮显示其下一项，且其名称处于可编辑状态，等待用户重命名。

💡 提示 当键盘上有【Fn】键时，按住它可切换【Return】键（macOS）或【Enter】键（Windows）的工作方式。现在请按一下，确认下一个新素材箱的名称。

当需要连续修改项目中的多个素材箱名称时，按【Return】键（macOS）或【Enter】键（Windows）会非常便捷。若只想使当前修改的新名称生效，而不希望焦点跳到下一个素材箱上，只要在空白区域单击一下就可以了。当然，如果按的是数字小键盘上的【Enter】键，只会使当前修改的新名称生效，而不会让焦点跳到下一个素材箱上。

❸ 使用【文件】菜单来创建素材箱。具体做法如下：单击【项目】面板，将其激活，取消选择刚刚创建的素材箱（在某个素材箱处于选中的状态下新建素材箱，Premiere Pro 会在所选素材箱内部创建新素材箱）；在菜单栏中依次选择【文件】>【新建】>【素材箱】命令。

❹ 把新创建的素材箱命名为 Graphics。

❺ 此外，还有一种创建素材箱的方法：在【项目】面板中，使用鼠标右键单击空白区域，然后在弹出的菜单中选择【新建素材箱】命令。完成上述操作后，Premiere Pro 将在【项目】面板中新建一个素材箱。

💡 注意 当【项目】面板中有很多剪辑时，在里面找一块空白区域会比较难，此时可以单击剪辑图标左侧的空白区域，或者在菜单栏中选择【编辑】>【取消全选】命令，取消选择项。

❻ 把新创建的素材箱命名为 Illustrator Files。

❼ 拖曳 Seattle_Skyline.mov 剪辑到【项目】面板底部的【新建素材箱】按钮（▣）上，然后释放鼠标左键。

此时，Premiere Pro 会新建一个素材箱，同时把 Seattle_Skyline.mov 剪辑移入其中。对于那些已经导入项目的剪辑，为它们创建素材箱最简便、快捷的方法就是直接把剪辑拖曳到【项目】面板底部的【新建素材箱】按钮上。

❽ 把新创建的素材箱命名为 City Views。

❾ 确保【项目】面板当前处于活动状态，并且无素材箱处于选中状态。按【Command】+【B】

组合键（macOS）或【Ctrl】+【B】组合键（Windows），再创建一个
素材箱。

⑩ 把新建素材箱的名称修改为 Sequences，如图 4-12 所示。

若当前【项目】面板处在【列表视图】下，并且按照【名称】列排
序，那么素材箱也会按照字母表顺序与剪辑一起排列显示。在【列表视
图】下，新创建的素材箱会自动展开，其左侧箭头是向下的。新建素材
箱后，单击一下【名称】列，可重新排列顺序。单击两次【名称】列，
将按升序排列【项目】面板中的内容。

> **注意** 重命名素材箱时，使用鼠标右键单击素材箱，在弹出的菜单中
> 选择【重命名】命令，输入新名称，然后单击名称以外的地方，即可使
> 修改生效。

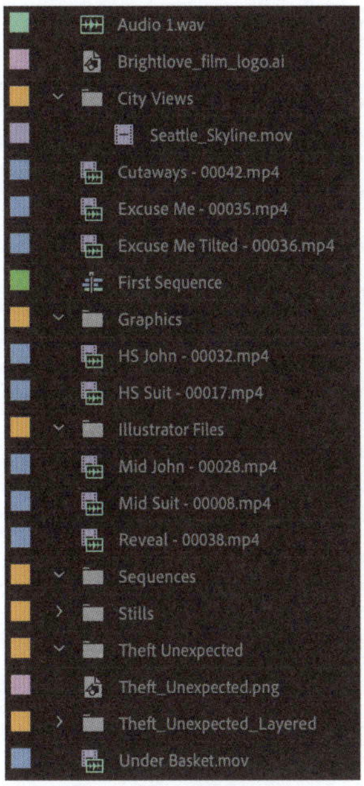

## 4.3.2 管理素材箱中的素材

当前示例项目体量较小，即便如此，目前【项目】面板中就已经有

图 4-12

20 多个素材项（包括素材箱）了。当制作一个大型项目（需要用到 200 甚至 2000 多个剪辑）时，素
材箱的价值就会非常明显，使用素材箱能够大大提升工作效率，保障工作顺畅。

前面已经创建好了几个素材箱，接下来把它们利用起来。把剪辑移入素材箱之前，请先单击素材
箱左侧的箭头，折叠素材箱。

① 把 Brightlove_film_logo.ai 剪辑拖曳至 Illustrator Files 素材箱图标上。释放鼠标左键，Premiere
Pro 会把 Brightlove_film_logo.ai 剪辑移到素材箱中。

② 把 Theft_Unexpected.png 拖入 Graphics 素材箱。

③ 把 Theft_Unexpected_Layered 素材箱（选择以【各个图层】方式导入 PSD 分层文件时，Pre-
miere Pro 会自动创建该素材箱）拖入 Graphics 素材箱。

> **注意** 导入包含多个图层的 PSD 文件且选择将其以【序列】方式导入时，Premiere Pro 会自动为图层
> 和序列创建一个包含它们的素材箱。

④ 把 Under Basket.mov 剪辑拖入 City Views 素材箱。需要调整【项目】面板尺寸，或者将其最
大化，才能同时看到剪辑和素材箱。

⑤ 把序列 First Sequence 拖入 Sequences 素材箱。

⑥ 把其他所有剪辑拖入 Theft Unexpected 素材箱。

> **提示** 与在文件夹中选择多个文件一样，在【项目】面板中，选择剪辑时按住【Shift】键或
> 【Command】（macOS）/【Ctrl】键（Windows），可同时选中多个剪辑。

当前【项目】面板中的素材已经组织得很好了，每一类剪辑都放在单独的素材箱内，如图 4-13
所示。

> 💡 **提示** 按住【Option】键（macOS）或【Alt】键（Windows），同时单击某个素材箱左侧的箭头按钮，可以一次性把所有素材箱展开或折叠起来。

⑦ 单击 Graphics 素材箱左侧的箭头按钮，将其展开，显示其内容。

图 4-13

为了高效组织和整理剪辑，Premiere Pro 还支持用户在【项目】面板中通过复制为剪辑快速创建多个副本。例如，Graphics 素材箱中有一个 PNG 文件（Theft_Unexpected.png），编辑 Theft Unexpected 镜头时极有可能会用到，因此最好把它放入 Theft Unexpected 素材箱中。为此，可创建一个副本。

⑧ 使用鼠标右键单击 Theft_Unexpected.png 剪辑，在弹出的菜单中选择【复制】命令。

⑨ 单击 Theft Unexpected 素材箱左侧的箭头按钮，将其展开，显示出其内容。

⑩ 使用鼠标右键单击 Theft Unexpected 素材箱，在弹出的菜单中选择【粘贴】命令，把剪辑副本添加到 Theft Unexpected 素材箱中。

在 Premiere Pro 中，复制剪辑时并不会复制剪辑所引用的原始素材。可以根据需要创建任意多个剪辑副本，所有剪辑副本都链接至同一个原始素材文件。

### 4.3.3 查找素材文件

想知道某个剪辑引用的原始素材文件在计算机中的位置，可以在【项目】面板中使用鼠标右键单击剪辑，然后在弹出的菜单中选择【在"访达"中显示】命令（macOS）或【在资源管理器中显示】命令（Windows）。

Premiere Pro 会在【访达】（macOS）或【文件资源管理器】（Windows）中打开包含该原始素材文件的文件夹。若项目中使用的素材文件分散在多个文件夹中，或者在 Premiere Pro 中对剪辑进行了重命名，就可以使用这种方法查找素材文件。

单击 Theft Unexpected 素材箱左侧的箭头按钮，将其展开，其中应该有一个名为 Audio 1.wav 的剪辑，即前面录制的画外音，如图 4-14 所示。每次录制画外音都会产生一个独立的音频文件，Premiere Pro 会为不同音频文件赋予不同的编号。下面删除音频剪辑，但保留音频。

图 4-14

① 在【项目】面板中使用鼠标右键单击 Audio 1.wav 剪辑，在弹出的菜单中选择【在"访达"中显示】命令（macOS）或者【在资源管理器中显示】命令（Windows），在【访达】（macOS）或【文件资源管理器】（Windows）中显示原始音频文件。

② 返回 Premiere Pro。在【项目】面板中单击 Audio 1.wav 剪辑，将其选中，然后按【Delete】键（macOS）或【Backspace】键（Windows），删除它。

此时，Premiere Pro 显示一条警告信息，提醒当前要删除的剪辑正在使用中，如图 4-15 所示。

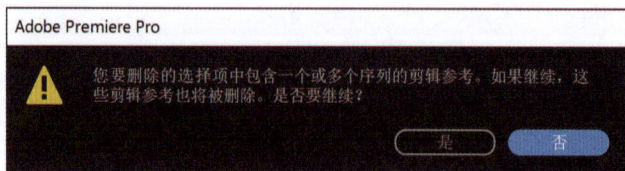

图 4-15

**提示** 在警告信息对话框中，默认【否】按钮处于高亮显示状态（蓝色）。此时，按【Return】键（macOS）或【Enter】键（Windows），就相当于单击“否”按钮。

单击【是】按钮，把剪辑从【项目】面板以及所有使用它的序列中删除。

❸ 打开【访达】(macOS）或【文件资源管理器】(Windows），回到 Audio 1.wav 所在的文件夹，可以看到，虽然上面执行了删除操作，但是 Audio 1.wav 仍然存在。

在 Premiere Pro 中删除一个剪辑并不会把剪辑所指向的原始素材文件从计算机中删除。此外，在 Premiere Pro 中修改剪辑时，所做的修改并不会直接应用到剪辑所指向的原始素材文件上。

### 4.3.4 更改素材箱视图

【项目】面板和素材箱有所区别，但它们都具有相同的控件和视图选项，因此也可以将【项目】面板看作素材箱。许多 Premiere Pro 用户认为，“素材箱”和“【项目】面板”两个术语几乎等同，在实际交流中两个术语也可以互换使用。

素材箱有 3 种视图，视图按钮位于【项目】面板的左下方，需要使用某个视图时，只需单击相应按钮即可。

- 列表视图（ ）：默认设置下，该视图以列表形式显示剪辑和素材箱，同时以“列”的形式显示元数据信息。拖曳面板底部的水平滚动条，可查看各列元数据；单击某个列标题，可按某种方式对剪辑进行排序。
- 图标视图（ ）：该视图以缩览图形式显示剪辑和素材箱，允许用户重排缩览图，并通过它们预览剪辑内容。
- 自由变换视图（ ）：在该视图下，剪辑和素材箱都以缩览图形式显示，允许用户自由指定大小、分组及位置，如图 4-16 所示。

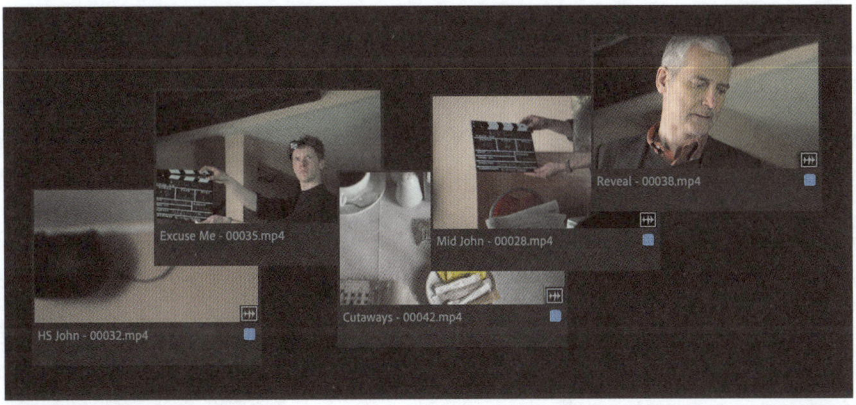


图 4-16

【项目】面板中有一个缩放控件，位于视图按钮的右侧，用于改变剪辑图标或缩览图的大小，如图 4-17 所示。

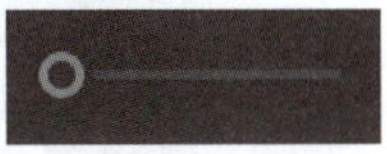

图 4-17

❶ 双击 Theft Unexpected 素材箱，Premiere Pro 在同一个面板组中打开【素材箱】面板。Premiere Pro 允许用户同时打开多个素材箱，自由调整各个素材箱的位置，从而更高效地组织和管理素材。

❷ 单击【素材箱】面板底部的【图标视图】按钮，以缩览图形式显示剪辑。调整【素材箱】面板尺寸，可显示出更多缩览图，如图 4-18 所示。

❸ 拖曳缩放滑块，调整图标和缩览图的大小，如图 4-19 所示。

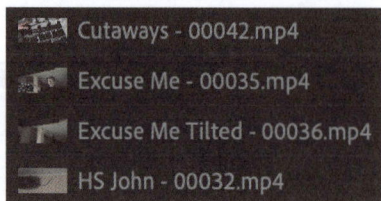

图 4-18　　　　　　　　　　　　　　　　图 4-19

Premiere Pro 能够以较大尺寸的缩览图显示剪辑内容，以方便用户浏览和选择剪辑。

在【图标视图】下，单击【排序图标】（■ ∨），在弹出的菜单中选择排序方式对剪辑缩览图进行排序。

❹ 切换到【列表视图】（■）。

在【列表视图】下，拖曳缩放滑块没有太大意义，除非在该视图下开启了缩览图显示功能。

❺ 单击【素材箱】面板名称右侧的面板菜单按钮（■），打开面板菜单，选择【缩览图】命令。

此时，Premiere Pro 会在【列表视图】下显示缩览图，如图 4-20 所示，与【图标视图】一样。

❻ 向右拖曳缩放滑块，增大缩览图尺寸，如图 4-21 所示。

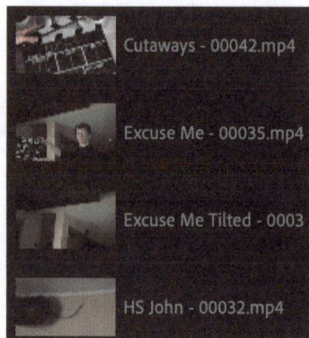

图 4-20　　　　　　　　　　　　　　　　图 4-21

请注意剪辑名称中的数字，这些数字是在添加描述性名称时所保留的原始素材文件名。本书课程中只使用描述性剪辑名，而忽略来自原始素材名称的数字。

默认设置下，剪辑缩览图显示的是视频素材的第 1 帧。某些剪辑的第 1 帧没什么用，例如，在 Cutaways 剪辑中，第 1 帧显示的是场记板，最好让缩览图显示剪辑的实际内容。

⑦ 切换到【图标视图】。

在该视图下，把鼠标指针放到某个剪辑缩览图上，左右移动鼠标指针，可快速预览剪辑内容。

> ♀注意　在【图标视图】或【自由变换视图】下，单击剪辑缩览图将其选中时，Premiere Pro 会在缩览图底部显示一个小的时间条，拖曳该时间条可浏览剪辑内容。

⑧ 把鼠标指针放到 Cutaways 剪辑上，左右移动鼠标指针，寻找一个能够充分代表该剪辑内容的帧。

⑨ 当显示出想用的帧之后，按【Command】+【P】组合键（macOS）或【Shift】+【P】组合键（Windows），把当前帧设置为剪辑的标识帧。

> ♀提示　此外，还可以按【I】键来更改标识帧。【I】键是【入点标记】的快捷键。在从一个剪辑中选择一个片段添加到序列时，按【I】键可设置片段的起点。只有在未设置标识帧的情况下，按【I】键才会设置标识帧。

⑩ 切换到【列表视图】。

此时，Premiere Pro 已经把选择的帧设置成了剪辑的缩览图，如图 4-22 所示。

⑪ 在面板菜单中选择【缩览图】命令，隐藏【列表视图】下的缩览图。

图 4-22

⑫ 向左拖曳缩放滑块，把剪辑图标恢复成默认大小。

## 创建搜索素材箱

使用搜索框（【过滤素材箱内容】）显示特定剪辑时，可以选择创建一种包含搜索结果的虚拟素材箱——搜索素材箱。

在搜索框中输入搜索词后，单击【从查询创建新的搜索素材箱】按钮（▣）。

此时，Premiere Pro 就会在【项目】面板中新建一个搜索素材箱，名称默认为搜索词，并把搜索结果（搜索到的剪辑）放入新创建的搜索素材箱，如图 4-23 所示。可以修改搜索素材箱的名称，也可以把它们放入其他素材箱中。

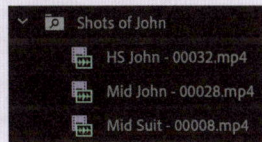

图 4-23

而且搜索素材箱中的内容是可以动态改变的，向项目中添加符合搜索条件的新剪辑时，Premiere Pro 会自动把这些剪辑放入搜索素材箱。当新素材不断增多，项目中用到的素材不断发生变化时，使用支持自动更新功能的搜索素材箱能够大大提高工作效率，节省大量时间。

## 4.3.5　更改标签颜色

【项目】面板中，每个素材都有一个标签。在【列表视图】下，每个剪辑的标签显示在单独的【标签】列中。向序列添加剪辑时，这些剪辑就会在【时间轴】面板中显示出来，并且带有相应的标签颜色。

接下来，为剪辑修改标签颜色。

❶ 在 Theft Unexpected 素材箱中，使用鼠标右键单击 Theft_Unexpected.png，在弹出的菜单中选择【标签】>【森林绿色】命令，修改前后的对比如图 4-24 所示。

图 4-24

Premiere Pro 支持同时为多个剪辑修改标签颜色，具体做法是，同时选择多个剪辑，然后单击鼠标右键，在弹出的菜单中选择一种标签颜色。

❷ 按【Command】+【Z】组合键（macOS）或【Ctrl】+【Z】组合键（Windows），把 Theft_Unexpected.png 剪辑的标签颜色恢复成【淡紫色】。

> 💡提示　在为剪辑设置好合适的标签颜色后，可以随时使用鼠标右键单击该剪辑，然后在弹出的菜单中选择【标签】>【选择标签组】命令，选出所有具有相同颜色的标签的剪辑。

向某个序列添加一个剪辑时，Premiere Pro 会为该剪辑新建一个实例（或称为"副本"），在【项目】面板和序列中各有一个副本，它们全部链接到同一个原始素材文件。

在【项目】面板中更改某个剪辑的标签颜色或名称时，序列中该剪辑的副本可能会随之更新，也可能不会。

当序列在【时间轴】面板中处于打开状态时，单击【时间轴显示设置】按钮（🔧），在弹出的菜单中选择【显示源剪辑名称和标签】命令，可开启或关闭该显示设置。

## 更改标签颜色和默认值

在一个项目中，最多可指派 16 种标签颜色，其中有 8 种颜色是 Premiere Pro 根据素材类型（视频、音频、静态图像等各类素材）自动指派的，另外 8 种颜色可以自由使用。

在菜单栏中依次选择【Premiere Pro】>【首选项】>【标签】命令（macOS）或【编辑】>【首选项】>【标签】命令（Windows），会看到一个颜色列表，每种颜色对应一个色板，如图 4-25 所示。在这里，可以单击色板修改颜色，或者单击名称进行重命名。

图 4-25

此外，还可以使用【标签默认值】下的各个选项，改变项目中每种素材的默认标签颜色。

## 4.3.6　更改剪辑名称

在 Premiere Pro 项目中，剪辑与其链接的原始素材文件是彼此独立的，修改剪辑名称不会影响原始素材文件的名称。也就是说，在 Premiere Pro 中修改剪辑名称是一种安全操作，在组织复杂项目时，可以放心地修改剪辑名称。

双击打开 Theft Unexpected 素材箱，Premiere Pro 会在【项目】面板组中新打开一个【素材箱】面板。接下来，了解一下如何在不同素材箱之间切换，以及更改其中剪辑的名称。

在 Theft Unexpected 素材箱左上方，有一个【返回上一级】导航按钮（🔲）。无论何时，只要进入一个素材箱中查看其内容，该按钮就会处于可用状态。单击【返回上一级】按钮，可返回到包含当前素材箱的上一级容器中。本例中，单击【返回上一级】按钮会返回【项目】面板，但当前素材箱嵌套在另一个素材箱中时，单击【返回上一级】按钮会返回上一级素材箱。

**❶** 单击【返回上一级】按钮，返回【项目】面板。

此时，【项目】面板高亮显示出来，成为当前活动面板，而且面板名称下方有下画线，如图 4-26 所示。Theft Unexpected 素材箱仍然是展开的。

在【项目】面板中，多次双击同一个素材箱时，Premiere Pro 都会跳转到第一次打开的那个【素材箱】面板。这样可以避免出现同一个素材箱的多个实例同时占据屏幕空间的情形。

**❷** 双击 Graphics 素材箱，将其打开。

**❸** 使用鼠标右键单击 Theft_Unexpected.png 剪辑，在弹出的菜单中选择【重命名】命令。

**❹** 把名称修改为 TU Title BW（即 Theft Unexpected Title Black and White）。输入新名称后，单击面板背景，使修改生效，如图 4-27 所示。

图 4-26

图 4-27

> **💡提示** 在【项目】面板中重命名一个剪辑时，还可以选中剪辑，单击剪辑名称，然后输入新名称；或者先选择剪辑，再按【Return】键（macOS）或【Enter】键（Windows），然后输入新名称。请注意，这里说的【Return】键（macOS）或【Enter】键（Windows）是主键盘上的按键，而不是数字小键盘上的按键。

**❺** 使用鼠标右键单击 TU Title BW 剪辑，在弹出的菜单中选择【在"访达"中显示】命令（macOS）或【在资源管理器中显示】命令（Windows）。

此时，原始素材文件会在当前位置显示出来，如图 4-28 所示。请注意，此时剪辑所对应的原始素材文件的名称并未发生改变。

前面从项目中删除了一个剪辑，这并没有影响到原始素材文件，从某种意义上说，这类似于对项目中的剪辑进行重命名。在 Premiere Pro 中修改剪辑不会影响到其链接的原始素材文件。

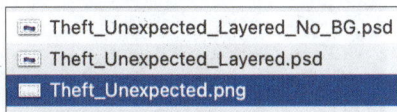

图 4-28

> **💡注意** 在 Premiere Pro 中更改剪辑名称时，新名称会存储在项目文件中。在不同的 Premiere Pro 项目文件中可能使用不同名称来表示同一个剪辑。事实上，在 Premiere Pro 中，同一个项目中的一个剪辑可以有两个副本，而且这两个副本可以使用不同名称。

弄清楚原始素材文件和 Premiere Pro 项目中剪辑之间的关系，有助于理解 Premiere Pro 的工作方式。

## 4.4 播放与浏览剪辑

在 Premiere Pro 中，编辑视频的大部分时间都花在了浏览剪辑以及根据创意对剪辑做合理的取舍上。

Premiere Pro 提供了多种方式来执行播放视频剪辑这类常见任务，如使用快捷键、使用鼠标单击按钮，以及使用专业控制台等外部设备。

❶ 打开 Theft Unexpected 素材箱。

❷ 单击【素材箱】面板左下方的【图标视图】按钮（▤），拖曳缩放滑块，把各个剪辑的缩览图调整到合适大小，如图 4-29 所示。

❸ 在素材箱中，把鼠标指针移到某个剪辑的缩览图上，不要按下鼠标按键。

此时，在缩览图上左右移动鼠标指针，Premiere Pro 会播放剪辑内容，这个过程叫"悬停拖拉"（hover scrubbing）。剪辑缩览图的最左边对应着剪辑的开头，最右边对应着剪辑的末尾，从剪辑的最左边至最右边代表整个剪辑的总时长。当把鼠标指针放到某个剪辑的缩览图上时，缩览图底部会显示一个蓝色的播放进度条。

❹ 单击某个剪辑，将其选中。请不要双击剪辑，否则会在【源监视器】中打开它。

当选中剪辑并把鼠标指针置于其上时，剪辑缩览图底部的播放条会变大一些，同时出现一个小小的灰色播放滑块，如图 4-30 所示。拖曳该播放滑块，Premiere Pro 会播放剪辑内容，包括剪辑的音频。

图 4-29

图 4-30

选中一个剪辑后，还可以使用键盘上的【J】【K】【L】键来控制剪辑的播放。

- J: 向前播放（倒放）。
- K: 暂停。
- L: 向后播放（正放）。

## 自定义素材箱

在【列表视图】中，【项目】面板显示了各个剪辑的大量信息，这些信息分布在不同列之中。根据所拥有的剪辑和所用的元数据类型，有时可能希望更改一下显示的列。

为此，可以打开【项目】面板菜单，然后从中选择【元数据显示】命令，打开【元数据显示】对话框，如图 4-31 所示。

在【元数据显示】对话框中，可以选择要在【项目】面板（以及素材箱）的【列表视图】下显示的元数据。【元数据显示】对话框中列出了各类元数据，这些元数据是分组组织的，单击某一个分组左侧的箭头按钮，即可显示分组中的各种属性，如图 4-32 所示。

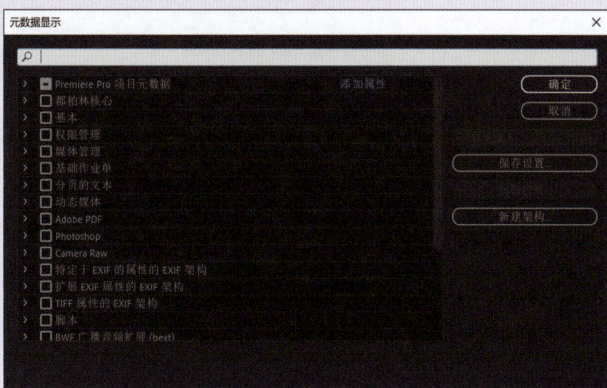

图 4-31

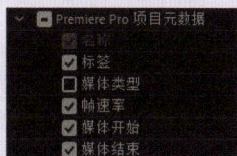

图 4-32

选择某个属性，Premiere Pro 将其以列的形式显示在【项目】面板或素材箱中。若选择一个组，则该组中所有属性都会被添加进去。

请注意，各个素材箱中的【元数据显示】设置与项目文件保存在一起，而【项目】面板中的【元数据显示】设置则与工作区保存在一起。

所有尚未打开的素材箱都会继承【项目】面板中的设置。所以，希望把某些设置应用到每个素材箱时，只需要把它们应用到【项目】面板中即可。

> **注意** 【元数据显示】对话框顶部有一个搜索框，如果不知道要在哪个类别中查找，可以直接在搜索框中输入搜索词进行查找。

> **注意** 默认设置下，Premiere Pro 会显示几个有用的列，其中包括【良好】列，该列下的每个剪辑都有一个复选框。为喜欢的剪辑勾选该复选框，然后单击列标题，就可以把喜欢（勾选）和不喜欢（未勾选）的剪辑分开。

⑤ 选择一个剪辑，按【J】【K】【L】键在缩览图中播放视频。此外，还可以使用空格键来控制视频的播放与停止。

> **提示** 按【J】或【L】键多次，Premiere Pro 会加速播放视频剪辑。按【Shift】+【J】或【Shift】+【L】组合键，可把播放速度放慢或加快 10%。

双击一个剪辑时，Premiere Pro 不但会把该剪辑在【源监视器】中显示出来，还会把它添加到最近剪辑列表中。

## 使用触摸屏编辑

当使用的计算机配备了触摸屏时，【项目】面板的缩览图中可能会显示出与触摸屏相关的控件，如图 4-33 所示。

此时，可以直接通过触摸屏使用这些控件执行各种编辑任务，而无须使用鼠标或触控板。如果希望在未配备触摸屏的计算机上显示这些控件，可以单击【项目】面板的菜单按钮，在弹出的菜单中选择【所有定点设备的缩览图控件】命令。

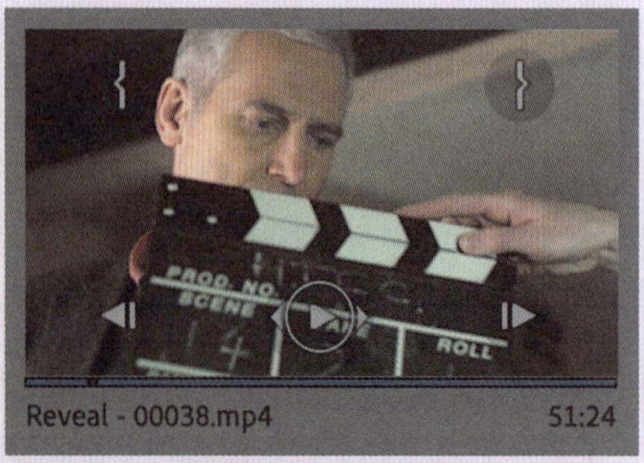

图 4-33

⑥ 在 Theft Unexpected 素材箱中，双击 4 或 5 个剪辑，在【源监视器】中打开它们。

⑦ 打开【源监视器】的面板菜单，如图 4-34 所示，浏览最近剪辑。

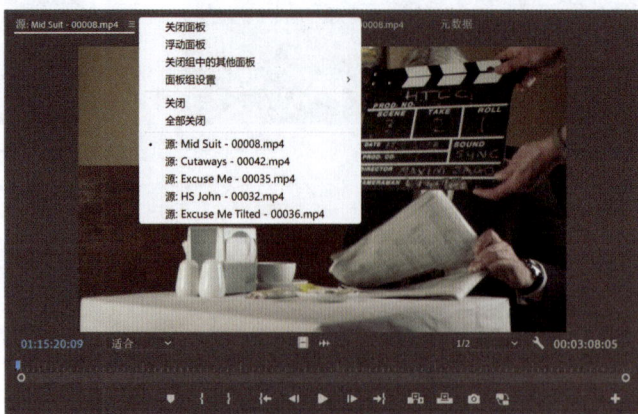

图 4-34

> 💡 **提示** 可以选择关闭单个剪辑或所有剪辑，清空菜单和监视器。有些编辑人员喜欢先清空菜单，然后在素材箱中选择（同一个场景下）多个剪辑，把它们一起拖入【源监视器】并打开。可以使用【最近项目】菜单浏览最近剪辑，在【源监视器】处于激活的状态下，还可以按【Shift】+【2】组合键在打开的剪辑之间快速切换。

⑧ 在【源监视器】的左下方有一个【选择缩放级别】菜单。

该菜单的默认设置为【适合】，如图 4-35（a）所示。此时，无论剪辑的原始尺寸是多少，Premiere Pro 都会把完整画面显示出来。通常剪辑的分辨率比【源监视器】的分辨率高。把【选择缩放级别】设置为 100%，如图 4-35（b）所示。

| 适合 ⌄ | 100% ⌄ |
|---|---|
| （a） | （b） |

图 4-35

【源监视器】的底部与右侧都有滚动条，可以拖曳它们以查看画面的不同区域，如图 4-36 所示。如果使用的显示器的分辨率很高，画面看上去可能会显得更小一些。

Premiere Pro 提供了多种不同用途的实用工具。例如，在【源监视器】和【节目监视器】中，可以使用【手形工具】（快捷键为【H】）随意拖曳视频画面，显示不同区域。用完某个工具后，请记得切换回【选择工具】。

图 4-36

把【选择缩放级别】设置成 100% 的好处是，可以看到原始视频中的每个像素，这在检查视频质量时非常有用。

⑨ 把【选择缩放级别】设置为【适合】。

## 4.4.1 使用基本播放控件

下面一起了解【源监视器】中的基本播放控件。

❶ 在 Theft Unexpected 素材箱中，双击 Excuse Me 文件（非 Excuse Me Tilted 文件），在【源监视器】中打开它。

❷【源监视器】底部有一个蓝色播放滑块，如图 4-37 所示。沿着面板底部的时间标尺左右拖曳播放滑块，可观看剪辑的不同内容。此外，还可以直接单击时间标尺，播放滑块会立即跳转到单击位置。

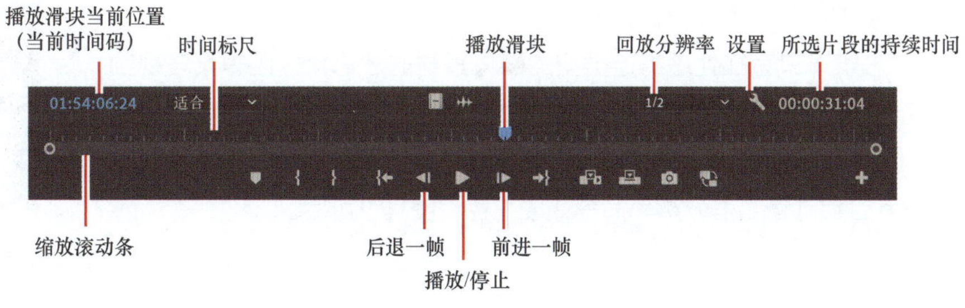

图 4-37

❸ 时间标尺和播放滑块下方有一个滚动条，它是一个缩放控件，如图 4-38 所示。把滚动条的一端向另一端拖曳，可放大时间标尺。这在浏览时长较长的剪辑时很有用。

拖曳                                                                                    拖曳

图 4-38

④ 单击【播放 / 停止】按钮，播放剪辑。再次单击该按钮，停止播放剪辑。此外，还可以按空格键来控制播放或停止播放剪辑。

⑤ 单击【后退一帧】(◀Ⅰ)和【前进一帧】(Ⅰ▶)按钮，可在视频剪辑中逐帧移动。另外，还可以使用左方向键和右方向键执行后退一帧和前进一帧操作。

> 💡 **提示** 不知道某个按钮的用途时，可以把鼠标指针移到这个按钮上，此时 Premiere Pro 会把按钮名称及其对应的快捷键（位于小括号中）显示出来。

⑥ 按【J】【K】【L】键，播放剪辑。

⑦ 按住【K】键，同时按【J】键或【L】键，播放滑块将移动一帧并播放相关音频，这非常适合用来查找音频中某个特定的时刻。

> 💡 **注意** 使用快捷键和菜单时，一定要搞清楚当前选择的是哪个面板。当发现【J】【K】【L】键无法正常工作时，请检查一下【源监视器】当前是否处于选中状态（处于选中状态时，其周围会有一圈蓝色边框）。

## 4.4.2　降低播放分辨率

如果计算机的处理器配置较低或者运行速度较慢，而且使用的是帧大小较大的视频文件（比如超高清视频 4K、8K 或更高），播放这样的视频剪辑时，计算机可能会显得很吃力，虽然总播放时长不变（播放 10 秒长的视频仍然需要 10 秒钟），但有些帧可能无法正常显示出来。

从强大的桌面型工作站到轻量级笔记本式计算机，不同计算机的硬件配置千差万别，对于配置较低的计算机，可以主动在 Premiere Pro 中降低播放分辨率，以保证视频播放的流畅性。

【源监视器】与【节目监视器】中都有专门用来设置播放分辨率的菜单。默认播放分辨率是 1/2，如图 4-39 所示。

在【源监视器】和【节目监视器】中有一个【选择回放分辨率】菜单，如图 4-40 所示，可以通过该菜单随时修改播放分辨率。

图 4-39

某些较低的分辨率只有在处理特定类型的媒体素材时才可用。因为某些视频在转换成低分辨率版本时很费劲，与直接用全分辨率播放相比，这么做所获得的播放优势不明显（不是所有编解码器都能高效地播放低分辨率视频）。在这种情况下，Premiere Pro 会自动把某些分辨率命令变成灰色，使其不可用。

图 4-40

> 💡 **提示** 如果使用的计算机性能特别强劲，那可以在监视器的【设置】菜单中开启【高品质回放】，这样 Premiere Pro 会最大限度地提高预览播放质量，尤其是在播放 H.264 视频、图形、静态图像等压缩素材时，但这样会影响播放性能。

### 4.4.3　获取时间码信息

【源监视器】左下方显示蓝色时间码，指示的是播放滑块当前所在的位置，格式为时、分、秒、帧（00:00:00:00）。例如，1:54:06:24 表示 1 小时、54 分、6 秒、24 帧，如图 4-41 所示。

有时剪辑时间码不会恰好从 00:00:00:00 开始，这给估算剪辑的总时长带来一定难度。

**01:54:06:24**

图 4-41

【源监视器】的右下方也有一个时间码（浅灰色），用来显示当前剪辑的持续时间，如图 4-42 所示。

**00:00:31:04**

图 4-42

默认设置下，显示的是整个剪辑的持续时间。当在剪辑上添加了入点和出点后，其显示的是入点与出点之间的持续时间。而且随着入点与出点的调整，其显示的时间码会发生相应变化。

入点和出点的用法很简单：单击【入点】按钮（▮），设置要用的片段的起点；单击【出点】按钮（▮），设置片段终点。更多内容将在第 5 课"视频编辑基础"中讲解。

### 4.4.4　显示安全边距

为了得到干净、整洁的边缘，电视屏幕通常会裁剪画面边缘。单击【源监视器】底部的【设置】按钮（🔧），在弹出的菜单中选择【安全边距】命令，此时在视频画面上显示出两个白色边框，如图 4-43 所示。

图 4-43

外框以内的范围是动作安全区域，重要动作都应该放在这个方框内，这样当画面边缘被剪裁时也不会影响人们正常理解视频内容。

内框以内的范围是字幕安全区，该区域中的字幕、图形都可以正常显示出来。即使是在一个调校得不好的屏幕上，观众也能正常看到这些内容。

现代电视机对画面的剪裁一般都很小，在线视频通常不做任何剪裁。在具体的视频制作项目中，请根据视频的目标播放媒介，相应地调整安全区域的大小。

此外，Premiere Pro 还提供了更高级的叠加功能，可以通过设置在【源监视器】和【节目监视器】中显示一些有用信息。单击【设置】按钮，在弹出的菜单中选择【叠加】命令，可开启或关闭叠加功能。

单击【设置】按钮，在弹出的菜单中选择【叠加设置】>【设置】命令，然后在打开的【叠加设置】对话框中，可以自行设置叠加和安全边距。

在【源监视器】和【节目监视器】的【设置】菜单中，再次选择【安全边距】或【叠加】命令，可禁用它们。这里把它们关闭，这样可以更清晰地看到整个画面。

## 4.4.5 自定义监视器

在各个监视器面板的【设置】菜单中，可以自定义监视器显示视频的方式。

【源监视器】和【节目监视器】有相似的选项。在【源监视器】中，可以查看剪辑中的音频波形，它显示的是随时间变化的声音振幅（这在查找特定声音或某个单词的开头时很有用）。

在【源监视器】的【设置】菜单中，确保【合成视频】处于选中状态。

在视频画面正下方，单击【仅拖动视频】按钮（▣）或【仅拖动音频】按钮（➡），可在查看剪辑音频波形和视频之间快速切换。

> ♀ 提示　如果处理的是 VR 视频，可以在【源监视器】和【节目监视器】的【设置】菜单中选择【VR 视频】命令，切换到 VR 视频查看模式。

这两个按钮除了用来在视频和音频波形之间快速切换，还可以用来将剪辑的视频部分或音频部分拖入序列。

另外，还可以调整显示在【源监视器】和【节目监视器】底部的按钮，包括添加、移动、删除按钮等。请注意，针对某个监视器面板中按钮的修改只会对该面板起作用。

❶ 单击【源监视器】右下方的【按钮编辑器】按钮（➕）。

此时，Premiere Pro 打开【按钮编辑器】浮动面板，其中显示了所有可用按钮，如图 4-44 所示。

❷ 把【循环播放】按钮（🔁）从浮动面板拖到【源监视器】中【播放】按钮的右侧（其他按钮会自动让出位置），如图 4-45 所示，单击【确定】按钮，关闭【按钮编辑器】浮动面板。

图 4-44

图 4-45

❸ 在 Theft Unexpected 素材箱中，双击 Excuse Me 剪辑，在【源监视器】中打开它。

❹ 单击刚刚添加的【循环播放】按钮，启用它。启用后，【循环播放】按钮变成蓝色。

❺ 单击【播放】按钮，播放剪辑。在【源监视器】中使用空格键或【播放】按钮播放视频。当再次回到视频起点时，停止播放。

当【循环播放】处于启用状态时，Premiere Pro 会不断重复播放一个剪辑或序列。如果设置了入点和出点，循环播放会在两者之间进行。这是一种反复查看某个视频片段的好方法。

> ♀ 提示　如果习惯使用快捷键，那么可以把【源监视器】或【节目监视器】底部的所有按钮隐藏起来，使界面更加简洁。具体操作为：在【源监视器】或【节目监视器】中单击【设置】按钮，在弹出的菜单中选择【显示传送控件】命令，隐藏传送控件。再次选择【显示传送控件】命令，可显示出传送控件。

## 自由变换视图

素材箱是一种组织剪辑的便捷方式，它提供了【列表视图】【图标视图】【自由变换视图】3
种视图。【自由变换视图】如图 4-46 所示，在这种视图下，用户可以对素材箱中的剪辑进行分
组。【自由变换视图】与【图标视图】很像，但在【自由变换视图】中，用户可以把剪辑拖曳至任
意位置，就像在画板上一样。在【自由变换视图】下，用户可以为不同剪辑设置不同的缩览图大
小，也可以把剪辑堆叠起来或者放入某个分组。此外，还可以将缩览图沿边缘对齐，对序列做预
排。先把多个剪辑排列在一起，再把鼠标指针放到剪辑上，然后左右移动鼠标指针可快速浏览它们。

【自由变换视图】就像一个开放式的画布，可以在其中对剪辑自由地编组，或者在将剪辑添加
到序列之前尝试一下不同的组合。

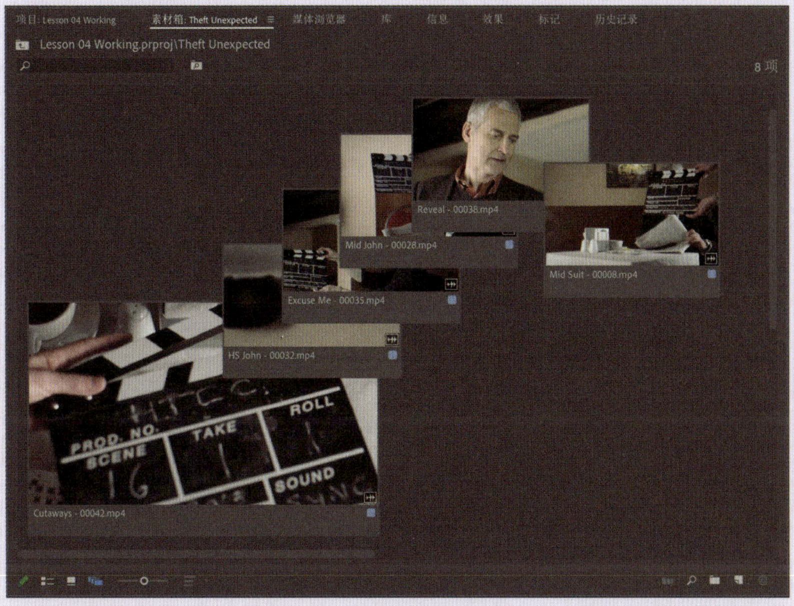

图 4-46

# 4.5　修改剪辑

Premiere Pro 使用素材文件的元数据来了解如何播放所链接的剪辑。例如，有关播放帧率的信息
就以元数据的形式保存在素材文件中。通常元数据都是在拍摄素材时由摄像机添加的，但这些数据有
时会丢失或出错，这时就需要告诉 Premiere Pro 如何解释剪辑。

在 Premiere Pro 中，只需一步操作，就可以更改一个或多个剪辑的解释方式。要注意的是，在更
改了解释方式之后，所选剪辑的所有实例（包括已经添加到序列中的副本）都会受到影响。

> ♀注意　更改剪辑的解释方式后，这些更改只会应用到剪辑上，而不会应用到剪辑所链接的原始素材文
> 件。也就是说，两个（或以上）指向同一素材文件的剪辑可以设置不同的解释方式，而且它们都不会影
> 响到原始素材文件。

## 4.5.1 选择音频声道

Premiere Pro 提供了高级音频管理功能。借助高级音频管理功能，可以创建复杂的混音，并且有选择地输出带有原声的声道。可以使用单声道、立体声、5.1环绕立体声，甚至32声道的序列和剪辑，并可以对音频声道线路进行精确控制。

视频编辑新手可能会选择使用单声道或立体声源剪辑来制作立体声序列。这种情况下，默认设置几乎就能满足所有需求。

使用专业摄像机录制音频时，常见的做法是使用两个麦克风，每个麦克风分别录制一个声道。虽然这些声道同样适用于普通的立体声音频，但此时它们包含的是两个完全独立的声音。

### 什么是声道

录制音频时，系统会捕捉声音，并把它们存储到一个或多个声道中。可以把一个声道看作一个单独的信号，并且该信号可以用一只耳朵听见。

人有两只耳朵，所以我们听到的是立体声，大脑会识别并比较声音到达每只耳朵的差别，从而判断声音的来源。这一过程是自动发生的，而且是预知的，也就是说，"显意识"不会做任何分析就能感知声音的来源。

捕捉立体声（两只耳朵侦测到的声音）时，需要两路信号，因此要使用两个麦克风来录制两个声道。

在声音录制中，一路信号（一个麦克风捕捉的声音）会变成一个声道。输出时，一个声道通过一个扬声器或头戴式耳机的一个耳筒播放输出。录制的声道越多，可以独立捕捉的源越多（想象一下，如果使用多个声道捕捉整个管弦乐队，那么在后期制作中就可以分别调整每个乐器的音量）。

在多个扬声器上播放不同音量级别的音频（如环绕立体声），需要多个回放通道。有关音频的更多内容，将在第 10 课"编辑和混合音频"中讲解。

录制声音时，摄像机会向音频中添加相应的元数据，以告知 Premiere Pro 录制的声音是单通道（独立的音频通道）还是立体声（组合声道 1 和声道 2 中的音频形成完整的立体声混音）。

通过选择【Premiere Pro】>【首选项】>【时间轴】>【默认音频轨道】命令（macOS）或【编辑】>【首选项】>【时间轴】>【默认音频轨道】命令（Windows），可告诉 Premiere Pro 在导入新素材文件时如何解释声道。

选择【使用文件】选项后，Premiere Pro 会使用剪辑创建时所应用的音频轨道设置。可以根据需要在相应的下拉列表中为每一种素材选择合适的选项，如图 4-47 所示。

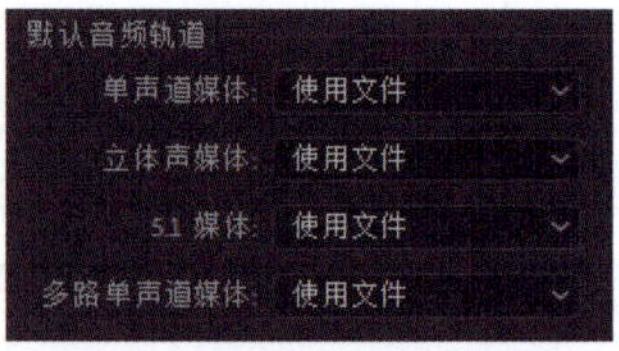

图 4-47

导入剪辑时，若【默认音频轨道】的设置有误，可以在【项目】面板中重新设置声道的解释方式。

❶ 单击 Theft Unexpected 素材箱名称，使其处于活动状态。若该素材箱未打开，请在【项目】面板中双击它，将其打开。

❷ 在 Theft Unexpected 素材箱中，使用鼠标右键单击 Reveal 剪辑，在弹出的菜单中依次选择【修改】>【音频声道】命令。

此时，Premiere Pro 会打开【修改剪辑】对话框，如图 4-48 所示。在【音频声道】选项卡中，默认【预设】为【使用文件】，Premiere Pro 会使用文件的元数据为音频设置声道格式。

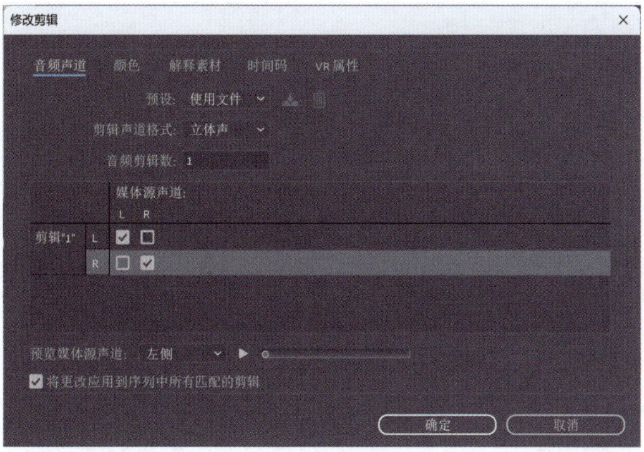

图 4-48

这里将【剪辑声道格式】设置为【立体声】，将【音频剪辑数】设置为【1】。如果把当前剪辑放入一个序列中，则该数字指的是添加到序列中的音频剪辑数目。

在这些选项之下是【媒体源声道】。源剪辑（媒体源声道）的左、右声道都被分配给了一个剪辑（剪辑 1）。

当把该剪辑添加到序列时，会显示一个视频剪辑和一个音频剪辑，而且同一个音频剪辑中有两个声道。

❸ 打开【预设】下拉列表，选择【单声道】选项。

Premiere Pro 会自动把【剪辑声道格式】切换为【单声道】，L（左）和 R（右）源声道链接到两个独立的剪辑。

这样一来，向一个序列添加剪辑时，每个声道都作为独立剪辑存在于独立的音轨上，可以分别进行处理。

❹ 单击【确定】按钮，关闭【修改剪辑】对话框。

## 关于音频剪辑声道解释的一些提示

解释音频剪辑声道时，要牢记如下几点。

- 【修改剪辑】对话框中列出了每个可用音频声道。如果源音频中包含不想要的声道，可以取消选择它们，这些空声道不会像剪辑那样占用序列空间。
- 如果想覆盖源文件的音频声道解释（单声道、立体声等），则在将该剪辑添加到序列时，可能需要用到另一种音轨。
- 【修改剪辑】对话框左侧的剪辑列表（该列表可能只包含一个剪辑）显示了有多少个音频剪辑会被添加到序列中。
- 可通过勾选复选框选择要把哪些源音频声道添加到每个序列的音频剪辑中。这样可以根据自己的项目采用合适的方式把多个源声道轻松地合并到一个序列剪辑中，或者把它们分入不同的剪辑。

- 更改音频剪辑声道解释方式不会影响已经添加到序列中的剪辑实例。当把一个解释方式经过修改的剪辑添加到序列时，新的解释方式才起作用。也就是说，序列中同一个剪辑的多个实例可以有不同的音频声道。

## 4.5.2 合并剪辑

使用摄像机通常可以录制出高质量的视频，但无法录制出高质量的音频。要录制出高质量音频，必须使用单独的录音设备。采集好视频和音频后，需要在【项目】面板中把高质量音频和视频合并在一起。

合并视频和音频文件时最重要的是保持音频同步。为此，可以手动定义同步点（类似于场记板标记），也可以让 Premiere Pro 根据原始时间码信息或匹配音频同步剪辑。

当选择使用音频同步剪辑时，Premiere Pro 会分析摄像机内录制的音频和由其他录音设备录制的音频，并将它们进行匹配。当选择使用两个剪辑中的音频做自动同步时，即使后期处理中不会使用摄像机录制的音频，还是建议给摄像机接一个麦克风，这么做是很值得的。下面的步骤仅供人家参考，不要求严格遵循。

❶ 如果要合并的剪辑中没有与之相配的音频，可以手动向每个想合并的剪辑添加标记点，并且添加标记点时要把标记点放在一个明确的同步点上，如场记板、拍手动作等。添加标记点的快捷键是【M】键。

❷ 选择视频剪辑和音频剪辑，使用鼠标右键单击其中一个，在弹出的菜单中选择【合并剪辑】命令，弹出【合并剪辑】对话框，如图 4-49 所示。

【音频】中还提供了【使用剪辑的音频时间码】复选框（该复选框对旧的磁带媒体很有用）。

此外，还有一个【移除 AV 剪辑的音频】复选框，用来自动从 AV 剪辑中删除不想要的音频。建议把音频保留下来，以防使用外置麦克风录制的音频中出现问题，比如不小心碰到麦克风。

❸ 在【同步点】中选择同步方法，单击【确定】按钮。Premiere Pro 会新建一个剪辑，其中包含了所选择的视频和音频。

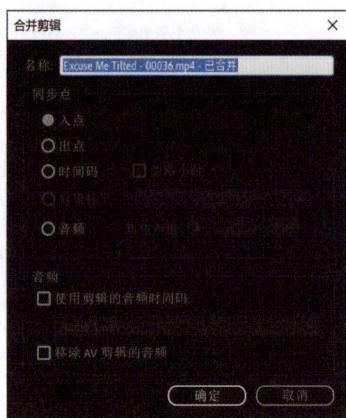

图 4-49

💡 提示　此外，还可以使用更高级的多机位源序列工作流程一次同步多个剪辑。有关该工作流程的内容，请阅读 Adobe 官方帮助文档。

## 4.5.3 解释视频素材

为了正常播放剪辑，Premiere Pro 需要知道视频的帧速率、像素长宽比、颜色空间、场显示顺序（剪辑是隔行扫描的）。Premiere Pro 可以自动从文件的元数据中获取这些信息，用户也可以主动修改素材的解释方式。下面一起试一下。

❶ 打开【媒体浏览器】面板，从 Assets\Video and Audio Files\RED 文件夹中导入 RED Video.R3D。双击 RED Video.R3D 剪辑，在【源监视器】中将其打开。RED Video.R3D 剪辑是宽屏的，比标准的

16×9宽一些。这种更大的长宽比是通过使用更宽的像素实现的。

❷ 在【项目】面板中，使用鼠标右键单击 RED Video.R3D 剪辑，在弹出的菜单中选择【修改】>【解释素材】命令。

此时，声道修改选项是不可用的，因为当前剪辑中不包含音频。

当前在剪辑的【像素长宽比】中，默认选择的是【使用文件中的像素长宽比：变形 2：1（2.0）】，表示像素的宽度是高度的两倍。

❸ 在【像素长宽比】中选择【符合】选项，从下拉列表中选择【方形像素（1.0）】选项，如图 4-50 所示，单击【确定】按钮。

在【源监视器】中可以看到剪辑调整后的结果。【源监视器】中的剪辑看起来就像个正方形。

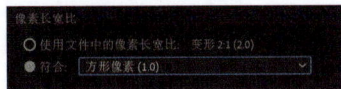

图 4-50

❹ 接下来，尝试一下其他像素长宽比。在【项目】面板中，使用鼠标右键单击 RED Video.R3D 剪辑，在弹出的菜单中依次选择【修改】>【解释素材】命令。在【符合】下拉列表中选择【DVCPRO HD（1.5）】选项，单击【确定】按钮，再在【源监视器】中查看剪辑。

此时，Premiere Pro 使用 DVCPRO HD（1.5）（像素长宽比）来解释剪辑，即像素的宽度是高度的 1.5 倍。经过调整后，视频画面变成了标准的 16：9 宽屏。

做创意决策时，改变像素长宽比通常不是一个明智的决定，因为这样做会加宽或压缩画面的水平空间，画面中所有的圆形都会变成椭圆形。不过如果出于技术原因，画面中的圆形和正方形发生了非正常变形（比如圆形变成了椭圆形、正方形变成了长方形），就需要调整像素长宽比进行纠正了。

## 4.6　复习题

1. 在【项目】面板的【列表视图】中，如何添加要显示的列？
2. 在【项目】面板中，如何快速过滤要显示的剪辑以便轻松查找指定的剪辑？
3. 如何新建素材箱？
4. 在【项目】面板中修改剪辑名称，其链接的原始素材文件名称是否也会发生变化？
5. 播放视频和音频剪辑有哪些快捷键？
6. 如何更改解释剪辑声道的方式？

## 4.7　答案

1. 打开【项目】面板菜单，从中选择【元数据显示】命令，在【元数据显示】对话框中勾选要显示的列即可。还可以使用鼠标右键单击列标题，然后在弹出的菜单中选择【元数据显示】命令，打开【元数据显示】对话框，添加要显示的列。
2. 单击搜索框，输入要查找的剪辑名称。Premiere Pro 会隐藏那些与搜索词不匹配的剪辑，而只显示相匹配的剪辑，包括位于未打开的素材箱中的剪辑。也就是说，所有元数据中包含搜索词的剪辑都会被显示出来。
3. 新建素材箱的方法有多种：在【项目】面板底部，单击【新建素材箱】按钮；在菜单栏中依次选择【文件】>【新建】>【素材箱】命令；在【项目】面板中，使用鼠标右键单击空白区域，在弹出的菜单中选择【新建素材箱】命令；按【Command】+【B】组合键（macOS）或【Ctrl】+【B】组合键（Windows）。此外，还可以把剪辑拖曳到【项目】面板底部的【新建素材箱】按钮上来创建素材箱。Premiere Pro 甚至还可以在导入素材时自动创建素材箱。
4. 不会。可以在【项目】面板中复制、重命名、删除剪辑，这些操作都不会影响到原始素材文件。
5. 按空格键可以播放或停止播放。按【J】【K】【L】键可以像使用控制台按钮一样向前或向后播放，方向键可用于向前或向后移动一帧。如果使用的是触控板，可以把鼠标指针放到监视器中的视频或【时间轴】面板上，使用手势控制播放。
6. 在【项目】面板中使用鼠标右键单击剪辑，在弹出的菜单中依次选择【修改】>【音频声道】（快捷键为【Shift】+【G】），在打开的【修改剪辑】对话框的【音频声道】选项卡中，选择合适的选项（通常是选择一个预设），然后单击【确定】按钮，保存更改。

# 第 5 课

# 视频编辑基础

## 课程概览

本课主要学习如下内容。

- 在【源监视器】中处理剪辑
- 理解轨道
- 使用基本编辑命令
- 创建子剪辑
- 查看时间码
- 故事板编辑

## 学完本课大约需要 **75**分钟

请先准备好本课要用到的课程文件，并把它们保存到计算机中的合适位置。

本课讲解 Premiere Pro 中使用的关键编辑技术。视频编辑不仅是选择素材，还要精确选择剪辑并把它们放到序列中正确的时间点和轨道上（以创建分层视觉效果）、向现有序列添加新剪辑，以及删除不想要的内容（这些操作都可以撤销，这正是非线性编辑的魅力所在）。

# █ 5.1 课前准备

编辑视频时，精心修剪素材后放入序列巧妙拼接在一起，不仅是技术的展现，更是艺术创造，旨在通过视觉叙事实现情感的表达。本书的许多练习会引导读者完成制作一个视频的所有步骤，还会进行一些创意方面的指导。因此，在学习本书的过程中，可以把主要精力放在视频编辑工具和技术的学习上。

> ♀ **注意** 开始学习前，请先把 Premiere Pro 首选项恢复成默认设置，具体操作为：在桌面上双击 Premiere Pro 图标，并立即按住【Option】键（macOS）或【Alt】键（Windows），在弹出的【重置选项】对话框中，勾选【重置应用程序首选项】，单击【继续】按钮。

下面例子中使用的素材是两个陌生人在一家咖啡馆相遇的视频。这段视频素材从不同角度拍摄，可选择故事的叙述方式，比如可以从参与者的角度叙述，也可以从未参与者（假想的观察者）的角度叙述。

视频编辑必须能够有效地推动故事情节的发展，通过巧妙地变换视角、展现关键细节动作等方式来激发观众的观看兴趣和欲望。

视频编辑的第一步是观看所有拍摄素材，从中选出最符合需要的镜头。为了节省时间，这里已经挑选好素材，下面讲解如何使用这些镜头，以及编辑时如何安排这些镜头。

> ## 关于剪辑名称
>
> 剪辑名称很重要，剪辑名称起得好、容易辨识，可以大大节省后期制作的时间。
>
> 项目中剪辑的名称与常见名称不一样，一般由两部分组成，一部分是常见名称（帮助区分剪辑内容），另一部分是原始素材文件的编号（帮助查找原始素材）。
>
> 当然，剪辑的命名与组织没有固定不变的规则，本书会使用各种剪辑命名习惯。在 5.2.3 小节中的"镜头类型与剪辑名称"部分，会介绍一些常见缩写词。
>
> 在练习过程中，为简洁起见，本书故意把剪辑名称中的数字部分忽略了。

在视频编辑过程中，有一些简单的技术会反复用到。视频编辑的大部分工作是浏览并选择剪辑的一部分，把它们放入序列。在 Premiere Pro 中有多种方法来完成以上操作。

在开始之前，请确认当前处在【编辑】工作区下。

❶ 打开 Lessons 文件夹中的 Lesson 05.prproj 项目文件。

❷ 在菜单栏中依次选择【文件】>【另存为】命令，打开【保存项目】对话框。

❸ 在【保存项目】对话框中，输入文件名 Lesson 05 Working.prproj。

❹ 选择一个保存位置，单击【保存】按钮，保存当前项目。

❺ 在界面右上方单击【工作区】按钮，在弹出的菜单中选择【编辑】命令，然后再次单击【工

作区】按钮，选择【重置为已保存的布局】命令。

下面一起了解【源监视器】，学习向剪辑中添加入点和出点的方法，以选择剪辑的特定部分并将其添加到某个序列。然后再学习【时间轴】面板，了解如何在其中处理序列。

## 5.2　使用【源监视器】

把素材添加到序列之前，一般都会先在【源监视器】中浏览和检查素材，如图 5-1 所示。

图 5-1

> **提示** 在【项目】面板中使用鼠标右键单击某个剪辑，然后在弹出的菜单中依次选择【修改】>【解释素材】命令，可在打开的【修改】对话框中更改剪辑的解释方式。

在【源监视器】中浏览视频时，使用的是视频的原始格式，也就是使用视频录制时的帧速率、帧大小、场序、音频采样率、音频位深进行播放。当然，如果修改了视频的解释方式，那就另当别论了。更多相关内容，请阅读第 4 课"组织剪辑"中的相关内容。

在向序列添加剪辑时，Premiere Pro 会匹配剪辑和序列设置。如果剪辑和序列不匹配，Premiere Pro 会调整剪辑的帧速率、音频采样率，使序列中的所有剪辑拥有一致的播放方式。

除了用于查看不同类型的素材，【源监视器】还具有其他重要功能。例如，可以向剪辑中添加注释标记，以便在以后引用或使用该剪辑时能够了解相关的重要信息。又比如，可以在无权使用的视频部分添加注释标记，还可以使用两种特殊标记（入点和出点）来选取剪辑的一部分并添加到序列中。

### 5.2.1　在【源监视器】中打开剪辑

在【源监视器】中打开剪辑有点类似于在【访达】（macOS）或【文件资源管理器】（Windows）中打开文件。下面了解一下如何在【项目】面板导航。

❶ 在【项目】面板中（假设首选项为默认设置），找到 Theft Unexpected 素材箱，按住【Command】键（macOS）或【Ctrl】键（Windows），双击 Theft Unexpected 素材箱，将其在当前面板中打开。

这与在【访达】（macOS）或【文件资源管理器】（Windows）中双击一个文件夹进入文件夹的效果相同。

> **提示** 请注意，当前活动面板周围有一个蓝框。知道哪个面板是活动面板很重要，有些菜单和快捷键会根据当前活动面板的不同而产生不同的操作结果。

在当前打开的素材箱中完成相关工作之后，单击【素材箱】面板左上方的【向上导航】按钮（ ），返回【项目】面板。

2 双击 RED Video.R3D 视频剪辑，或将其直接拖入【源监视器】。可能需要向下滚动【项目】面板，才能看到该剪辑。

Premiere Pro 在【源监视器】中显示出剪辑，以供用户浏览、添加入点和出点。

3 把鼠标指针移至【源监视器】中，按【`】键，把【源监视器】最大化，这样可以在最大视图中观看视频。再次按【`】键，把【源监视器】恢复到原始大小。如果键盘上没有【`】键，可以双击面板名称将面板最大化或者恢复到原始大小。

## 在第 2 个显示器上查看视频

如果计算机上连接了第 2 台显示器，Premiere Pro 可以使用它来全屏显示视频。

在菜单栏中选择【Premiere Pro】>【首选项】>【回放】命令（macOS）或【编辑】>【首选项】>【回放】命令（Windows），确保【启用 Mercury Transmit】处于勾选状态，然后在【视频设备】中勾选用作全屏显示的显示器。

此外，如果计算机上安装了第三方硬件，还可以选择通过第三方硬件播放视频。第三方硬件常用来做不同的物理连接来监视视频内容。关于安装与设置第三方硬件的内容，请阅读相关用户手册。

### 5.2.2 使用【源监视器】中的控件

在【源监视器】中，除了播放控件，还有其他一些重要按钮，如图 5-2 所示。

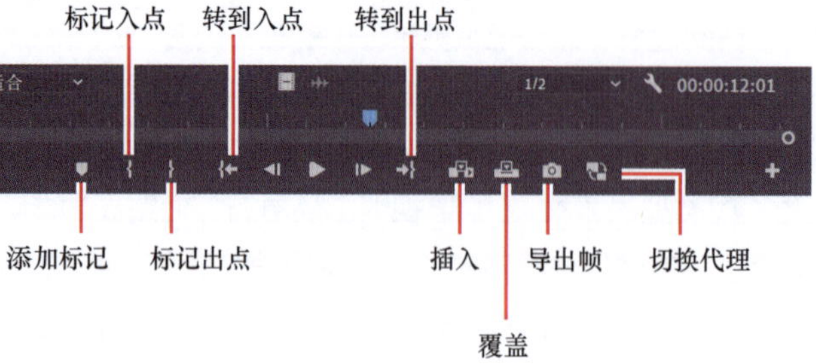


图 5-2

- 【添加标记】按钮：向剪辑中播放滑块所在的位置添加一个标记。标记可用作简单的视觉参考，可以用不同颜色，也可保存注释等。
- 【标记入点】按钮：在播放滑块的当前位置标记入点。入点是剪辑在序列中的起始位置。每个剪辑或序列只有一个入点，新入点会自动替换原有的入点。
- 【标记出点】按钮：在播放滑块的当前位置标记出点。出点是剪辑在序列中结束的地方。每个剪辑或序列只有一个出点，新出点会自动替换原有的出点。

- 【转到入点】按钮：把播放滑块移到入点处。
- 【转到出点】按钮：把播放滑块移到出点处。
- 【插入】按钮：使用插入的编辑方法向【时间轴】面板中的活动序列添加剪辑（相关内容参见本课 5.4 节 "使用基本编辑命令"）。
- 【覆盖】按钮：使用覆盖的编辑方法向【时间轴】面板中的活动序列添加剪辑（相关内容参见本课 5.4 节 "使用基本编辑命令"）。
- 【导出帧】按钮：用于根据显示器中显示的内容创建一张静态图像。更多相关内容，请参考第 16 课 "导出帧、剪辑和序列"。
- 【切换代理】按钮：若素材有代理，单击该按钮，可在原始素材和代理之间来回切换。

### 5.2.3　在剪辑中选择一个片段

编辑视频过程中，使用剪辑素材时，一般只会选取剪辑的某一个片段使用。视频编辑人员不仅要选择使用哪些剪辑，还要选择使用剪辑的哪些部分，比如选出演员表演最好的镜头、排除有技术问题和演员说错台词的镜头。下面从剪辑中选取一些片段。

❶ 在 Theft Unexpected 素材箱中双击 Excuse Me（非 Excuse Me Tilted）剪辑，将其在【源监视器】中打开。在这段视频中，John 紧张地询问另一个人自己是否可以坐下来。

❷ 播放剪辑，了解人物的行为动作。

视频中，John 走入镜头，到画面中央时，停下来问了一句话。

❸ 拖曳播放滑块至 01:54:06:00 处，此时 John 出现在画面中央，即将开口说话。请注意，该剪辑的时间码并不是从 00:00:00:00 开始的。

❹ 单击【标记入点】按钮（▮），或者按【I】键。

在画面下方的时间标尺上，突出显示剪辑中选中的部分，即入点右半部分。当前剪辑的前半部分（入点左半部分）已经被排除在外，但是如果需要，完全可以把前半部分再找回来，这正是非线性编辑的魅力所在。

> 💡 **提示**　大多数摄像机记录时间码时会尽量避免出现重复，这可能会导致产生大量时间码。如果希望所有剪辑的时间码都从 00:00:00:00 开始显示，可以在【媒体】首选项中，把【时间码】设置为 00:00:00:00。

❺ 把播放滑块移到 John 即将坐下的位置，大约在 01:54:14:00 处。

## 使用数字小键盘

如果使用的键盘带有独立的数字小键盘，可以使用它直接输入时间码。例如，在【时间轴】面板处于激活的状态下，输入 700 后按【Return】键（macOS）或【Enter】键（Windows），Premiere Pro 会把播放滑块移到 00:00:07:00 处。而且输入时不必输入前导 0 或数字分隔符。注意，必须使用位于键盘右侧区域的数字小键盘输入数字，一定不要使用键盘顶部的数字键，这些数字键有其他用途。可以在【节目监视器】面板和【时间轴】面板中这样操作。

❻ 单击【标记出点】按钮（▮），或者按【O】键，添加一个出点，如图 5-3 所示。

图 5-3

　　有些视频编辑人员喜欢先浏览所有可用剪辑，然后根据需要添加入点和出点，再创建序列。而有些视频编辑人员则喜欢在使用某个剪辑时才添加入点和出点。可以根据自己的项目需求选用合适的方式。

　　接下来的目标是制作一个序列，实现从一个镜头自然地切换到下一个镜头的效果，同时确保对话的时间点准确。下面为另外两个剪辑添加入点和出点。在【项目】面板中，双击每个剪辑的图标，以在【源监视器】中打开它们。

　　视频编辑人员一般都会仔细观看素材内容，找到镜头切换的时机。为了节省时间，此处已经确定好了镜头切换的时间点。

　　首先给 Suit 几秒钟的镜头，用来交代他允许 John 坐在他对面。然后使用另外一个剪辑，从另外一个视角展现 John 落座的过程。

## 在【项目】面板中编辑

　　项目中，入点和出点一直在起作用。因此，除了【源监视器】，还可以直接通过【项目】面板把剪辑添加到序列中。如果已经浏览了所有剪辑，并选择了需要使用的部分，这就是一种快速创建序列粗略版本的方式。可以在【项目】面板中直接添加入点和出点。

Premiere Pro 在【项目】面板中提供了与【源监视器】类似的剪辑编辑控件，两者的使用方法十分相似，只需几次简单的单击即可完成添加入点和出点的操作。

　　虽然使用【项目】面板编辑剪辑的速度会很快，但是在把它们添加到序列之前，有必要在【源监视器】中再查看一下剪辑。

⑦ 在 HS Suit 剪辑中，在 John 说话之后添加一个入点，大约在镜头的 1/4 处（01:27:00:16）。

⑧ 在 John 从摄像机前经过，遮挡住镜头时（01:27:02:14），添加一个出点。

💡提示　在【源监视器】处于激活的状态下，按【Tab】键，可高亮显示当前时间码，并使其处于可编辑状态，等待用户输入新时间码。修改时间码时，可以进行粘贴，也可以直接输入数字。

⑨ 在 Mid John 剪辑中，当 John 开始就座时（01:39:52:00），添加一个入点。

⑩ 当他喝了一小口茶后（01:40:04:00），添加一个出点，如图 5-4 所示。

图 5-4

## 镜头类型与剪辑名称

　　对于不同类型的镜头，电影制片人经常会用一些通用名称。命名剪辑时，一般使用这些名称的缩写形式，以便更快、更轻松地识别各个素材。

　　例如，HS Suit 剪辑是运用长焦镜头对 Suit 的头部和肩部进行拍摄的，而 Mid John 剪辑则是运用中焦镜头对 John 拍摄得到的。

- ECU（Extreme Close-Up，大特写）：拍摄大特写时，镜头会拉近到人物面部，甚至连人物的头发或下巴也会被排除在镜头之外。
- CU（Close-Up，特写）：主要拍摄人物面部，通常包括人物头部。
- HS（Head and Shoulder，近景镜头）：主要拍摄人物的头部与肩部位置。
- Mid 或 MS（Mid/Medium，中景镜头）：拍摄人物从头部到腰部的部分。

- MWS（Mid-Wide Shot 或 Medium Wide Shot，中远镜头）：拍摄人物从头部到膝盖之间的部分。
- WS（Wide Shot，全景镜头）：拍摄人物的整个身体（从头到脚）。
- EWS（Extreme Wide Shot，远景镜头）：拍摄人物的整个身体及其周围空间、环境。
- 2S（Two Shot，双人镜头）：在一个镜头中拍摄两个人物。
- GS（Group Shot，群体镜头）：在一个镜头中拍摄多个人物。
- GV（General Views，全景镜头）：拍摄环境或外景，常用来指明故事的发生地点。
- 切出镜头/B卷：指在一个场景中编辑人员可以切换到的镜头，用来把镜头之间的剪辑隐藏起来。切出镜头可以为观众提供更多视觉线索，增添场景的张力。例如，当一个人物正在描绘所看到的物体时，可以把镜头切换到该物体的拍摄画面。

### 5.2.4 创建子剪辑

对于一个长剪辑，编辑序列时很可能会用到它的多个片段。为此，构建序列前，最好先把剪辑分成若干片段，以便在【项目】面板中高效地组织和管理它们。这正是创建子剪辑的意义所在。

子剪辑是剪辑副本的一部分。使用长剪辑时通常需要创建子剪辑，尤其是当一个序列可能会用到该剪辑的多个片段时，创建子剪辑更是必不可少的。

子剪辑有如下几个显著特征。

- 在【项目】面板中，子剪辑有专有图标（▣），与普通剪辑一样，可以重命名，可以存放在不同素材箱中。

- 根据创建时的入点与出点，子剪辑的持续时间大多很短。这样相比原始剪辑，可以更快地查看它们。

- 子剪辑和原始剪辑链接到相同的素材文件。如果素材文件被删除或移到其他位置，原始剪辑和子剪辑都会处于"离线"状态，不显示任何内容。

用户可以编辑子剪辑，修改其内容，甚至可以将其转换为原始剪辑的一个副本。

短片《无心偷窃》（Theft Unexpected）描述了铁路咖啡馆里两个人物之间的逗趣时刻。主人公John认为，同桌的陌生人无耻地偷吃了他的饼干。最后，John才发现自己的饼干一直压在报纸底下，而自己则不小心偷吃了别人的饼干。

下面制作一个子剪辑，重点刻画偷吃饼干的逗趣的时刻。

❶ 在 Theft Unexpected 素材箱中，双击 Cutaways 剪辑，将其在【源监视器】中打开，如图 5-5 所示。

❷ 浏览 Theft Unexpected 素材箱中的内容，然后单击面板底部的【新建素材箱】按钮，在 Theft Unexpected 素材箱内部新建一个素材箱。

❸ 把新建的素材箱名称修改为 Subclips，按住【Command】键（macOS）或【Ctrl】键（Windows），双击 Subclips 素材箱，将其在当前面板而非新面板中打开。

❹ 通过在剪辑上标记入点和出点，选择剪辑的一个片段来制作子剪辑。在大约 02:04:05:00 处，点心包被拿走之前，添加一个入点；在大约 02:04:15:00 处，点心包被放回桌上之后，添加一个出点，如图 5-5 所示。

与 Premiere Pro 中的其他许多流程一样，创建子剪辑的方法有多种，而且使用这些方法的最终结果都一样。

图 5-5

❺ 尝试使用如下方法打开【制作子剪辑】对话框。

· 在【源监视器】显示的画面上，单击鼠标右键，在弹出的菜单中选择【制作子剪辑】命令，弹出【制作子剪辑】对话框，如图 5-6 所示。

· 在【源监视器】处于活动状态时，在菜单栏中依次选择【剪辑】>【制作子剪辑】命令。

· 在【源监视器】处于活动状态时，按【Command】+【U】（macOS）组合键或【Ctrl】+【U】组合键（Windows）。

· 按住【Command】键（macOS）或【Ctrl】键（Windows），把画面从【源监视器】拖入【项目】面板素材箱。

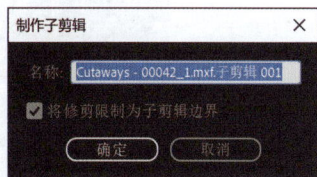

图 5-6

❻ 在【制作子剪辑】对话框中，输入子剪辑名称 Packet Moved，单击【确定】按钮，创建子剪辑，如图 5-7 所示。

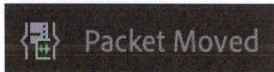

图 5-7

💡 注意　如果在【制作子剪辑】对话框中勾选了【将修剪限制为子剪辑边界】复选框，那么在浏览子剪辑时，将无法查看所选片段之外的部分。可以使用鼠标右键单击素材箱中的子剪辑，在弹出的菜单中选择【编辑子剪辑】命令，更改该设置。

此时，Premiere Pro 会把新的子剪辑添加到 Subclips 素材箱中，其持续时间是通过入点和出点指定的。

## 场景编辑检测

如果原始素材中包含多个不同镜头，它们又是某个连续剪辑的一部分，此时把各个部分分开是很有用的。比如，这种情况就常见于使用存档镜头时。每当出现一个新镜头，就会认为是场景发生了变化。

在【时间轴】面板中，Premiere Pro 可以检测到剪辑中场景的变化，并自动把剪辑分成多个小剪辑。

为此，先选择序列中的某个剪辑，然后在菜单栏中依次选择【剪辑】>【场景编辑检测】命令。选择想要的结果（应用剪切、创建子剪辑、生成剪辑标记），然后单击【分析】按钮。

# 5.3　使用【时间轴】面板

【时间轴】面板是创作的画布，如图 5-8 所示。在该面板中，可以把剪辑添加到序列中，对它们进行编辑修改、添加视觉和音频效果、混合音轨，以及添加字幕和图形等操作。

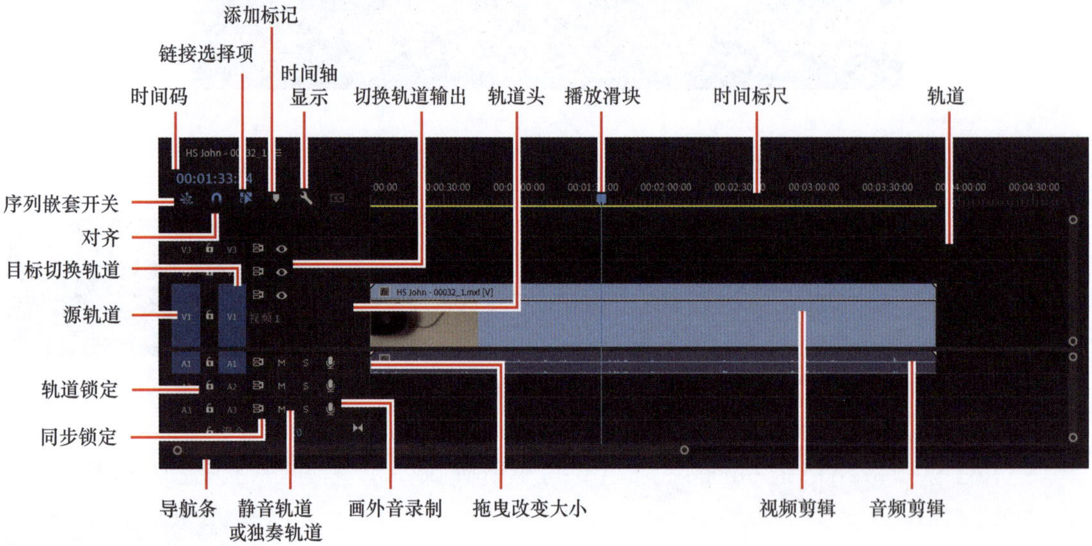

图 5-8

下面是有关【时间轴】面板的一些知识点，学习本书课程中会不断用到这些知识，请务必掌握它们。

· 可以在【时间轴】面板中查看和编辑序列中的剪辑。

· 【节目监视器】显示的是当前显示在序列中的内容，即播放滑块所在位置的内容。

· 可以同时打开多个序列，每个序列均显示在自己的【时间轴】面板中。

· 术语"序列"和"时间轴"经常可以互换使用，比如"序列中的剪辑"和"时间轴中的剪辑"是同一个意思。有时抽象地谈论一系列剪辑时也会使用"时间轴"这个术语，此时它不是指【时间轴】面板。

· 向空的【时间轴】面板中添加剪辑时，Premiere Pro 会使用选择的第 1 个剪辑的设置新建一个序列。

· 可以添加任意数量的视频轨道，预览播放效果只受所用系统中的硬件资源的限制。

· 播放时，上层视频轨道中的影像会覆盖下层视频轨道中的影像，所以应该把前景视频剪辑放到背景视频剪辑上面的轨道上。

- 可以添加任意数量的音频轨道，它们会同时播放创建混音。音频轨道可以是单声道（1声道）、立体声（2声道）、5.1（6声道）或自适应，最多支持32个声道。

- 可以更改【时间轴】面板中轨道的高度，以便看到视频剪辑的更多控件和缩览图。

- 每个轨道都有一组控件，显示在最左侧的轨道头处，用来改变轨道的工作方式。

- 在【时间轴】面板中，时间从左到右流逝。在播放序列时，播放滑块会从左向右移动。

- 可以使用键盘上的【=】键和【-】键（位于主键盘上方）来缩放序列。使用【\】键，在当前缩放级别和显示整个序列之间进行切换。此外，还可以双击【时间轴】面板底部的导航条来查看整个序列。

如果键盘上没有【=】键和【-】键，可以自己指定快捷键。关于设置快捷键的方法，请参考第1课"了解 Adobe Premiere Pro"。

- 在【时间轴】面板的左上方有一排按钮，用于切换不同模式、添加标记和进行设置。有关这些按钮的更多内容将在后面讲解。参照图 5-9 设置【时间轴】面板，确保实际操作的面板与本书是一致的。

图 5-9

> ♀注意　只有打开一个序列后，【时间轴】面板左上角的模式、标记、设置按钮才可用。

## 5.3.1　选择一个工具

在 Premiere Pro 中，选择不同的工具，鼠标指针的形状不同，执行的操作也不同。

【时间轴】面板与【节目监视器】中的很多操作都可以使用【选择工具】（▶）来完成，该工具位于【工具】面板的顶部，如图 5-10 所示。在【工具】面板中单击工具按钮，即可把相应工具激活，激活后工具按钮变成蓝色。

【工具】面板中还有其他多个用于执行不同操作的工具，并且每种工具都对应着一个快捷键，例如，【V】键是【选择工具】的快捷键。

图 5-10

## 5.3.2　什么是序列

序列是一个"容器"，其中包含着一系列剪辑（带有混合图层、特效、字幕、音频等），这些剪辑按先后顺序依次播放，形成一个完整的视频。

一个项目可以包含多个序列，像剪辑一样，序列存放在【项目】面板中，并且有自己的专属图标，如图 5-11 所示。

图 5-11

> ♀提示　与剪辑一样，可以把一个序列添加到另外一个序列中，这个过程称为"嵌套"。在高级编辑工作流程中，使用"嵌套"会形成一组动态连接的序列。

下面为 Theft Unexpected 项目新建一个序列。

❶ 在【项目】面板中，如果当前仍然在子剪辑素材箱中，单击【向上导航】按钮（位于面板左上方）才能看到 Theft Unexpected 素材箱中的内容。

❷ 在 Theft Unexpected 素材箱中，把 Excuse Me（非 Excuse Me Tilted）剪辑拖曳到面板底部的

【新建项】按钮（■）上。可能需要重新调整【项目】面板的大小才能看到【新建项】按钮。

这是一种创建序列的快捷方式，创建出来的序列与所拖曳剪辑的设置一致。

Premiere Pro 新建一个序列时，其名称与创建它时所使用的剪辑的名称一样。新建序列时，如果当前已经有序列处于打开状态，那么新序列会在同一个面板组的一个新面板中打开。

③ 新建序列会在素材箱中突出显示，此时最好马上对新建序列进行重命名。使用鼠标右键单击新创建的序列，在弹出的菜单中选择【重命名】命令，输入 Theft Unex-pected，保存更改，如图 5-12 所示。请注意，无论是在【列表视图】还是在【图标视图】下，序列的图标和剪辑的图标都是不一样的。

图 5-12

序列自动在【时间轴】面板中打开，其中包含着用来创建它的那个剪辑。创建好序列后，如果不再需要里面的剪辑，可以选中序列中的剪辑，按【Delete】键（macOS）或【Backspace】键（Windows）删除它。

可以通过拖曳【时间轴】面板底部的导航条来放大或缩小序列。拖曳轨道 V1 和 V2 之间的分隔线（位于轨道头区域），增加轨道 V1 的高度，可以看到剪辑的缩览图，如图 5-13 所示。

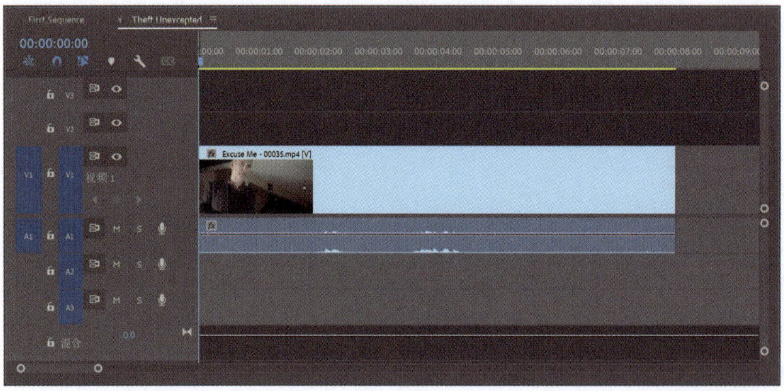

图 5-13

> 💡 提示　单击【时间轴】面板中的【时间轴显示设置】按钮（🔧），在弹出的菜单中选择【最小化所有轨道】命令或【展开所有轨道】命令，可以一次性修改所有轨道的高度。

### 5.3.3　在【时间轴】面板中打开序列

执行如下操作之一，可以在【时间轴】面板中打开一个已有的序列。

- 在素材箱中双击序列的图标。
- 使用鼠标右键单击素材箱中的序列，在弹出的菜单中选择【在时间轴内打开】命令。

类似于剪辑，可以把一个序列拖入【源监视器】中并使用它。注意不要把序列拖入【时间轴】面板后打开它，因为这会把它添加到当前序列中，或者基于它新建一个序列。

## 匹配序列设置

序列拥有帧速率、帧大小、音频母带格式（比如单声道、立体声）等属性。在向一个序列添加剪辑时，Premiere Pro 会调整剪辑以匹配序列设置。

可以选择是否缩放剪辑以匹配序列的帧大小。例如，序列的帧大小是 1920 像素 ×1080 像素（HD），而视频剪辑的是 3840 像素 ×2160 像素（UHD），这时可能需要缩小高分辨率的剪辑以匹配序列的分辨率，也可以保持不变，但这样无法完整地显示原始画面，只能显示原始画面的一部分。

缩放剪辑时，等比例缩放水平方向和垂直方向的尺寸，可以保证剪辑的原始宽高比不变。当剪辑和序列的宽高比不同时，缩放剪辑可能会导致剪辑画面占满序列整个画面。例如，当把一个宽高比为 4∶3 的剪辑添加到宽高比为 16∶9 的序列中时，序列画面两侧会出现空隙。

使用【效果控件】面板中的【运动】控件（请参考第 9 课"让剪辑动起来"）可以控制要显示画面的哪一部分，甚至还可以创建动态摇摄效果。

## 5.3.4　了解轨道

序列有视频轨道和音频轨道，用来控制其中剪辑的位置。最简单的序列只有一个视频轨道，音频轨道可有可无。添加剪辑时，从左到右逐个把剪辑添加到轨道中，Premiere Pro 会按照添加顺序播放它们。

序列内部能够容纳多个视频轨道和音频轨道，这些轨道分别构成了混音过程中的视频通道和音频通道。在视频画面中，高层视频轨道中的内容会覆盖在低层视频轨道内容上，把各个剪辑放在不同轨道上并调整先后顺序，最终形成完整的视频。

例如，可以把字幕添加到序列的高层视频轨道上，使其浮于整个画面上，或者把多层视频叠加在一起并应用视频效果，最终得到复杂的合成画面，如图 5-14 所示。

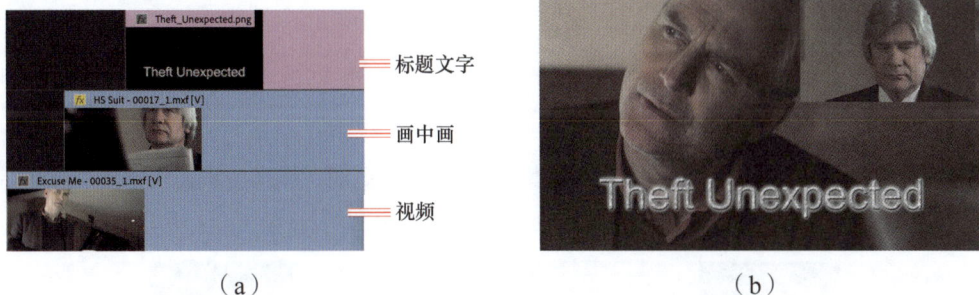

（a）　　　　　　　　　　　　　（b）

图 5-14

可以使用多个音频轨道为序列创建一个完整的音频合成，带有原始对话、音乐以及现场音效，比如烟花、大气音波和画外音等。

通过滚轮浏览剪辑与序列的方法有多种，这主要取决于鼠标指针所在的位置。

· 把鼠标指针放到【源监视器】或【节目监视器】中，可以使用鼠标滚轮向前或向后看。如果使用的是触控板，也可以使用手势进行控制。

· 打开【首选项】对话框的【时间轴】选项卡，将【时间轴鼠标滚动】设置为【水平】，可以在【时间轴】面板中浏览序列。

· 按住【Option】键（macOS）或【Alt】键（Windows），滚动鼠标滚轮，时间轴视图会沿水平方向放大或缩小。

- 把鼠标指针移至轨道头中，并按住【Option】键（macOS）或【Alt】键（Windows），滚动鼠标滚轮，可以增加或减小轨道高度。
- 双击轨道头中的空白区域，可把轨道头展开或折叠。
- 把鼠标指针移至视频轨道或音频轨道头中，按住【Shift】键，滚动鼠标滚轮，可以增加或减小所有同类轨道（视频轨道或音频轨道）的高度。

## 5.3.5 使用轨道

在每个轨道头中，【切换轨道锁定】按钮右侧的【以此轨道为目标切换轨道】按钮用来选择序列中的轨道。

轨道头最左侧是源轨道指示器，表示当前显示在【源监视器】中的剪辑（或者【项目】面板中被选中的剪辑）中的可用轨道，如图 5-15 所示。它们和右侧时间轴轨道一样具有编号，这些编号在做高级编辑时非常有用。

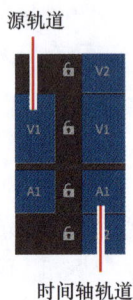

源轨道

时间轴轨道

图 5-15

使用键盘快捷键或【源监视器】中的按钮向序列中添加剪辑时，源轨道指示器非常重要，其相对于时间轴轨道头的位置指定要把新剪辑添加到哪个轨道中。为了把轨道中的内容添加到序列中，需要启用源轨道指示器（启用后显示为蓝色）。

在图 5-16 中，源轨道指示器表示，当使用按钮或快捷键添加剪辑到当前序列中时，Premiere Pro 会把带有一个视频轨道和一个音频轨道的剪辑添加到【时间轴】面板的 V1 和 A1 轨道中。

在图 5-17 中，两个源轨道指示器已经被移到了新位置。此时，使用按钮或快捷键在当前序列中添加一个剪辑时，Premiere Pro 会把剪辑添加到 V2 和 A2 轨道上。

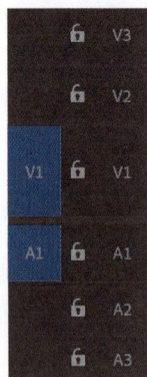

图 5-16

图 5-17

单击源轨道指示器，可以启用或禁用轨道。蓝色高亮表示轨道处于启用状态。

使用上述方法执行编辑时，启用或禁用时间轴轨道不会对结果产生影响。虽然源轨道指示器和目标轨道选择器看起来相似，但是它们的功能不一样。

在把一个剪辑拖入一个序列时，Premiere Pro 会从已激活（蓝色高亮）的源轨道选取内容，并忽略源轨道指示器的当前位置，而直接把内容添加到目标轨道上。

> 💡 **注意** 按住【Alt】键（Windows）或【Option】键（macOS）时，如果不小心单击了源轨道指示器，其周围就会出现一个黑框，如图 5-18 所示，表示执行编辑时会有空白区域被添加到序列中。可以使用该功能保持同步，或者为备选内容留空。再次单击源轨道指示器，可以取消黑色边框。

A1

图 5-18

## 5.3.6  在【时间轴】面板中使用入点和出点

在【时间轴】面板中使用入点和出点可以指定要把剪辑的哪一部分添加到序列中。

在序列中使用入点和出点有以下两个主要目的。

· 当向序列添加新剪辑时，告知 Premiere Pro 应该把新剪辑放在哪里。

· 从序列中选择想要删除的部分。使用入点、出点以及与轨道选择相关的按钮，可以准确指定从轨道上删除整个剪辑，还是只删除剪辑的一部分。

在【时间轴】面板中，使用入点和出点选取序列的某一部分，Premiere Pro 会将选取的部分高亮显示出来。请注意，在非目标轨道上，入点与出点之间的部分不会高亮显示。

在图 5-19 中，除了 V2，其他所有的视频轨道都处于启用状态，入点与出点定义的部分高亮显示。注意，源轨道 V1 是启用的，但不会影响序列轨道的选择。

图 5-19

### 1. 设置入点和出点

在【时间轴】面板中添加入点、出点与在【源监视器】中添加几乎完全一样。

两者的主要区别是，与【源监视器】中的按钮不同，【节目监视器】中的【标记入点】按钮与【标记出点】按钮还可以在当前显示的序列中应用更改。

在向【时间轴】面板中播放滑块的所在位置添加入点时，首先要确保【时间轴】面板或【节目监视器】处于活动状态，然后按【I】键，或单击【节目监视器】中的【标记入点】按钮。

在向【时间轴】面板中播放滑块的所在位置添加出点时，首先要确保【时间轴】面板或【节目监视器】处于活动状态，然后按【O】键，或单击【节目监视器】中的【标记出点】按钮。

**2. 清除入点和出点**

如果打开的剪辑中已经有入点和出点，可以通过添加新的入点和出点来改变它们，新添加的入点和出点会替换掉已有的入点和出点。

此外，还可以轻松地删除剪辑或序列中已有的入点和出点。无论是在【时间轴】面板、【节目监视器】，还是在【源监视器】中，删除入点和出点的方法都是一样的。

❶ 在【时间轴】面板中，把播放滑块放在 Excuse Me 剪辑上。

❷ 按【X】键，在剪辑的起点（左侧）和终点（右侧）添加入点和出点。在【时间轴】面板顶部的时间标尺上可看到它们，如图 5-20 所示。

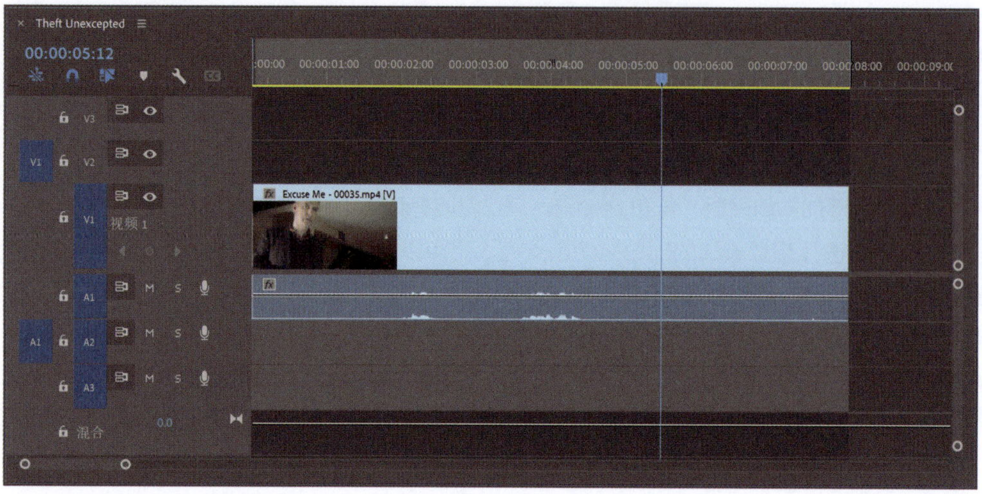

图 5-20

❸ 在【时间轴】面板顶部，使用鼠标右键单击时间标尺，弹出的菜单如图 5-21 所示。

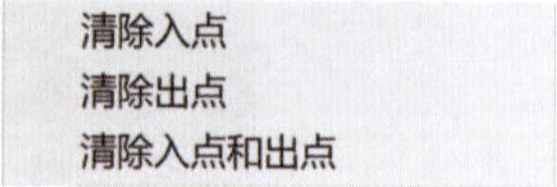

在弹出的菜单中选择要使用的命令，或者使用如下快捷键。

- 清除入点：【Option】+【I】（macOS）或【Ctrl】+【Shift】+【I】（Windows）

- 清除出点：【Option】+【O】（macOS）或【Ctrl】+【Shift】+【O】（Windows）

- 清除入点和出点：【Option】+【X】（macOS）或【Ctrl】+【Shift】+【X】（Windows）

清除入点
清除出点
清除入点和出点

图 5-21

❹ 其中最后一个快捷键特别有用，不仅容易记忆，而且能够快速删除出点和入点。使用该快捷键，可以删除前面添加的入点和出点。

## 5.3.7　使用时间标尺

【源监视器】【节目监视器】【时间轴】面板中的时间标尺用途一样，都用来帮助用户按时间浏览剪辑或序列。

在 Premiere Pro 中时间从左向右流逝，播放滑块指示当前是剪辑的哪一帧。

- 在【时间轴】面板中，移动鼠标指针至时间标尺上，左右拖曳鼠标，播放滑块会随之移动。同时在【节目监视器】中显示出 Excuse Me 剪辑的内容。这种浏览视频内容的方式叫"滑动播放"。

注意，【源监视器】【节目监视器】【时间轴】面板底部都有一个导航器，如图 5-22 所示。

图 5-22

· 把鼠标指针移至导航器上，滚动鼠标滚轮，可以缩放时间标尺。

· 放大时间标尺后，左右拖曳导航器可沿水平方向滑动时间标尺。

· 拖曳导航器两侧的端点，可以调整时间标尺的缩放级别。

## 5.3.8  使用【时间码】面板

Premiere Pro 专门提供了一个【时间码】面板，与其他面板一样，它可以浮动，也可以添加到面板组中。在菜单栏中依次选择【窗口】>【时间码】命令，即可打开该面板。

【时间码】面板中包含多行时间码信息，如图 5-23 所示，每一行显示一种特定的时间码信息，显示什么信息用户可自己设置。【时间码】面板的尺寸可以自由调整，当调大面板时，其中显示的数字会跟着一起变大。

在默认设置下，【时间码】面板中显示的是当前时间、总持续时间，以及在活动面板（【源监视器】【节目监视器】【时间轴】面板）中由入点和出点指定的持续时间。

当前时间与【源监视器】（左下）、【节目监视器】（左下）、【时间轴】面板（左上）中显示的时间码是一样的，如图 5-24 所示。

图 5-23

在【时间码】面板中单击鼠标右键，在弹出的菜单中选择【添加行】命令或【移除行】命令，可以轻松地向【时间码】面板中添加新的时间码信息或删除现有的时间码信息，以便监视剪辑和序列。

图 5-24

为了指定每行显示的信息类型，可以使用鼠标右键单击信息行，然后在弹出菜单的【显示】栏中选择想要显示的内容。

使用鼠标右键单击任一信息行，在弹出的菜单中选择【保存预设】命令，把当前设置保存下来，以便下次使用。此时，在【时间码】面板中单击鼠标右键，在弹出的菜单中可以看到自己保存的预设。

此外，还可以单击鼠标右键，在弹出的菜单中选择【管理预设】命令，在打开的【管理预设】对话框中，为保存的预设指定键盘快捷键或者删除预设。

【时间码】面板有两个模式：一个是精简模式，如图 5-25 所示；另一个是完整模式。两者显示的内容一样，但是显示方式有区别。使用鼠标右键单击【时间码】面板，在弹出的菜单中选择相应模式，即可切换【时间码】面板的模式。

【时间码】面板中无交互控件，用户无法使用它编辑视频，如添加入点、出点等。然而它提供的信息极其有用，为做视频编辑决策提供了重要的参考依

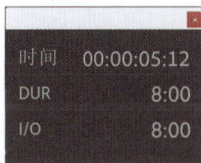

图 5-25

据。例如，准确把握总持续时间和各选段的时长，利于在编辑过程中有效地评估可用的剪辑资源，进而合理安排编辑工作。

单击【时间码】面板右上角的关闭按钮，关闭【时间码】面板。

💡 提示  当某个面板处于激活状态时，按【Command】+【W】组合键（macOS）或【Ctrl】+【W】组合键（Windows）可关闭它。

### 5.3.9　自定义轨道头

与【源监视器】【节目监视器】一样，时间轴轨道头中的控件也支持用户自定义。

① 使用鼠标右键单击视频轨道头或音频轨道头，在弹出的菜单中选择【自定义】命令，或者单击【时间轴显示设置】按钮（◼），再在弹出的菜单中选择【自定义视频头】命令或【自定义音频头】命令。

打开视频轨道头的【按钮编辑器】面板，如图 5-26（a）所示，在面板中用户可以轻松移动、删除或重置（重置布局）现有按钮。打开音频轨道头的【按钮编辑器】面板，如图 5-26（b）所示，其中包含许多隐藏的功能按钮，用户可以轻松把它们添加至音频轨道头中。

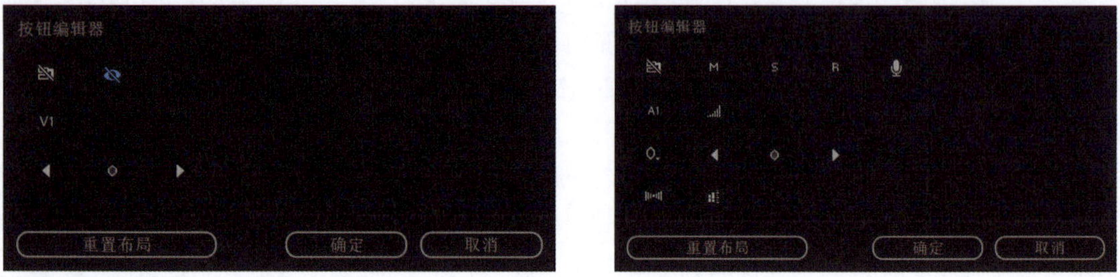

（a）　　　　　　　　　　　　　　　　　　　（b）

图 5-26

② 移动鼠标指针至面板中的各个按钮上，会显示出相应按钮的名称。其中有些按钮前面已经讲过了，还有些按钮将在后面课程中讲解。

③ 需要添加某个按钮时，只需将其从【按钮编辑器】面板拖曳至轨道头中即可。当【按钮编辑器】面板处于打开状态时，从中拖走某个按钮，可将其从轨道头中删除。

④ 有时间的话，多尝试几次。在【按钮编辑器】面板中单击【重置布局】按钮，把轨道头恢复成默认状态。

⑤ 单击【取消】按钮，关闭【按钮编辑器】面板。

# 5.4　使用基本编辑命令

无论采用何种方式（拖曳、单击【源监视器】中的按钮、使用快捷键）把剪辑添加到序列中，都会执行覆盖编辑或插入编辑。

在把一个新剪辑添加到序列时，如果目标位置已经存在剪辑，执行这两种编辑（覆盖和插入）会产生完全不同的结果。

这两种编辑是非线性编辑的核心所在。在本书讲解的所有技术中，覆盖编辑和插入编辑是最常用的技术。学习其他内容之前，建议先花点时间熟悉一下非线性编辑的工作流程。

### 5.4.1　覆盖编辑

下面继续编辑 Theft Unexpected 序列。到目前为止，序列中只有一个剪辑，在该剪辑中 John 向另一个人询问这个座位是否有人。

专业编辑人员经常混用"镜头"（shot）和"剪辑"（clip）这两个术语，在具体场景中请注意区别。

使用覆盖编辑添加一个镜头以展示对 John 询问座位的回应。

❶ 在【源监视器】中，打开 HS Suit 剪辑。这个剪辑已经添加了入点和出点。

可以复制时间码，并把它粘贴到当前时间指示器（位于【源监视器】或【节目监视器】的左下方）中。单击时间码，粘贴新时间码，然后按【Return】键（macOS）或【Enter】键（Windows），把播放滑块移到那个时间点。在使用相机的记录信息时，这个功能很有用，它可以让用户快速定位到剪辑的特定部分。

执行覆盖编辑前，需要在【时间轴】面板中做一些准备工作。开始时有些陌生，操作起来有点慢，一旦熟练，就快了。通常情况下，相同设置会在多次编辑中反复使用，然后根据实际需要灵活地做一些调整。

❷ 在【时间轴】面板中，把播放滑块拖曳到 John 发出询问之后，大约在 00:00:04:00 处。

在时间轴中没有添加入点和出点的情况下，播放滑块可用于指定新剪辑的起始位置（其当前位置即入点位置）。把一个剪辑拖入一个序列中时，Premiere Pro 会忽略播放滑块的位置，以及现有的入点、出点。

❸ 新剪辑中含音频轨道，这里不需要它。而时间轴中已有的音频需要保留，如图 5-27 所示。单击源轨道选择指示器 A1，将其禁用。此时，源轨道选择指示器 A1 从蓝色变为灰色。

❹ 参照图 5-28，设置轨道头。注意，源轨道指示器 V1 当前处于启用状态，并且位于序列轨道 V1 旁边。

图 5-27 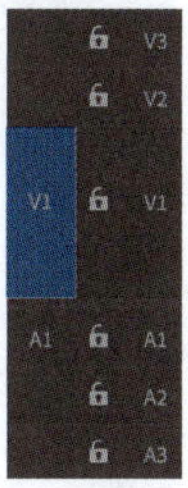      图 5-28

把剪辑添加到序列中时，目标轨道切换按钮不起作用。

❺ 在【源监视器】中，单击【覆盖】按钮（▣）。

此时，Premiere Pro 把剪辑添加到 V1 轨道中，替换掉其中的原有内容，如图 5-29 所示。执行覆盖编辑时，序列中的原有剪辑不会为新添的剪辑留出空间而移动。

图 5-29

到这里，就成功完成了一次覆盖编辑操作。

默认设置下，当把一个剪辑拖入序列时（不使用功能按钮和快捷键），执行的就是覆盖编辑。拖曳剪辑时，如果同时按住【Command】键（macOS）或【Ctrl】键（Windows），执行的是插入编辑。

视频编辑人员经常混用"序列"（sequence）和"编辑"（edit）两个术语。这里"编辑"指的是对序列中的一个或多个剪辑做的更改。

⑥ 在【时间轴】面板或【节目监视器】中将播放滑块移至最左侧，单击【节目监视器】中的【播放】按钮（▶），或者按空格键，预览编辑效果。

序列中各个剪辑的时间安排不完美，但整体上没有大问题。

### 5.4.2　插入编辑

下面尝试插入编辑。

① 在【时间轴】面板中，把播放滑块移到 Excuse Me 剪辑上，使其位于 00:00:02:16 处，此时 John 刚刚说完"Excuse me"，请确保序列中不存在入点和出点。

② 在 Theft Unexpected 素材箱中双击 Mid Suit 剪辑，将其在【源监视器】中打开，在 01:15:46:00 处添加入点，在 01:15:48:00 处添加出点。这其实是一个不同的镜头，但观众感觉不出来，这里把它用作反应镜头，稍后调整它的位置。

③ 在【时间轴】面板中，根据需要调整源轨道指示器，如图 5-30 所示。

④ 单击【源监视器】中的【插入】按钮（），V1 轨道如图 5-31 所示。

图 5-30　　　　　　　　　　　　图 5-31

> 💡 提示　随着序列越变越长，不断缩放序列，才能更好地查看其中的剪辑。使用快捷键，可以快速缩放序列。按主键盘（非数字小键盘）顶部的【=】键可放大序列，按【-】键可缩小序列。

此时，序列中原有的 Excuse Me 剪辑被分割，并且播放滑块之后的部分向后移动，为新插入的剪辑留出位置。这就是插入编辑与覆盖编辑的主要区别：插入编辑会使序列变长，序列中所选轨道的剪辑会向后移动（向右移动），从而为新剪辑留出位置。

⑤ 把播放滑块拖曳至序列起始位置，浏览编辑成果。按【Home】键可使播放滑块快速跳转至序列开头，按【↑】键可将播放滑块移至上一个编辑位置，按【↓】键可将播放滑块移至下一个编辑位置。

> 💡 提示　使用无【Home】键的键盘时，【Home】键的等效操作为按【Fn】键 +【←】键。

仔细观察，会发现影片中仍然存在一些问题，例如，John 把外套从一只手臂转移至另一只手臂上的动作略显突兀，不过这也正预示着一段故事即将缓缓展开。

⑥ 在【源监视器】中打开 Mid John（非 Mid Suit）剪辑。这个剪辑中已经添加了入点和出点。

⑦ 在【时间轴】面板中，把播放滑块移至序列末尾，即 Excuse Me 剪辑之后那个帧。拖曳播放滑块，同时按住【Shift】键，使播放滑块吸附至剪辑末尾。

⑧ 在【源监视器】中，单击【插入】按钮或【覆盖】按钮。当前播放滑块位于序列末尾，后面无其他剪辑，此时使用插入编辑或覆盖编辑都可以。

接下来，再插入一个剪辑。

⑨ 在【时间轴】面板中把播放滑块移至 00:00:14:00 处，此时 John 正打算喝一口茶。

⑩ 在【源监视器】中打开 Mid Suit 剪辑。向其添加入点和出点，选取出 John 落座和喝第一口茶的片段。入点大约设置在 01:15:55:00 处，出点大约设置在 01:16:00:00 处。

注意，添加新的入点和出点后，剪辑上原有的入点和出点会被替换掉。

⑪ 单击【插入】按钮，把剪辑片段添加到序列中，如图 5-32 所示。

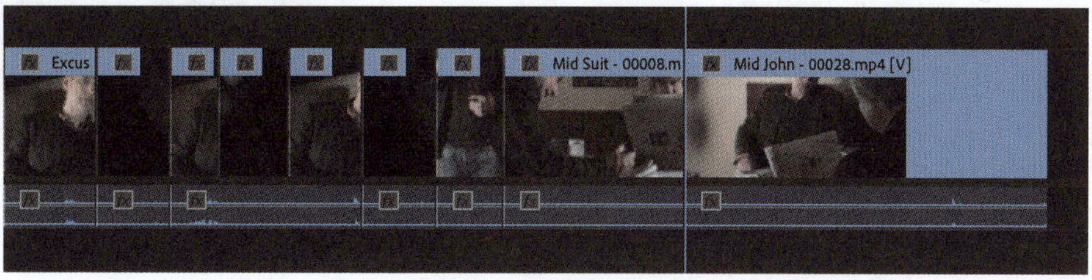

图 5-32

💡注意　从【项目】面板或【源监视器】直接把剪辑拖入【节目监视器】中，也可以把剪辑添加到序列中。

序列中各个剪辑的时间安排可能没那么精准，不用担心，后面可随时调整，这正是非线性编辑的魅力所在。当前最重要的是确保各个剪辑在序列中的前后顺序正确无误。

## 5.4.3　三点编辑

把某个剪辑拖入序列时，其在序列中的持续时间由剪辑自身的入点与出点确定，其在序列中的起点是在序列上释放该剪辑时的位置。

当使用快捷键或按钮向序列添加剪辑时，Premiere Pro 需要知道剪辑的持续时间，以及放在序列的哪个位置。

为此，需要用到下面两个入点和两个出点。

- 剪辑入点。
- 剪辑出点。
- 序列入点：向序列添加剪辑时指定起点。
- 序列出点：向序列添加剪辑时指定出点。

事实上，只需要给出 3 个点，Premiere Pro 会根据所选剪辑的持续时间自动确定最后一个点。

下面是一个例子。在【源监视器】中从剪辑中选取了一个时长为 4 秒的片段（剪辑入点与剪辑出点），Premiere Pro 据此可确定它在序列中的时长也是 4 秒。接着指定剪辑在序列中的放置位置（序列入点），此时 Premiere Pro 即可把选定的剪辑片段正确地编入序列中。

像这样，只需要使用 3 个点的编辑称为"三点编辑"（three-point editing）。

向序列添加剪辑时，Premiere Pro 会将剪辑入点（片段起点）和序列入点（若序列未添加入点，则将播放滑块所在的位置当作入点）进行对齐。即使序列中没有添加入点，也可以做三点编辑，Premiere Pro 会根据在【源监视器】中选择的片段长度确定持续时间。

不在序列中添加入点，而在序列中添加出点，同样可以做三点编辑。此种情况下，Premiere Pro 会将剪辑出点（在【源监视器】中设定）和序列出点进行对齐。

当序列中有定时动作时通常会使用三点编辑，例如，序列中某个剪辑末尾有关门动作，新剪辑需要和该动作在时间上对齐。

### 使用 4 个点会怎样

编辑时，可以使用 4 个点：【源监视器】中的入点和出点、时间轴上的入点和出点。如果所选剪辑的持续时间与序列的持续时间一致，可以像往常一样进行编辑。如果不一致，Premiere Pro 会要求用户选择如何处理，如图 5-33 所示。

此时，选择可以拉伸或压缩新剪辑的播放速度，以匹配时间轴上选定的持续时间，或者有选择性地忽略入点或出点。

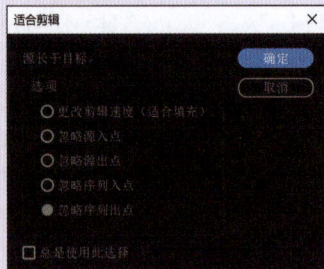

图 5-33

# 5.5　故事板编辑

故事板是指由一系列插图或绘画组成的视觉草图，主要用于规划和展示视频项目的场景、情节和动作，帮助创作者把自己的创意和想法以图像化的方式呈现出来。故事板类似于连环画，但包含的信息更多，有许多拍摄技术细节，比如摄像机的移动路径、拍摄角度、台词和音效等。

在【素材箱】面板中，切换到【图标视图】或【自由变换视图】后，就可以把剪辑缩览图当作故事板中的一个个草图使用。

拖曳剪辑的缩览图，按照剪辑在序列中的顺序从左到右、自上而下排列剪辑缩览图。选择它们，然后把它们全部拖曳到序列中。剪辑的选取顺序就是它们被添加到序列中的顺序。

## 5.5.1　使用故事板进行组合剪辑

"组合剪辑"（又叫"粗剪"）指的是把多个视频片段按照一定顺序和逻辑组合起来，形成初步视频序列的过程。在视频项目的早期制作阶段，通常都会先做组合剪辑，按照时间顺序和叙事逻辑把各个剪辑组合起来，这一步的关键是保证各个剪辑的先后顺序正确。

做组合剪辑时，"故事板"是最常用的工具之一，它能帮助我们高效规划、快速编排各个剪辑的先后顺序。

❶ 保存当前项目。每当在项目中做了一些比较重要的调整时，记得马上保存一下。

❷ 打开 Lessons 文件夹中的 Lesson 05 Desert Sequence.prproj 文件。

❸ 激活【项目】面板，在菜单栏中依次选择【文件】>【另存为】命令，在打开的【保存项目】对话框中把项目保存为 Lesson 05 Desert Sequence Working.prproj。

❹ 双击 Desert Montage 序列，将其在【时间轴】面板中打开。

> 💡注意　当前有两个项目同时处于打开状态。在菜单栏中依次选择【窗口】>【项目】命令，可以在两个项目之间切换。在菜单栏中依次选择【文件】>【关闭所有项目】命令，可以关闭所有项目。

当前 Desert Montage 序列中只有音乐，没有视频画面。接下来，使用故事板编排各个剪辑的先后顺序，然后将它们添加至序列中。

当前音频轨道 A1 处于锁定状态。单击 🔒 按钮可以解锁或锁定对应的轨道。一旦锁定 A1 轨道，调整序列时即可放心操作，不用担心操作会意外改变 A1 轨道。

## 5.5.2 在故事板中编排剪辑

在把剪辑添加到序列之前，一般都会在故事板中编排一下剪辑的顺序，这个过程称为"组合剪辑"或"粗剪"。通过粗剪，剪辑师能够初步确定视频的基本结构和故事线索，评估视频的流畅性和观赏性，并为后续的精剪工作打下坚实的基础。

> 💡 提示　在 Premiere Pro 中，项目文件名称可以很长。长文件名能够包含更多有用的信息，有助于区分各个项目，但是名称也不要太长，否则会给文件管理工作带来不便。

❶ 双击 Desert Footage 素材箱，将其在一个新面板中打开。

❷ 单击【素材箱】面板左下角的【自由变换视图】按钮（ ▦ ），以缩览图的方式显示各个剪辑。

在【项目】面板中把视图模式切换成【图标视图】，也可以像在故事板中一样编排各个剪辑，但相比之下，在【自由变换视图】下编辑人员有更大的自由度，能够以更灵活的方式显示剪辑内容。

❸ 双击【素材箱】面板名称，将其最大化。然后使用鼠标右键单击【素材箱】面板中的空白区域，在弹出的菜单中依次选择【重置为网格】>【名称】命令。

此时，Premiere Pro 会根据剪辑名称排列剪辑，如图 5-34 所示。

图 5-34

> 💡 提示　拖曳【素材箱】面板底部的缩放控件，可调整剪辑缩览图的大小。

❹ 拖曳各个剪辑的缩览图，按照它们在序列中出现的顺序从左到右、自上而下排列它们，就像连环画一样展现故事情节。如此整理后，下一步按照正确的顺序选择它们时会更加轻松自如。在【自由变换视图】下，剪辑的缩览图可以重叠在一起，也可以松散排列，如图 5-35 所示。

图 5-35

⑤ 按照需要的顺序拖选剪辑，或者按住【Command】键（macOS）或【Ctrl】键（Windows），按照正确顺序依次选择各个剪辑。

⑥ 双击【素材箱】面板名称，将其恢复成原始大小。把选中的剪辑拖入序列，放到 V1 轨道上（位于音乐剪辑之上），并使其紧贴时间轴的最左侧。

此时，Premiere Pro 会按照剪辑的选择顺序把它们添加到序列中，如图 5-36 所示。

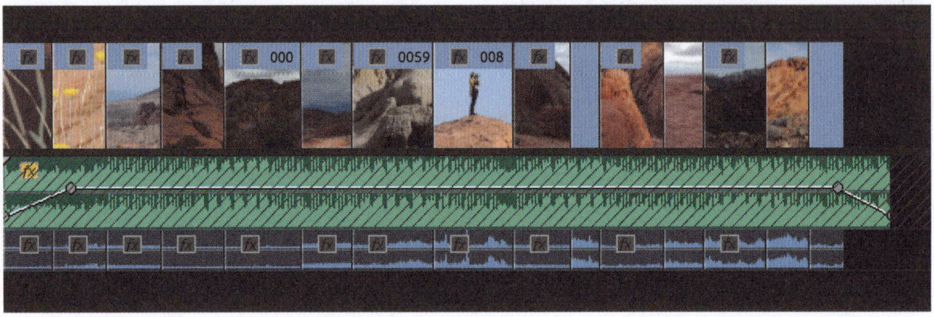

图 5-36

在【自由变换视图】下，浏览与编排剪辑有很大的灵活性，用户可随时将所需剪辑添加到序列中。但切换到【图标视图】后，工作效率会更高。

❶ 按【Command】+【Z】组合键（macOS）或【Ctrl】+【Z】组合键（Windows），撤销上一步操作。

❷ 双击【素材箱】面板名称，将其最大化。然后单击【图标视图】按钮（▣），切换至【图标视图】。

❸ 拖曳各个剪辑缩览图，根据需要编排好剪辑顺序，该顺序就是它们在序列中的顺序。在【图标视图】下，剪辑缩览图始终处在一个有序的网格中。

❹ 双击【素材箱】面板名称，把面板恢复成原始大小。

❺ 确保【素材箱】面板处于选中状态（周围有蓝框），单击空白区域，取消选择剪辑。按【Command】+【A】组合键（macOS）或【Ctrl】+【A】组合键（Windows），选中 Desert Footage 素材箱中的所有剪辑。

💡提示 把【素材箱】面板恢复成原始大小后，需要拖曳滚动条才能浏览其中的全部剪辑。

❻ 把选中的剪辑拖曳至序列中，放到 V1 轨道上（位于音乐剪辑之上），并使其紧贴时间轴的最左侧。

此时，Premiere Pro 会按照选择顺序把剪辑添加到序列中。同时选中素材箱中的所有剪辑时，剪辑的选择顺序就是各个剪辑缩览图在素材箱中的排列顺序。

❼ 在【时间轴】面板中，把播放滑块拖曳到序列开头。播放序列，浏览视频。

虽然之前在素材箱中事先为剪辑定好了顺序，但在将剪辑添加到序列后，仍然可以随时修改这些剪辑的先后顺序和入点。

目前两个项目同时处于打开状态，容易造成混淆，难以分清当前处理的是哪个项目。这种情况下，只要看一眼程序的标题栏，便能迅速判断出当前项目文件的具体位置和名称，如图 5-37 所示。项目名称后面的星号（*）表示当前项目已经有了改动但尚未保存。

Pr Adobe Premiere Pro 2024 - F:\Lessons\Lesson 05 Desert Sequence Working.prproj *

图 5-37

❽ 在菜单栏中选择两次【文件】>【关闭项目】命令，或者选择【文件】>【关闭所有项目】命令。当 Premiere Pro 询问是否保存项目时，单击【是】按钮，关闭所有项目。

## 设置静止图像的持续时间

如果视频剪辑中已经有入点和出点了，那么把静止图像的剪辑添加到序列时，Premiere Pro 会自动使用入点和出点。

在序列中，图形和照片的持续时间可以是任意长度。不过当把它们导入项目时，Premiere Pro 会应用默认的入点和出点。

要更改默认持续时间，请在菜单栏中依次选择【Premiere Pro】>【首选项】>【时间轴】命令（macOS）或【编辑】>【首选项】>【时间轴】命令（Windows），打开【首选项】对话框中的【时间轴】选项卡，在【静止图像默认持续时间】中修改持续时间。该设置只在把静止图像导入项目时起作用，而对那些已经导入项目中的静止图像不起作用。

静止图像和静止图像序列（像动画一样顺序播放的一系列图像）没有帧速率。按如下步骤为静止图像设置默认帧速率：在菜单栏中选择【Premiere Pro】>【首选项】>【媒体】命令（macOS）或【编辑】>【首选项】>【媒体】命令（Windows），打开【首选项】对话框中的【媒体】选项卡，在【不确定的媒体时基】下拉列表中选择一个帧速率。

## 5.6 复习题

1. 入点和出点的作用是什么?
2. 视频轨道 V2 在视频轨道 V1 前面还是后面?
3. 子剪辑有什么用处?
4. 如何在【时间轴】面板中从序列上选取一段?
5. 覆盖编辑和插入编辑有何不同?
6. 若剪辑和序列上都没有设置入点和出点,把剪辑添加到序列中时会发生什么?

## 5.7 答案

1. 在【源监视器】和【项目】面板中,入点和出点用于指定把剪辑的哪一部分添加到序列中。在【时间轴】面板中,入点和出点用于指定要处理序列的哪一段,包括删除、编辑、渲染效果、导出等。
2. 在 Premiere Pro 中,视频轨道 V2 是高层轨道,视频轨道 V1 是低层轨道,高层轨道总是位于低层视频轨道之前,所以 V2 轨道中的内容会显示在 V1 轨道内容的前面。
3. 子剪辑对 Premiere Pro 播放视频和音频的方式没有影响。但使用子剪辑有助于把素材划分到不同的素材箱中。对于那些涉及大量长剪辑素材的大型项目而言,使用子剪辑来组织与管理内容,无疑能够带来诸多显著优势。
4. 在【时间轴】面板中,可在序列上添加入点和出点指定要处理的片段,例如,指定一段进行渲染或指定某一段导出等。
5. 使用覆盖方式把剪辑添加到序列时,剪辑会替换掉序列中相同位置的内容。而使用插入方式把剪辑添加到序列时,剪辑不会替换原有剪辑,而是把原有剪辑往后推(向右移动),这会增加序列的长度。
6. 若剪辑上没有设置入点和出点,则整个剪辑都会被添加到序列中。在剪辑中添加入点和出点,可指定将剪辑的哪个片段添加到序列中。

# 第 6 课

# 使用剪辑与标记

## 课程概览

本课主要学习如下内容。

- ·【节目监视器】和【源监视器】的区别
- ·【切换轨道锁定】和【切换同步锁定】按钮
- · 从序列中删除剪辑

- · 使用标记
- · 移动序列中的剪辑

## 学完本课大约需要 **90**分钟

请先准备好本课要用到的课程文件，并把它们保存到计算机中的合适位置。

Premiere Pro 配备了强大的标记工具，可帮助用户精确调整序列，同时还提供了高级轨道同步与锁定功能，使得编辑序列中的剪辑变得轻松自如。

# 6.1　课前准备

序列的粗剪工作顺利完成后，紧接着进入精调阶段，该阶段最能考验和彰显视频编辑人员的技术功底和艺术水平。在精调阶段，主要工作是调整各个剪辑在序列中的位置。

下面根据创作需求调整序列中剪辑的位置，并删除不必要的部分。这个过程中，还可以添加注释标记，保存有关剪辑和序列的信息。这些信息在将来编辑序列或把序列发送到其他 Adobe Creative Cloud 应用程序中使用时非常有参考价值。

本课将学习【节目监视器】中的更多高级控件，同时学习如何巧妙地运用标记来更有效地组织和管理素材。除此之外，还将学习如何在 Premiere Pro 中高效地修改时间轴上已有的剪辑，切身体验非线性编辑的灵活性和强大之处。

> ♀注意　开始学习前，请先把 Premiere Pro 首选项恢复成默认设置，具体操作为：在桌面上双击 Premiere Pro 图标，并立即按住【Option】键（macOS）或【Alt】键（Windows），在弹出的【重置选项】对话框中，勾选【重置应用程序首选项】，单击【继续】按钮。

按照如下步骤操作，确保当前处在【编辑】工作区之下。

① 打开 Lessons 文件夹中的 Lesson 06.prproj 文件。

② 在菜单栏中依次选择【文件】>【另存为】命令，打开【保存项目】对话框。

③ 在【保存项目】对话框中，输入文件名 Lesson 06 Working.prproj。

④ 选择项目保存位置，单击【保存】按钮，保存当前项目。

在界面右上方，单击【工作区】按钮，在弹出的菜单中选择【编辑】命令。然后再次单击【工作区】按钮，在弹出的菜单中选择【重置为已保存的布局】命令。

# 6.2　使用【节目监视器】

【节目监视器】和【源监视器】几乎一模一样，但仔细观察，不难发现两者之间存在一些重要区别。

## 6.2.1　什么是【节目监视器】

【节目监视器】中显示的是播放滑块当前所指的那一帧的内容，如图 6-1 所示。在【时间轴】面板中，序列表现为一系列轨道及轨道上的一系列剪辑，而【节目监视器】中呈现的是多个轨道内容的叠加结果。相比于【时间轴】面板，【节目监视器】中的时间标尺要小得多，但两者是同步的。

在粗剪阶段，大部分时间都在使用【源监视器】，主要进行快速浏览剪辑，以及选取最合适的剪辑片段等操作。一旦序列粗剪完成，接下来就要对序列进行精细调整了。做精细调整的过程中主要用到的是【节目监视器】和【时间轴】面板。

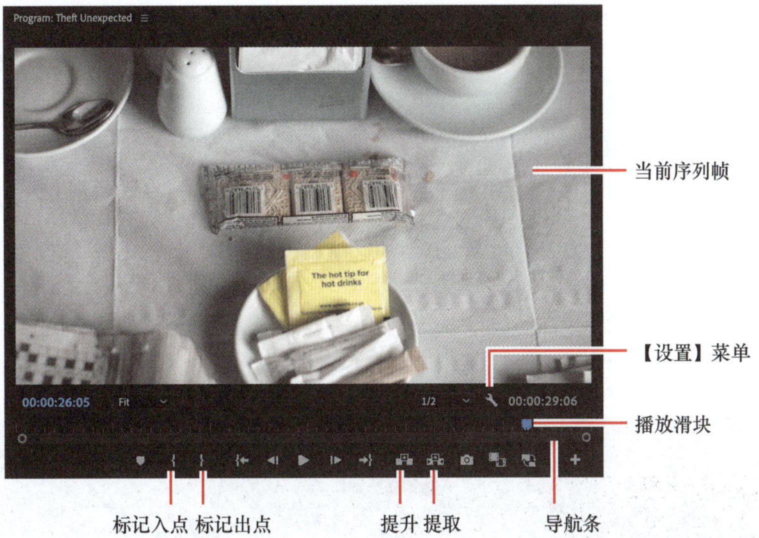

当前序列帧

【设置】菜单

播放滑块

标记入点 标记出点　　　提升 提取　　　导航条

图 6-1

## 比较【节目监视器】和【源监视器】

【节目监视器】和【源监视器】的主要区别如下。

- 【源监视器】中显示的是剪辑（素材）内容，而【节目监视器】中显示的是【时间轴】面板中当前序列的内容。准确地说，【节目监视器】显示的是【时间轴】面板中播放滑块所在位置所有轨道内容叠加后的画面。

- 【源监视器】提供了【插入】和【覆盖】按钮，用于将整个剪辑（或剪辑的一段）添加到序列中。而【节目监视器】提供了【提取】和【提升】按钮，用于从序列中删除剪辑（或剪辑片段）（关于"提取"和"提升"的详细内容稍后讲解）。

- 两个监视器中都有时间标尺。【节目监视器】中的播放滑块和【时间轴】面板中的播放滑块是同步的（当前序列名称显示在【节目监视器】的左上方）。当移动其中一个播放滑块时，另一个播放滑块也会跟着移动，不论拖曳哪个播放滑块都能改变【节目监视器】中显示的内容。

- 在 Premiere Pro 中向序列应用效果后，只能在【节目监视器】中看到效果应用后的样子。但源剪辑效果例外，在【源监视器】和【节目监视器】中都能看到源剪辑应用效果之后的样子（有关效果的更多内容，请阅读第 12 课"添加视频效果"）。

- 【节目监视器】和【源监视器】中都有【标记入点】和【标记出点】按钮，而且使用方式相同。在【节目监视器】中添加入点和出点时，它们会被添加到当前显示的序列上，并且和剪辑中的入点、出点一样，它们会一直存在于序列中。

### 6.2.2　使用【节目监视器】把剪辑添加到序列

前面学习了如何在【源监视器】中选取剪辑的一部分，以及如何使用快捷键、界面按钮和拖放方式把剪辑添加到序列中。

此外，把一个剪辑从【源监视器】或【项目】面板直接拖曳至【节目监视器】中，也可以将剪辑添加至序列中。执行该操作时，【节目监视器】中会显示几个投放区域，每个投放区域对应一种编辑操作。用户需要根据要执行的操作，把剪辑拖曳到相应的投放区域中。

下面先了解一下各个投放区域及其对应的编辑操作。

❶ 展开 Sequences 素材箱，双击 Theft Unexpected（注意不是 Theft Unexpected 02），将其打开。

❷ 在 Theft Unexpected 素材箱中找到剪辑 HS Suit，将其拖曳到【节目监视器】上（请拖曳剪辑图标而非剪辑名称），暂时不要释放鼠标。此时，【节目监视器】中会显示几个投放区域，如图 6-2 所示。

图 6-2

❸ 在鼠标左键处于按下的状态下，移动鼠标指针到各个投放区域中，Premiere Pro 会高亮显示相应投放区域，每个区域代表一种编辑操作。在相应区域中释放鼠标左键，对应操作就会执行。

❹ 把剪辑 HS Suit 拖曳至【源监视器】中，然后释放鼠标左键。大多数时候，在【项目】面板中双击某个剪辑，即可将其在【源监视器】中打开，也可以直接把剪辑拖曳至【源监视器】中将其打开。

向序列添加剪辑时，可以直接把剪辑从【项目】面板或【源监视器】拖入【节目监视器】中。【节目监视器】中各个投放区域对应的编辑操作如下。

• 插入：把剪辑投放至该区域，Premiere Pro 将执行插入编辑，根据源轨道选择指示器来确定把剪辑放到哪个轨道上。

• 覆盖：把剪辑投放至该区域，Premiere Pro 将执行覆盖编辑，根据源轨道选择指示器来确定把剪辑放到哪个轨道上。

• 叠加：把剪辑投放至该区域，Premiere Pro 将执行叠加编辑，在当前序列中新建一个空白轨道，然后以播放滑块当前位置为起点把剪辑放入新创建的轨道上。

- 替换：把剪辑投放至该区域，Premiere Pro 将执行替换编辑，即使用新剪辑替换序列中当前选中的剪辑（若序列中当前无选中的剪辑，则替换掉播放滑块所在位置的剪辑）（更多内容将在第 8 课中讲解）。注意，执行替换编辑时，【时间轴】面板中创建的图形与文本无法替换，但可以替换导入的那些照片与图形。

- 此项后插入：把剪辑投放至该区域，Premiere Pro 将执行此项后插入编辑，即把新剪辑插至当前播放滑块所指剪辑的后面，后面其他剪辑自动往后移动为新剪辑腾出空间。

- 此项前插入：把剪辑投放至该区域，Premiere Pro 将执行此项前插入编辑，即把新剪辑插至当前播放滑块所指剪辑的前面，当前滑块所指剪辑及其后面所有剪辑自动往后移动为新剪辑腾出空间。

Premiere Pro 支持触摸屏操作，使用触摸屏编辑视频时，直接把剪辑拖曳到【节目监视器】中，能够极大地提升编辑的灵活性和便捷性。当然，如果使用的不是触摸屏，则可以使用鼠标或触控板把剪辑拖曳至【节目监视器】中。

了解了上面各种编辑操作后，下面把 HS Suit 剪辑添加到 Theft Unexpected 序列。

❶ 在【时间轴】面板中，把播放滑块移动到序列 Theft Unexpected 的最后一个剪辑（Mid John）上，大约移动到 00:00:20:00 处即可。

❷ 在【源监视器】中打开 Theft Unexpected 素材箱中的 HS Suit 剪辑。该剪辑已经在序列中用过一次，这里选择另外一个片段使用。

❸ 在 01:26:49:00 处设置一个入点。此处镜头中没有太多变化，很适合用作切换镜头。在 01:26:52:00 处添加一个出点，这样穿西装的男人就出镜了几秒。

❹ 单击【源监视器】中的画面，把剪辑拖曳到【节目监视器】中，在【节目监视器】中暂时不要释放鼠标左键。

在【此项后插入】投放区域中释放剪辑。虽然播放滑块位于 Mid John 剪辑中央，但 Premiere Pro 执行此项后插入编辑时仍然会把新剪辑片段拼接到 Mid John 剪辑末尾，如图 6-3 所示。

通过此项后插入和此项前插入编辑，用户能够轻松且精确地把新剪辑放入序列指定的位置上，而且不会替换或拆分现有剪辑。

图 6-3

## 输入时间码

在 Premiere Pro 中可单击面板中的时间码，直接输入目标时间码（输入时不需要加标点符号），然后按【Return】键（macOS）或【Enter】键（Windows），将播放滑块移到目标时间点。

例如，输入 2715，播放滑块会移动到 00:00:27:15 处。输入时，不必输入前面的 0。

输入时间码时，用英文句号代表两个零或跳到下一组数字。

例如，输入 1.29..15，播放滑块将移动至 01:29:00:15 处。

此外，还可以在时间码显示框中输入时间增量的值。例如，输入 +200，表示把播放滑块从当前位置向后移动 2 秒。若播放滑块的起始位置为 00:00:00:00，输入 +200 之后，时间码显示为 00:00:02:00，Premiere Pro 会自动计算出新时间码并添加分隔符。

下面执行插入编辑，把一个剪辑插到当前序列中间。

❶ 在【时间轴】面板中，把播放滑块拖曳到 00:00:13:00 处，即 Mid Suit 剪辑的开头。按空格键，浏览 Mid Suit 和 Mid John 剪辑，特别注意两个镜头之间的衔接。

这两个剪辑之间的衔接不是很好，为此需要在两者之间插入一个衔接镜头（即 HS Suit 剪辑的一个片段）。

❷ 在【时间轴】面板中，把播放滑块移到 Mid John 剪辑（靠近序列末尾）上，大约在 00:00:20:00 处。

❸ 在【源监视器】中打开 HS Suit 剪辑并添加入点与出点。可以选取 HS Suit 剪辑的任意一个片段，但要确保时长约为 2 秒。选好一个片段后，在【源监视器】右下方可以看到所选片段的持续时间，如图 6-4 所示。

图 6-4

❹ 从【源监视器】中把剪辑拖入【节目监视器】的【此项前插入】投放区域，Premiere Pro 会把剪辑插入序列，并使其位于 Mid John 剪辑之前，如图 6-5 所示。

图 6-5

## 6.2.3　仅把视频或音频拖入序列

通过拖曳方式向序列添加剪辑时，可以只添加剪辑的视频或音频部分。

下面试一试叠加编辑。

❶ 在【时间轴】面板中，把播放滑块拖曳到 00:00:25:20 处，即 John 掏出笔之前。

❷ 在【源监视器】中打开 Mid Suit 剪辑，在 01:15:54:00 处添加一个入点。此时，John 正挥动着钢笔。

❸ 在 01:15:56:00 处添加一个出点。现在需要快速切换视角，以便观众能更细致地观察人物的动作。

❹【源监视器】底部有【仅拖动视频】和【仅拖动音频】两个按钮（ ▤ ↦ ）。

这两个按钮有如下 3 个用途。

· 指示当前剪辑中是否包含视频、音频，还是两者兼而有之。若当前剪辑中不包含视频，则【仅拖动视频】按钮（胶片图标）显示为灰色。若当前剪辑中不包含音频，则【仅拖动音频】按钮（波形图标）显示为灰色。

· 单击其中一个按钮，可以把显示画面切换成视频或音频波形图。

· 拖曳其中一个按钮，可以仅把剪辑的视频或音频拖入序列中。

> 💡注意　向序列中添加剪辑时，关键在于正确设置源轨道选择按钮，相比之下，目标轨道选择按钮则显得不那么重要。

把【仅拖动视频】按钮从【源监视器】底部拖入【节目监视器】的【叠加】投放区域，释放鼠标左键，只有剪辑的视频部分添加到了序列的 V2 轨道中，如图 6-6 所示。

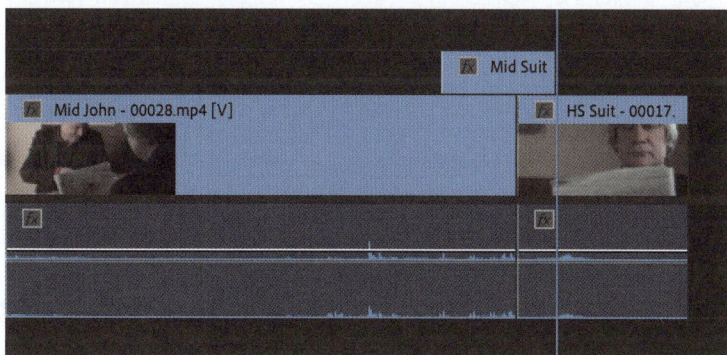

图 6-6

即便在【时间轴】面板中已经设定了源视频与源音频选择按钮，上述方法依然适用，它提供了一种直观且高效的方式来从剪辑中快速挑选出所需片段。当然，在【时间轴】面板中根据需要有目的地设置源轨道选择按钮，也可以实现同样的效果，但需要多次单击。

❺ 从头播放序列，仔细观看并评估编辑成果。

虽然序列中各个剪辑的时间点并不完全精确，但整体效果看起来相当不错。刚刚添加的剪辑巧妙地覆盖了 Mid John 剪辑的末尾与 HS Suit 剪辑的起始部分，使两个镜头的衔接变得自然流畅。

## 把剪辑添加到序列中的方法为何如此多

Premiere Pro 提供了多种方法帮助用户把一个剪辑添加到序列中，不同方法对应不同的应用场景。根据具体情境，选择合适的添加方法，能够显著提升操作的便捷性和效率。某些场景下，要求剪辑片段的长度及其在序列中的位置绝对精准，此时就需要先在【源监视器】中精心挑选剪辑片段，然后在【时间轴】面板中进行细致的调整与编排。而在某些场景下，不要求精细调整，只要把各个剪辑简单拼接在一起就够了，这时从【项目】面板中直接把剪辑拖曳至【时间轴】面板的序列中，快速完成拼接就行了。

此外，随着编辑技术日益精湛和经验日益丰富，编辑人员会自然而然地养成某种编辑习惯，逐渐喜欢上某种操作风格。为了满足编辑人员个性化的编辑需求，Premiere Pro 提供了多种工作流程，每种工作流程都能实现相同的目标，而具体选择哪种，完全取决于编辑人员的个人喜好和工作习惯。

# 6.3　设置播放分辨率

在水银回放引擎的强大支持下，Premiere Pro 能够实时播放多种格式的视频素材以及复杂的视频特效等，完全不需要预渲染，大大提升了工作效率。计算机硬件为水银回放引擎提供了必要的性能和资源支持，水银回放引擎充分利用这些资源来提升播放性能。换言之，水银回放引擎的运行很大程度上依赖于计算机硬件的性能，包括 CPU 的运算速度（以及核心数量和型号）、内存大小、显卡（GPU）的处理能力，以及存储器的读写速度。

若计算机硬件配置较低，播放序列（在【节目监视器】中）或剪辑（在【源监视器】中）时就会出现卡顿现象，此时可以主动降低播放分辨率让播放更流畅。

简而言之，流畅地播放高分辨率视频对计算机硬件要求颇高。未经压缩的单个全高清视频画面（1帧）的大小大约相当于 800 万个字符。全高清视频帧速率至少为每秒 24 帧，也就是说，播放全高清视频时，计算机每秒处理的数据量至少相当于 1 亿 9200 万个字符。而一个超高清视频（通常称为 4K视频）的数据量是全高清视频的 4 倍。

降低视频播放分辨率后，视频画面中的某些像素不会显示出来，但能显著地提升播放性能，让创作过程变得更加轻松自如。另一个常见现象是，视频的实际分辨率要高于显示分辨率，主要因为【源监视器】和【节目监视器】的尺寸远小于原始视频。因此，即使降低播放分辨率，观看视频时，画面质量仍能保持相对稳定，不会有明显变化。

## 6.3.1　更改播放分辨率

下面更改播放分辨率。

❶ 在 Boston Snow 素材箱中双击 Snow_3 剪辑，将其在【源监视器】中打开。在【源监视器】和【节目监视器】的右下方有一个【选择回放分辨率】下拉列表。

默认显示的回放分辨率是 1/2。若不是，请将其修改为 1/2，如图 6-7 所示。当回放分辨率是 1/2 时，视频的分辨率在水平方向上是原来的一半，在垂直方向上也是原来的一半，所以严格来说，视频分辨率是原来的 1/4。

| 1/2 ⌄ |
| --- |

图 6-7

❷ 播放剪辑，观察画面质量。

❸ 把【选择回放分辨率】修改为【完整】，再次播放剪辑。比较此时的画面质量与回放分辨率为 1/2 时的画面质量，两者在视觉感受上几乎无差别，如图 6-8 所示。对于某些格式的视频，修改播放分辨率后，画面质量会有明显的变化。

图 6-8

❹ 把【选择回放分辨率】修改为【1/8】，再次播放剪辑，此时画面质量有了明显的变化，如图 6-9 所示。暂停播放，此时画面更清晰。这是因为暂停时的分辨率和播放时的分辨率不一样，两者相互独立（参见 6.3.2 小节）。

图 6-9

在包含文字等丰富细节的视频画面中，一旦更改分辨率，前后画面的变化尤为显著。播放剪辑时，注意观察树枝细节。

⑤ 把【选择回放分辨率】修改为【1/16】，播放剪辑，画面如图 6-10 所示。Premiere Pro 会评估每种素材，若降低分辨率带来的好处不及付出的代价，Premiere Pro 会主动禁用某些分辨率选项。这里素材的分辨率是 4K（4096 像素 ×2160 像素），即使把回放分辨率设置为 1/16，视频画面仍然清晰，所以此时【1/16】选项是可用的。

图 6-10

在高性能计算机上，一般不需要把回放分辨率设置为 1/16，但在性能不高的计算机上，把回放分辨率设置为 1/16 意义重大。特别是在处理高分辨率视频素材时，降低分辨率能够保证视频播放流畅，避免卡顿现象。

⑥ 把【选择回放分辨率】修改为【1/2】，方便编辑其他剪辑，提高工作效率。

在高性能计算机上浏览素材时，完全可以把回放分辨率设置为【完整】，以全分辨率播放素材可以获得最佳播放质量。为此，Premiere Pro 专门提供了一个选项。在【源监视器】和【节目监视器】中单击【设置】按钮（🔧），在弹出的菜单中选择【高品质回放】命令。

> 💡 **注意** 【源监视器】和【节目监视器】中的回放分辨率选择菜单完全一样，但其实它们是相互独立的，改变其中一个不会影响到另外一个。

选择【高品质回放】命令后，Premiere Pro 将以高质量播放素材，播放质量就是导出质量。取消选择该命令后，Premiere Pro 播放素材时会牺牲一点质量，以获得更好的播放性能。

## 6.3.2　更改暂停分辨率

在【源监视器】和【节目监视器】中打开【设置】菜单，同样可以找到【回放分辨率】命令。

除此之外，【设置】菜单中还有【暂停分辨率】命令，用于设置暂停播放时画面的分辨率，如图 6-11 所示。

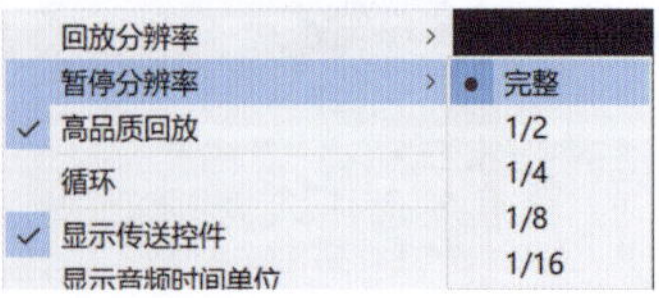

【暂停分辨率】命令与【回放分辨率】命令的工作方式相同，但是它控制的是视频暂停播放时画面显示的分辨率。

大多数视频编辑人员会把【暂停分辨率】设置为【完整】。这

图 6-11

样一来，播放视频时用的是低分辨率，确保播放的流畅性，而暂停播放时，Premiere Pro 就会使用完整分辨率呈现视频画面。调整视频效果时，回放分辨率起作用。一旦调整完毕，暂停分辨率就会发挥作用。

有些第三方特效可能无法像 Premiere Pro 那样有效地利用计算机硬件。因此，在更改了这些效果后，视频画面可能需要花很长时间才能完成更新。这种情况下，降低暂停分辨率可以大大加快画面更新速度。

需要说明的是，回放分辨率和暂停分辨率设置不会影响视频的最终输出质量。

## 6.4　播放 VR 视频

现在，VR 头显已经较为普及，不再是什么稀罕物。Premiere Pro 为使用 VR 头显观看 360° 与 180° 视频提供了全面支持，包括剪辑解释选项、专用的沉浸式视频视觉效果、桌面播放控件、集成的 VR 头显播放功能以及环境立体声等。

有关 Premiere Pro 对 VR 视频的支持情况，请前往"Adobe Premiere Pro 学习和支持"页面搜索"VR 视频"了解学习。

### 360° 视频和 VR 有何不同

360° 视频的拍摄方式有点类似于拍全景照片。360° 视频是由多个方向录制的视频合成得到的，即把从不同角度拍摄的多段视频合成一个完整的球体（称为"缝合"），再使用"球面投影"（equirectangular）技术把球体展开成 2D 视频。在把立体的地球展平成平面地图的过程中使用的就是"球面投影"技术。

展平后的 2D 视频看上去是扭曲的，不适合用肉眼直接观看。这样的视频虽然看起来有点怪，但本质上仍然是标准的视频文件，使用 Premiere Pro 能够轻松地处理它。

观看 360° 视频一般需要佩戴专门的 VR 头显。戴上 VR 头显后，通过转动头部可以观看到画面的不同区域。由于观看 360° 视频必须佩戴 VR 头显，所以 360° 视频又被称为 VR 视频。

其实真正的 VR 并不是视频，而是一个完整的 3D 环境，观看者可以在其中走动，能够从不同方向观看环境中的景物，类似于玩 3D 游戏时的情景。

360° 视频和 VR 最重要的区别是：在 360° 视频中，观看者只能站在原地转动头部从不同角度观看画面的不同部分；而在 VR 中，观看者可以在虚拟场景中自由走动，从不同位置观看虚拟环境中的景物。

## 6.5　使用标记

编辑视频的过程中，有时记不清要用剪辑的哪个片段以及打算用它做什么。为了解决这个问题，Premiere Pro 引入了标记功能，让用户能够轻松地在剪辑中添加注释，标记感兴趣的片段。

### 6.5.1 什么是标记

在 Premiere Pro 中，使用标记能够轻松标记剪辑和序列的特定时间点，如图 6-12 所示，此外还可以在标记上添加注释。这些基于时间的标记不仅有助于组织剪辑内容，还有助于编辑人员之间相互沟通相关问题。

图 6-12

### 6.5.2 标记类型

标记有多种类型，类似于剪辑，也可以为标记指定不同颜色。双击标记，打开【标记】对话框，在其中可以修改标记的类型和颜色。

- 注释标记：这是一种通用标记，可以指定名称、持续时间和注释。
- 章节标记：DVD 和蓝光光盘设计程序可以把这种标记转换成普通的章节标记。
- 分段标记：视频分发服务器使用这种标记分割视频内容。
- Web 链接：某些格式的视频可以使用这种标记在视频播放期间自动打开指定的 Web 页面。当把序列导出为某种支持该标记的文件格式时，Premiere Pro 会把 Web 链接标记添加到导出文件中。
- Flash 提示点：该类标记供其他 Adobe 动画工具使用。在 Premiere Pro 中编辑序列时可以在时间轴上添加这些提示点，为后面制作动画项目做准备。

> 💡 **注意**　添加标记时，若【时间轴】面板中某个序列的某个剪辑处于选中状态，Premiere Pro 会把标记添加到处于选中状态的剪辑上，而非序列上。

#### 1. 序列标记

下面向序列添加一些标记。

❶ 在 Sequences 素材箱中，双击 City Views 序列，将其打开。

这个序列很简单，其中包含了一档旅行节目的几个镜头。

❷ 在【时间轴】面板中，把播放滑块拖曳到 00:01:12:00 处，确保没有剪辑处于选中状态（单击【时间轴】面板空白处或者按【Esc】键，可取消选择剪辑）。

❸ 使用以下方式之一，向序列中添加标记。

- 在【时间轴】面板或【节目监视器】的左下方，单击【添加标记】按钮（▤）。
- 在【时间轴】面板中，使用鼠标右键单击时间标尺，在弹出的菜单中选择【添加标记】命令。
- 按【M】键。

Premiere Pro 会在时间轴上添加一个绿色标记，位于播放滑块正上方，如图 6-13 所示。

同时【节目监视器】底部的时间轴上会出现同样的标记，如图 6-14 所示。

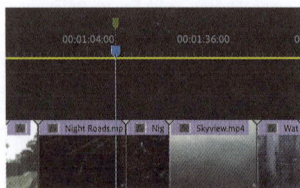

图 6-13

图 6-14

实际工作中，标记可当作提醒标志使用，用它记录一个重要的时间点。打开【标记】对话框，可轻松更改标记类型。

④ 打开【标记】面板。默认设置下，【标记】面板和【项目】面板在同一个面板组中。若找不到【标记】面板，可在菜单栏中依次选择【窗口】>【标记】命令，将其打开。

💡 注意　【标记】面板中显示的是当前活动序列的标记，以及那些在【源监视器】中已打开的剪辑所包含的标记。若【标记】面板是空的，请单击【时间轴】面板或者【源监视器】，将其激活。

【标记】面板中按时间顺序显示一系列标记。【标记】面板中既可以显示序列标记，也可以显示剪辑标记，具体取决于当前处于活动状态的是【时间轴】面板、序列剪辑还是【源监视器】。

💡 提示　【标记】面板顶部有一个搜索框，其作用与【项目】面板中的搜索框是一样的，如图 6-15 所示。搜索框旁边是标记颜色过滤器。选择其中一个或多个颜色，【标记】面板将只显示所选颜色的标记。

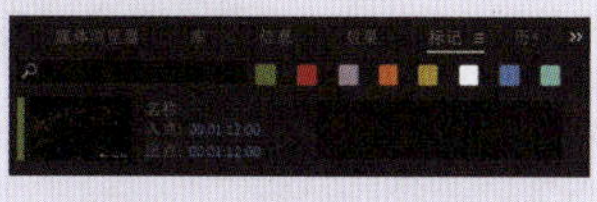

图 6-15

⑤ 在【标记】面板中，双击标记缩览图，打开【标记】对话框，如图 6-16 所示。

💡 提示　打开【标记】对话框的方法有两种：一是双击【标记】面板中某个标记缩览图；二是双击【时间轴】面板或监视器中的标记图标。

💡 提示　连续按两次【M】键，将在添加标记的同时打开【标记】对话框。

💡 提示　每种不同类型的标记（包括不同颜色）都有相应的快捷键。使用快捷键操纵标记一般要比使用鼠标或触控板快得多。

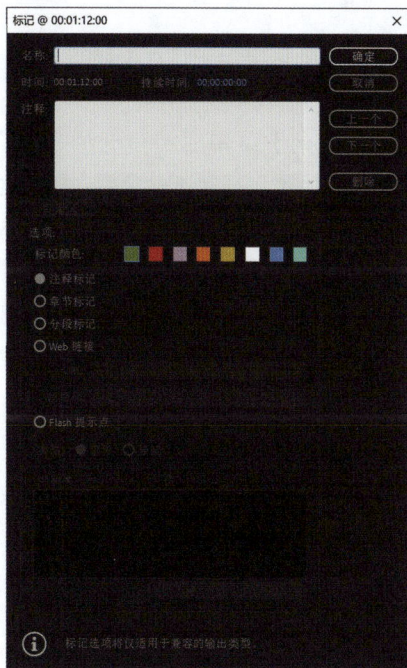

图 6-16

⑥ 在【名称】输入框中输入 Replace this shot，当作操作提示。

⑦ 单击【持续时间】右侧的蓝色数字，输入 400。注意，此时不要按【Return】键（macOS）或【Enter】键（Windows），否则会关闭对话框。单击对话框的其他地方，或者按【Tab】键把光标移到下一个位置，Premiere Pro 会自动添加时间码分隔符，把 400 转换成 00:00:04:00，如图 6-17 所示。

图 6-17

按【Tab】键，使持续时间设置生效。

⑧ 单击【确定】按钮，或者按【Return】键（macOS）或【Enter】键（Windows）。

此时，在【时间轴】面板和【节目监视器】中，标记就有了一小段持续时间，如图6-18（a）所示。把时间轴放大一些，完整地显示出前面输入的标记名称，如图6-18（b）所示。

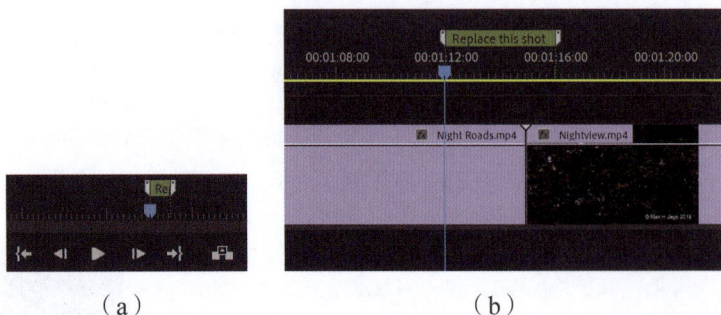

（a）　　　　　　　　　　　　　（b）

图 6-18

设置好标记名称后，标记名称会同时显示在【标记】面板中，如图6-19所示。

图 6-19

⑨ 在菜单栏中打开【标记】菜单，浏览一下里面有哪些可用的命令。

【标记】菜单底部有一个名为【波纹序列标记】的命令，如图6-20所示。开启该命令后，执行插入、提取等改变序列持续时间和剪辑时间安排的编辑时，序列中的标记会随着剪辑一起移动。关闭该命令后，移动剪辑时，标记会留在原来的位置上。

【标记】菜单底部是【复制粘贴包括序列标记】命令。开启该命令后，复制序列的某个片段（由入点和出点指定）并粘贴到其他位置时，该片段中的标记也会被一起粘贴。

**2. 剪辑标记**

下面向剪辑中添加标记。

❶ 在 Further Media 素材箱中，双击 Seattle_Skyline.mov 剪辑，将其在【源监视器】中打开。

❷ 播放剪辑，不时地按几次【M】键，添加几个标记，如图6-21所示。

图 6-20

图 6-21

❸ 打开【标记】面板。当前【源监视器】仍处于活动状态，【标记】面板中显示出刚刚添加的各个标记，如图6-22所示。在【标记】面板中，当标记数量很多时，可向下拖动面板右侧的滚动条查看其他标记。

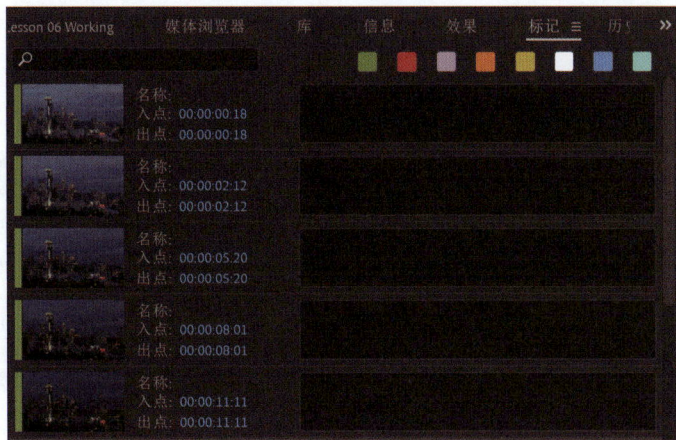

图 6-22

> 💡提示 通过标记可以轻松地在剪辑和序列的不同位置之间快速跳转和切换。单击某个标记或者在【标记】面板中选择一个标记，播放滑块会立即跳转到该标记处，实现快速导航。

把带有标记的剪辑添加到序列时，其标记也会被一起添加。

④ 单击【源监视器】，使其处于活动状态。在菜单栏中依次选择【标记】>【清除所有标记】命令，删除剪辑中的所有标记。

> 💡提示 此外，还可以在【源监视器】【节目监视器】【时间轴】面板的时间标尺上单击鼠标右键，然后在弹出的菜单中选择【清除所有标记】命令，删除剪辑中的所有标记（或当前标记）。

**3. 导出标记**

为方便多人协作及保存参考信息，可以把剪辑或序列中的标记导出为文本文件、HTML 页面（带缩略图）、CSV（逗号分隔值，由电子表格编辑程序读取）文件。

选择带标记的某个序列或剪辑，在菜单栏中依次选择【文件】>【导出】>【标记】命令，打开【导出标记】对话框，即可进行导出标记的操作。

### 6.5.3　在序列中查找剪辑

除了在【项目】面板中查找剪辑，还可以在序列中查找剪辑。确保当前【时间轴】面板处于活动状态，在菜单栏中选择【编辑】>【查找】命令或按【Command】+【F】组合键（macOS）或【Ctrl】+【F】组合键（Windows），可打开【在时间轴中查找】对话框，如图 6-23 所示。

图 6-23

输入要查找的序列信息，单击【查找】按钮。当在序列中找到符合搜索条件的剪辑时，Premiere Pro 会将其高亮显示。若在【在时间轴中查找】对话框中单击【查找全部】按钮，Premiere Pro 将高亮显示所有符合搜索条件的剪辑，如图 6-24 所示。

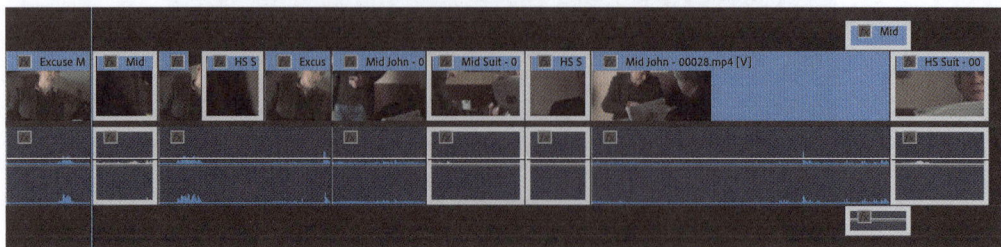

图 6-24

# 6.6 使用【切换轨道锁定】和【切换同步锁定】按钮

【时间轴】面板中有两个用于锁定轨道中的剪辑的按钮，如图 6-25 所示。

· 【切换同步锁定】按钮：执行插入或提取编辑时，其他轨道中的剪辑会保持同步。

· 【切换轨道锁定】按钮：锁定某个轨道，防止意外改动。

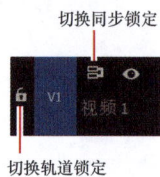

图 6-25

## 6.6.1 使用【切换同步锁定】按钮

视频中，有时演员的口型和声音对不上，这就是常说的"口型不同步"问题。这类明显的不同步问题很容易被人察觉，但其他一些细微或隐蔽的不同步问题可能就没那么容易被发现了。

"同步"可以理解成协调两件本该同时发生的事，确保它们同时发生。例如，当画面中出现某个精彩的镜头时会有音乐响起；当某个人开始说话时在屏幕底部出现介绍该人的字幕等。如果两个事件同时发生，就说它们是同步的。

❶ 打开 Sequences 素材箱中的 Theft Unexpected 02 序列。

这个序列中有两个 John 来到桌边说"Excuse Me"的镜头。稍后解决这个问题。

在序列开头，当 John 出现时，观众并不知道他在看什么。下面添加一个新的开场镜头，由另一个演员演绎，以此设定故事场景。

❷ 在 Theft Unexpected 素材箱中双击 Mid Suit 剪辑，将其在【源监视器】中打开。在 01:15:35:18 处添加一个入点，在 01:15:39:00 处添加一个出点。

❸ 在【时间轴】面板中，把播放滑块拖曳至序列的起始位置，并确保时间轴上没有入点和出点。

❹ 单击 V2 轨道的【切换同步锁定】按钮，将同步锁定关闭，如图 6-26 所示。

❺ 参照图 6-27，在【时间轴】面板中，把源 V1 轨道与 V1 轨道对应起来（将其拖曳到相应位置，或者单击以选择一个新位置）。当前对

图 6-26

要执行的操作来说，目标轨道指示器的状态如何不重要，重要的是要启用正确的源轨道指示器。

检查 Mid Suit 剪辑在 V2 轨道中的位置，确保其靠近序列末尾，如图 6-28 所示。

Mid Suit 剪辑正好位于 V1 轨道上 Mid John 和 HS Suit 两个剪辑接合处的上方，覆盖了编辑点。

💡 **注意** 需要缩小时间轴，才能看到序列中的多个剪辑。

图 6-27

图 6-28

❻ 单击【源监视器】中的【插入】按钮（🔳），执行插入编辑，把 Mid Suit 剪辑添加到序列开头。再次检查 Mid Suit 剪辑的位置，如图 6-29 所示。

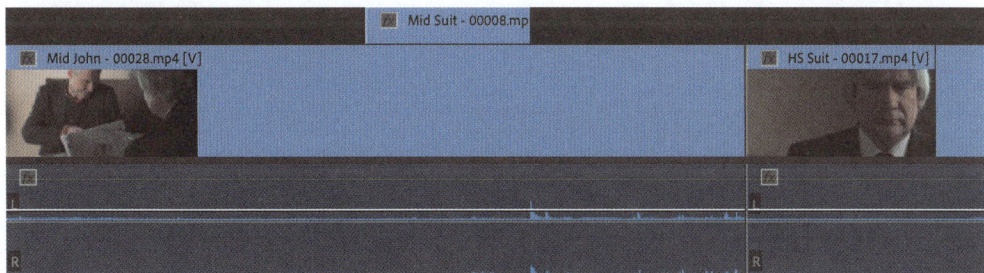

图 6-29

插入新剪辑时，V2 轨道上的 Mid Suit 剪辑位置不变，这是因为 V2 轨道的同步锁定是关闭的，而 V1 轨道上的其他剪辑全部向右移动，给新插入的剪辑腾出了位置。

这带来了一个问题，那就是 Mid Suit 和其他剪辑的相对位置发生了变化，其没有盖住相应部分。

❼ 按【Command】+【Z】组合键（macOS）或【Ctrl】+【Z】组合键（Windows），撤销操作。

❽ 单击 V2 轨道的【切换同步锁定】按钮（🔳），再次执行插入编辑。

💡 **注意** 覆盖编辑不会改变序列的持续时间，所以不受同步锁定影响。

此时，Mid Suit 剪辑和时间轴上的其他剪辑一起移动，但并未在 V2 轨道上添加任何新内容。这就是同步锁定的强大之处：让一切保持同步。

有时需要关闭同步锁定，比如项目中添加了一些音频剪辑，在添加视频时，若不希望这些音频剪辑发生移动，就可以关闭该功能。

### 6.6.2　使用【切换轨道锁定】按钮

轨道锁定与同步锁定不是一回事，轨道锁定用于防止意外修改轨道。通过轨道锁定功能，不仅能有效地避免意外改动序列，还可以把指定轨道上的剪辑固定于原位，方便处理。

例如，在序列中插入多个视频剪辑的过程中，可以把音频轨道锁定。锁定音频轨道后，编辑过程中就不用再管音频轨道了，因为所有编辑都不会改变音频轨道。

锁定轨道后，轨道中的内容在序列中仍然可见，只是无法修改而已。

单击【切换轨道锁定】按钮（🔒），可以锁定或解锁轨道。在锁定的轨道上，剪辑会出现斜线，如图 6-30 所示。

图 6-30

请注意，轨道锁定会覆盖同步锁定功能，本例中已经启用了同步锁定功能，因此在调整音频剪辑位置之前，建议先解除音频与视频剪辑之间的同步关系，以避免不必要的干扰。

## 6.7　查找序列中的间隙

Premiere Pro 支持非线性编辑，用户可以自由移动序列中的剪辑，并轻松删除不想要的部分。

删除整个剪辑或剪辑的某个片段时，执行提升编辑，Premiere Pro 会删除入点和出点之间的剪辑片段，并在时间轴上留下相应空白，而执行提取编辑则不会留下任何空白。后文将进一步讲解有关这两种编辑方法的更多内容。

提取编辑类似于插入编辑，但方向相反。在提取编辑中，Premiere Pro 会在删除入点和出点之间的视频片段时自动将后面的剪辑向前移动，以填补被删除片段留下的空白。

缩小时间轴后，剪辑之间的微小间隙很难被发现。为此，Premiere Pro 专门提供了自动查找功能：在菜单栏中依次选择【序列】>【转到间隔】>【序列中下一段】命令，如图 6-31 所示，Premiere Pro 会自动查找下一个间隙。

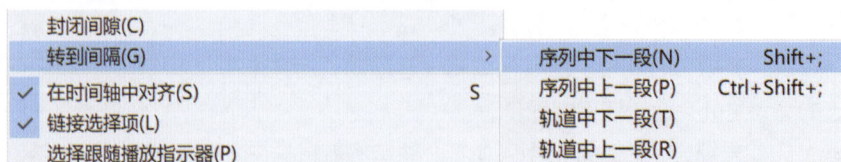

图 6-31

找到剪辑间的一个间隙后，单击以选择它，然后按【Delete】键（macOS）或【Backspace】键（Windows），可将其删除。Premiere Pro 会移动间隙之后的剪辑来填充间隙。

在序列中设置了入点和出点，且使用目标轨道按钮选择了轨道。此时，在菜单栏中依次选择【序列】>【封闭间隙】命令，如图 6-32 所示，可以同时删除多个间隙。只有标记之间的间隙才会被删除。

图 6-32

# 6.8 选择和拆分剪辑

使用 Premiere Pro 编辑视频时，"选择"是一切操作的前提。例如，选择不同的面板，可使用的功能不一样。做调整前，必须先在序列中选中目标剪辑，然后做调整。

当序列中用到的剪辑同时包含音频和视频时，每个剪辑都会有两个或多个片段：一个视频片段、一个或多个音频片段。

若视频和音频剪辑片段来自同一个素材文件，将其添加到序列后，Premiere Pro 会把它们自动链接在一起。选择其中一个，其余的会被自动选中，如图 6-33 所示。

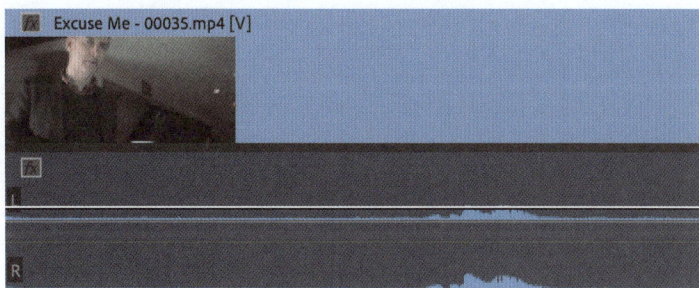

图 6-33

【时间轴】面板的左上方有一个【链接选择项】按钮（■），该按钮默认处于激活状态。取消激活【链接选择项】按钮，Premiere Pro 会忽略所有剪辑间的链接。此时，在多个视频和音频剪辑中，只有单击的那个才会被选中。

取消激活【链接选择项】按钮还有一种更快捷的方法：按住【Option】键（macOS）或【Alt】键（Windows），然后选择序列中的剪辑片段。

这里请确保【链接选择项】按钮处于激活状态。

> ♀提示 音频轨道和视频轨道可以单独锁定，只要锁定其中一个，即可轻松把视频剪辑和音频剪辑分开，而无须断开两者之间的链接。不过需要注意的是，这么做可能会导致音画不同步问题。

## 6.8.1 选择序列中的剪辑

选择序列中的剪辑有以下两种方法。

- 使用【选择工具】单击或框选。
- 使用自动选择功能。

选择剪辑时，通常使用【选择工具】（▶），该工具位于【工具】面板中，默认处于选中状态，其对应的快捷键为【V】键。

按住【Shift】键，在序列中单击多个剪辑，可同时选中它们，也可以单击某个已选中的剪辑，将其从选集中移除，而且同时选中的多个剪辑可以是非连续的，如图 6-34 所示。

图 6-34

此外，也可以使用【选择工具】框选多个剪辑把它们同时选中。具体操作为：在【时间轴】面板中找到一块空白区域，拖曳鼠标以形成一个选择框，该选择框"触碰"到的所有剪辑都会被选中，如图 6-35 所示。

图 6-35

除了手动选择，Premiere Pro 还提供了自动选择功能，开启该功能后，在最上方的目标轨道上，所有播放滑块经过的剪辑都会被自动选中。在基于键盘的编辑流程中进行效果设置时，该功能十分有用。在菜单栏中依次选择【序列】>【选择跟随播放指示器】命令，可开启该功能。

需要注意的是，开启这个功能后，在播放期间，播放滑块经过的剪辑不会被自动选中。

💡注意　若无轨道处于启用状态，按【D】键，将选中播放滑块下的所有剪辑。

## 6.8.2　选择轨道中的所有剪辑

首先确保【时间轴】面板处于激活状态，然后按【Command】+【A】组合键（macOS）或【Ctrl】+【A】组合键（Windows），可选中所有轨道上的所有剪辑。

此外，还有两个工具可以帮助选择序列中某个特定方向上的所有剪辑：【向前选择轨道工具】（▮▮，快捷键为【A】）、【向后选择轨道工具】（▮▮，快捷键为【Shift】+【A】）。长按【向前选择轨道工具】按钮可显示出【向后选择轨道工具】，如图 6-36 所示。

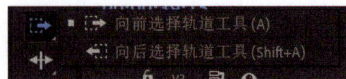

图 6-36

下面试一下这两个工具。在【工具】面板中，选择【向前选择轨道工具】，在 V1 轨道上单击任意一个剪辑，如图 6-37 所示。

图 6-37

此时，从单击的剪辑开始一直到序列末尾，所有轨道上的剪辑都会被选中。当需要在序列中添加间隙为后续添加其他剪辑预留空间时，可以先使用【向前选择轨道工具】批量选择多个剪辑，然后统一向右拖曳，腾出空间。

使用【向后选择轨道工具】单击某个剪辑时，该剪辑之前的所有剪辑（包括单击的那个）都会被选中。

使用【向前选择轨道工具】或【向后选择轨道工具】的同时按住【Shift】键，则只有一个轨道上的剪辑会被选中。

操作完成后，选择【工具】面板中的【选择工具】，或按【V】键，把当前工具切换为【选择工具】。

> ♀ 提示　快捷键【V】很常用。当【时间轴】面板中的操作出现异常时，请尝试按一下【V】键，把当前工具切换为【选择工具】。

## 6.8.3  拆分剪辑

视频编辑过程中，拆分剪辑是一个常见操作，比如把一个剪辑添加到序列时，常常需要先对剪辑做一下拆分。在某些情况下，只希望选取剪辑的一个片段当作切换镜头，或者拆分剪辑的开头和结尾，为添加新剪辑腾出足够的空间。

拆分剪辑的方法有如下多种。

· 使用【剃刀工具】（▧）。按住【Shift】键，使用【剃刀工具】进行单击，每个轨道上的剪辑都会在单击处被拆分开。

> ♀ 注意　【剃刀工具】的快捷键为【C】。

· 当【时间轴】面板处于激活的状态，在菜单栏中依次选择【序列】>【添加编辑】命令，Premiere Pro 会拆分目标轨道（目标轨道指示器处于启用状态）上的剪辑，拆分位置是播放滑块所在的位置。若序列中有一个或多个剪辑处于选中状态，则 Premiere Pro 只拆分选中的剪辑，忽略轨道选择按钮。

· 在菜单栏中依次选择【序列】>【添加编辑到所有轨道】命令，Premiere Pro 会拆分所有轨道的剪辑，不管它们是否位于目标轨道中。

- 使用【添加编辑】命令的快捷键。按【Command】+【K】组合键（macOS）或【Ctrl】+【K】组合键（Windows），可拆分目标轨道中的剪辑；按【Shift】+【Command】+【K】组合键（macOS）或【Shift】+【Ctrl】+【K】组合键（Windows），可拆分所有轨道中的剪辑。

拆分剪辑后，只要不主动分开它们或者对不同部分进行调整，播放时这些剪辑在视觉上仍然是连续的。

在【时间轴】面板中，单击【时间轴显示设置】按钮（🔧），在弹出的菜单中选择【显示直通编辑点】命令，Premiere Pro 会在原本连续的两段剪辑之间显示一个特殊图标，如图 6-38 所示。

图 6-38

使用【选择工具】单击【直通编辑点】图标，按【Delete】键（macOS）或【Backspace】（Windows）键，可把一个剪辑的两部分重新合成一个剪辑。这里虽然不需要显示【直通编辑点】图标，但是它们确实是非常好的编辑点指示标记。

大家可以尝试使用上述方法拆分当前序列中的一些剪辑，然后把它们重新合成，熟悉操作方法。尝试完毕后，不断执行撤销操作，直至恢复到拆分之前的状态。

## 6.8.4 剪辑编组

一个序列中包含多个剪辑，当希望同时选择、移动多个剪辑，或者统一应用某个效果时，最好在执行这些操作之前把它们编组在一起。

同时选中多个剪辑，使用鼠标右键在选集中单击任意一个剪辑，在弹出的菜单中选择【编组】命令，即可把选中的多个剪辑编组在一起。完成编组后，单击编组中的任意一个剪辑，该编组中的所有剪辑都会被选中。

若想取消编组，只需使用鼠标右键单击编组中的任意一个剪辑，然后在弹出的菜单中选择【取消编组】命令即可。

## 6.8.5 链接和取消链接

在 Premiere Pro 中，用户可以很轻松地建立或断开视频片段和音频片段之间的链接。选择一个视频片段和音频片段链接在一起的剪辑，单击鼠标右键，然后在弹出的菜单中选择【取消链接】命令，如图 6-39 所示。此时所选剪辑的视频片段和音频片段之间的链接就断开了。

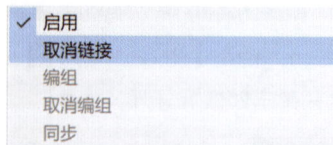

图 6-39

此外，还可以在菜单栏中依次选择【剪辑】>【取消链接】命令。取消链接后，还可以把断开的视频片段和音频片段再次链接起来，具体操作如下：同时选中剪辑的视频和音频片段，使用鼠标右键单击视频或音频片段，在弹出的菜单中选择【链接】命令。链接和取消链接不会产生不良影响，不会改变Premiere Pro 播放序列的方式。通过链接与取消链接操作，用户能够灵活且准确地选中要处理的片段。

即便视频片段和音频片段已经链接在一起，仍需确保【时间轴】面板中的【链接选择项】按钮（■）处于激活状态，这样才能保证单独单击视频片段或音频片段时两者能够同时被选中。

# 6.9 移动剪辑

插入编辑和覆盖编辑向序列添加剪辑的方式截然不同。执行插入编辑时，序列中现有剪辑会向后移动；而执行覆盖编辑时，新的剪辑会替换掉现有剪辑。事实上，移动序列中的剪辑和从序列中删除剪辑时也可以使用这两种编辑方法。

使用插入编辑的方式移动剪辑时，请确保所有轨道的同步锁定处于开启状态，这样可以避免出现不同步的问题。

下面实际动手操作一下。

## 6.9.1 拖曳剪辑

【时间轴】面板左上方有一个【在时间轴中对齐】按钮（■），该按钮默认处于激活状态。启用【在时间轴中对齐】功能后，剪辑片段彼此会自动对齐。在实际项目中，【在时间轴中对齐】是不可或缺的对齐辅助功能，帮助对齐剪辑片段时，可以精确到帧。

【在时间轴中对齐】功能对应的快捷键是【S】键。拖曳剪辑的过程中，可随时按【S】键来开关【在时间轴中对齐】功能。编辑视频时，容易忘记【在时间轴中对齐】功能是开启的还是关闭的，这种情况下，使用【S】键非常方便。

❶ 在【时间轴】面板中，选择最后一个剪辑——HS Suit，将其略微向右移动一点，如图 6-40所示。

HS Suit 剪辑是序列中的最后一个剪辑，其后没有其他剪辑，向右移动后，其左侧会出现一个间隙，但这不会影响到其他剪辑。

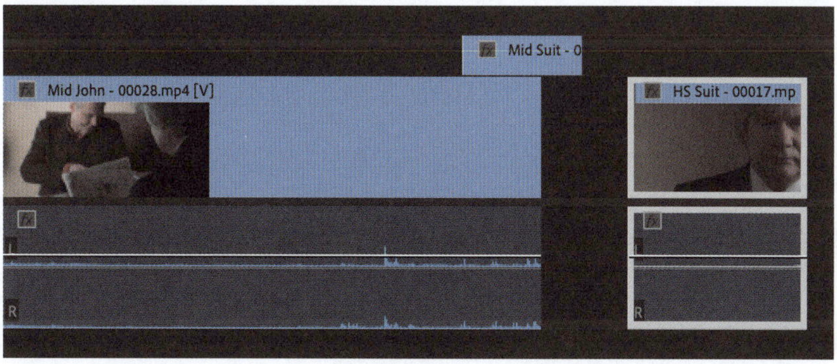

图 6-40

❷ 确保开启了【在时间轴中对齐】功能，然后朝着原始位置拖曳 HS Suit 剪辑。慢慢靠近原始位置（Mid John 剪辑的末尾），当距离足够近时，HS Suit 剪辑会自动吸附至原始位置。此时，几乎可以百分百地确定 HS Suit 剪辑已经完全回到了原来的位置上。请注意，向左拖曳 HS Suit 剪辑的过程中，HS Suit 剪辑也会自动吸附至 V2 轨道中剪辑（Mid Suit）的末尾，此时继续向左拖曳，直至 HS Suit 剪辑吸附到 Mid John 剪辑末尾。

❸ 向左拖曳 HS Suit 剪辑，直至其尾部与前一个剪辑（Mid John 剪辑）的尾部完全重叠在一起。

释放鼠标左键，HS Suit 剪辑会替换掉上一个剪辑的末端部分，如图 6-41 所示。

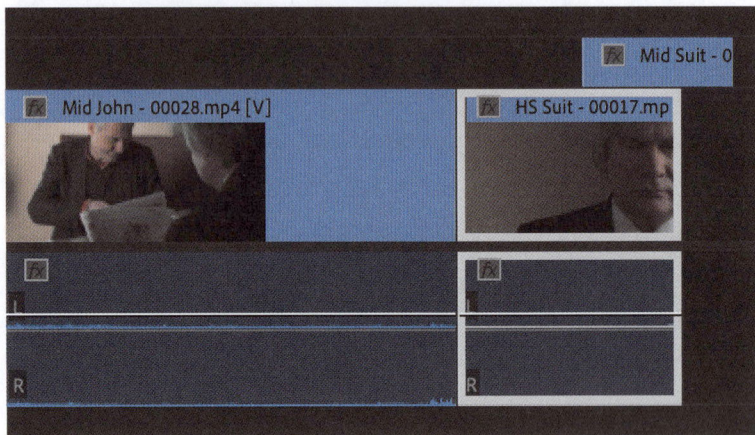

图 6-41

拖曳剪辑的过程中，当出现重叠情况时，默认执行的是覆盖编辑。

④ 不断执行撤销操作，直到 HS Suit 剪辑恢复至原始位置。

## 6.9.2　微移剪辑

相比于使用鼠标、触控板，很多视频编辑人员更喜欢使用键盘操作，因为使用键盘操作的速度更快，工作效率更高。

在视频编辑过程中，一个常见的操作是使用方向键配合修饰键移动序列中的剪辑片段，即把所选剪辑片段沿着轨道左右移动或在轨道间上下移动。

在【时间轴】面板中，视频轨道和音频轨道之间存在分隔线，当向上或向下移动链接在一起的视频和音频剪辑时，其中一个剪辑会因为无法越过分隔线而保持不动，这样它们之间就会出现间隔。虽然此间隔不会影响播放，但是可能会导致难以分辨哪些剪辑是链接在一起的。

> 💡 **注意**　微移剪辑时，Premiere Pro 会执行覆盖编辑，把与所移动剪辑重叠的整个剪辑或部分剪辑删除。当把剪辑移回原来的位置时，将会留下一个间隙。

## 常用的微移剪辑快捷键

Premiere Pro 提供了许多快捷键，有些快捷键已经被特定功能占用，有些尚未被指定，用户可以根据个人习惯在【键盘快捷键】对话框中轻松设定这些快捷键。

常用的微移剪辑快捷键如下。

- 左移 1 帧（同时按住【Shift】键，每次向左移动 5 帧）：【Command】键 +【←】键（macOS）或【Alt】键 +【←】键（Windows）。
- 右移 1 帧（同时按住【Shift】键，每次向右移动 5 帧）：【Command】键 +【→】键（macOS）或【Alt】键 +【→】键（Windows）。
- 上移：【Option】键 +【↑】键（macOS）或【Alt】键 +【↑】键（Windows）。
- 下移：【Option】键 +【↓】键（macOS）或【Alt】键 +【↓】键（Windows）。

### 6.9.3 重排序列中的剪辑

在【时间轴】面板中拖曳剪辑片段时，按住【Command】键（macOS）或【Ctrl】键（Windows），释放剪辑时，Premiere Pro 将执行插入编辑而非覆盖编辑。

下面一起试一下：单击 Theft Unexpected 序列名称，将其激活（或者从 Sequences 素材箱中打开它）。

> 💡 提示　可能需要放大时间轴，才能看清剪辑并轻松移动它们。

在 HS Suit 剪辑中，把大约从 00:00:16:00 开始的镜头放到前一个镜头之前比较好，这样有助于解决 John 在两个镜头之间动作不连续的问题。

❶ 在【时间轴】面板左上方，确认开启了【在时间轴中对齐】功能。

❷ 把 HS Suit 剪辑向左拖曳到它前一个剪辑的左边，如图 6-42 所示。拖曳剪辑时，请同时按住【Command】键（macOS）或【Ctrl】键（Windows）。

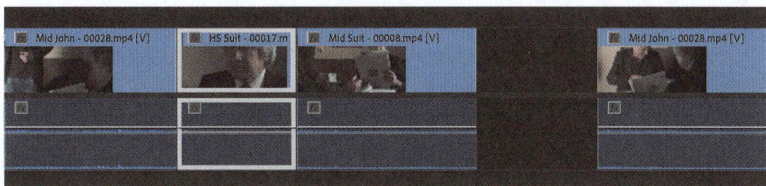

图 6-42

> 💡 提示　拖曳剪辑时一定要注意剪辑的释放位置，与开头一样，剪辑的末尾也要与边缘对齐。

❸ 当 HS Suit 剪辑的左边缘与 Mid Suit 剪辑的左边缘对齐时，释放鼠标左键，然后松开修饰键。

❹ 按空格键播放序列，结果符合预期，但是 HS Suit 剪辑原来的位置上出现了一段空隙。

接下来，尝试使用另外一个修饰键。

❺ 撤销操作，让 HS Suit 剪辑回到原来的位置上。

❻ 按住【Command】+【Option】组合键（macOS）或【Ctrl】+【Alt】组合键（Windows），把 HS Suit 剪辑拖曳到前一个剪辑的左边，如图 6-43 所示。

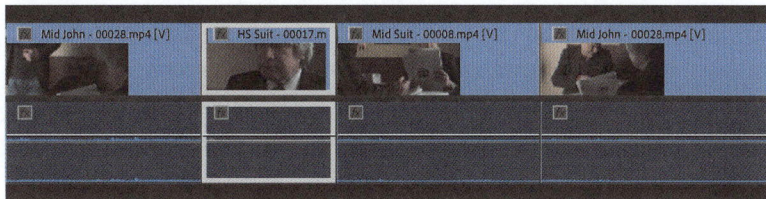

图 6-43

此时序列中不再出现间隙。这表明在同一个步骤中，先执行了提取编辑，然后执行了插入编辑。

按空格键，播放序列，浏览结果。

### 6.9.4 使用剪贴板

在文字处理程序中，经常复制和粘贴文本。同样，使用 Premiere Pro 编辑视频时，在【时间轴】

面板中也可以复制和粘贴剪辑片段。

**①** 在序列中选择想复制的剪辑片段，然后按【Command】+【C】组合键（macOS）或【Ctrl】+【C】组合键（Windows），把它们添加到剪贴板。

**②** 把播放滑块移到指定位置，按【Command】+【V】组合键（macOS）或【Ctrl】+【V】组合键（Windows），即可把复制的剪辑片段粘贴到播放滑块所在的位置。

Premiere Pro 会把剪辑副本添加到序列中，且添加时会参考它们在原始轨道上的位置。例如，被复制的剪辑原来位于 V1 轨道上，粘贴副本时，Premiere Pro 会把副本添加到 V1 轨道上，且起点为播放滑块所在位置。

按【Command】+【V】组合键（macOS）或【Ctrl】+【V】组合键（Windows）添加剪辑副本时，Premiere Pro 执行覆盖编辑。按【Shift】+【Command】+【V】组合键（macOS）或【Shift】+【Ctrl】+【V】组合键（Windows）添加剪辑副本时，Premiere Pro 执行插入编辑。

选择剪辑片段时，还可以巧妙地结合使用入点、出点与轨道选择按钮，保证准确无误地选定目标片段进行复制。

# 6.10  删除剪辑片段

前面学习了如何把剪辑添加到序列中，以及如何在序列中移动剪辑。接下来学习如何从序列中删除剪辑。需要注意的是，以下操作都是在插入编辑或覆盖编辑下进行的。

Premiere Pro 提供了两种方法从序列中选取想要删除的部分：一种方法是使用入点、出点并配合轨道指示器；另一种方法是直接使用【选择工具】。

## 6.10.1  提升编辑

提升编辑会删除序列中选定的部分，删除后会留下空隙。提升编辑类似于覆盖编辑，但是方向相反。

**①** 若当前【选择跟随播放指示器】处于开启状态，在菜单栏中依次选择【序列】>【选择跟随播放指示器】命令，将其关闭。

**②** 在【时间轴】面板中，单击 Theft Unexpected 02 序列名称，将其激活，如图 6-44 所示。这个序列中有两个片段需要删除。

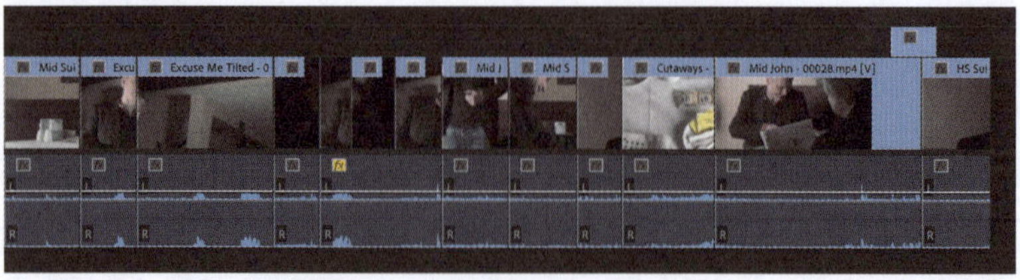

图 6-44

在时间轴中设置入点和出点，选出希望删除的片段。设置入点和出点时，先把播放滑块移到指定位置，然后按【I】键和【O】键即可。下面介绍一种更便捷的方法。

**③** 移动播放滑块，使其位于第一个要删除的剪辑（Excuse Me Tilted）上，不需要选中剪辑。

④ 确保 V1 与 A1 轨道处于选中状态，然后按【X】键，标记剪辑，即为 Excuse Me Tilted 剪辑加上入点和出点，如图 6-45 所示。

图 6-45

💡提示　执行提升编辑或提取编辑时，删除的内容会被添加到剪贴板，然后可以把剪贴板中的内容粘贴到序列中的其他地方。

⑤ 单击【节目监视器】底部的【提升】按钮（🖼）。此外，还可以按【；】键执行提升编辑。

此时，Premiere Pro 会从序列中删除所选片段，同时留下一段间隙。有些情况下，有空隙不会引发什么问题，但这里需要删除间隙。可以手动删除，也可以使用提取编辑在删除所选片段的同时删除间隙，该方法下一小节会讲到。

## 两种添加入点和出点的快捷方法

按【/】键，可快速在所选剪辑（一个或多个）的开头和结尾处添加入点和出点。【/】键是【标记选择项】命令对应的快捷键。【标记选择项】命令与【标记剪辑】（快捷键为【X】键）命令在使用方法上不太一样。使用【标记剪辑】命令时，需要先把播放滑块拖曳到目标剪辑上（不要选择剪辑），同时确保选择了正确的轨道，然后按【X】键。

上面两种给剪辑添加入点和出点的方法差别不大。但当轨道已经选好并且只希望选择一个剪辑时，使用【X】键比使用【/】键速度更快。

### 6.10.2　提取编辑

使用提取编辑删除序列中选定的片段后不会留下间隙。提取编辑类似于插入编辑，但功能相反。

① 撤销上一次操作。

② 单击【节目监视器】底部的【提取】按钮（🖼）。此外，还可以按【'】键执行提取编辑。

💡注意　一些键盘上可能没有【'】键。使用无【'】键的键盘时，用户可以在【键盘快捷键】对话框中为提取编辑指定一个快捷键。

此时，Premiere Pro 删除序列中选中的剪辑，并且向左移动序列中的其他剪辑以消除间隙。

### 6.10.3 【清除】与【波纹删除】命令

在 Premiere Pro 中，从序列中选中某个剪辑，然后将其删除，主要有两个命令：一个是【清除】命令；另一个是【波纹删除】命令。

在序列中找到并单击想删除的剪辑——Cutaways，将其选中，使用以下两种方法之一删除它。

· 按【Delete】键（macOS）或【Backspace】键（Windows），执行【清除】命令，删除所选剪辑（一个或多个），删除后会留下间隙。【清除】命令类似于提升编辑，但不会把删除的内容复制到剪贴板。

· 按【Shift】+【Forward Delete】组合键（macOS）或【Shift】+【Delete】组合键（Windows），执行【波纹删除】命令，删除所选剪辑（一个或多个），删除后不会留下间隙。【波纹删除】命令类似于提取编辑。

若使用的 Mac 键盘上无【Forward Delete】键，可以按【Fn】+【Delete】组合键，其作用等同于【Forward Delete】键。

执行上面两种操作后，最终效果分别与执行提升编辑或提取编辑所得到的效果类似。结合使用入点、出点与目标轨道选择按钮，还可以专门针对剪辑的某一部分进行清除或波纹删除操作。

执行提取或提升编辑时，被删除的内容会添加到剪贴板中，并且可以轻松把它们粘贴到序列的其他位置。而执行清除或波形删除时，只是简单地删除所选部分而已，被删除内容并不会被复制到剪贴板中。

### 6.10.4 启用或禁用剪辑

Premiere Pro 不仅支持打开或关闭整个轨道的输出，还支持启用或禁用单个剪辑的输出。被禁用的剪辑仍然保留在序列中，但是播放时（或拖曳播放滑块浏览时）无法看到其画面或听到其声音。

对一个复杂且包含多个层的序列来说，有选择地隐藏某些剪辑是很有用的功能。例如，借助这个功能，可以选择只查看背景图层、比较序列的不同版本或者测试把剪辑放到不同轨道上造成的性能差异。

下面以 V2 轨道上的 Mid Suit 剪辑为例演示如何启用或禁用剪辑。

❶ 使用鼠标右键单击 V2 轨道上的 Mid Suit 剪辑，在弹出的菜单中选择【启用】命令，以禁用它，效果如图 6-46 所示。

图 6-46

> 💡 **注意** 使用鼠标右键单击序列中的剪辑时，不要单击到 fx 按钮（🅵），否则会弹出与该效果有关的上下文菜单，而非剪辑上下文菜单。

此时 Mid Suit 剪辑仍然存在于序列中，但是播放时 Premiere Pro 不会播放其内容。

❷ 再次使用鼠标右键单击 Mid Suit 剪辑，在弹出的菜单中选择【启用】命令，此时播放视频，Mid Suit 剪辑的内容会再次显示出来。

❸ 在菜单栏中依次选择【文件】>【关闭】命令，关闭当前项目。若弹出询问对话框，单击【是】按钮。

## 6.11　复习题

1. 把剪辑拖入【时间轴】面板的同时，按住哪个修饰键，执行的才是插入编辑而非覆盖编辑？
2. 如何只把剪辑的视频或音频片段从【源监视器】拖入序列？
3. 如何在【源监视器】或【节目监视器】中降低播放分辨率？
4. 如何向剪辑或序列添加标记？
5. 提取编辑与提升编辑有何不同？
6. 【清除】命令和【波纹删除】命令有何不同？

## 6.12　答案

1. 把剪辑拖入【时间轴】面板的同时按住【Command】键（macOS）或【Ctrl】键（Windows），可执行插入编辑（而非覆盖编辑）。
2. 当从【源监视器】直接把视频画面拖入序列时，Premiere Pro 会把剪辑的视频与音频一起添加到序列中。而当拖曳画面下方的【仅拖曳视频】或【仅拖曳音频】按钮时，Premiere Pro 只会把剪辑中的视频或音频片段添加到序列中。此外，从【源监视器】中直接拖曳视频画面至序列或者从【项目】面板或素材箱中拖曳剪辑至序列中时，还可以使用【时间轴】面板中的源修补按钮将希望排除在外的部分取消选择。
3. 在监视器底部的【选择回放分辨率】下拉列表中选择相应选项可以降低播放分辨率。
4. 添加标记有以下几种方法。
   - 单击监视器或【时间轴】面板中的【添加标记】按钮。
   - 按【M】键。
   - 使用【添加标记】命令。
5. 使用入点与出点选择序列的某个片段后，执行提取编辑不会留下空隙，而执行提升编辑会留下空隙。
6. 使用【清除】命令从序列中删除一个或多个片段时会留下空隙，但是执行【波纹删除】命令不会留下空隙。

## 第 7 课

# 添加过渡效果

## 课程概览

本课主要学习如下内容。

- 认识过渡效果
- 使用视频过渡效果
- 细调过渡效果
- 添加音频过渡效果

- 编辑点和手柄
- 修改过渡效果
- 向多个剪辑应用过渡效果

## 学完本课大约需要 **75**分钟

请先准备好本课要用到的课程文件，并把它们保存到计算机中的合适位置。

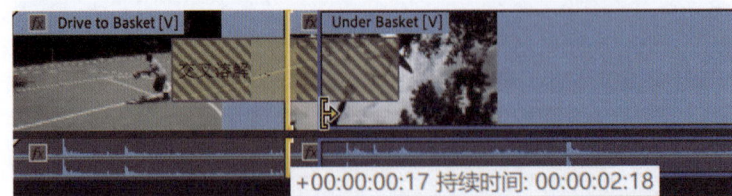

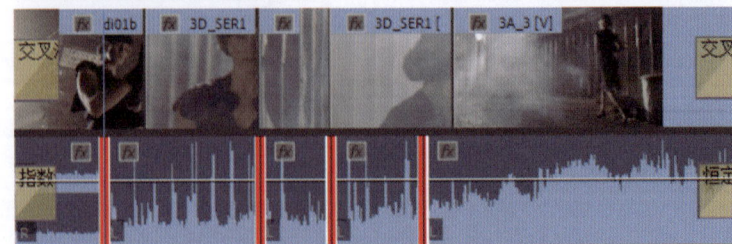

"过渡"效果又称"转场"，能够将两个视频或音频剪辑巧妙地融合在一起，形成自然流畅的衔接，还能提醒观众场景即将发生转变。视频过渡效果常用来提示观众影片中的时间或地点有变化。音频过渡效果用于平滑影片中声音的起伏变化，避免声音突兀地出现或消失，从而给观众带来不适的感受；还能有效地衔接和融合不同场景，使影片更加流畅自然。

# 7.1 课前准备

最常见的过渡效果是切镜头，即在视频播放过程中将画面从一个镜头转换到另一个镜头。有些过渡效果融入了动画，巧妙运用这些效果，能够为视频添加很多创意元素，大大提高视频的表现力。

本课讲解如何在剪辑之间巧妙地应用过渡，让剪辑之间的衔接更加流畅、自然，以提升作品的观赏性和吸引力。这个过程中，还会分享一些选择过渡效果的经验和技巧，旨在帮助读者轻松找到最合适的过渡效果。

本课学习中会使用一个新项目。

❶ 启动 Premiere Pro，打开 Lessons 文件夹中的 Lesson 07.prproj 项目。

❷ 把项目另存为 Lesson 07 Working.prproj，存放在同一 Lessons 文件夹中。

❸ 在界面右上方单击【工作区】按钮，选择【效果】命令，进入【效果】工作区。然后再次单击【工作区】按钮，选择【重置为已保存的布局】命令，把【效果】工作区恢复成默认状态。

切换至【效果】工作区后，查找和应用过渡效果就变得十分方便、高效。

在【效果】工作区中，各个面板堆叠放置，这样可以在界面中尽可能多地同时显示多个面板，如图 7-1 所示。

在任意一个面板中，打开面板菜单（▤），然后依次选择【面板组设置】>【堆叠的面板组】命令，可启用面板堆叠。在面板菜单中，再次选择【面板组设置】>【堆叠的面板组】命令，可关闭面板堆叠。

这里启用面板堆叠。

在堆叠状态下，单击任意一个面板名称，可展开面板，显示其中内容。在【效果】面板中，单击效果分组左侧的箭头按钮，将其展开，显示其中包含的效果，如图 7-2 所示，【效果】面板的高度会根据所显示的内容自动调整。

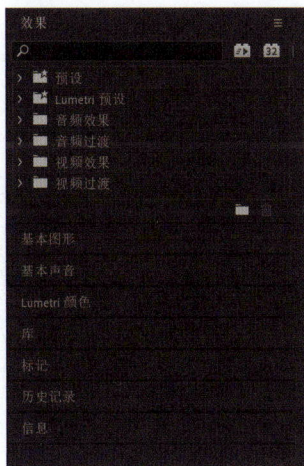

图 7-1

图 7-2

# 7.2 什么是过渡效果

Premiere Pro 自带丰富的特效和预设动画，它们能够轻松地把序列中相邻的剪辑衔接起来，实现自然流畅的过渡。在视频编辑过程中，经常使用过渡效果（如溶解、翻页、颜色过渡等）实现从一个场景到另一个场景的平滑转换。除了顺畅衔接剪辑，过渡效果还能有效地把观众的注意力吸引至故事的重大转折节点上。

选择和设置过渡效果是一门艺术。在 Premiere Pro 中应用过渡十分简单，只要把想用的过渡效果从【效果】面板拖曳至序列的两个剪辑之间即可。

在这个过程中，要确定过渡效果的位置、长度等参数，比如方向、运动方式、开始位置和结束位置。

添加好过渡效果后，在【时间轴】面板中可以直接调整过渡效果的某些设置，而在【效果控件】面板中可以对过渡效果做更细致的调整。在序列中选择某个过渡效果后，其具体设置参数会在【效果控件】面板中显示出来。

在【效果控件】面板中，除了包含过渡效果的各个控制参数，还有一个常用的 A/B 时间轴，如图 7-3 所示。有关 A/B 时间轴的内容将在 7.5 节中详细讲解。

通过 A/B 时间轴，用户可以轻松设定过渡效果的时间点和持续时间，还能顺利地把过渡效果应用到那些头帧或尾帧（帮助在剪辑的头部或尾部形成重叠）不足的剪辑上。

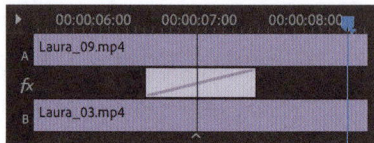

图 7-3

## 7.2.1 何时使用过渡效果

在视频编辑过程中，过渡效果是一种常用的叙事手段，其运用原则与影视剧本创作有着异曲同工之妙。在视频作品中，恰当地运用过渡效果，能够更好地帮助观众把握与理解故事情节。

例如，在视频编辑中，当需要从室内切换到室外，或者往前跳跃一些时间时，就可以应用过渡效果来实现。在视频中，恰当运用动画过渡、黑场过渡或溶解等过渡效果，能够有效地提醒观众注意画面中地点的转换、时间的推移，以及人物视角的变换。

比如，在一个场景末尾过渡到黑场，表示当前场景已经结束。虽然过渡效果有不少好处，但也不可滥用，使用时务必保持克制，保证每个过渡效果的应用都有明确的理由和目的。

一旦观众认为某个过渡效果是制作者刻意为之，他们便会不由自主地思考制作者添加这个效果有何用意、想要表达什么。只有通过大量的练习不断积累经验，才能准确判断何时该运用过渡效果，何时又该避免使用。当不确定是否需要添加过渡效果时，最好不用。

有些常见的视觉语言观众已经非常熟悉了，他们能够理解并做出一些回应。例如，视频中有一个人睡着了，画面变成了柔焦，画面中的一切朦朦胧胧的，观众就知道当前展现的是他的梦境。建议多花些时间好好研究一下视觉语言，恰当使用视觉语言有助于创作出一些富有创意的画面。

## 7.2.2 使用过渡效果的最佳实践

视频制作中，是不是每个场景转换都要添加过渡效果？不！至少不要一开始就这样做。

大多数电视节目和剧情片都只做剪接编辑，很少使用视觉过渡效果。原因何在？是否应用某个过渡效果主要取决于它能否带来积极影响。有时使用过渡效果反而会分散观众的注意力，使他们难以专注于影片内容，感觉故事虚假，难以沉浸其中并产生情感共鸣。在这种情况下，应避免添加过渡效果。

编辑新闻类视频时，使用过渡效果往往有明确意图和特定目标。例如，巧妙运用过渡效果可以使原本显得突兀、生硬的内容变得轻松、自然，从而更容易被观众接受和消化。

在"跳剪"（jump cut）中，过渡效果很有用。"跳剪"一般发生在两个相似镜头之间。与典型的连续性剪辑原则不同，在跳剪中，前后两个镜头之间有突兀、不自然甚至不正常的视觉跳跃感，中间好像丢了一段，造成故事不连续。通过在两个镜头之间巧妙地添加过渡效果，明确告知观众这是精心安排的"跳剪"，从而避免他们的注意力被分散。

富有戏剧性的过渡效果在故事推进过程中起着非常重要的作用，能够极大提升故事的吸引力。电影《星球大战》中就运用了一些极具特色的过渡效果，比如醒目又缓慢的擦除效果。每种过渡效果的运用都有其独特而明确的目的。在这部电影中还运用了一种类似于旧电影连载和电视节目的过渡效果，明确向观众传达一个信息："请注意，我们正在转换时间和空间。"

## 7.3 使用编辑点和手柄

要理解过渡效果，需要先理解编辑点和手柄。编辑点是序列中的一个点，在这个点上，前一个剪辑结束，下一个剪辑开始。编辑点通常也称为"剪辑点"。序列中的编辑点很容易找到，Premiere Pro会在编辑点处显示一条竖线，两个剪辑看上去像两块挨在一起的砖块，如图 7-4 所示。

图 7-4

把一个剪辑添加到序列之前，需要在剪辑上设定入点和出点，选出需要使用的片段。把从剪辑选取的片段添加到序列时，位于剪辑开头和结尾处未使用的部分仍然可用，只是在【时间轴】面板中被隐藏了起来。这些未使用的部分称为"剪辑手柄"（clip handle），简称"手柄"（handle）。

剪辑原始起点和入点之间的部分是一个手柄，剪辑原始终点和出点之间的部分也是一个手柄，如图 7-5 所示。【源监视器】中的时间标尺会显示手柄中有多少可用的素材。

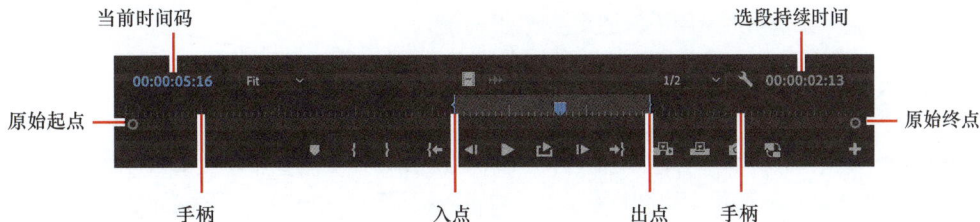

图 7-5

一个剪辑上可能没有添加入点或出点，或者仅在剪辑的开头或结尾处设置了入点或出点。这种情况下，剪辑中要么不存在未使用的部分，要么只在剪辑的一端存在未使用的部分。

在【时间轴】面板中，某些剪辑的右上方或左上方有一个三角形，这表示已经到了原始剪辑的起始端或末端，再无其他更多帧可使用了，如图 7-6 所示。

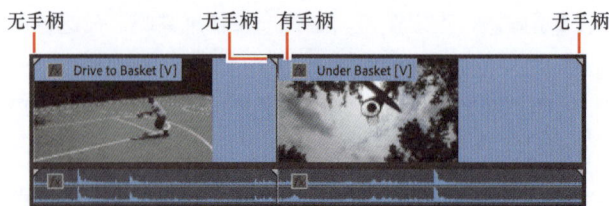

无手柄　　　无手柄　有手柄　　　　　　　　　无手柄

图 7-6

为了确保正常应用过渡效果，需要用到手柄，因为过渡效果会在转出剪辑与转入剪辑之间形成一定的重叠区域。

例如，若想在两个视频剪辑之间添加一个时长为 2 秒的【交叉溶解】过渡效果，那么每个视频剪辑至少需要留出 1 秒长的手柄。1 秒在序列中显得微不足道，但对于添加过渡效果却至关重要。在【时间轴】面板中，通过过渡效果图标，可以了解过渡效果的持续时间，以及在剪辑上的重叠情况，如图 7-7 所示。

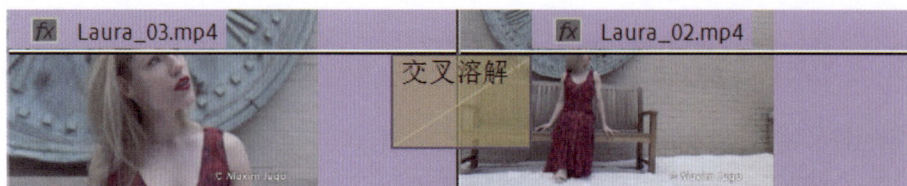

图 7-7

# 7.4　添加视频过渡效果

Premiere Pro 内置了丰富多样的视频过渡效果，用户可以根据创作需要自由选择使用。大多数视频过渡效果位于【效果】面板的【视频过渡】文件夹中，如图 7-8 所示。

【视频过渡】文件夹中包含 8 个子文件夹，还有一类视频过渡效果存在于【效果】面板的【视频效果】>【过渡】文件夹下。视频过渡效果主要应用于整个剪辑，在剪辑的起始帧和结束帧之间，随着时间的推移，逐渐展现剪辑的视觉内容。【过渡】文件夹中的视频过渡效果非常适合用于叠加文字或图形元素。

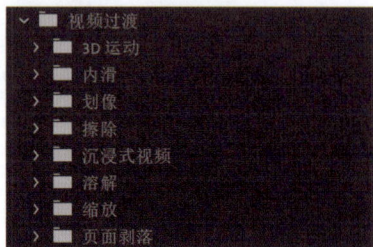

图 7-8

## 7.4.1　应用单侧过渡效果

最容易理解的过渡效果是那些仅应用于单个剪辑某一端的单侧过渡效果。这类单侧过渡效果比较常见，比如序列中第 1 个剪辑常用的黑色淡入，或者溶解至动态图形上。下面尝试应用【交叉溶解】过渡效果。

> 💡注意　开始学习前，请先把 Premiere Pro 首选项恢复成默认设置，具体操作为：在桌面上双击 Premiere Pro 图标，并立即按住【Option】键（macOS）或【Alt】键（Windows），在弹出的【重置选项】对话框中，勾选【重置应用程序首选项】，单击【继续】按钮。

❶ 打开 Transitions 序列，如图 7-9 所示。

图 7-9

该序列包含 4 个视频剪辑和一段背景音乐。这些剪辑都有手柄，可以在它们之间应用过渡效果（剪辑末端没有三角形，表明最后一帧已可见）。

❷ 在【效果】面板中打开【视频过渡】>【溶解】文件夹，从中找到【交叉溶解】过渡效果。

💡**注意** 【效果】面板顶部有一个搜索框，在其中输入效果的名称或关键词，可查找相应效果。当然，也可以浏览各个效果文件夹进行查找。

❸ 把【交叉溶解】效果拖曳到第 1 个视频剪辑的开头，如图 7-10 所示。Premiere Pro 会高亮显示添加过渡效果的位置。当把过渡效果移至目标位置时，释放鼠标左键。

图 7-10

❹ 把【交叉溶解】效果拖曳到最后一个视频剪辑的尾部，如图 7-11 所示。

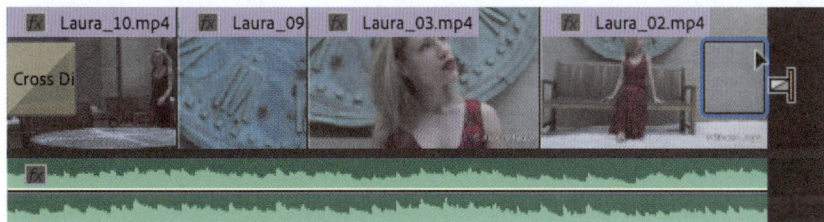

图 7-11

【交叉溶解】过渡效果图标上显示了效果的起止时间。例如，添加到序列中最后一个剪辑上的【交叉溶解】过渡效果从剪辑结束之前的某个时间点开始，持续到剪辑末尾。

这类过渡效果不会增加剪辑的长度，因为它们都没有超出剪辑的末端。

上面的两个【交叉溶解】过渡效果都应用在了剪辑的某一端，它们的前面或后面都没有剪辑，最终效果类似于【黑场过渡】过渡效果。

实际上，添加【交叉溶解】过渡效果后，剪辑会逐渐变透明，最终显示出黑色背景。当使用的剪辑中包含多个不同颜色的背景图层时，以上两种效果的区别会更加明显。

⑤ 播放序列，查看结果，如图 7-12 所示。

图 7-12

开始时画面从黑色慢慢淡入，到序列末尾时画面又淡出，变为黑色。

## 7.4.2 在剪辑之间应用过渡效果

下面在多个剪辑之间应用过渡效果。出于学习的目的，这里会在每个剪辑之间都添加过渡效果。执行这些步骤的过程中，可以随时播放序列来查看效果。

① 继续使用 Transitions 序列。

② 在【时间轴】面板中，把播放滑块拖曳到第 1 个剪辑和第 2 个剪辑之间的编辑点上，然后按两次或三次【=】键，放大时间轴，以便查看剪辑。若键盘上没有【=】键，可以使用【时间轴】面板底部的导航器进行放大。此外，还可以自己指定放大操作的快捷键，关于设置快捷键的方法请参考第 1 课"了解 Adobe Premiere Pro"中的相关内容。

> 💡提示　在键盘上，很容易记住【=】键执行的是放大操作，因为【=】键帽上还有一个"+"符号，看到这个符号，很自然地会想到放大操作。

③ 在【效果】面板的【溶解】文件夹中，找到【白场过渡】效果，将其拖曳到第 1 个剪辑和第 2 个剪辑之间的编辑点上。拖曳过渡效果时，效果会自动对齐到第 1 个剪辑的末尾、第 2 个剪辑的开头、第 1 个和第 2 个剪辑之间这三个位置中的一个，同时鼠标指针会发生相应变化，用于指示过渡效果占据的位置，如图 7-13 所示。

图 7-13

确保把【白场过渡】效果拖曳到两个剪辑之间（同时跨越两个剪辑），不要放到第 1 个剪辑末尾或第 2 个剪辑开头。

使用【白场过渡】效果会逐渐形成一个全白的画面，把第 1 个剪辑和第 2 个剪辑之间的转换处遮盖起来，如图 7-14 所示。

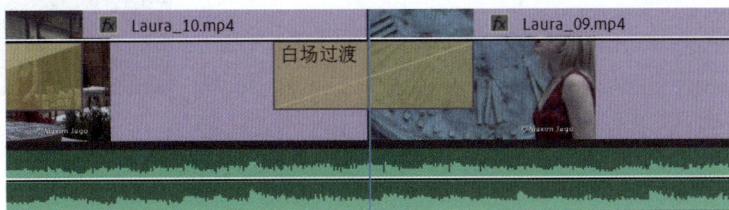

图 7-14

④ 在【效果】面板中，展开【视频过渡】>【内滑】文件夹，找到【推】过渡效果，并将其拖曳到第 2 个剪辑和第 3 个剪辑之间的编辑点上，如图 7-15 所示。

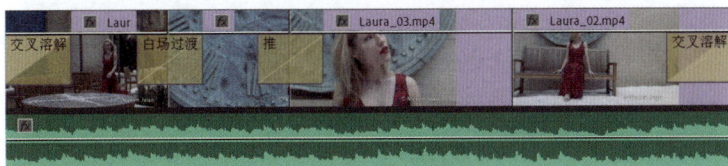

图 7-15

⑤ 播放序列，查看过渡效果，然后按【↑】键，把播放滑块移到第 2 个剪辑和第 3 个剪辑之间的编辑点上。按【↑】或【↓】键，可以快速地把播放滑块移到目标轨道中的上一个或下一个编辑点上。

⑥ 在【时间轴】面板中，单击【推】过渡效果图标，将其选中，然后打开【效果控件】面板（找不到【效果控件】面板时，可在菜单栏中依次选择【窗口】>【效果控件】命令将其打开）。

⑦ 在【效果控件】面板的左上方，单击 A/B 缩览图右侧的方向控件，把剪辑方向从【自西向东】更改为【自东向西】，如图 7-16 所示。

缩览图四周各有几个三角形控件，用来控制【推】过渡效果的方向。把鼠标指针移至三角形控件上，可以看到相应的提示信息。

在【时间轴】面板中播放序列，查看效果。

选择方向

图 7-16

💡提示　打开【效果控件】面板时，若里面是空的，请再次单击【推】过渡效果图标，重新将其选中。

⑧ 在【效果】面板中，展开【视频过渡】>【页面剥落】文件夹，把【翻页】过渡效果拖曳到第 3 个剪辑和第 4 个剪辑之间的编辑点上。

⑨ 从头到尾播放序列，查看所有过渡效果。

浏览完整个序列，应该明白为何需要在使用过渡效果时保持克制了。

下面尝试替换一个现有效果。

⑩ 从【滑动】文件夹中把【拆分】过渡效果拖曳到现有的【推】过渡效果图标（位于第 2 个剪辑和第 3 个剪辑之间）上。此时，【拆分】过渡效果会替换【推】过渡效果，并保持原过渡效果的起点和持续时间。

⑪ 在【时间轴】面板中，单击【拆分】过渡效果图标，其设置参数会在【效果控件】面板中显示出来。在【效果控件】面板中设置【边框宽度】为 7，设置【消除锯齿品质】为【中】，如图7-17 所示，创建一个黑边框。

图 7-17

⑫ 播放序列，查看过渡效果，如图 7-18 所示。播放之前，最好把播放滑块拖曳到靠近过渡效果开始的位置，然后进行播放观看。

© Maxim Jago

图 7-18

若播放过渡效果过程中出现卡顿，可以先按【Return】键（macOS）或【Enter】键（Windows）对效果进行渲染，等渲染完成后再尝试播放。有关渲染的更多内容，请阅读 7.4.4 小节的"红色、黄色、绿色渲染条"部分。

视频过渡效果有默认的持续时间，可以按秒或帧设置（默认是帧）。若默认持续时间是按帧设置的，效果的有效持续时间会随着序列的帧速率发生变化。在【首选项】对话框的【时间轴】选项卡中，可以修改视频过渡效果的默认持续时间。

⑬ 在菜单栏中依次选择【Premiere Pro】>【首选项】>【时间轴】命令（macOS）或【编辑】>【首选项】>【时间轴】命令（Windows）。在不同地理区域，视频过渡效果的默认持续时间可能不一样，有可能是 30 帧，也有可能是 25 帧，如图 7-19 所示。

⑭ 当前序列的帧速率为 24 帧 / 秒，但可以把【视频过渡默认持续时间】修改为 1 秒，这不会对序列产生什么影响，如图 7-20 所示。修改后，单击【确定】按钮。

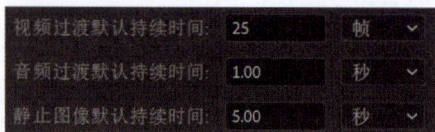

图 7-19

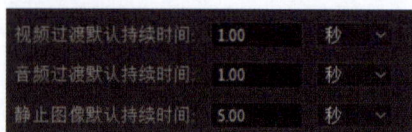

图 7-20

更改首选项设置后，现有过渡效果会保持原有设置不变，但之后添加的过渡效果会采用修改后的默认持续时间。

效果的持续时间与其影响程度密切相关，本课后面将讲解与过渡时间调整相关的内容。

### 7.4.3　向多个剪辑应用默认过渡效果

前面讲了如何向视频剪辑应用过渡效果。其实，除了视频剪辑，还可以向静止图像、图形、颜色蒙版甚至音频应用过渡效果，相关内容将在后面讲解。

在视频编辑过程中，编辑人员经常会创建照片蒙太奇，在照片之间添加过渡效果能够形成不错的视觉效果。为两张或三张照片应用过渡效果很快，但是分别为 100 张照片应用过渡效果则会花很长时间。

Premiere Pro 大大简化了该过程，它允许用户设置默认过渡效果。

❶ 在【项目】面板中，打开 Slideshow 序列。

这个序列中按照特定顺序放置了一些图像。注意，在音频剪辑的开头和结尾部分已经应用了【恒定功率】音频过渡效果，创建了音频淡入和淡出效果。

❷ 在【时间轴】面板处于活动状态时，按空格键，播放序列。

每两个剪辑之间都需要添加过渡效果。

❸ 按【\】键缩小时间轴，以看到完整的序列。若键盘上没有【\】键，也可以拖曳【时间轴】面板导航器的右端对时间轴进行缩放。

> ♀提示　执行某个操作时，若想使用其快捷键，但是所用键盘上又恰巧没有该键，则可以打开【键盘快捷键】对话框，为该操作指定其他快捷键。

❹ 在轨道头区域向上拖曳 V1 和 V2 轨道之间的分隔线，增加 V1 轨道的高度，使剪辑缩览图显示出来，如图 7-21 所示。

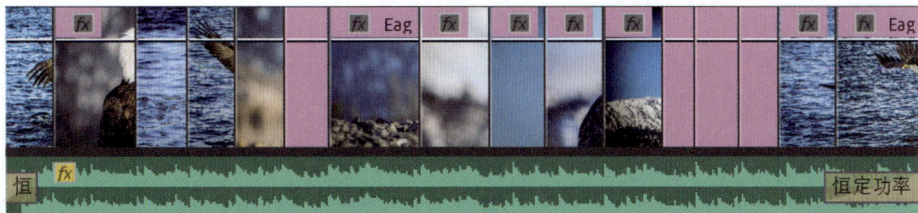

图 7-21

❺ 使用【选择工具】框选所有视频剪辑，把它们同时选中。拖曳时，请在远离剪辑的空白区域中拖曳，否则会移动所选中的第 1 个剪辑。

❻ 在菜单栏中依次选择【序列】>【应用默认过渡到选择项】命令，Premiere Pro 会把默认过渡效果应用到当前所有选中的剪辑之间，如图 7-22 所示。

> ♀提示　【序列】菜单中还有【应用视频过渡】和【应用音频过渡】两个命令。

可以发现音频剪辑的开头和结束部分的【恒定功率】音频过渡效果的时间变短了，因为此时默认音频过渡持续时间发挥了作用。

图 7-22

默认视频过渡效果是 30 帧或 25 帧的【交叉溶解】过渡效果，默认音频过渡效果是 1 秒的【恒定功率】交叉淡化过渡效果。上述操作中，Premiere Pro 把现有的音频交叉淡化效果换成了更短的交叉淡化效果。

在【效果】面板中使用鼠标右键单击某个过渡效果，在弹出的菜单中选择【将所选过渡设置为默认过渡】命令，即可将该过渡效果设为默认过渡效果。当前的默认过渡效果的图标有蓝色框线。

> 💡 **注意** 如果使用的是包含链接视频和音频的剪辑，而且【时间轴】面板中的【链接选择项】处于开启状态，那么在使用【选择工具】时，按住【Option】键（macOS）或【Alt】键（Windows）并拖曳鼠标，可只选择视频或音频部分，然后在菜单栏中依次选择【序列】>【应用默认过渡到选择项】命令。

⑦ 播放序列，观察【交叉溶解】过渡效果在照片蒙太奇中表现出的效果。

### 7.4.4 把一个过渡效果复制到多个编辑点

在 Premiere Pro 中，用户可以把一个已有的过渡效果快速应用到多个编辑点。

下面动手试一试。

① 按【Command】+【Z】组合键（macOS）或【Ctrl】+【Z】组合键（Windows），撤销上一个操作，然后按【Esc】键，取消选择剪辑。

② 在【效果】面板中任选一个过渡效果，将其拖曳到 Slideshow 序列中前两个视频剪辑之间。

③ 在时间轴上单击刚刚添加的过渡效果，将其选中。

④ 按【Command】+【C】组合键（macOS）或【Ctrl】+【C】组合键（Windows）复制效果。然后按住【Command】键（macOS）或【Ctrl】键（Windows），使用【选择工具】框选其他编辑点，把它们全部选中，如图 7-23 所示。

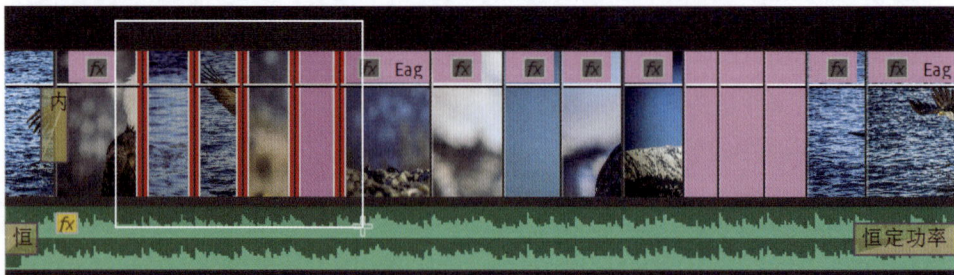

图 7-23

⑤ 按【Command】+【V】组合键（macOS）或【Ctrl】+【V】组合键（Windows），把过渡效果粘贴到所有选中的编辑点上，如图 7-24 所示。

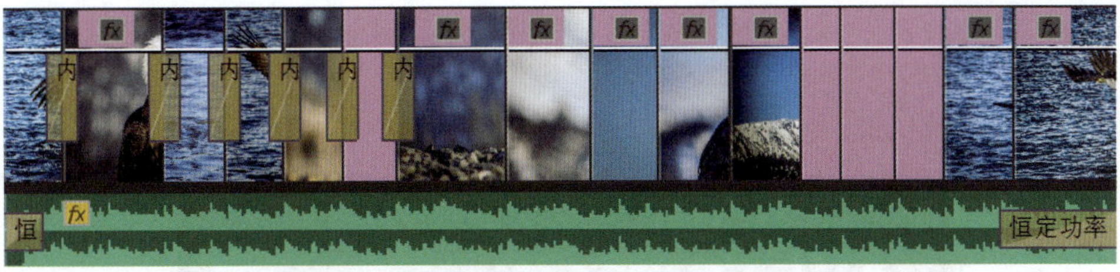

图 7-24

这种方式适合用来把拥有相同设置的过渡效果添加到多个编辑点上，尤其是定制的过渡效果。

## 红色、黄色、绿色渲染条

向序列添加过渡效果时，【时间轴】面板的序列上方会出现红色或黄色水平线（又叫渲染条），如图 7-25 所示。黄线表示 Premiere Pro 预期能够流畅播放效果。红线表示需要先渲染序列的这一部分才能实现无丢帧预览播放。

可以选择在任何时间进行渲染，以便在性能较差的计算机上平滑地预览相关片段。

图 7-25

启动渲染最简单的方法是按【Return】键（macOS）或【Enter】键（Windows）。还可以在序列上添加入点和出点，选择指定部分进行渲染。此时，只有序列中被选中的部分才能进行渲染。若有许多效果等待渲染，而当前只想渲染其中一部分时，部分渲染会非常有用。

当序列中的片段渲染完成后，其上方的红线或黄线会变成绿线，Premiere Pro 会为每个带绿线的片段创建一个视频文件，并保存到"预览文件"文件夹（与项目的暂存盘设置一样）中。只要剪辑片段上方显示有绿线，Premiere Pro 就能流畅地播放它。

# 7.5 使用 A/B 模式细调过渡效果

在【效果控件】面板中查看过渡效果的设置时，可以看到一个 A/B 时间轴，它把单个视频轨道一分为二。原来单个轨道上两个相邻且连续的剪辑现在变成两个独立的剪辑，并且分别位于两个独立轨道上，过渡效果就在它们之间。在这种模式下，过渡效果的组成元素相互分离，让用户可以更方便地处理头帧和尾帧，以及更改其他设置。

## 7.5.1 在【效果控件】面板中修改参数

Premiere Pro 中，所有过渡效果都是可设置的。使用【效果控件】面板的好处在于，除了可以调整过渡效果的相关参数，还可以看到转出和转入剪辑手柄（原始素材中未使用的部分），从而轻松调整过渡效果的位置。

下面修改一个过渡效果。

❶ 在【时间轴】面板中打开 Transitions 序列。

❷ 把播放滑块拖曳到第 2 个剪辑和第 3 个剪辑之间的【拆分】过渡效果上，单击该过渡效果图标，将其选中。

❸ 在【效果控件】面板中勾选【显示实际源】复选框，显示实际剪辑中的帧，如图 7-26 所示。

图 7-26

这样可以更方便地查看所做的修改。

❹ 在【效果控件】面板的【对齐】下拉列表中选择【起点切入】选项。

在【对齐】下拉列表中选择不同的选项，过渡效果位置会发生不同的变化，可以在【效果控件】面板和【时间轴】面板中看到相关变化，如图 7-27 所示。

图 7-27

❺ 单击【效果控件】面板左上角的【播放过渡】按钮（▶），预览过渡效果。

❻ 修改过渡效果持续时间。在【效果控件】面板中单击【持续时间】右侧的蓝色数字，输入 300，然后单击其他位置，或者按【Tab】键使修改生效，Premiere Pro 会自动添加正确的分隔符号，把 300 变成 00:00:03:00。

此时，【对齐】自动变成【自定义起点】，原因在于【拆分】过渡效果已经进入下一个过渡效果的开头。为了适应新的过渡效果的持续时间，Premiere Pro 会自动把起点提前两帧。

在【效果控件】面板的右侧区域，检查 A/B 时间轴的设置，如图 7-28 所示。在【效果控件】面板中，时间轴的下方也有一个缩放导航器，其使用方法与监视器和【时间轴】面板中的缩放导航器一样。向外拖曳导航器一端的圆圈，拉长缩放条，同时显示出剪辑两端。

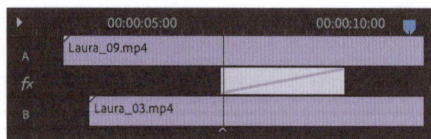

图 7-28

💡注意 若【效果控件】面板中没有显示时间轴，可以单击面板右上方的【显示／隐藏时间轴视图】按钮（▶）将其打开。可能需要调整【效果控件】面板的尺寸才能看见【显示／隐藏时间轴视图】按钮。

本例的【效果控件】面板中，播放滑块处于过渡区段，可以看到过渡效果的时间是如何进行自动调整的。

⑦ 在【时间轴】面板中播放过渡效果，查看变化。

自动调整可能非常细微，因此需要不断播放以观察效果，并反复检查新设置后的结果，确保剪辑手柄显露的部分完全符合预期。这一露出的部分原本不可见，直到添加了过渡效果才显露出来。必要时，Premiere Pro 会自动调整效果的起止时间点，要随时检查过渡效果，确保它们符合实际需要。

下面继续调整过渡效果。

> ♀ 注意　过渡效果持续时间最短可以为 1 帧。此时，选取和放置过渡效果的难度很大，这种情况下可以尝试使用【持续时间】和【对齐】控件。按照如下步骤删除过渡效果：在【时间轴】面板的序列中选择过渡效果，然后按【Delete】键（macOS）或【Backspace】键（Windows）。

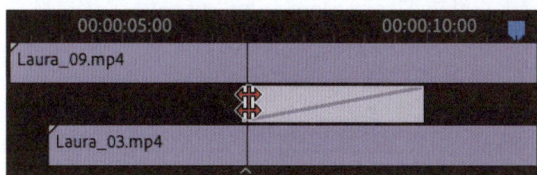

图 7-29

⑧【效果控件】面板右侧区域顶部有一个时间轴，把鼠标指针移至中间的竖直黑线上，这条黑线跨越 3 个层（两个视频剪辑以及它们之间的过渡效果），是两个剪辑之间的编辑点。若鼠标指针移动至正确位置，就会变成红色的【滚动编辑工具】的形状，如图 7-29 所示。

> ♀ 提示　通过拖曳过渡效果图标可以轻松更改过渡效果的起始时间，不必分别设置【中心切入】【起点切入】【终点切入】选项。

当黑线靠近效果左边缘时，可以把【效果控件】面板中的时间轴放大，以便进行调整。

在【效果控件】面板中，使用【滚动编辑工具】拖曳编辑线可以调整编辑点的位置。

⑨ 在【效果控件】面板中使用【滚动编辑工具】向左或向右拖曳，更改切入时间点。释放鼠标左键后，在时间轴上，编辑点左侧剪辑的出点和编辑点右侧剪辑的入点会发生相应变化。这个操作称为"修剪"（trimming）。

关于修剪的更多内容，将在第 8 课"高级视频编辑技术"中介绍。

> ♀ 提示　在【效果控件】面板的时间轴上，可能需要往前或往后移动播放滑块，才能看到位于两个剪辑之间的编辑点。

⑩ 在【效果控件】面板中，把鼠标指针移到编辑线的左侧或右侧，此时鼠标指针变为【滑动工具】的形状，如图 7-30 所示，蓝线是播放滑块的位置。

图 7-30

使用【滑动工具】可以更改过渡效果的起点和终点，同时不改变总持续时间。不同于【滚动编辑工具】，使用【滑动工具】移动过渡效果时不会改变两个剪辑之间的编辑点，只会修改过渡效果的起止时间点。

⑪ 使用【滑动工具】左右拖曳过渡效果，比较一下结果有什么不同。

## 7.5.2 　使用 Morph Cut 过渡效果

Morph Cut 是一种特殊的视频过渡效果，用于对两个相邻视频片段之间不连续的部分进行平滑过渡，实现无缝衔接。对于访谈类视频，Morph Cut 过渡效果特别有用。访谈过程中，被采访者说话可能会断断续续，或者有"嗯""唔"等不必要的停顿，这些部分在后期处理时都要删除。

删除这些部分后，播放视频时，视频画面会出现跳帧，即画面突然从一个内容变成另外一个内容，中间没有任何过渡。使用 Morph Cut 过渡效果可以解决跳帧问题，它通过平滑的过渡来清理访谈对话，使得视频叙述更加流畅，让观众在观看时感觉更加自然。下面动手试一试。

❶ 打开 Morph Cut 序列。播放序列开头部分，如图 7-31 所示。

该序列其实是一个镜头，但在开头部分有跳帧问题。虽然跳帧时间很短，但观众仍然能够明显地感觉出来。

❷ 打开【效果】面板，在【视频过渡】>【溶解】文件夹下找到 Morph Cut 过渡效果，将其拖曳到两个剪辑之间。

此时，Morph Cut 过渡效果开始分析序列中的两个剪辑，如图 7-32 所示。当播放滑块位于过渡效果上时，视频画面中会出现一个横条，提示 Premiere Pro 正在进行后台分析，在这期间可以继续对序列做其他处理。

图 7-31

图 7-32

添加 Morph Cut 过渡效果后，尝试不同的持续时间，从中找到一个最合适的持续时间，确保 Morph Cut 过渡效果达到最理想的状态。

❸ 双击 Morph Cut 过渡效果，弹出【设置过渡持续时间】对话框，把【持续时间】修改为 16 帧（对于任何过渡效果，都可以通过双击过渡效果打开【设置过渡持续时间】对话框，以修改持续时间）。

❹ 分析完成后，按【Return】键（macOS）或【Enter】键（Windows），渲染效果，然后播放预览。结果并不完美，但已经相当自然了，观众几乎感觉不到有跳帧问题。

## 7.5.3 　处理无手柄或手柄长度不够的情况

为一个手柄长度不够的剪辑添加过渡效果时，过渡效果能够添加上，但是会出现斜线警示标记，这表示 Premiere Pro 使用冻结帧（静态帧）来增加剪辑的持续时间，它会把最后 1 帧 "冻结" 在屏幕上，以应用过渡效果。

这个问题可以通过调整过渡效果的持续时间和位置来解决。

① 打开 Handles 序列。

② 找到序列中两个剪辑之间的编辑点。

序列中两个剪辑的头部与尾部都不存在手柄。因此每个剪辑的左上角和右上角都有三角形标记，如图 7-33 所示，这个标记代表的是原始剪辑的第 1 帧或最后 1 帧。

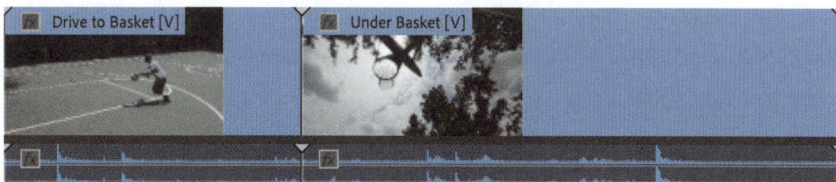

图 7-33

③ 在【工具】面板中选择【波纹编辑工具】（ ），使用它把第 1 个剪辑的右边缘向左拖曳（从靠近两个剪辑间的编辑点左侧位置开始拖曳）。拖曳时，Premiere Pro 会显示提示信息，同时第 1 个剪辑的持续时间会缩短，到大约 00:00:01:10 时，释放鼠标左键，如图 7-34 所示。修剪剪辑时，提示信息中显示的是新剪辑的持续时间。

图 7-34

编辑点右侧的剪辑会随着第 1 个剪辑移动，确保两个剪辑之间不会出现间隙。修剪后，剪辑右上角不再显示三角形标记。

④ 在【效果】面板中，把【交叉溶解】过渡效果拖曳到两个剪辑之间的编辑点上，如图 7-35 所示。

图 7-35

此时，只能把过渡效果拖曳至编辑点右侧，而不能拖曳到左侧。这是因为在不使用冻结帧的情况下，第 2 个剪辑的起始部分不存在可供使用的手柄，导致 Premiere Pro 无法在两个剪辑之间正常应用【交叉溶解】过渡效果。

⑤ 按【V】键选择【选择工具】（ ），或者在【工具】面板中选择【选择工具】。在【时间轴】面板中，单击【交叉溶解】过渡效果，将其选中。放大时间轴有助于选择过渡效果。

⑥ 在【效果控件】面板中，设置【持续时间】为 00:00:01:12，效果如图 7-36 所示。

剪辑手柄长度不够，在【效果控件】面板和【时间轴】面板中，过渡效果上都有斜线标记，

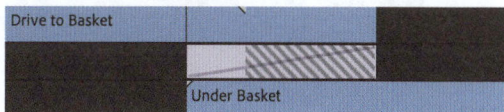

图 7-36

Premiere Pro 会自动添加冻结帧以填满持续时间。

图 7-37

**⑦** 播放过渡效果，查看结果。

**⑧** 在【效果控件】面板中，把【对齐】设置为【中心切入】，效果如图 7-37 所示。

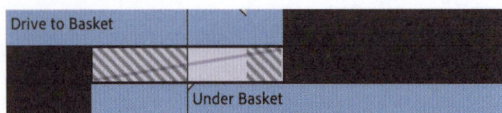

**⑨** 在【时间轴】面板中，慢慢拖曳播放滑块，查看过渡效果。

- 在过渡的前半部分（编辑点左侧），剪辑 A（Drive to Basket）正常播放，剪辑 B（Under Basket）是一个冻结帧（静止画面）。
- 从编辑点至剪辑 A 最后一帧，剪辑 A 和剪辑 B 正常播放。
- 剪辑 A 播放结束后，变为冻结帧（静止画面）。

有多种方法可以处理冻结帧问题。

- 修改过渡效果的持续时间或起始位置。
- 在【工具】面板中，找到【波纹编辑工具】，将鼠标指针放在该工具按钮上并按住鼠标左键，在打开的工具列表中选择【滚动编辑工具】（◫），然后在【时间轴】面板中，拖曳编辑点修改过渡效果的起始时间点，如图 7-38 所示。请确保拖曳的是两个剪辑之间的编辑点，而非过渡效果图标。该操作不一定能删除所有冻结帧，但会在一定程度上改善整体结果。

图 7-38

> 💡**注意** 使用【滚动编辑工具】可以向前或向后移动过渡效果，但不会改变序列的总长度。因为在缩短一个剪辑的同时，另外一个剪辑会延长。

- 在【时间轴】面板中，可以使用【波纹编辑工具】（◫▸）拖曳编辑点的一侧来缩短剪辑长度，增加手柄的长度，如图 7-39 所示。再次强调，请确保拖曳的是两个剪辑之间的编辑点，而非过渡效果图标。

图 7-39

有关【滚动编辑工具】和【波纹编辑工具】的更多内容将在第 8 课中讲解。这里请确保当前工具是【选择工具】。

# 7.6 添加音频过渡效果

应用音频过渡效果可以使不同音频剪辑之间的连接更加平滑自然，避免突兀的切换，从而提升视频的整体听觉体验。相比于整体质量，观众往往对音频中不一致的地方更加敏感，而交叉淡化过渡效果能够在很大程度上平滑不同剪辑之间的变化，尽可能地消除不同剪辑间的突兀感，使音频过渡更加平滑、自然。

## 7.6.1 交叉淡化过渡效果

Premiere Pro 提供了图 7-40 所示的 3 种风格的交叉淡化过渡效果。

图 7-40

- 恒定增益：【恒定增益】交叉淡化过渡效果在剪辑之间过渡时以恒定速率更改音频进出。该过渡效果会让听众觉得音量有轻微下降，但一些视频编辑人员认为它很有用。若不希望两个剪辑混合太多，只想在两个剪辑之间应用基本的淡入淡出效果，使用【恒定增益】过渡效果是最合适的。

- 恒定功率：这是 Premiere Pro 默认的音频过渡效果，用于在两个音频剪辑之间创建平滑的渐变过渡。【恒定功率】交叉淡化过渡效果的工作方式类似于视频过渡效果中的溶解效果。对于第一个剪辑，该交叉淡化过渡效果首先缓慢降低其音频，然后快速接近过渡的末端。对于第二个剪辑，情况恰好相反，首先快速升高音频，然后缓慢地接近过渡的末端。当想混合两个剪辑之间的音频，而又不想音频中间部分的电平出现明显下降时，【恒定功率】过渡效果非常合适。

- 指数淡化：【指数淡化】过渡效果用于在两个剪辑之间创建更加渐变、柔和、自然的过渡效果。该过渡效果使用对数曲线实现音频的平滑淡入淡出，避免音频剪辑之间的生硬切换。在做单侧过渡（比如在节目的开头和结尾处，从静默到淡入）时，有些编辑人员非常喜欢使用这种过渡效果。

## 7.6.2 添加音频过渡效果

向序列添加音频过渡效果时，可以像添加视频过渡效果一样通过拖曳的方式添加，当然还有其他一些快捷方式可完成这一操作。

音频过渡效果有默认的持续时间，单位是秒或帧。在菜单栏中依次选择【Premiere Pro】>【首选项】>【时间轴】命令（macOS）或【编辑】>【首选项】>【时间轴】命令（Windows），可以更改音频过渡效果的默认持续时间。

下面介绍几种添加音频过渡效果的方法。

❶ 打开 Audio 序列，把当前工具切换为【选择工具】。

该序列中的几个剪辑都带有音频，如图 7-41 所示。

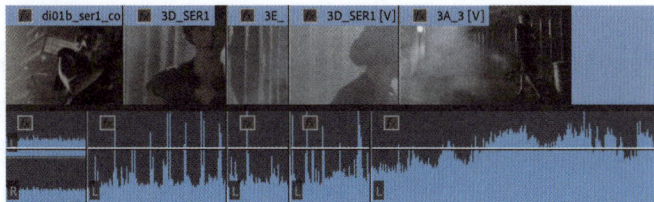

图 7-41

❷ 播放序列，浏览序列内容。

❸ 在【效果】面板中，展开【音频过渡】>【交叉淡化】文件夹。

❹ 把【指数淡化】过渡效果拖曳到第一个音频剪辑的开头。

❺ 在【时间轴】面板中，使用鼠标右键单击序列中最后一个剪辑的右端，在弹出的菜单中选择
【应用默认过渡】命令。

此时，Premiere Pro 在最后一个剪辑末尾的视频部分和音频部分分别添加默认过渡效果，如
图 7-42 所示。

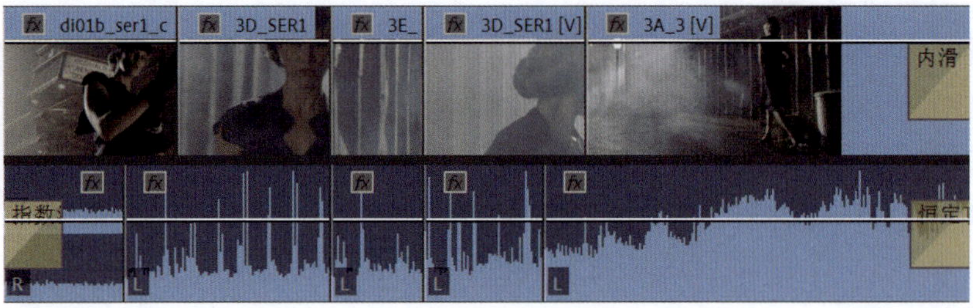

图 7-42

> 💡 **注意** 按住【Option】键（macOS）或【Alt】键（Windows），使用鼠标右键单击音频剪辑，可以
> 只向音频部分添加过渡效果。

❻ 在时间轴中拖曳过渡效果的边缘，可以改变过渡效果的长度。拖曳音频过渡效果的边缘，增
加其长度，并试听结果。

接下来，进一步润色，在序列开头添加【交叉溶解】过渡效果。按【Esc】键，取消选择刚刚调
整的过渡效果。

❼ 把播放滑块拖曳到序列开头，按【Command】+【D】组合键（macOS）或【Ctrl】+【D】组
合键（Windows），添加默认视频过渡效果。

此时，序列开始时有一个从黑色淡入的过渡效果，末尾有一个淡出到黑色的过渡效果。接下来，
添加一些简短的音频溶解效果，对混音做平滑处理。

> 💡 **提示** 当使用快捷键应用过渡效果时，Premiere Pro 会根据目标轨道（或所选剪辑）计算出应用效果
> 的准确位置。

❽ 通常在【时间轴】面板中框选会选中剪辑，框选时按住修饰键可以改变这个行为。

> 💡 **注意** 在【时间轴】面板中，选择剪辑时，按住【Shift】键并单击序列中需要的剪辑，可同时选中不
> 连续的剪辑。

按住【Command】+【Option】组合键（macOS）或【Ctrl】+【Alt】组合键（Windows），使用【选
择工具】框选 A1 轨道上所有剪辑之间的音频编辑点，如图 7-43 所示。注意，在音频轨道上框选音频
剪辑时，避免选中视频轨道上的视频剪辑。

按住【Command】键（macOS）或【Ctrl】键（Windows）框选时，选中的是剪辑之间的编辑点，
而非剪辑本身。按【Option】键（macOS）或【Alt】键（Windows），可临时断开音频剪辑和视频剪
辑之间的链接，以便选择时把它们分开。

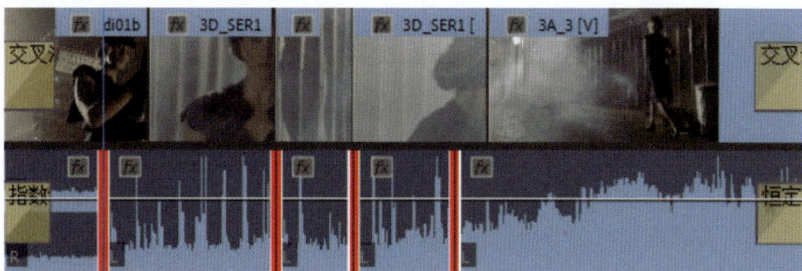

图 7-43

⑨ 按【Shift】+【D】组合键可以把默认过渡效果应用到所有选中的剪辑上。因为只选择了音频剪辑，所以 Premiere Pro 只添加音频过渡效果，如图 7-44 所示。

图 7-44

也可以按【Shift】+【Command】+【D】组合键（macOS）或【Shift】+【Ctrl】+【D】组合键（Windows），添加音频过渡效果。当同时选中视频和音频剪辑但只想为音频应用过渡效果时，可以使用这种方法。

按【Command】+【D】组合键（macOS）或【Ctrl】+【D】组合键（Windows），将只应用默认视频过渡效果。

> ♡ 提示 在菜单栏中依次选择【序列】>【应用音频过渡】命令，将仅向音频剪辑应用过渡效果。如果只选择了音频剪辑，除了使用【应用音频过渡】命令，还可以使用【应用默认过渡到选择项】命令，它们的效果相同。

⑩ 在【时间轴】面板中单击一块空白区域，或者按【Esc】键，取消选择过渡效果。播放序列，检查所做的修改。

⑪ 在菜单栏中依次选择【文件】>【关闭】命令，关闭当前项目文件。若弹出询问对话框，单击【是】按钮。

音频编辑人员经常会在序列的各个转场处添加一帧或两帧音频过渡效果，以避免在音频剪辑开始或结束时出现刺耳的声音。如果把音频过渡效果的默认持续时间设置为两帧，可以选择多个剪辑，然后在菜单栏中依次选择【序列】>【应用音频过渡】命令，对音频混合做平滑处理。

> ♡ 注意 有关过渡效果的更多内容，请访问 Adobe 官方的 Premiere Pro 帮助页面。

## 7.7　复习题

1. 如何把默认过渡效果应用至序列的多个剪辑上？
2. 在【效果】面板中，如何使用过渡效果名称查找过渡效果？
3. 如何把一个过渡效果替换为另一个？
4. 请说出更改过渡效果持续时间的方法。
5. 有什么简单的方法可以在剪辑开始时逐渐提高音频音量？

## 7.8　答案

1. 先选择多个剪辑，再在菜单栏中依次选择【序列】>【应用默认过渡到选择项】命令。
2. 【效果】面板顶部有一个搜索框，在其中输入过渡效果名称即可。输入时，Premiere Pro 会显示所有名称中包含所输字符的效果和过渡效果（音频和视频）。输入的字符越多，显示的搜索结果越少，匹配得也越准确。
3. 把要替换的过渡效果拖曳到现有过渡效果上，这样新效果会自动替换掉旧效果，同时保留旧效果的时间点，但边框颜色等设置不会被保留。
4. 在【时间轴】面板中使用【选择工具】拖曳过渡效果图标边缘，或者在【效果控件】面板的 A/B 时间轴中拖曳过渡效果图标边缘，或者在【效果控件】面板中修改持续时间。此外，还可以在【时间轴】面板中双击过渡效果图标，在弹出的【设置过渡持续时间】对话框中修改持续时间。
5. 把音频交叉淡化过渡效果拖曳至剪辑开头。

## 第 8 课

# 高级视频编辑技术

## 课程概览

本课主要学习如下内容。

- 执行四点编辑
- 替换序列中的剪辑
- 基于文本的编辑流程
- 执行高级修剪

- 修改序列中剪辑的播放速度
- 替换项目中的素材
- 执行常规修剪

## 学完本课大约需要 **120**分钟

请先准备好本课要用到的课程文件，并把它们保存到计算机中的合适位置。

在 Premiere Pro 中，基本编辑技术相对容易掌握。想要掌握高级编辑技术，则需要付出一些时间和努力，不过这一切都是完全值得的。视频编辑过程中，运用高级技术不仅能显著提升编辑效率，还能制作出高水准的专业作品。

# 8.1　课前准备

本课将通过几个简短的序列，向大家介绍 Premiere Pro 中一些常用的高级编辑技术。本课的学习目标是了解并掌握这些常见的高级编辑技术。

① 打开 Lessons 文件夹中的 Lesson 08.prproj 项目。

② 把项目另存为 Lesson 08 Working.prproj，保存在 Lessons 文件夹之下。

③ 单击【工作区】按钮，在弹出的菜单中选择【编辑】命令，或在菜单栏中依次选择【窗口】>【工作区】>【编辑】命令。

④ 单击【工作区】按钮，在弹出的菜单中选择【重置为已保存的布局】命令，或者在菜单栏中依次选择【窗口】>【工作区】>【重置为已保存的布局】命令，重置工作区。

> 💡 注意　开始学习前，请先把 Premiere Pro 首选项恢复成默认设置，具体操作为：在桌面上双击 Premiere Pro 图标，并立即按住【Option】键（macOS）或【Alt】键（Windows），在弹出的【重置选项】对话框中，勾选【重置应用程序首选项】，单击【继续】按钮。

# 8.2　执行四点编辑

上一课学习了 Premiere Pro 中标准的三点编辑技术：在【源监视器】【节目监视器】【时间轴】面板中使用入点和出点的三点组合来设置剪辑选段、持续时间和位置。

如果设置了 4 个点会怎样呢？

这种情况下，编辑人员必须做出选择。有时【源监视器】中设定的持续时间与在【节目监视器】或【时间轴】面板中设定的持续时间不一样。当使用快捷键或界面中的按钮将剪辑添加至序列时，Premiere Pro 会弹出【适合剪辑】对话框，提示持续时间不匹配，并询问如何处理。遇到这种情况时，大多数时候只要丢弃其中一个点就行了。

## 8.2.1　为四点编辑设置编辑选项

执行四点编辑时，若剪辑的持续时间与序列不匹配，Premiere Pro 就会弹出【适合剪辑】对话框，如图 8-1 所示。此时，可以选择忽略某个点，也可以选择让 Premiere Pro 自动更改剪辑速度，以匹配序列持续时间。

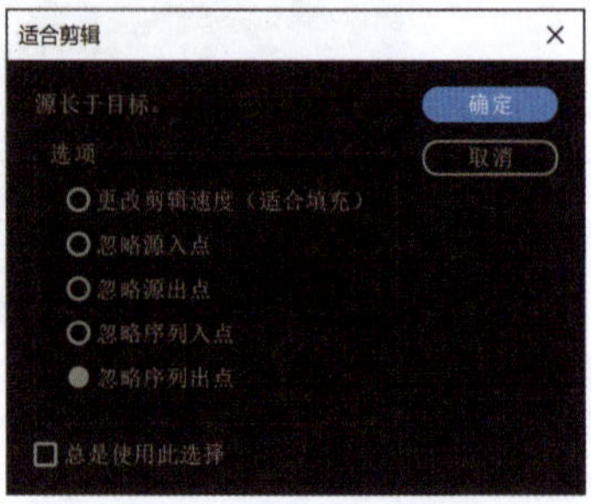

• 更改剪辑速度（适合填充）：该选项假定编辑人员设置了 4 个点（源剪辑入点与出点、序列入点与出点），并且它们标记的持续时间不一样。选择该选项后，Premiere Pro 会保留源剪辑的入点和出点，并根据在【时间轴】面板或【节目监视器】中设置的持续

图 8-1

时间（由序列入点与出点设置）调整播放速度。若希望通过调整剪辑的播放速度来解决持续时间不一致问题，请选择该选项。

- 忽略源入点：选择该选项后，Premiere Pro 会忽略源剪辑的入点，把四点编辑转换成三点编辑。当在【源监视器】中添加了出点但未添加入点时，Premiere Pro 会根据在【时间轴】面板或【节目监视器】中设置的持续时间（或到剪辑末尾）自动确定入点的位置。只有当源剪辑比序列上设置的持续时间长时，该选项才可用。

- 忽略源出点：选择该选项后，Premiere Pro 会忽略源剪辑的出点，把四点编辑转换成三点编辑。当在【源监视器】中添加了入点但未添加出点时，Premiere Pro 会根据在【时间轴】面板或【节目监视器】中设置的持续时间（或到剪辑末尾）自动确定出点的位置。只有当源剪辑比序列上设置的持续时间长时，该选项才可用。

- 忽略序列入点：选择该选项后，Premiere Pro 会忽略序列中设置的入点，使用序列出点执行三点编辑。持续时间指的是剪辑入点与出点之间的时间段。

- 忽略序列出点：选择该选项后，Premiere Pro 会忽略序列中设置的出点，使用序列入点执行三点编辑。持续时间指的是剪辑入点与出点之间的时间段。

在【适合剪辑】对话框中选择一个选项，并勾选底部的【总是使用此选择】复选框，这样再次执行四点编辑时，【适合剪辑】对话框将不再弹出，Premiere Pro 会自动应用之前设置的选项。若不想用默认选项，可在菜单栏中依次选择【编辑】>【首选项】>【时间轴】命令，勾选【"适合剪辑"对话框打开，以编辑范围不匹配项】复选框。这样当持续时间不匹配时，【适合剪辑】对话框就会自动弹出。

### 8.2.2　执行四点编辑

下面尝试一下四点编辑。

❶ 在【时间轴】面板中打开 01 Four Point 序列，如图 8-2 所示。播放序列，浏览内容。

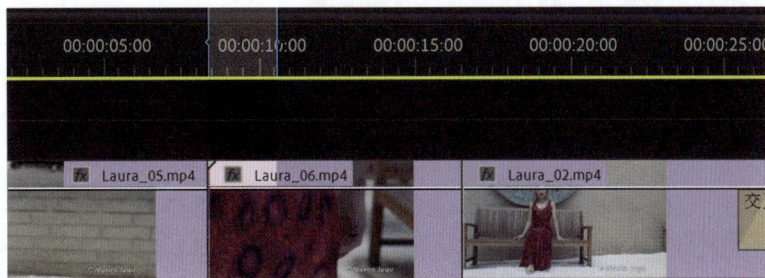

图 8-2

❷ 在【时间轴】面板中，找到由入点和出点选定的片段，该片段在序列中高亮显示。

进入 Clips To Load 素材箱，双击 Laura_04 剪辑，将其在【源监视器】中打开。

❸ 在【源监视器】底部的时间标尺上，显示出其上已经设置好的入点和出点标记。

❹【源监视器】右下方显示当前剪辑选段的持续时间为 8 秒 4 帧，而【节目监视器】右下方显示当前序列选段的持续时间为 2 秒 5 帧。

执行四点编辑时，持续时间的差异尤为重要，因为解决差异的方式会对最终结果产生巨大影响。

❺ 在【时间轴】面板中，检查源修补是否开启，同时确保源修补 V1 与目标切换轨道 V1 对齐，

如图 8-3 所示。由于源剪辑中没有声音，所以只需要检查源 V1（目标
轨道按钮不会影响把剪辑添加到序列中的操作）。

⑥ 在【源监视器】中，单击【覆盖】按钮，执行覆盖编辑。

⑦ 在弹出的【适合剪辑】对话框中，选择【更改剪辑速度（适合
填充）】选项，单击【确定】按钮。

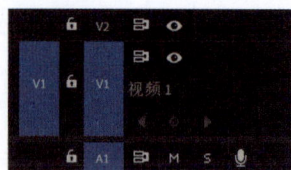

图 8-3

此时，Premiere Pro 将用源剪辑中的所选片段替换序列剪辑中的所选片段，并根据新的持续时间
调整剪辑的播放速度。

> 💡 注意　更改剪辑的播放速度也会产生一种视觉效果。请注意，剪辑上 fx 按钮的颜色会发生变化，表示
> 此处应用了一个效果。

⑧ 覆盖编辑执行完成后，使用【时间轴】面板底部的导航器，把时间标尺放大，直到能看到刚
刚添加到序列中的 Laura_04 剪辑的名称和播放速度，如图 8-4 所示。

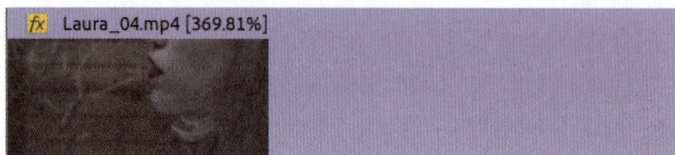

图 8-4

在图 8-4 中，中括号中的百分比表示剪辑的播放速度。Premiere Pro 对剪辑的播放速度进行了调整，
以匹配新的持续时间。

⑨ 播放序列，查看编辑结果。最终播放结果不是很流畅，接下来调整剪辑的播放速度，做进一
步改善。

## 8.3　更改剪辑的播放速度

在视频后期制作中，慢动作是常用的效果。慢动作是增添影片戏剧化效果的有效手段，能够让观
众有足够的时间来体会某个重要时刻。更改剪辑的播放速度可能是出于技术原因，也有可能是出于艺
术表现的需要。

选择前面提及的【更改剪辑速度（适合填充）】选项是更改剪辑播放速度的一种方法，但最终结果
并不一定很好。如果源剪辑中的人物动作流畅、平滑，那最终结果可能很好，但该方法可能会导致帧
速率出现小数，引发运动不一致的问题。

更改剪辑的播放速度时，如果新的播放速度是源剪辑播放速度的偶数倍或几分之一，通常剪辑播
放起来很平滑。例如，把一个 24 帧 / 秒的剪辑以 25% 的速度播放，也就是以 6 帧 / 秒的速度播放，
比以非整数的播放速度（比如 27.45%）播放更平滑。有时把剪辑播放速度更改为偶数，然后修剪获
得一个精确的持续时间，可以产生最好的播放效果。

若想得到高质量的慢动作效果，可使用比播放帧速率更高的帧速率来录制视频。如果视频播放时
的帧速率低于录制时的帧速率，只要新的帧速率不低于序列帧速率，就能得到慢动作效果。

例如，有一段 10 秒长的视频剪辑，其录制时的帧速率为 48 帧 / 秒，序列的帧速率为 24 帧 / 秒，
可以根据序列设置素材，使其以 24 帧 / 秒进行播放。把该剪辑添加到序列中并进行播放会非常平滑，

并且也不需要进行帧速率转换。但是，如果以原帧速率的一半来播放剪辑，会得到 50% 的慢动作，因此播放整个剪辑要比原来多花一倍的时间，即剪辑的当前持续时间变成了 20 秒。

## 增格拍摄

以高于播放帧速率的帧速率录制视频的技术称为"升格拍摄"（overcranking），该词来源于早期的胶片照相机，它们都带有手摇柄，拍摄者通过转动手摇柄来进行拍摄。

使用手摇相机时，手摇柄转动得越快，每秒捕捉到的帧数就越多。相反，手摇柄转动得越慢，相机每秒捕捉到的帧数就越少。当影片以正常速度播放时，就表现出快动作或慢动作效果。

现代摄像机大多支持用户以高帧速率录制视频，以便在后期制作中获得高质量的慢动作效果。摄像机可以为剪辑元数据指定一个帧速率，而它有可能与录制时的帧速率（摄像机系统的帧速率是针对播放的）不同。

当把这样的视频素材导入 Premiere Pro 时，剪辑会自动以慢动作方式播放。可以通过【解释素材】对话框指定 Premiere Pro 如何播放剪辑。

下面更改剪辑的播放速度。

❶ 打开 02 Laura In The Snow 序列，其中只包含 Laura_01.mp4 一个剪辑。播放序列，浏览内容。剪辑中人物的动作是慢动作，原因如下。

· 录制视频时使用的帧速率为 96 帧 / 秒。

· 剪辑播放时的帧速率为 24 帧 / 秒（通过摄像机进行设置，并存储在视频文件的元数据中）。
序列的播放速率为 24 帧 / 秒，两者匹配，不需要做一致性处理。

❷ 在【时间轴】面板中，使用鼠标右键单击剪辑，在弹出的菜单中选择【在项目中显示】命令，此时剪辑在【项目】面板中高亮显示。

❸ 在【项目】面板中使用鼠标右键单击剪辑（Laura_01.mp4），在弹出的菜单中选择【修改】>【解释素材】命令。此时将弹出【修改剪辑】对话框，在【解释素材】选项卡中做相应设置，告知 Premiere Pro 如何播放剪辑，如图 8-5 所示。

❹ 在【帧速率】区域中，选择【采用此帧速率】选项，输入 96，让 Premiere Pro 以 96 帧 / 秒（视频拍摄时使用的帧速率）播放剪辑，单击【确定】按钮。

在【时间轴】面板中，可以看到剪辑的外观已经发生了变化，如图 8-6 所示。

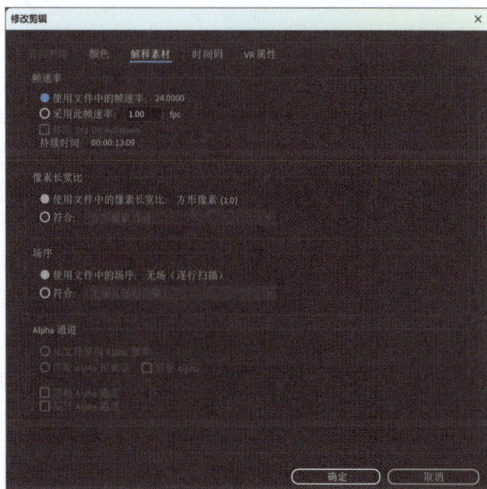

图 8-5

图 8-6

经过修改，剪辑的帧速率更高，剪辑的持续时间变短了。这里没有更改剪辑的持续时间，因为有可能会影响剪辑在时间轴上的时间安排。斜线表示剪辑的相应部分没有素材（播放速度越快，剪辑越早播放完）。

⑤ 再次播放序列。

此时，剪辑以正常速度播放（录制时的帧速率为 96 帧 / 秒），但播放效果不太平滑，这并不是因为剪辑自身有问题，而是因为摄像机在录制视频时有抖动。

> 💡 **注意** 在计算机系统中，如果硬盘的读写速度较慢，可能需要在【节目监视器】中降低播放分辨率，才能以较快的帧速率播放剪辑，并且保证不丢帧。

⑥ 把 Laura_01.mp4 剪辑的一个新副本从 Clips To Load 素材箱拖入 V2 轨道，使其位于序列开头，这样可以同时看到剪辑的两个副本，如图 8-7 所示。

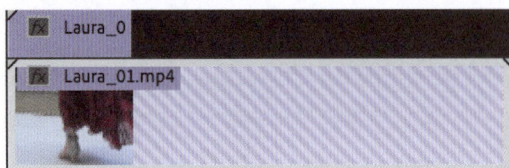

图 8-7

新添加的剪辑副本的时长更短，并且使用新的帧速率来匹配播放时间。Premiere Pro 会调整剪辑的帧速率，使其与序列的帧速率保持一致，这样 4 个帧中只有一个帧会被播放。

如果把序列剪辑的播放速度降低为当前播放速度的 25%，丢失的帧会被恢复，并产生慢动作效果。

序列中已有剪辑的持续时间未发生变化，序列整体的时间安排不受影响。不过因为原始剪辑应用了更快的播放解释设置，所以剪辑片段中出现了一个空白区域。

在修改剪辑解释设置后，一定要重新检查序列。

## 8.3.1　更改序列中剪辑的播放速度和持续时间

除了减慢播放速度，加快剪辑播放速度也能产生很有用的效果。通过使用【速度 / 持续时间】命令能够以两种不同的方式更改剪辑的播放速度：可以为剪辑设定一个指定的持续时间，也可以采用百分比的形式设置剪辑的播放速度。

例如，把剪辑的播放速度设置为 50%，那么剪辑将以原播放速度的一半进行播放；若设置播放速度为 25%，则以原播放速度的 1/4 进行播放。在 Premiere Pro 中设置播放速度时，最多可以使用两位小数，比如 27.13%（播放期间只显示完整帧）。

下面更改剪辑的播放速度和持续时间。

① 打开 03 Speed/Duration 序列，其时长为 20 秒。播放序列，了解其以正常速度播放的效果。这是一段使用无人机拍摄的内华达沙漠视频。

② 使用鼠标右键单击序列中的剪辑，在弹出的菜单中选择【速度 / 持续时间】命令。此外，还可以先选中序列中的剪辑，然后在菜单栏中依次选择【剪辑】>【速度 / 持续时间】命令。

在弹出的【剪辑速度/持续时间】对话框中包含一些用来控制剪辑播放速度的选项，如图 8-8 所示。

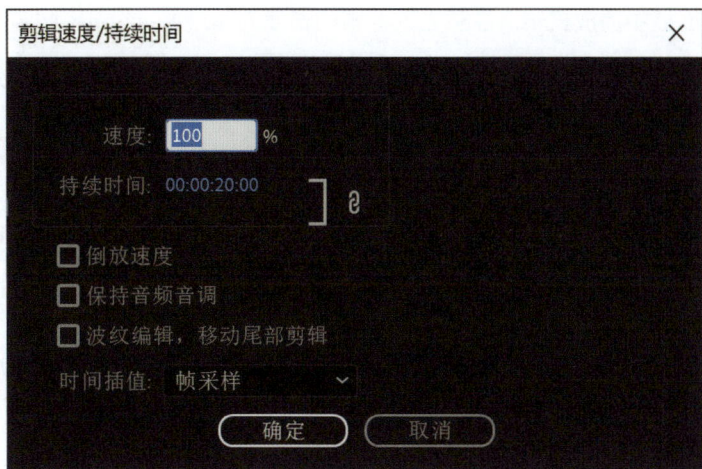

图 8-8

· 单击链接按钮（🔗），可以实现或取消序列中剪辑的持续时间和播放速度之间的链接。当该按钮变为🔗时，可以分别更改剪辑的播放速度或持续时间，改变其中一个不会对另外一个产生影响。当启用该按钮时，剪辑的播放速度与持续时间处于链接状态，称为"联动"；当禁用该按钮时，剪辑的播放速度与持续时间处于非链接状态，称为"非联动"。

💡 提示　Premiere Pro 支持同时更改多个剪辑的播放速度。具体操作为：先选择多个剪辑，然后在菜单栏中依次选择【剪辑】>【速度 / 持续时间】命令。当更改多个剪辑的速度时，请务必注意【波纹编辑，移动尾部剪辑】选项。改变速度之后，该选项会自动为所有选择的剪辑闭合或扩大间隙。

· 默认情况下，若序列中当前剪辑之后还有其他剪辑，缩短当前剪辑会在时间轴上产生间隙。如果剪辑长于该剪辑与下一个剪辑之间的间隙，那么 Premiere Pro 会修剪剪辑，确保剪辑在新的播放速度下保持相同的持续时间。这是因为在修改持续时间和播放速度时，无法移动下一个剪辑来保持相同的持续时间。不过如果勾选【波纹编辑，移动尾部剪辑】复选框，可以把序列中的其他剪辑往后移动。

· 勾选【倒放速度】复选框，可倒放剪辑。

· 在更改包含音频的剪辑的播放速度时，勾选【保持音频音调】复选框，便于在新播放速度下保持剪辑的原有音调。若取消勾选该复选框，音调会随着播放速度的变化而上升或下降。

💡 提示　对于微小的速度变化，【保持音频音调】复选框相当有用。过多重采样会产生不自然的结果。如果想大幅更改播放速度，建议使用 Audition 来调整音频。

💡 注意　速度变化必定会对剪辑的持续时间产生影响。Premiere Pro 会自动调整速度，新速度会显示在剪辑中。

③ 确保【速度】与【持续时间】处于链接状态，把【速度】修改为 200%，单击【确定】按钮。

💡 注意　根据设置的播放速度，如果剪辑的持续时间长于可用素材，则【确定】按钮会变成灰色，无法单击它。

在【时间轴】面板中播放剪辑。注意当前剪辑的长度为 10 秒，这是因为把剪辑速度修改成了 200%。播放速度加倍，时长变为原来的一半，如图 8-9 所示。

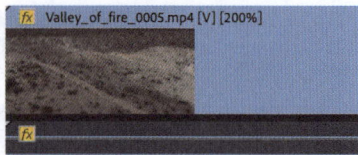

> 💡 **注意** 使用代理时，通过【修改剪辑】对话框改变播放的帧速率会产生不一致的结果。在这种情况下，使用【剪辑速度 / 持续时间】对话框，在【时间轴】面板中调整播放速度即可。

图 8-9

④ 在菜单栏中依次选择【编辑】>【撤销】命令，或者按【Command】+【Z】组合键（macOS）或【Ctrl】+【Z】组合键（Windows）。

⑤ 在【时间轴】面板中选择剪辑，按【Command】+【R】组合键（macOS）或【Ctrl】+【R】组合键（Windows），打开【剪辑速度 / 持续时间】对话框。

⑥ 单击链接按钮，断开【速度】与【持续时间】的链接，把【速度】修改为 50%，如图 8-10 所示。

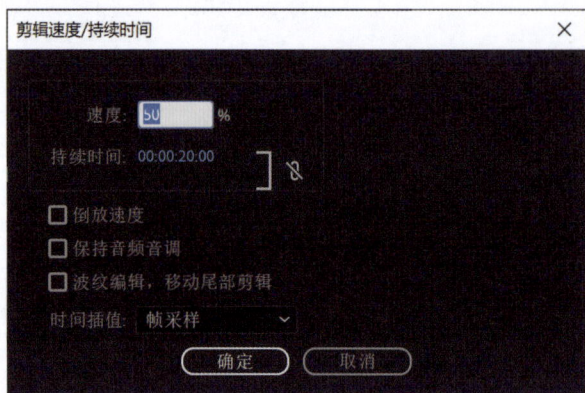

图 8-10

⑦ 单击【确定】按钮，播放剪辑。此时，剪辑以 50% 的速度播放，持续时间变为原来的两倍，如图 8-11 所示。但是，因为断开了【速度】与【持续时间】的链接，所以 Premiere Pro 把剪辑的另一半修剪掉，使其持续时间仍然保持为 20 秒。

图 8-11

注意，剪辑的新播放速度以百分比形式显示在序列中的剪辑上。

当想要实现慢动作视觉效果，但又不想更改编辑点时，需要断开【速度】与【持续时间】的链接。例如，想给海浪拍打沙滩的镜头增加一点梦幻的效果，可以降低播放速度，使海浪的运动看起来很缓慢，并且不更改下一个编辑点。

想要获得较好的美学效果，需要反复尝试和调整，这正是学习使用快捷键的原因之一，使用快捷键能大大提升操作效率。

接下来，尝试倒放剪辑。

⑧ 选择剪辑，打开【剪辑速度 / 持续时间】对话框。

⑨ 把【速度】修改为 50%，勾选【倒放速度】复选框，单击【确定】按钮。

⑩ 播放剪辑。此时，剪辑以 50% 的速度倒放，并呈现慢动作视觉效果。序列中剪辑上方的播放速度前有一个负号，如图 8-12 所示。

图 8-12

## 8.3.2 使用【比率拉伸工具】修改序列中剪辑的速度和持续时间

在视频编辑过程中，有时好不容易为序列找到了一个合适的剪辑，却发现其长度不太符合要求，不是过长就是过短。这时，【比率拉伸工具】就派上用场了。

❶ 打开 04 Rate Stretch 序列。

该序列包含同步音频，而且剪辑中包含所需要的内容，不过第一个视频剪辑太短了。第一个剪辑与第二个剪辑之间存在很大的空隙。这个问题可以通过调整【速度 / 持续时间】进行解决。但是，Premiere Pro 提供了一个更简单、更快捷的方法，即使用【比率拉伸工具】直接拖曳剪辑末端来填充间隙。

❷ 在【工具】面板中，在【波纹编辑工具】（◀▶）上按住鼠标左键，展开工具组，然后选择【比率拉伸工具】（➡️）。

❸ 使用【比率拉伸工具】向右拖曳第一个剪辑的右边缘，如图 8-13 所示，使其到第二个剪辑的左边缘。

图 8-13

> 💡提示　如果想撤销使用【比率拉伸工具】所做的改动，可以使用【比率拉伸工具】对剪辑进行恢复，或者使用撤销命令。当然也可以在【剪辑速度 / 持续时间】对话框中直接把【速度】修改为 100%，将剪辑恢复到默认速度。

第一个剪辑的速度会自动发生变化，以填充间隙，如图 8-14 所示。此时，剪辑的内容不会发生变化，只是播放速度变慢。

图 8-14

④ 再次使用【比率拉伸工具】向右拖曳第二个剪辑的右边缘，如图 8-15 所示，使其到第三个剪辑的左边缘。

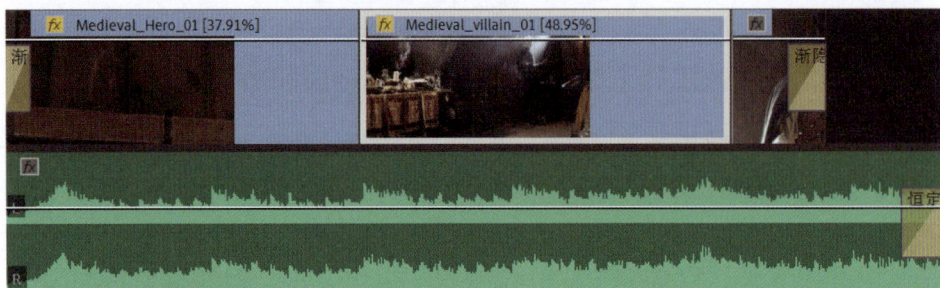

图 8-15

⑤ 激活【对齐】按钮（🧲）。使用【比率拉伸工具】向右拖曳第三个剪辑的右边缘，使其与音频末端对齐，如图 8-16 所示。

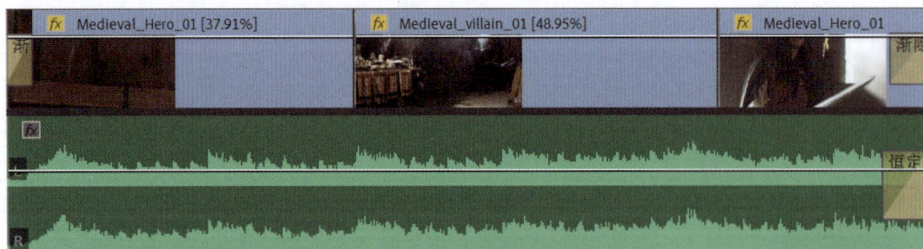

图 8-16

此时，视频持续时间与音频持续时间一致。可能需要放大时间标尺才能看到剪辑的新播放速度。

⑥ 播放序列，可发现有些动作有明显的跳跃。下面一起解决这个问题。

⑦ 按【V】键，或者选择【工具】面板中的【选择工具】。

⑧ 在【时间轴】面板处于活动状态时，按【Command】+【A】组合键（macOS）或【Ctrl】+【A】组合键（Windows），选择所有剪辑。

⑨ 使用鼠标右键单击任意一个剪辑，在弹出的菜单中依次选择【时间插值】>【光流法】命令。通过调整剪辑速度，能够让剪辑平滑无卡顿地播放。"光流法"是一种改变播放速度的高级方法，使用该方法时，Premiere Pro 需要先渲染效果，才能提供预览结果。

⑩ 按【Return】键（macOS）或【Enter】键（Windows），渲染并播放序列，可以看到改善效果十分明显。

调整剪辑的播放速度时,最好使用光流法。具体操作方法:先使用默认的"帧采样"渲染器调整和预览播放速度变化的时间点,确定时间点没问题后,再使用光流法并进行预览。

在【剪辑速度/持续时间】对话框中设置新播放速度时,也可以选用光流法。

## 调整剪辑播放速度

对于一个包含多个剪辑的序列,如果修改了第一个剪辑的速度,则有可能会对其后的其他剪辑造成一些影响。常见影响如下。

- 播放速度变快了,剪辑变得更短了,由此产生间隙。
- 勾选【剪辑速度/持续时间】对话框中的【波纹编辑,移动尾部剪辑】复选框,会导致整个序列的持续时间发生改变。
- 改变速度有可能会带来音频方面的问题,比如音调变化。

在更改剪辑的速度或持续时间时,一定要随时检查它对整个序列造成的影响。

# 8.4 替换剪辑和素材

在视频编辑过程中,替换序列中的剪辑是一项十分常见的操作。

替换过程中,有时需要进行全局替换,比如将旧徽标统一替换为新徽标。有时只是把当前序列中的某个剪辑(如某位演员的表演片段)替换成素材箱中的某个剪辑。针对不同情况,Premiere Pro 提供了不同的替换方法。

## 8.4.1 拖曳替换

在视频编辑过程中,可以直接把一个剪辑拖曳到序列中某个现有的剪辑上,此时 Premiere Pro 会使用新剪辑替换掉旧剪辑。这一过程称为"替换编辑"。下面动手试一试。

① 打开 05 Replace Clip 序列,如图 8-17 所示。

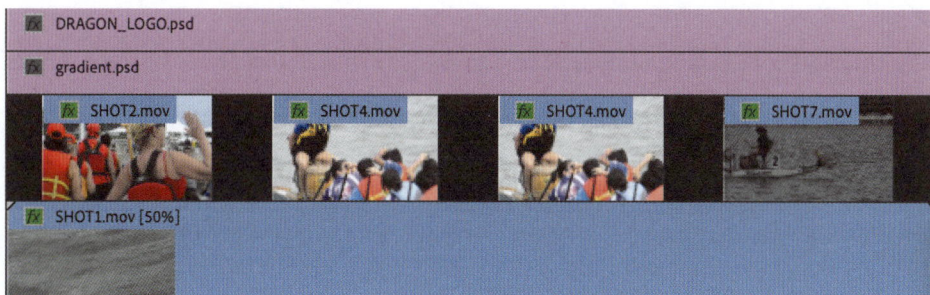

图 8-17

② 播放序列，浏览视频内容。

在 V2 轨道上，第 2 个剪辑和第 3 个剪辑的内容是一样的，它们对应的都是 SHOT4.mov 视频素材。剪辑上添加了关键帧，使得剪辑旋转着出现在屏幕上，然后又旋转着消失。关于如何创建这种动态效果，将在第 9 课"让剪辑动起来"中讲解。

下面使用一个新剪辑（Boat Replacement）替换掉 SHOT4.mov 剪辑的第 1 个副本（即序列中的第 2 个剪辑）。这个剪辑已经应用了【黑白】和【裁剪】效果，并且在【运动】效果的【缩放】和【旋转】属性上添加了关键帧。当前这些效果设置得已经很完美，不需要再做什么调整了。对于替换序列中的剪辑来说，这是最好不过的。

③ 进入 Clips To Load 素材箱，把 Boat Replacement 剪辑直接从【项目】面板拖曳到序列中第 2 个剪辑（SHOT4.mov 剪辑的第 1 个副本）上，但是先不要释放鼠标左键。拖曳时，鼠标指针的位置不需要太精确，只要保证在要被替换的剪辑上即可，如图 8-18 所示。

图 8-18

虽然新剪辑上已经添加了入点与出点，但这一部分比要替换掉的剪辑长得多。

④ 当按住【Option】键（macOS）或【Alt】键（Windows）时，替换剪辑会变得和被替换的剪辑一样长，释放鼠标左键，替换现有剪辑。

Premiere Pro 会将替换剪辑的第一个帧（或入点）与序列中现有剪辑的第一个可见帧同步，使用相同长度的新剪辑来替换序列中的现有剪辑，如图 8-19 所示。

⑤ 播放序列，浏览视频内容。新剪辑继承了被替换剪辑的设置和效果。使用这种方法替换序列中的各个剪辑既快捷又简单。

图 8-19

## 8.4.2　执行同步替换编辑

如果想同步剪辑中的某个特定时刻，比如拍手或关门，该如何操作呢？

此时，可以使用一种更高级的"替换编辑"方法，即使用替换剪辑的一个特定帧去同步被替换剪辑的特定帧。

① 打开 06 Replace Edit 序列。

该序列的内容和前面使用的序列相同，但这次要精确指定替换剪辑的位置。

② 把序列中的播放滑块拖曳到大约 00:00:06:00 处。播放滑块所在的位置就是要执行同步替换编辑的点。

③ 单击序列中 SHOT4.mov 剪辑的第 1 个副本，将其选中，如图 8-20 所示。

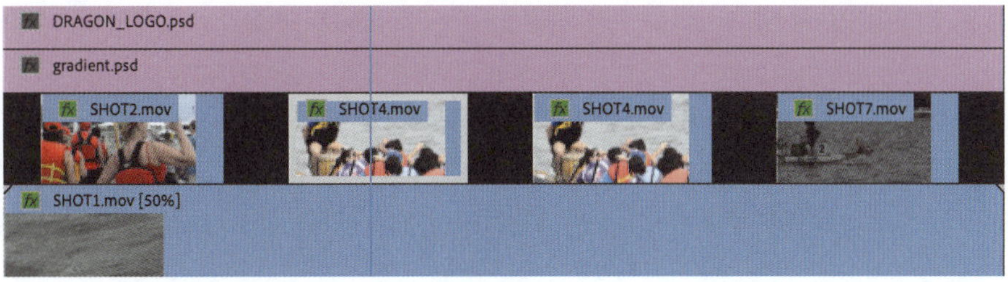

图 8-20

④ 进入 Sources 素材箱，双击 SHOT5.mov 剪辑，将其在【源监视器】中打开。

⑤ 在【源监视器】中，拖曳播放滑块至剪辑中间。剪辑上有一个参考标记，单击标记，播放滑块会自动与它对齐，如图 8-21 所示。

图 8-21

> 💡 提示　由于剪辑标记也会显示在【时间轴】面板中，可以借助它们检查帧的对齐情况是否满足要求。

⑥ 确保【时间轴】面板处于活动状态，选中 SHOT4.mov 的第 1 个实例，在菜单栏中依次选择【剪辑】>【替换为剪辑】>【从源监视器匹配帧】命令。此时，SHOT5.mov 剪辑替换了 SHOT4.mov 剪辑。

⑦ 播放编辑后的序列，查看结果。

【源监视器】和【节目监视器】中的播放滑块位置是同步的。序列剪辑的持续时间、效果、设置都应用到了替换剪辑上。当需要精确匹配动作的时间，以及把效果应用到现有序列中的剪辑上时，上述方法不仅有用，而且十分节省时间。

### 8.4.3　使用素材替换功能

替换编辑功能用来替换序列中剪辑片段的内容，而素材替换功能则用来替换【项目】面板中的素材，使剪辑链接到不同的素材文件。当需要替换一个在一个或多个序列中被多次使用的剪辑时，素材替换功能非常有用。例如，可以使用素材替换功能更新一个动态图标或一段音乐。

在【项目】面板中替换素材剪辑后，该剪辑的所有实例都会发生改变，无论把该剪辑用在了什么地方。

① 打开 07 Replace Footage 序列，如图 8-22 所示。

下面把 V4 轨道中的图像替换成更有趣的图像。

② 在 Clips To Load 素材箱中，使用鼠标右键单击 DRAGON_LOGO.psd，在弹出的菜单中选择【替换素材】命令。

③ 在弹出的【替换素材】对话框中导航至 Lessons\Assets\Graphics 文件夹，打开 DRAGON_LOGO_FIX.psd 文件。

④ 播放序列，浏览视频内容，如图 8-23 所示。

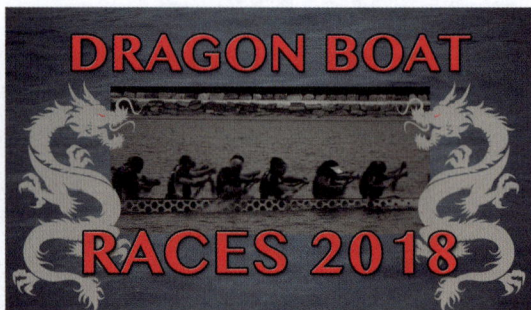

图 8-22                                          图 8-23

> 💡 **注意**　【替换素材】命令执行后无法撤销。若要重新链接原来的素材，只能再次选择【剪辑】>【替换素材】命令，然后找到原有素材，重新进行链接。当然，还可以在菜单栏中依次选择【文件】>【还原】命令，把当前项目恢复成最后一次保存的版本，但这样做会丢失自上一次保存以后做的所有调整。

此时，在素材箱和序列中，剪辑名称都变成了新文件的名称，如图 8-24 所示。

图 8-24

## 8.5　基于文本的编辑流程

Premiere Pro 支持转录口头说话内容，帮助用户轻松浏览素材，以及生成字幕和标题。Premiere Pro 还支持用户使用基于文本的工具编辑视频。

前面学习了如何使用插入编辑和覆盖编辑把剪辑添加到序列中，还学习了如何移动序列中的各个剪辑或者将其删除。基于文本的编辑流程允许用户仅根据文本对序列执行这些常见的编辑任务。相较于实时观看内容（如访谈）进行选择和编辑，使用基于文本的工具能够大幅提高工作效率。

Premiere Pro 支持导入素材时自动进行转录，也可以在导入素材后，在【文本】面板中手动执行转录命令进行转录。下面试一试。

### 8.5.1　在基于文本的编辑流程中删除片段

在基于文本的编辑流程中删除片段的操作十分简单，就像在文字处理程序中删除文本一样。

❶ 切换至【导入】模式。

❷ 转到Lessons\Assets\Video and Audio Files\Interview文件夹，选择其中一个视频素材（Coach_Interview_DCAM）。

❸ 在【导入设置】区域中，打开【新建素材箱】选项，将素材箱命名为 Interview。

❹ 打开【自动转录】选项。设置【语言】为英语，设置【发言者标签】为【是，区分发言人】，设置【转录首选项】为【仅自动转录序列中的剪辑】，如图 8-25 所示。

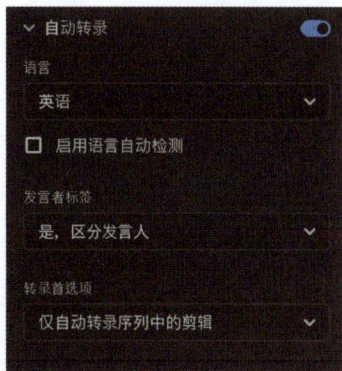

单击【导入】按钮。返回【编辑】模式，界面右上方出现一个进度图标（◎），指示当前正在进行转录分析。

单击进度图标，Premiere Pro 将显示最近处理的任务列表及当前分析的状态，如图 8-26 所示。

图 8-25

图 8-26

可随时单击【打开进度仪表板】（▤）按钮打开该列表。

❺ 打开 Interview 素材箱，使用鼠标右键单击 Coach_Interview_DCAM.mp4，在弹出的菜单中选择【从剪辑新建序列】命令。此时，Premiere Pro 会根据 Coach_Interview_DCAM.mp4 的设置新建一个同名序列。

❻ 在界面右上方，单击【工作区】按钮，在弹出的菜单中选择【基于文本的编辑】命令。然后再次单击【工作区】按钮，在弹出的菜单中选择【重置为已保存的布局】命令。

在【基于文本的编辑】工作区中，【文本】面板占据界面的左半部分，【项目】面板移动到界面右上方，【源监视器】与【节目监视器】位于同一个面板组中。

转录完成后，在【文本】面板中应该可以看到转录好的访谈内容。若非如此，单击【时间轴】面板或者【节目监视器】，将其激活，同时确保【文本】面板中的【转录文本】选项卡处于打开状态。

在【文本】面板中，只需单击某个单词，播放滑块便会立即跳转至该单词所在位置，这极大地方便了后续的单词搜索（或替换）及编辑操作。

由于当前查看的是序列内容，所以【文本】面板顶部的编辑按钮分别用于执行提升编辑和提取编辑，如图 8-27 所示。若当前显示的是剪辑内容，则【文本】面板顶部的编辑按钮分别用于执行插入编辑和覆盖编辑。这些编辑按钮与【源监视器】和【节目监视器】中的编辑按钮功能类似。

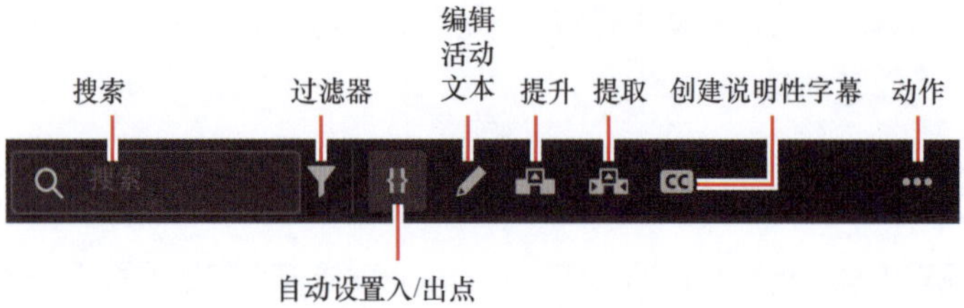

搜索　　　　　　过滤器　编辑活动文本　提升　提取　创建说明性字幕　动作

自动设置入/出点

图 8-27

在基于文本的编辑流程中，从序列中删除某个片段非常简单。只要选择想删除的文本，然后按【Delete】键（macOS）或【Backspace】键（Windows）即可。

**7** 在【文本】面板顶部，确保【自动设置入/出点】功能（■）处于开启状态。这样每当选择一段文本时，Premiere Pro 就会自动在序列中添加入点和出点，将文本对应的片段标记出来。

拖选前 3 段文本，即从开头一直选到"what your role is to the camera."，如图 8-28 所示。按【Delete】键（macOS）或【Backspace】键（Windows）。

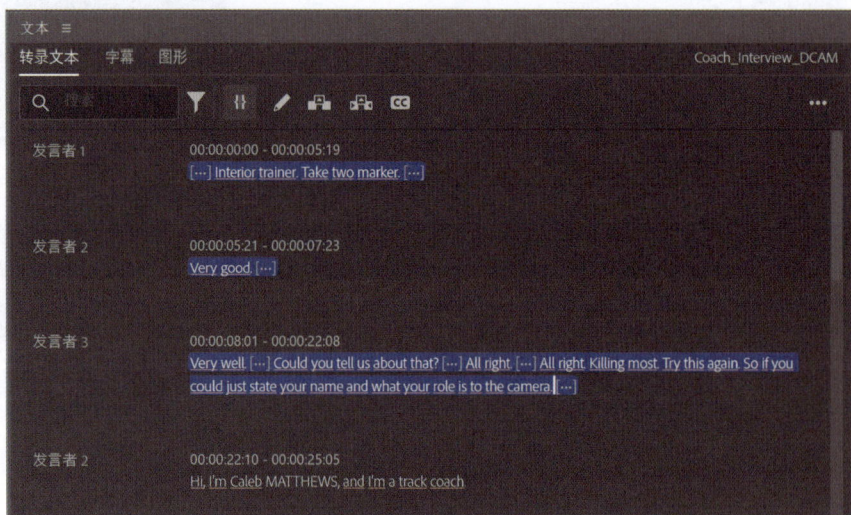

图 8-28

此时，Premiere Pro 会从序列中删除文本选段所对应的片段。

**8** 仔细浏览转录文本，不难发现，"发言者 2"是被采访对象，"发言者 3"是采访人。在【文本】面板中，选择"发言者 3""未知""发言者 5"对应的文本，按【Delete】键（macOS）或【Backspace】键（Windows）。

稍等片刻，Premiere Pro 会将这些文本对应的片段从序列中删除，如图 8-29 所示。

图 8-29

**9** 此时序列中出现许多停顿，下面要把它们去掉。在【文本】面板中打开面板菜单，选择【转录文本查看选项】命令，打开【转录文本查看选项】对话框。拖曳【最小暂停长度】滑块，设置为 0.5 秒，如图 8-30 所示，单击【保存】按钮。

图 8-30

⑩ 单击【过滤器】按钮（■），在弹出的菜单中选择【暂停】命令。此时，在【文本】面板中，所有大于 0.5 秒的停顿都会高亮显示。单击【删除】按钮。

⑪ 展开附加选项面板，如图 8-31 所示。在附加选项面板中，可以选择执行提取编辑还是提升编辑，还可以选择是一次性删除所有停顿，还是逐个删除停顿。

图 8-31

其中，【提取】选项默认处于选中状态，保持该状态即可。单击【全部删除】按钮，结果如图 8-32 所示。

图 8-32

⑫ 此外，还可以删除单个单词或句子。在【文本】面板左上方的搜索框中输入 football，在转录文本中突出显示该单词。找到 football 所在的句子，选择并删除"I played football as well. But track was my mainstay."。

到这里，整个访谈视频就清理得差不多了，包括剔除无关人员的话语、删除所有停顿以及选定的话语。所有这些操作都是通过基于文本的编辑方式进行的。下面使用基于文本的编辑方式向序列中添加一些内容。

## 8.5.2 在基于文本的编辑流程中添加内容

向序列添加内容之前，向项目中导入一个素材，然后将其在【源监视器】中打开。

❶ 在【文本】面板中，单击单词 You（该单词位于刚刚删除的两个句子之后），如图 8-33 所示。此时，播放滑块立即移动到单词 You 所在的位置。

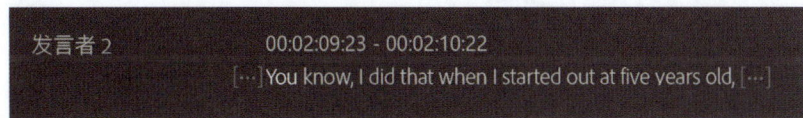

图 8-33

❷ 在【项目】面板中，单击 Interview 素材箱，将其选中。导入新素材时，Premiere Pro 会自动把素材添加到 Interview 素材箱中。

❸ 切换至【导入】模式，选择 Coach_Interview_ECAM.mp4。Coach_Interview_DCAM.mp4 与 Coach_Interview_ECAM.mp4 拍摄的是同一次访谈，只是拍摄角度不一样。

❹ 在【导入设置】区域中，关闭所有导入设置（包括【自动转录】），然后单击【导入】按钮。

Premiere Pro 会导入所选素材，并将其添加至 Interview 素材箱中。

⑤ 在 Interview 素 材 箱 中，双 击 Coach_Interview_ECAM.mp4 剪辑，将其在【源监视器】中打开。在【文本】面板中，单击【转录】按钮，如图 8-34 所示。在弹出的【为源媒体创建转录】对话框中，设置【语言】为【英语】，设置【发言者标签】为【是，区分发言人】。单击【转录】按钮。

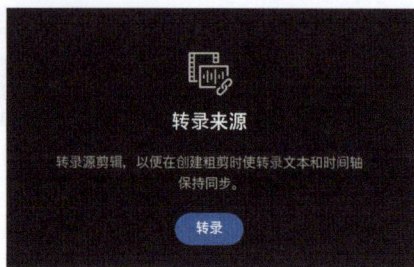

⑥ 在【文本】面板中，选择文本"I played football as well.But track was my mainstay."，如图 8-35 所示。

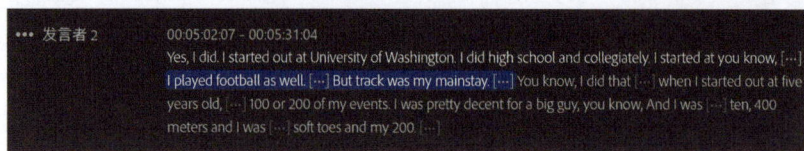

图 8-34

图 8-35

在【文本】面板顶部，单击【插入】按钮（🔳）或者按【,】键。Premiere Pro 会把文本对应的视频选段添加到序列中当前播放滑块所在位置。

⑦ 播放序列，浏览编辑后的内容。序列中包含了许多跳切镜头，这些镜头在不改变拍摄角度的情况下，将画面内容从一个时间点迅速切换到另一个时间点。序列中的各个片段时间安排得恰到好处，再巧妙地融入一些视觉效果和图形元素，发布到社交平台上，一定会收获不少好评。

在视频编辑的各个阶段，可以随时在基于文本的编辑工具和其他工具之间轻松切换。基于文本的编辑功能强大且效率出众，非常适合用来编辑访谈、播客、演讲等包含大量对话的视频内容。

Premiere Pro 支持导入和导出转录文本，为发言者命名，以及自动生成字幕。有关"基于文本的编辑"的更多内容，请阅读 Premiere Pro 帮助文档。

多次尝试使用基于文本的编辑方式添加和删除内容。完成尝试后，将当前工作区切换为【编辑】工作区。

# 8.6  执行常规修剪

在 Premiere Pro 中，可以使用多种方法来调整在序列中使用的某个剪辑的某个部分，这个过程通常称为"修剪"（trimming）。修剪时，可以通过恢复或移除内容把序列中源剪辑某个选中的部分进行加长或缩短。

有些修剪只影响单个剪辑，而有些修剪会影响到两个相邻剪辑（或多个剪辑）之间的关系。

## 8.6.1  在【源监视器】中修剪

从【项目】面板中把源剪辑添加到序列中后，序列中出现的剪辑就是源剪辑的一个独立副本。在【时间轴】面板中双击序列中的某个剪辑，即可在【源监视器】中将其打开，调整剪辑的入点和出点，Premiere Pro 会把修改更新到序列中。

默认设置下，在【源监视器】中打开序列中的剪辑片段时，【源监视器】的导航器会自动放大，以便把已选择的区域完整地显示出来，如图8-36所示。

图 8-36

在【源监视器】中调整现有入点和出点的基本方法有以下两种。

· 添加新入点和出点：在【源监视器】中设置新的入点和出点，以替换当前的选择。若序列中当前剪辑的前面或后面紧跟其他剪辑，则不能朝相应方向移动入点或出点。

· 拖曳入点和出点：移动鼠标指针至【源监视器】底部的时间轴上的入点或出点上。此时，鼠标指针变成一个带有双向箭头的红黑色图标，表示可执行修剪操作，如图8-37所示。向左或向右拖曳鼠标，可调整入点或出点的位置。

图 8-37

再次强调，若序列中当前剪辑的前面或后面紧接着其他剪辑，则不能朝相应方向移动入点或出点。

## 8.6.2 在序列中修剪

可以直接在【时间轴】面板中修剪剪辑，这种方法更快捷。常规修剪的主要任务是把一个剪辑延长或缩短，这在 Premiere Pro 中操作起来很简单。

1️⃣ 打开 10 Regular Trim 序列。

2️⃣ 播放序列，浏览序列内容。

最后一个剪辑添加到序列中的内容略显不足，需要适当延长，以确保它与音频同步结束。

3️⃣ 确保【选择工具】（▶）处于选中状态。

4️⃣ 把鼠标指针移至序列中最后一个剪辑的右边缘。

💡 提示　【选择工具】的快捷键为【V】键。

此时，鼠标指针变成红色的修剪图标，中间带有一个方向箭头，如图8-38所示。

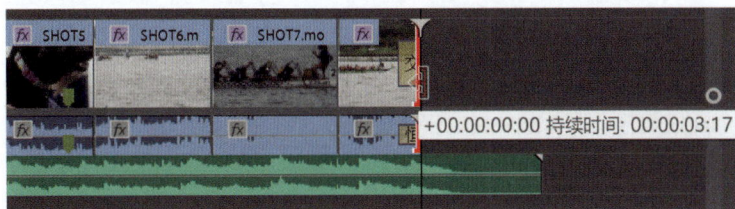

图 8-38

把鼠标指针精确置于剪辑的末尾时，鼠标指针会变成修剪图标：修剪出点图标（剪辑的末尾，向左）或下一个剪辑的修剪入点图标（剪辑的开头，向右）。这里要修剪的剪辑位于序列末尾，后面没有其他剪辑。

在剪辑的末尾应用了过渡效果。可能需要把时间轴放大，才能更方便地修剪剪辑，而且不用调整过渡效果的时间。

> 💡 **注意** 修剪剪辑时，把剪辑缩短后，当前剪辑和其相邻剪辑之间会出现间隙。稍后学习如何使用【波纹编辑工具】自动删除间隙或把剪辑向后拉长（就像插入编辑与提取编辑一样）。

⑤ 向右拖曳最后一个剪辑的右边缘，使其与音频剪辑等长。拖曳时，Premiere Pro 会显示提示信息，指出修剪长度，如图 8-39 所示。

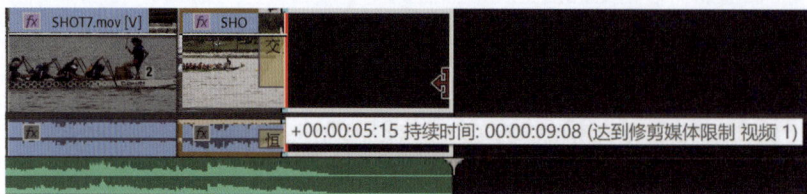

图 8-39

图 8-39 中的提示信息表明修剪到了原始剪辑的末端。

⑥ 释放鼠标左键，使修剪生效。

# 8.7 执行高级修剪

到目前为止，前面学习的各种修剪方法都有局限性。使用这些方法修剪剪辑时，在序列中都会留下间隙。另外，当要修剪的剪辑前后紧跟其他剪辑时，无法使用这些方法增加剪辑的长度。

为了解决这些问题，Premiere Pro 提供了几种高级修剪方法。

## 8.7.1 执行波纹编辑

修剪剪辑时，使用【波纹编辑工具】（◄►）可以避免留下间隙。

> 💡 **提示** 【波纹编辑工具】的快捷键为【B】键。

使用【波纹编辑工具】修剪剪辑的方法与使用【选择工具】的操作方式是一样的。使用【波纹编辑工具】更改一个剪辑的持续时间会影响整个序列。例如，当使用该工具向左拖曳某个剪辑的右边缘时，其后的所有剪辑会同时向左移动以填充间隙；当使用该工具向右拖曳某个剪辑的右边缘时，其后的所有剪辑会同时向右移动以留出空间。

> 💡 **注意** 执行波纹编辑时，可能会导致其他轨道上的素材不同步。默认情况下，启用同步锁定会使所有轨道上的素材保持同步。

下面动手试一试。

① 打开 11 Ripple Edit 序列。

❷ 在【工具】面板中，【波纹编辑工具】与【比率拉伸工具】位于同一个工具组。前面用过【比率拉伸工具】(▦)，所以当前显示的是【比率拉伸工具】，而【波纹编辑工具】处于隐藏状态。在【比率拉伸工具】上按住鼠标左键，展开工具组，选择【波纹编辑工具】。

❸ 把鼠标指针移到第 7 个剪辑（SHOT7.mov）右边缘的内侧附近，此时鼠标指针变成一个黄色的图标，中间有一个向左的箭头，如图 8-40 所示。

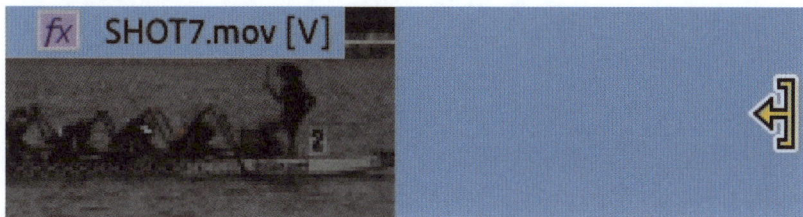

图 8-40

第 7 个剪辑太短了，下面把它延长一些。

❹ 向右拖曳鼠标，直到提示信息中显示的时间码为 +00:00:01:10，如图 8-41 所示。

图 8-41

注意，使用【波纹编辑工具】时，【节目监视器】左侧显示的是第 1 个剪辑的最后一帧，右侧显示的是第 2 个剪辑的第一帧，如图 8-42 所示。进行修剪时，画面会动态更新。

图 8-42

💡提示　按住【Command】键（macOS）或【Ctrl】键（Windows），可以临时把【选择工具】变为【波纹编辑工具】。请注意确保单击的是剪辑的一端，避免执行滚动编辑。

❺ 释放鼠标左键，完成编辑。

经过修剪，SHOT7.mov 剪辑的持续时间变长，而且其后的剪辑也一起向右移动。播放序列，查看剪辑的前后衔接是否平滑。

⑥ 在 SHOT7.mov 剪辑的末尾再添加 2 秒。播放 SHOT7.mov 和 SHOT8.mov 之间的新增内容。修剪后，画面中出现了轻微的摄像机晃动问题，后面处理这个问题。

## 使用快捷键执行波纹编辑

修剪剪辑时，使用【波纹编辑工具】可以更好地控制修剪过程。此外，Premiere Pro 还提供了两个有用的快捷键来执行同样的修剪调整，它们都是基于【时间轴】面板中播放滑块的位置进行的。

要确保快捷键正常工作，必须在【时间轴】面板中开启相应的目标轨道指示器。只有开启了目标轨道指示器的轨道，才会应用修剪操作。

在【时间轴】面板中，把播放滑块移到某个剪辑（或剪辑的多个图层）上，然后按以下快捷键。

- 【Q】键：对剪辑执行波纹编辑，修剪范围是从剪辑的开头到播放滑块所在的位置。
- 【W】键：对剪辑执行波纹编辑，修剪范围是从剪辑的末尾到播放滑块所在的位置。

这种修剪方式的速度很快，适合用在视频的早期编辑中，尤其是只想删除剪辑的头尾部分时。

### 8.7.2　执行滚动编辑

使用【波纹编辑工具】修剪会改变序列的总长度。这是因为当延长或缩短一个剪辑时，序列中的其他剪辑会同时向延长或缩短的方向移动，从而增加或缩短整个序列的长度。

修剪序列还有另外一种方法——滚动编辑（有时称为双滚动修剪）。使用该方法会改变序列中剪辑的时间设置，但不会改变序列的总长度。因为在使用滚动编辑延长或缩短一个剪辑时，其相邻剪辑会同时减少或增加相同的帧数。例如，当使用【滚动编辑工具】把一个剪辑延长 2 秒时，其相邻剪辑会相应地缩短 2 秒。

> ♀ 提示　【滚动编辑】的快捷键为【N】键。

> ♀ 提示　在【选择工具】处于选中的状态下，按住【Command】键（macOS）或【Ctrl】键（Windows），可以临时切换到【波纹编辑工具】或【滚动编辑工具】。把鼠标指针放到编辑点之前或之后，可执行波纹编辑；把鼠标指针放到编辑点上，可执行滚动编辑。

① 继续使用 11 Ripple Edit 序列。

② 在【工具】面板中把鼠标指针移到【波纹编辑工具】（▣）上，按住鼠标左键，展开工具组，然后选择【滚动编辑工具】（▦）。

> ♀ 注意　修剪剪辑时，可以把一个剪辑的持续时间修剪为 0，即将其从时间轴上删除。

③ 把鼠标指针移到 SHOT7.mov 和 SHOT8.mov 剪辑之间的编辑点上，拖曳编辑点，同时查看【节目监视器】中的画面，找到衔接这两个剪辑的最佳位置，并确保删除了摄像机的抖动画面，如

图 8-43 所示。

在这个过程中，可以把时间轴放大，以便做更精确的调整。

图 8-43

使用【滚动编辑工具】，把编辑点向左拖曳 1 秒 19 帧（−1:19）。调整时，可以参照【节目监视器】中的时间码或【时间轴】面板中提示信息的时间码找到目标位置，如果预先在目标位置放置了播放滑块，向左拖曳时会自动对齐到播放滑块所在的位置（前提是激活了【对齐】按钮）。

### 8.7.3  执行外滑编辑

使用外滑编辑会以相同的改变量同时改变序列中剪辑的入点和出点，从而使相应内容移动到适当的位置。

因为外滑编辑对剪辑的入点与出点的改变量相同，所以它不会改变序列的持续时间。就这一点来说，它与前面讲解的滚动编辑是相同的。

外滑编辑只修剪选择的剪辑，其前后的相邻剪辑不会受到影响。使用【外滑工具】调整剪辑有点类似于移动传送带：时间轴上剪辑中的可见内容发生了变化，但是剪辑的长度和序列长度都不变。

> 💡**提示**  【外滑工具】的快捷键为【Y】键。

① 继续使用 11 Ripple Edit 序列。

② 选择【外滑工具】（|←→|）。

③ 左右拖曳 SHOT5.mov，调整剪辑的入点与出点。

④ 一边执行外滑编辑，一边观察【节目监视器】中的画面，如图 8-44 所示。

SHOT4.mov出点（未变化）　　　SHOT6.mov入点（未变化）

SHOT5.mov入点（已变化）　　　SHOT5.mov出点（已变化）

图 8-44

图 8-44 中上面两张图显示的是 SHOT4.mov（SHOT5.mov 前一个剪辑）的出点和 SHOT6.mov（SHOT5.mov 后一个剪辑）的入点，它们不会受到影响。下面两张图片显示的是 SHOT5.mov（正在调整的剪辑）的入点和出点，它们发生了变化。

外滑编辑值得花时间认真掌握。通常情况下，一个剪辑开头或末尾的动作时间安排很关键，在切换动作时可以使用【外滑工具】来快速调整时间。

### 8.7.4　执行内滑编辑

　　使用【内滑工具】进行修剪不会改变剪辑的持续时间，但是会以相同的改变量沿相反方向改变上一个剪辑的出点和下一个剪辑的入点。使用它执行的是另外一种形式的双滚动编辑，从某种意义上说，是外滑编辑的相反操作。

　　由于【内滑工具】会以相同的帧数改变当前剪辑的前一个或后一个剪辑的持续时间，因此序列的总长度不会发生变化。

> 💡提示　【内滑工具】的快捷键为【U】键。

❶ 继续使用 11 Ripple Edit 序列。

❷ 在【工具】面板中，把鼠标指针移到【外滑工具】（⬚）上，按住鼠标左键，展开工具组，选择【内滑工具】（⬚）。

❸ 把鼠标指针移到序列中第 2 个剪辑（SHOT2.mov 剪辑）的中间位置。

❹ 向左或右拖曳剪辑。

❺ 执行内滑编辑，同时查看【节目监视器】中的画面，如图 8-45 所示。

SHOT2.mov入点（未变化）　　　SHOT2.mov出点（未变化）
SHOT1.mov出点（已变化）　　　SHOT3.mov入点（已变化）
00:00:07:06　　　00:00:09:00

图 8-45

　　图 8-45 中上面两张图片显示的是 SHOT2.mov（当前拖曳的剪辑）的入点和出点。它们没有发生变化，因为没有改动 SHOT2.mov 剪辑中选择的部分。下面两张图片显示的是 SHOT1.mov（SHOT2.mov 前面一个剪辑）的出点和 SHOT3.mov（SHOT2 .mov 后面一个剪辑）的入点，当在相邻的剪辑上滑动所选片段时，这两个编辑点会发生变化。

# 8.8　在【节目监视器】中修剪

　　如果想对修剪做更多控制，可以使用【节目监视器】的修剪模式。在该模式下，可以同时看到修剪的转入帧和转出帧，并且有专门的按钮用来执行精确调整。

　　把【节目监视器】设置为修剪模式后，按空格键会循环播放编辑点周围部分。这样编辑人员可以不断地进行调整，并随时查看调整结果。

　　在【节目监视器】的修剪模式下，可以做以下 3 种修剪。这 3 种修剪前面讲解过。

　　·　常规修剪：可移动所选剪辑的一个编辑点，只修剪编辑点的一侧，把所选编辑点沿着序列向前或向后移动，但不会移动其他任何一个剪辑。

- 波纹修剪：类似于常规修剪，可向前或向后移动所选剪辑的一个编辑点，只修剪编辑点的一侧，编辑点后面的剪辑会随之移动以填充间隙或者增加剪辑的长度。
- 滚动修剪：可移动一个剪辑的尾部（末尾）及其相邻剪辑的头部（开头）；允许调整编辑点的位置（前提是有手柄），不会留下间隙，序列的持续时间也不会发生变化。

## 8.8.1  在【节目监视器】中使用修剪模式

在修剪模式下，【节目监视器】的某些控件会发生改变，以便编辑人员专注于修剪操作。选择两个剪辑之间的编辑点，然后使用以下任意一种方法进入修剪模式。

- 使用【选择工具】或任意一个修剪工具双击时间轴上的编辑点（位于剪辑的左端或右端）。
- 在目标轨道指示器处于启用状态时（有蓝色框线），按【Shift】+【T】组合键，Premiere Pro会把播放滑块移到最近的编辑点。
- 使用【波纹编辑工具】或【滚动编辑工具】框选一个或多个编辑点。

> 💡 **提示**　此外，还可以按住【Command】键（macOS）或【Ctrl】键（Windows），使用【选择工具】框选编辑点，此时【节目监视器】也会进入修剪模式。

进入修剪模式后，【节目监视器】中显示两个视频剪辑的画面，其中左侧显示的是转出剪辑的画面（也叫作 A 边），右侧显示的是转入剪辑的画面（也叫作 B 边）。两个视频画面下有 5 个按钮和两个指示器，如图 8-46 所示。

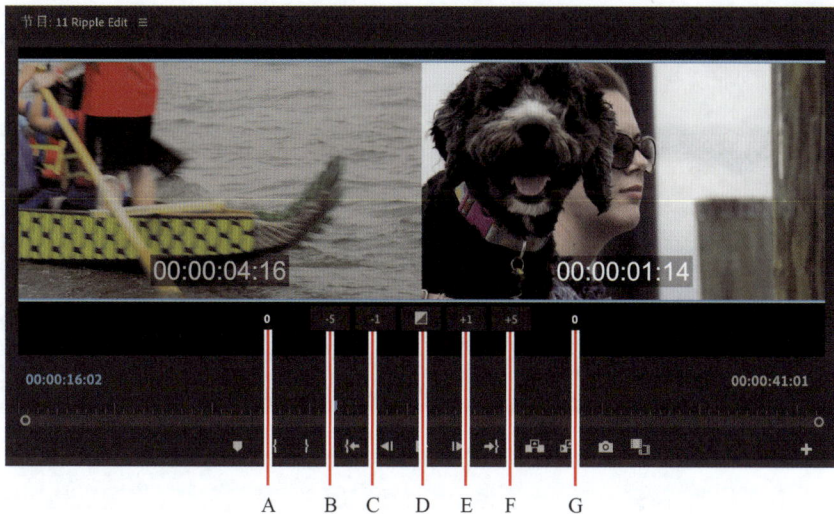

图 8-46

A 出点变换：显示 A 边出点有多少帧发生变化。

B 大幅向后修剪：执行向后修剪操作，每单击一次把 A 边向左调整 5 帧。

C 向后修剪：执行向后修剪操作，每单击一次把编辑点向左调整一帧。

D 应用默认过渡到选择项：向所选编辑点应用默认过渡效果。

E 向前修剪：类似于【向后修剪】，但每单击一次把编辑点向右调整一帧。

F 大幅向前修剪：类似于【大幅向后修剪】，但每单击一次把编辑点向右调整 5 帧。

G 入点变换：显示 B 边入点有多少帧发生变化。

> 提示 默认设置下，单击【大幅向后修剪】和【大幅向前修剪】按钮会修剪 5 帧。要修改具体修剪帧数，可打开【首选项】对话框中的【修剪】选项卡，在【大修剪偏移】中进行设置。

### 8.8.2 在【节目监视器】中选择修剪方法

前面介绍了 3 种修剪方法（常规修剪、滚动修剪、波纹修剪）。使用【节目监视器】的修剪模式可以让修剪变得更简单，因为在其中能立刻看到修剪结果。在【节目监视器】的修剪模式下，无论【时间轴】面板的视图如何缩放，都能对剪辑进行精确的控制。下面一起试一下。

1. 打开 12 Trim View 序列。播放序列，浏览序列内容。

2. 按住【Option】键（macOS）或【Alt】键（Windows），使用【选择工具】双击序列中第 1 个视频剪辑和第 2 个视频剪辑之间的编辑点。同时按住【Option】键（macOS）或【Alt】键（Windows），可忽略【链接选择项】，只选择视频编辑点，而不改动音频轨道。

3. 在【节目监视器】中，把鼠标指针放到剪辑 A 和 B 的图像上，但不要单击。

从左往右移动鼠标指针，可以看到鼠标指针从修剪出点（左）变到滚动修剪（中）再到修剪入点（右）。

> 注意 单击 A 边或 B 边可以切换当前修剪的边，在中间单击会切换为滚动编辑。

4. 在【节目监视器】中的两个剪辑之间拖曳鼠标，执行滚动编辑。

不断拖曳，直到【节目监视器】中左下方显示的 A 边剪辑时间码为 01:54:08:13，B 边剪辑时间码为 01:26:59:01，如图 8-47 所示。

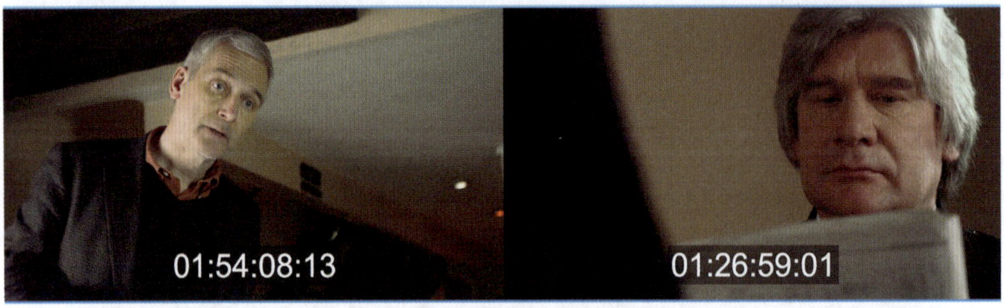


图 8-47

5. 按 3 次【↓】键，跳转到第 3 个剪辑和第 4 个剪辑之间的编辑点（音频轨道上两个音频剪辑之间需跳转一次，因为轨道上的目标切换轨道按钮处于开启状态）。

第 1 个镜头太长，演员往下坐的动作在下一个镜头中重复出现，下面进行修剪。

当在【节目监视器】中进行修剪时，鼠标指针的颜色指示要执行的是哪种修剪。红色代表常规修剪，黄色代表波纹修剪。

按住【Command】键（macOS）或【Ctrl】键（Windows），在【节目监视器】中单击其中一个画面，可以快速更改修剪类型。单击后，需要移动鼠标指针，其颜色才会更新。

6. 按住【Command】键（macOS）或【Ctrl】键（Windows），在【节目监视器】中单击其中

一个画面，鼠标指针变为黄色，表示选择了【波纹编辑工具】。

⑦ 在转出剪辑（位于【节目监视器】左侧）上向左拖曳鼠标，缩短剪辑长度。

确保左侧画面中显示的时间码是 01:54:12:18，如图 8-48 所示。

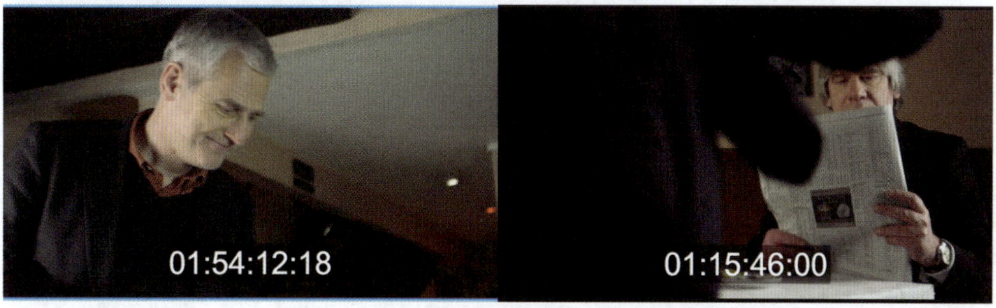

图 8-48

⑧ 按空格键播放序列。当【节目监视器】处在修剪模式时，播放会循环进行，以便仔细查看效果。

## 修饰键

Premiere Pro 允许用户使用多个修饰键来调整修剪选择。

· 选择剪辑时，按住【Option】键（macOS）或【Alt】键（Windows）会临时断开序列中视频剪辑和音频剪辑之间的链接，即忽略【链接选择项】功能。当然也可以在【时间轴】面板中单击【链接选择项】按钮（🔗），将该功能关闭。

· 按住【Shift】键，可选择多个编辑点。Premiere Pro 支持同时修剪多个轨道或剪辑，只要有修剪手柄的地方，就可以进行修剪调整。

· 组合使用这两种修饰键，可以进行更快捷的修剪操作。

### 8.8.3　执行动态修剪

大多数修剪工作调整的是剪辑的节奏和韵律。从某种程度上讲，合理安排剪辑片段的时间点是编辑工作取得成功的关键。

在修剪模式下，按空格键可以循环播放序列，以便调整修剪的时间点。此外，还可以使用快捷键或按钮在序列播放时进行修剪。

① 继续使用 12 Trim View 序列。

② 按【↓】键，将播放滑块移到下一个编辑点，即位于第 4 个和第 5 个视频剪辑之间的编辑点，如图 8-49 所示。在【节目监视器】中央的两帧之间单击，把修剪类型设置为滚动修剪。

在【时间轴】面板中，修剪手柄发生了变化，指示在做滚动修剪。

③ 按空格键，循环播放序列。

循环播放会持续几秒，显示出编辑点前（预卷）和编辑点后（过卷）的内容，帮助编辑人员更好地判断编辑点的时间安排是否妥当。

图 8-49

④ 循环播放期间，可以尝试使用前面学过的方法调整修剪结果。

> 💡 **注意** 若要控制预卷（pre-roll）和过卷（post-roll）的持续时间，可打开【首选项】对话框中的【回放】选项卡，在【预卷】和【过卷】中设置持续时间（单位：秒）。

【节目监视器】中的【向前修剪】与【向后修剪】按钮用起来非常方便。播放剪辑期间，可以使用它们对修剪结果进行调整。

⑤ 单击【停止】按钮或按空格键，停止循环播放序列。接下来，使用键盘进行更多动态控制。控制播放时使用的【J】【K】【L】键同样可以用来控制修剪，但前提是【节目监视器】处于修剪模式。

⑥ 按【L】键，向右修剪。

按一次【L】键可进行实时修剪，按多次【L】键可以加快修剪。

在常规修剪模式下，若修剪一个剪辑会延伸到下一个剪辑，则 Premiere Pro 会禁止修剪。在波纹修剪模式下，剪辑会根据新剪辑的持续时间自动调整位置。

示例序列中的剪辑都非常短，可以快速修剪完。接下来，进一步提高修剪的精细程度。

⑦ 按【K】键，停止修剪。

> 💡 **注意** 当按【K】键停止修剪时，【时间轴】面板中的剪辑片段会随之更新。

⑧ 按住【K】键，按【J】键缓慢向左修剪。

⑨ 释放两个键，停止修剪。

⑩ 在【时间轴】面板中单击空白轨道，退出修剪模式。

## 8.8.4 常用修剪快捷键

修剪时常用的快捷键如表 8-1 所示。

表 8-1

| macOS | Windows |
| --- | --- |
| 向后修剪：【Option】+【←】 | 向后修剪：【Ctrl】+【←】 |
| 大幅向后修剪：【Option】+【Shift】+【←】 | 大幅向后修剪：【Ctrl】+【Shift】+【←】 |
| 向前修剪：【Option】+【→】 | 向前修剪：【Ctrl】+【→】 |
| 大幅向前修剪：<br>【Option】+【Shift】+【→】 | 大幅向前修剪：<br>【Ctrl】+【Shift】+【→】 |
| 将剪辑选择项向左内滑 5 帧：<br>【Option】+【Shift】+【,】 | 将剪辑选择项向左内滑 5 帧：<br>【Alt】+【Shift】+【,】 |

| macOS | Windows |
|---|---|
| 将剪辑选择项向左内滑 1 帧：<br>【Option】+【,】 | 将剪辑选择项向左内滑 1 帧：<br>【Alt】+【,】 |
| 将剪辑选择项向右内滑 5 帧：<br>【Option】+【Shift】+【.】 | 将剪辑选择项向右内滑 5 帧：<br>【Alt】+【Shift】+【.】 |
| 将剪辑选择项向右内滑 1 帧：<br>【Option】+【.】 | 将剪辑选择项向右内滑 1 帧：<br>【Alt】+【.】 |
| 将剪辑选择项向左外滑 5 帧：<br>【Command】+【Option】+【Shift】+【←】 | 将剪辑选择项向左外滑 5 帧：<br>【Ctrl】+【Alt】+【Shift】+【←】 |
| 将剪辑选择项向左外滑 1 帧：<br>【Command】+【Option】+【←】 | 将剪辑选择项向左外滑 1 帧：<br>【Ctrl】+【Alt】+【←】 |
| 将剪辑选择项向右外滑 5 帧：<br>【Command】+【Option】+【Shift】+【→】 | 将剪辑选择项向右外滑 5 帧：<br>【Ctrl】+【Alt】+【Shift】+【→】 |
| 将剪辑选择项向右外滑 1 帧：<br>【Command】+【Option】+【→】 | 将剪辑选择项向右外滑 1 帧：<br>【Ctrl】+【Alt】+【→】 |

## 8.9　复习题

1. 在【剪辑速度 / 持续时间】对话框中，把剪辑的播放速度更改为 50%，会对剪辑的持续时间产生什么影响？
2. 哪种工具可以用来拉伸序列中的剪辑，改变它的播放速度？
3. 内滑编辑和外滑编辑有何不同？
4. 替换剪辑和替换素材有何不同？

## 8.10　答案

1. 剪辑的持续时间是原来的两倍。减慢剪辑的播放速度，剪辑持续时间会增加，除非在【剪辑速度 / 持续时间】对话框中断开了【速度】和【持续时间】的链接，或者剪辑被另外一个剪辑遮挡了。
2. 可以使用【比率拉伸工具】调整剪辑播放速度，就像在修剪剪辑一样。当需要填充序列中一小段时间或稍微缩短剪辑时，【比率拉伸工具】非常有用。
3. 对一个剪辑执行内滑操作时，Premiere Pro 会保留所选剪辑的源入点和出点。对一个剪辑执行外滑操作时，所选剪辑的入点和出点会发生变化。
4. 替换剪辑时，Premiere Pro 会使用【项目】面板中的一个新剪辑替换掉序列中剪辑的副本。替换素材时，Premiere Pro 会使用新的源剪辑替换【项目】面板中的剪辑，并且项目中所有用到该剪辑副本的序列都会更新。在这两种情况下，应用到被替换剪辑的效果都会被保留。

# 第9课

# 让剪辑动起来

## 课程概览

本课主要学习如下内容。

- 调整剪辑的【运动】效果
- 使用关键帧插值
- 添加【投影】和【变换】效果
- 更改剪辑的位置、角度和尺寸
- 应用【自动重构】效果

## 学完本课大约需要 **75** 分钟

请先准备好本课要用到的课程文件，并把它们保存到计算机中的合适位置。

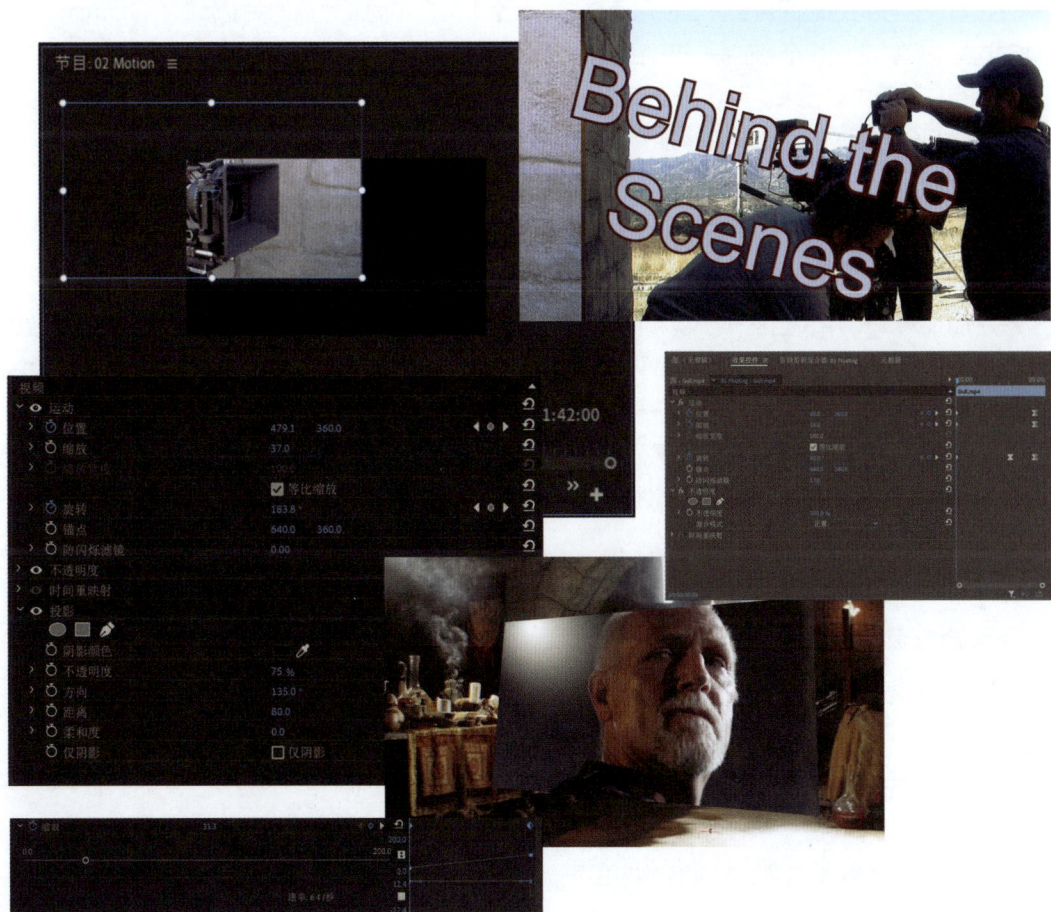

为剪辑添加运动效果，能让图像动起来，还能在画面中动态地改变某个视频剪辑的大小和位置。在 Premiere Pro 中，可以使用关键帧动态地改变对象的位置，并通过控制关键帧的解释方式来增强运动效果。

# 9.1　课前准备

视频制作中往往会添加动态视觉效果，经常把多个镜头巧妙叠加成复杂的动态画面，例如，多个视频画面在浮动方框中穿梭而过，又如一个小视频窗口出现在主持人旁边。在 Premiere Pro 中，可以使用【效果控件】面板中的【运动】设置或大量支持运动设置的剪辑效果来创建动态效果。

借助运动效果控件，可以控制剪辑的位置、旋转角度、大小。有些调整可以直接在【节目监视器】中进行。【效果控件】面板中的控件用来调整选择的剪辑，该剪辑可以是序列中的剪辑片段，也可以是在【源监视器】中打开的剪辑。

> ♀注意　开始学习前，请先把 Premiere Pro 首选项恢复成默认设置，具体操作为：在桌面上双击 Premiere Pro 图标，并立即按住【Option】键（macOS）或【Alt】键（Windows），在弹出的【重置选项】对话框中，勾选【重置应用程序首选项】，单击【继续】按钮。

在 Premiere Pro 中，可以使用关键帧为效果设置制作动画。关键帧是一种特殊的标记，用于把某个属性设置保存在特定时间点上。当使用两个（或多个）具有不同属性值的关键帧时，Premiere Pro 会自动对这些关键帧之间每个帧的同一属性的值进行动态调整。例如，可以使用关键帧为图像制作位置动画，让图像在画面中动起来。另外，还可以使用不同类型的关键帧对动画的时间安排进行细微调整。

大多数视觉效果的属性都允许添加关键帧，从而支持使用关键帧技术制作动画效果。

# 9.2　调整【运动】效果

在 Premiere Pro 中，当把一个视频剪辑添加至序列时，Premiere Pro 会自动为其添加一些效果。这些自动添加的效果被称为"固有效果"，有时也称作"内在效果"，常见的【运动】效果就是其中的一员。

想要调整某个剪辑的【运动】效果，需要先在序列中选中该剪辑，然后在【效果控件】面板中展开【运动】效果，根据需要调整相关属性。

> ♀提示　如果展开或折叠固定效果的设置，则所有剪辑的该效果的设置都会被展开或折叠。

下面尝试调整剪辑的位置、大小、旋转角度。

❶ 打开 Lessons 文件夹中的 Lesson 09.prproj 文件。

❷ 把项目文件另存为 Lesson 09 Working.prproj。

❸ 在菜单栏中依次选择【窗口】>【工作区】>【效果】命令，进入【效果】工作区，然后重置【效果】工作区。

❹ 打开 01 Floating 序列。这个序列很简单，里面只有一个剪辑（Gull.mp4）。

⑤ 在【节目监视器】中，将【选择缩放级别】设置为【适合】，如图 9-1 所示，确保设置视觉效果时能够看到整个画面。

使用【选择缩放级别】下拉列表中的各个选项并不会改变序列的实际尺寸，只改变了序列在视图中的呈现尺寸。在查看图像细节或设置效果时，【选择缩放级别】下拉列表中的选项会非常有用，但一般来说，将其设置为【适合】即可。

⑥ 播放序列，浏览内容。

打开【效果控件】面板，展开【运动】效果，可以看到【位置】【缩放】【旋转】属性都添加了关键帧，从而产生了动态效果。关键帧里记录着这些属性在不同时间点的数值，播放时属性值的变化就会形成动画。

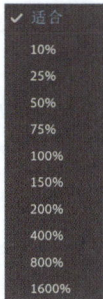

图 9-1

### 9.2.1 了解【运动】效果的属性

【运动】效果有多个属性能让剪辑动起来，但如果不主动设置，这些属性就不会发挥作用，剪辑也就无法动起来。默认设置下，剪辑以原始尺寸显示在【节目监视器】的中央。选择序列中的剪辑，打开【效果控件】面板。单击【运动】效果左侧的箭头按钮，将其展开，显示出各个属性，如图 9-2 所示。

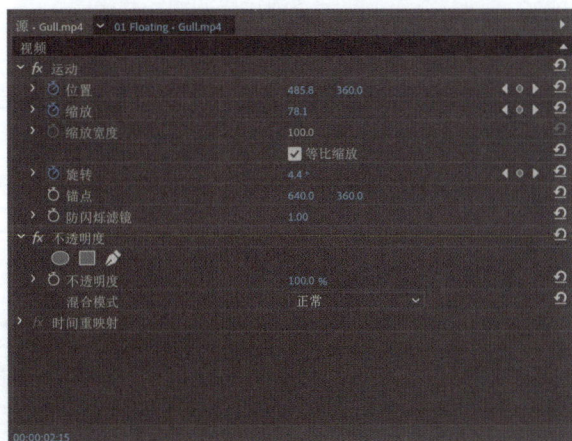

图 9-2

各个属性的说明如下。

· 位置：该属性用于设置锚点在序列画面中的位置，由 x 轴坐标（水平方向）与 y 轴坐标（垂直方向）组成。位置值指的是锚点至序列画面左上角的距离，默认设置下，锚点位于序列画面中心。例如，把尺寸为 1280 像素 ×720 像素的剪辑添加至尺寸为 1280 像素 ×720 像素的序列中时，默认的位置值为 (640,360)，即剪辑的锚点位于序列画面中心。有关锚点的更多内容稍后讲解。

· 缩放（取消勾选【等比缩放】复选框时，显示的是【缩放高度】和【缩放宽度】）：剪辑的默认缩放值为 100%，即原始尺寸。输入小于 100% 的值，可缩小剪辑。虽然可以把缩放值设置为 10000%，但是这样会让画面变得模糊不清。

- 缩放宽度、缩放高度：取消勾选【等比缩放】复选框后，【缩放宽度】【缩放高度】才可用。Premiere Pro 允许用户单独修改剪辑的宽度和高度。

- 旋转：绕着 $z$ 轴平面旋转剪辑，就像从上往下俯瞰转盘或旋转木马。Premiere Pro 允许用户直接输入旋转度数，当旋转度数超过 360° 时显示为圈数 × 度数。例如，450° 和 1 × 90（1 代表 1 圈，即 360°，×90 表示再加上 90°）所表达的含义是相同的。正数表示沿顺时针方向旋转，负数表示沿逆时针方向旋转。

- 锚点：旋转、位置、缩放调整都是基于锚点进行的，默认设置下，锚点位于剪辑画面的中心。可以把任意一个点设置为锚点，包括剪辑的 4 个角点，以及剪辑画面之外的点。

例如，可以把剪辑的一个角对应的点设置成锚点，旋转时，剪辑将绕着该点（而非剪辑的中心点）旋转。改变剪辑的锚点后，必须重新调整剪辑的位置以适应所做的调整。

💡提示 对于锚点位置，也可以使用关键帧技术制作动画，以实现更复杂的运动。

💡注意 如果包含【效果控件】面板的面板组太窄，有些控件就会重叠在一起，导致很难与它们进行交互。若遇到这种情况，在使用【效果控件】面板之前，可以把面板组拓宽一些。

- 防闪烁滤镜：对于隔行扫描视频剪辑和包含丰富细节（比如细线、锐利边缘、产生摩尔纹的平行线）的图像很有用；包含丰富细节的图像有时在运动期间会发生闪烁，此时可以把【防闪烁滤镜】值设置为 1，向图像中添加模糊效果，以减少闪烁。

下面继续使用 01 Floating 序列，深入了解一下剪辑是如何动起来的。

① 在【时间轴】面板中单击剪辑，使其处于选中状态。

② 打开【效果控件】面板，其与【源监视器】位于同一个面板组中。若找不到，可在菜单栏中依次选择【窗口】>【效果控件】命令，将其打开。

③【效果控件】面板右上方有一个箭头按钮，用来显示时间轴视图。检查时间轴视图是否打开，若没有打开，可以单击该按钮使时间轴视图显示出来。

【效果控件】面板的时间轴中显示已添加的关键帧，如图 9-3 所示。

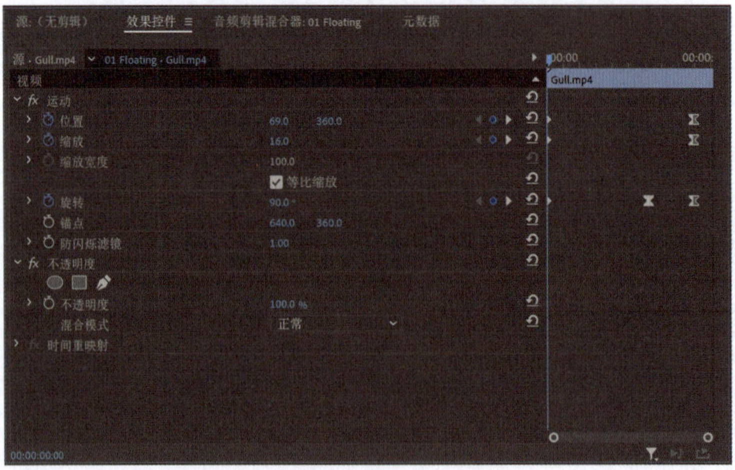

图 9-3

④ 若某个属性添加了关键帧，则右侧的时间轴视图中会显示出来。单击【转到上一关键帧】按钮或【转到下一关键帧】按钮，如图 9-4 所示，可在各个关键帧之间跳转。

图 9-4

> 💡 **注意** 把播放滑块移至指定关键帧并非易事。使用【上一个关键帧】按钮或【下一个关键帧】按钮可使播放滑块在关键帧之间快速跳转，避免意外添加关键帧。

每个效果和每个属性后都有一个重置按钮（🔄）。单击该按钮将重置整个效果，Premiere Pro 会在当前播放滑块所在的时间点上把各个属性恢复成默认状态。若在某个属性上添加了动画，单击该按钮，则 Premiere Pro 会在当前时间点添加一个带有默认设置的关键帧（现有关键帧不会被删除）。

⑤ 在【效果控件】面板的时间轴中，向前与向后拖曳播放滑块，查看关键帧标记的位置是如何与动画关联在一起的。

上面介绍了如何查看关键帧。接下来，把剪辑重置。

⑥ 每个属性左侧都有【切换动画】按钮（⭘），用来打开或关闭关键帧动画。当该按钮显示为蓝色（⬤）时，表明该属性设置了关键帧动画。单击【位置】属性左侧的【切换动画】按钮，关闭关键帧动画。

⑦ 因为【位置】属性有关键帧，所以 Premiere Pro 会弹出【警告】对话框，询问是否要删除现有关键帧。单击【确定】按钮，删除现有关键帧，如图 9-5 所示。

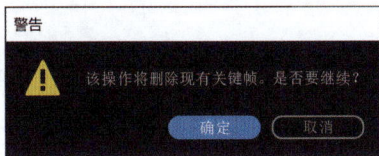

图 9-5

> 💡 **注意** 当【切换动画】按钮处于开启状态时，单击【重置参数】按钮不会改变现有关键帧，而是使用默认设置添加一个新的关键帧。为了避免出现这个问题，在重置效果之前，请先关闭动画。

⑧ 使用同样的方法删除【缩放】和【旋转】属性上的关键帧。

⑨ 在【效果控件】面板中，单击【运动】右侧的【重置效果】按钮，如图 9-6 所示。

图 9-6

现在，【运动】效果的所有属性都恢复成默认值，剪辑中不再有动画。

## 9.2.2 调整【运动】效果的属性

【位置】【缩放】【旋转】属性都是空间属性，当这些属性改变时，能很容易看出来，因为这些属性变化时对象的尺寸、位置等会发生明显的变化。调整这些属性值时，可以直接输入数值，也可以拖曳数字（即在蓝色数字上拖曳鼠标）或变形控件。

❶ 打开 02 Motion 序列。

❷ 在【节目监视器】中，把【选择缩放级别】设置为 25% 或 50%（或者能看到周围空间的其他缩放值）。

像这样，把缩放级别调小后，可轻而易举地把剪辑拖曳至视频画面之外。

❸ 在【时间轴】面板中拖曳播放滑块，使其在视频剪辑上移动，同时在【节目监视器】中查看视频内容。

④ 在序列中单击剪辑将其选中，此时【效果控件】面板中显示出已经应用的视频效果。

⑤ 在【效果控件】面板中，单击【运动】效果名称将其选中。此时，【运动】效果的标题处于灰色高亮状态，如图 9-7 所示。

> 💡 提示　双击【节目监视器】名称，可将【节目监视器】最大化，这样更方便调整运动效果。

图 9-7

单击【运动】效果名称时，【节目监视器】中的剪辑周围会出现一个控制框，上面有多个控制点，而且剪辑中心出现一个十字形图标（■，即锚点），如图 9-8 所示。

⑥ 在【节目监视器】中，单击控制框中的任意位置，注意避开中心的十字形图标。

此时，【节目监视器】被激活，同时启用相关菜单。

⑦ 在菜单栏中打开【视图】菜单，检查【在节目监视器中对齐】是否处于开启状态。若当前未启用（左侧无对钩），单击将其开启（左侧有对钩）。

图 9-8

⑧ 在【节目监视器】中向右下方拖曳剪辑，使剪辑的一部分超出画面，锚点对齐到画面的右下角，如图 9-9 所示。

拖曳时，剪辑边缘与锚点会对齐至画面边缘，出现参考线。在【效果控件】面板中，剪辑的位置值会随之发生变化。

⑨ 移动剪辑，使其中心靠近画面左上角，但不要完全贴合，即让剪辑稍微偏离画面中心，如图 9-10 所示。

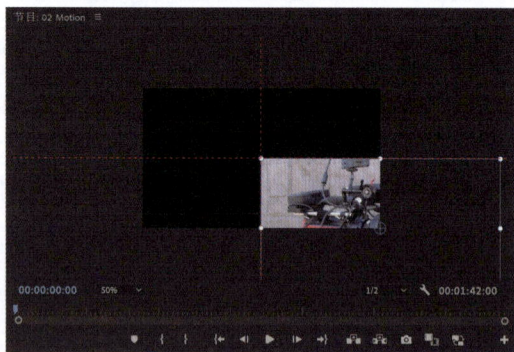

图 9-9

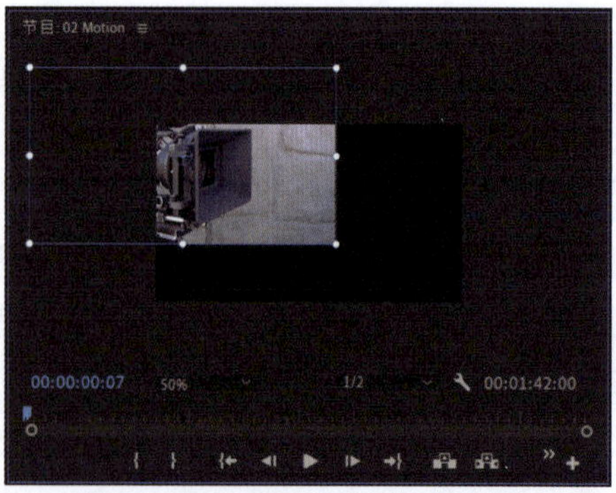

图 9-10

> 💡 注意　画面的左上角为原点 (0,0)，从原点出发，沿水平方向向右为 $x$ 轴正方向，沿垂直方向向下为 $y$ 轴的正方向。所以在原点左上方的所有 $x$、$y$ 值为负值；在原点右下方的所有 $x$、$y$ 值为正值。

这其实很难做到！启用【在节目监视器中对齐】功能后，当把剪辑移动到一个边缘附近时，该剪辑会自动对齐到该边缘。调整剪辑的【位置】【旋转】【缩放】属性时都是以锚点为基准的。在调整剪辑在画面中的位置时，注意不要单击锚点，否则移动的就是锚点。

此时，【效果控件】面板中的【位置】应该是 (0,0)。此外，还可以单击【位置】的坐标值，直接输入 0，快速设置好剪辑在画面中的位置。

02 Motion 是一个尺寸为 1280 像素 ×720 像素的序列，其画面右下角的坐标应该是 (1280,720)，画面中心点的坐标应该是 (640,360)。

⑩ 在【效果控件】面板中，单击【运动】效果右侧的【重置效果】按钮，把剪辑恢复至默认位置。

⑪ 在【效果控件】面板中，把鼠标指针移到【旋转】属性右侧的蓝色数字上，向左或向右拖曳鼠标，此时在【节目监视器】中可以看到剪辑发生了相应的旋转。

⑫ 在【效果控件】面板中，单击【运动】右侧的【重置效果】按钮，把剪辑恢复至默认位置。

# 9.3　更改剪辑的位置、角度和尺寸

【运动】效果把多个独立属性的变化统一组织在一起。下面把幕后花絮添加到一个序列中，制作一个简单的介绍视频，并为序列中的多个剪辑调整【运动】效果的属性。

## 9.3.1　更改剪辑的位置

下面在【运动】效果的【位置】属性上添加关键帧，制作移动动画，让剪辑运动起来。制作动画的第一步是移动剪辑，设置好剪辑的初始位置。在该动画中，最初画面在屏幕之外，然后自右向左穿过屏幕。

❶ 打开 03 Montage 序列。播放序列，浏览序列内容。

这一序列包含几个轨道，其中有些目前用不到，把它们的【切换轨道输出】关闭（▨）。

❷ 在【时间轴】面板中，把播放滑块拖曳到序列开头。

❸ 在【节目监视器】中把【选择缩放级别】设置为【适合】。

❹ 单击 V3 轨道上的第一个视频剪辑（718_0008_01b.MOV），将其选中，如图 9-11 所示。把

V3 轨道高度调大一些，缩览图也会更大。

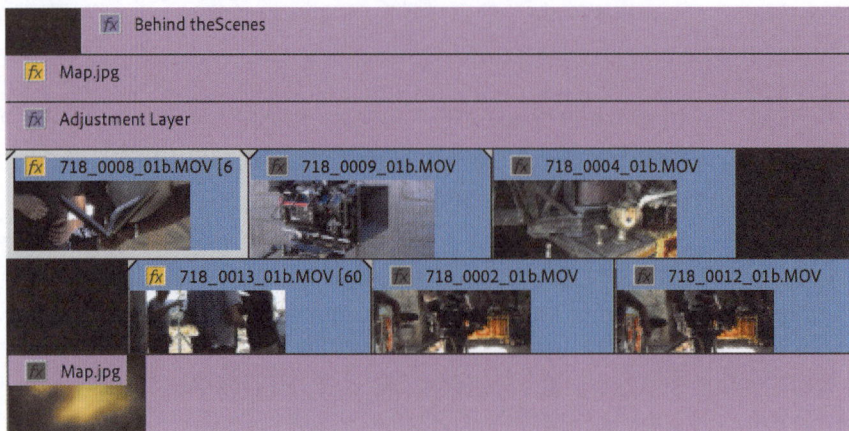

图 9-11

一旦选中某个剪辑，【效果控件】面板中就会显示应用在其上的各种效果。

⑤ 在【效果控件】面板中，单击【位置】左侧的【切换动画】按钮（⦿），【切换动画】按钮变成蓝色（⦿）。此时，Premiere Pro 自动在播放滑块当前位置为【位置】属性添加一个关键帧（◆），并显示在【效果控件】面板的时间轴中。在【效果控件】面板的时间轴中，关键帧图标只显示一半（▶），因为它位于剪辑的第 1 帧上。

像这样，在【位置】属性上添加好第 1 个关键帧后，每当改变剪辑的位置，Premiere Pro 就会自动在当前播放滑块所处的位置添加一个关键帧。

⑥ 在【位置】属性右侧单击第一个蓝色数字（$x$ 轴坐标），输入 −640，设定剪辑的起始位置。

此时，剪辑向左移动到画面外，同时 V1 和 V2 轨道上的剪辑显示出来。在播放滑块当前所处位置，V2 轨道是空的，画面中显示的是 V1 轨道上的 Map.jpg 图像，如图 9-12 所示。

图 9-12

⑦ 在【时间轴】面板或【效果控件】面板中，沿着时间轴把播放滑块拖曳到所选剪辑（718_0008_01b.MOV）的最后一帧（00:00:04:23）。

💡 提示 在【效果控件】面板中，如果一直拖曳播放滑块到时间轴的右边缘，播放滑块将出现在下一个剪辑的第一帧。请一定把播放滑块向前移动一帧，以便与当前剪辑的最后一帧对齐。

8 设置【位置】属性的 x 坐标为 1920.0，如图 9-13 所示。此时，剪辑移动至画面右侧，且完全超出画面右边缘，同时 Premiere Pro 在【位置】属性中添加一个关键帧。

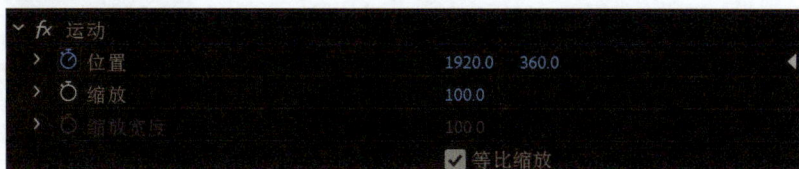

图 9-13

9 从头播放序列，第 1 个剪辑从画面左侧进入，慢慢向右移动，直至完全移到画面右边缘之外。随着第 1 个剪辑自左向右移动，先是 V2 轨道上的剪辑显示出来，然后迅速切换至 V3 轨道的第 2 个剪辑。

## 9.3.2 重用动画效果

前面使用关键帧为剪辑制作好了移动动画，这个动画可以套用到其他剪辑上，具体操作也很简单，只需要将其从一个剪辑复制到另外一个或多个剪辑上即可。以这种方式为其他剪辑制作动画能够大大提高工作效率。下面把前面制作好的移动动画快速应用到序列中的其他剪辑上。

重用动画效果的方法有多种，下面尝试一下复制的方法。

1 在【时间轴】面板中，选择刚刚制作好动画的剪辑，即 V3 轨道上的第 1 个剪辑。

2 在菜单栏中依次选择【编辑】>【复制】命令，或者按【Command】+【C】组合键（macOS）或【Ctrl】+【C】组合键（Windows）。

此时，所选剪辑连同其效果、设置都被临时复制到剪贴板中。

3 选择【选择工具】，从右向左拖曳鼠标，把 V2、V3 两个轨道上的其他 5 个剪辑同时选中（可能需要把时间轴放大才能看到所有剪辑），如图 9-14 所示。注意，选择时，请把第一个视频剪辑排除在外。

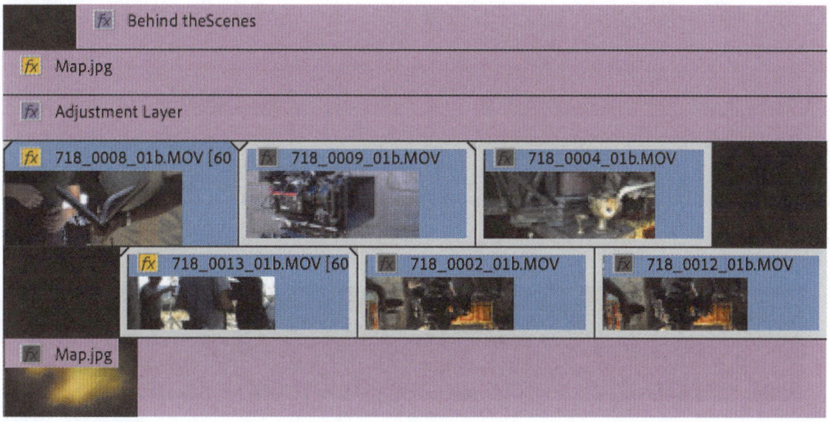

图 9-14

④ 在菜单栏中依次选择【编辑】>【粘贴属性】命令，打开【粘贴属性】对话框，如图 9-15 所示。

在【粘贴属性】对话框中，可以选择要粘贴剪辑的哪些效果和关键帧。

⑤ 这里保持默认设置不变，单击【确定】按钮。

Premiere Pro 只允许一个剪辑有一套固定效果，当从另一个剪辑复制某个固定效果时，复制过来的固定效果会覆盖当前固定效果的一切设置。单击【确定】按钮前，最好看一下【粘贴属性】对话框中有哪些可用选项。

⑥ 播放序列，查看结果。

> 💡 注意　除了在【时间轴】面板中复制整个剪辑，还可以在【效果控件】面板中单击选择一个或多个效果，若单击的同时按住【Command】键（macOS）或【Ctrl】键（Windows），可以选择多个不相邻的效果，而后在菜单栏中依次选择【编辑】>【复制】命令。然后选择另外一个（或多个）剪辑，在菜单栏中依次选择【编辑】>【粘贴】命令，把效果设置粘贴到其他剪辑。

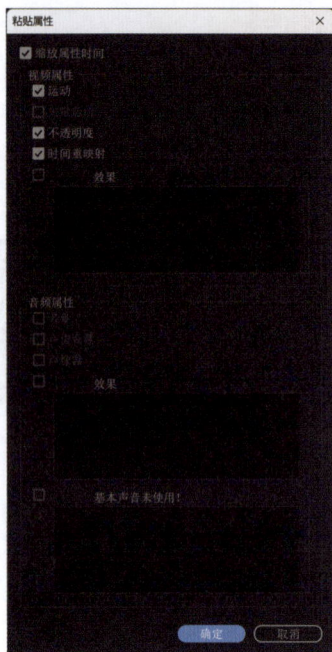

图 9-15

### 9.3.3　更改剪辑的角度

前面通过给【位置】属性添加关键帧让剪辑动了起来。接下来，继续给其他属性添加关键帧，进一步丰富和增强剪辑的动态效果。先从【旋转】属性开始。

更改【旋转】属性可以使一个剪辑围绕着它的锚点旋转。默认设置下，锚点位于画面中心。不过 Premiere Pro 允许用户灵活地改变锚点位置，从而制作出更加引人入胜、生动有趣的动画效果。

下面向剪辑添加旋转效果。

① 在【时间轴】面板中，单击 V6 轨道上的【切换轨道输出】按钮以启用它。该轨道的剪辑是一个文本图形，文本是 Behind the Scenes。

该文本图形是在 Premiere Pro 中使用矢量工具创建的，无论放大还是缩小，文本始终是清晰的，曲线始终是平滑的，不会出现锯齿。类似于非矢量图形，在 Premiere Pro 中可以对矢量图形进行相同的控制和调整。

② 把播放滑块拖曳到图形剪辑的第 1 帧（00:00:01:13）。拖曳播放滑块的同时按住【Shift】键，当播放滑块靠近剪辑起点时，会自动对齐至第 1 帧。

③ 选择序列中的图形剪辑。此时，在【效果控件】面板中可以看到图形剪辑的各个效果，如图 9-16 所示。

图 9-16

针对矢量图形，Premiere Pro 提供了以下两种运动效果。

- 【矢量运动】效果：该效果会把剪辑视作矢量图形，确保图形放大时仍然保持清晰的线条，不会出现锯齿。

- 【运动】效果：该效果会把剪辑视作图像。放大时，像素增大，画面变模糊，同时产生锯齿状边缘。不过这种模糊效果（也称"像素化"）并非一无是处，有些情况下这种效果正是所需要的。

在 Premiere Pro 中创建的每个图形、文本图层的所有属性都会出现在【效果控件】面板中。这个图形只有一个图层，可以在【矢量运动】效果下看到。

④ 在【效果控件】面板中单击【矢量运动】，此时在【节目监视器】中会显示画面中心的锚点和周围的边框控件。锚点（▦）也在文本的中心。

下面在【效果控件】面板中调整【旋转】属性。

⑤ 单击【矢量运动】左侧的箭头按钮，展开该效果的属性，设置【旋转】为 90.0°。

此时，文本围绕着中心顺时针旋转 90°。

⑥ 在菜单栏中依次选择【编辑】>【撤销】命令，撤销旋转操作。

⑦ 在【效果控件】面板中确保【矢量运动】仍然处于选中状态。

⑧ 在【节目监视器】中，把锚点拖曳到文本中第一个字母 B 的左上角，如图 9-17 所示。

【位置】属性和【锚点】属性的设置方法相似，但是它们是各自独立的。

图 9-17

- 【锚点】属性控制着锚点在剪辑画面中的位置，即锚点与剪辑画面左上角（剪辑坐标系的坐标原点）的距离。

- 【位置】属性控制着锚点在序列画面中的位置，即锚点与序列画面左上角（序列坐标系的坐标原点）的距离。

> 💡注意　在【节目监视器】中通过拖曳剪辑改变锚点位置时，实际改变的是【位置】属性。拖曳过程中，【位置】属性的值会跟着变化。在【效果控件】面板中更改【锚点】属性的值，实际改变的是锚点相对于剪辑画面左上角的距离，不会影响到【位置】属性的值。

剪辑在序列画面中的位置与锚点息息相关，在【效果】控件面板中，无论是改变【位置】属性还是【锚点】属性，剪辑在序列画面中的位置都会发生改变。

使用【选择工具】在【节目监视器】中左右拖曳锚点，观察【效果控件】面板，可以发现【位置】属性和【锚点】属性都发生了变化，而剪辑在序列画面中的相对位置没有发生变化。

⑨ 在【矢量运动】效果下，单击【旋转】属性左侧的【切换动画】按钮，Premiere Pro 在播放滑块所在的位置自动添加一个关键帧。

⑩ 把【旋转】设置为 90.0°，更新刚刚添加的关键帧。

⑪ 向前拖曳播放滑块至 00:00:06:00 处，单击【旋转】属性右侧的【重置参数】按钮，把【旋转】恢复为 0.0°。此时，Premiere Pro 会自动添加另外一个关键帧，如图 9-18 所示。

图 9-18

⑫ 播放序列，查看动画效果，如图 9-19 所示。

图 9-19

使用【运动】效果或【矢量运动】效果，并精细地调整【旋转】属性，能够轻松制作出非常高级的动画效果。

### 9.3.4　更改剪辑的尺寸

在 Premiere Pro 中，更改序列中剪辑尺寸的方法有多种。默认设置下，添加到序列中的剪辑都是以原始尺寸显示的。当剪辑尺寸与序列尺寸不一致时，剪辑画面的四周可能会被序列边缘裁切掉或者出现黑边。

Premiere Pro 提供了以下多种方法来调整序列中剪辑的尺寸。

• 在【效果控件】面板中，更改【视频】下的【运动】效果或者【图形】下的【矢量运动】效果的【缩放】属性。

• 使用鼠标右键单击序列中的剪辑，在弹出的菜单中选择【设为帧大小】命令。此时，Premiere Pro 会自动调整【运动】效果的【缩放】属性，使剪辑和序列尺寸保持一致。同时【缩放】属性仍然可以自由调整。

• 使用鼠标右键单击序列中的剪辑，在弹出的菜单中选择【缩放为帧大小】命令。这样得到的结果与选择【设为帧大小】命令类似，不同的是 Premiere Pro 会使用新的（通常是较低的）分辨率对画面重新采样。此时，更改【缩放】属性以放大剪辑时，无论原始剪辑的分辨率有多高，最终剪辑画面看起来都很模糊。

• 在菜单栏中依次选择【Premiere Pro】>【首选项】>【媒体】（macOS）或【编辑】>【首选项】>【媒体】命令（Windows），在弹出的【首选项】对话框中，把【默认媒体缩放】设置为【缩放为帧大小】或【设置为帧大小】。当向项目中导入素材时，Premiere Pro 会自动应用该设置，但已导入的素材不受影响。

上面 4 种方法中，第 1 种和第 2 种方法较灵活，可以使用它们根据需要灵活地缩放剪辑，同时又不会影响画面质量。下面一起试一下。

❶ 打开 04 Scale 序列。

❷ 拖曳播放滑块，浏览序列内容。

V1 轨道上的第 2 个和第 3 个剪辑的尺寸要比第 1 个剪辑的尺寸（以及序列尺寸）大一些，其画面边缘明显被裁切掉了，如图 9-20 所示。

图 9-20

❸ 为了显示出完整画面，把播放滑块移到 V1 轨道的最后一个剪辑上。单击最后一个剪辑，将其选中，按【F】键或者在菜单栏中依次选择【序列】>【匹配帧】命令，在【源监视器】中把剪辑完整地显示出来，如图 9-21 所示。

图 9-21

💡 提示 在【源监视器】中，把【选择缩放级别】设置为【适合】，可完整显示剪辑内容。

浏览序列中的某个剪辑时，执行【匹配帧】命令可在原始剪辑中快速找到当前帧，并在【源监视器】中显示出来。

❹ 在【时间轴】面板中，使用鼠标右键单击剪辑，在弹出的菜单中选择【缩放为帧大小】命令，如图 9-22 所示。

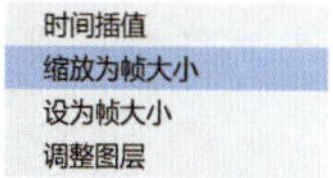

执行该命令时，Premiere Pro 会根据序列尺寸对剪辑进行缩放和重新采样。不过有一个问题：这里使用的剪辑是 DCI 标准的全 4K，分辨率为 4096 像素 ×

时间插值
缩放为帧大小
设为帧大小
调整图层

图 9-22

2160 像素，宽高比不是标准的 16∶9。通常所说的 4K 实际指的是超高清（UHD），分辨率为 3840 像素 ×2160 像素，宽高比是 16∶9。

当剪辑与序列的宽高比不一致时，序列画面（上下或左右）就会出现"黑边"（letterboxing），如图 9-23 所示。

图 9-23

视频编辑过程中，遇到"黑边"问题时，没有简便的解决办法，只能依靠手动调整进行消除。

❺ 使用鼠标右键单击剪辑，在弹出的菜单中选择【设为帧大小】命令。最终结果似乎没什么不同，但这实际上是 Premiere Pro 通过调整【缩放】属性实现的，用户还可以在【效果控件】面板里对【缩放】属性进行更细致的调整。

选择【设为帧大小】命令后，Premiere Pro 会自动取消选择【缩放为帧大小】命令。

💡 **注意** 在【效果控件】面板中，有些属性的单位（如像素、百分比、度数）不会直接显示出来。刚开始可能需要花些时间去理解和适应，但当有了一定经验后，就会意识到这么做其实非常有意义。

❻ 在剪辑处于选中状态下，打开【效果控件】面板，可以看到 Premiere Pro 将【缩放】设置为 31.3，以匹配序列帧大小。

使用【缩放】属性调整剪辑尺寸，使剪辑画面和序列画面一致，并且没有黑边，这里设置为 34.0 即可。若有必要，可修改【位置】属性来调整剪辑在序列画面中的位置。

当剪辑与序列的宽高比不一致时，可以选择保留黑边，或者做剪裁，或者改变剪辑的原有宽高比（需要在【效果控件】面板中取消勾选【等比缩放】复选框）。

### 9.3.5  动态改变剪辑尺寸

前面的例子中，剪辑画面的宽高比与序列不一样。下面看另外一个例子，制作缩放动画。

① 在【时间轴】面板中，把播放滑块拖曳到 04 Scale 序列中第 2 个剪辑的第 1 帧上，即 00:00:05:00 处，如图 9-24 所示。

图 9-24

该剪辑分辨率为 3840 像素 ×2160 像素（UHD），与序列（1280 像素 ×720 像素）的宽高比（16∶9）相同，还与全高清（HD，1920 像素 ×1080 像素）的宽高比相同。若视频项目中要混合使用各种视频素材，请尽量选用 UHD 视频素材。

② 选择序列的第 2 个剪辑，打开【效果控件】面板，确保【缩放】为 100.0。

③ 在【时间轴】面板中使用鼠标右键单击剪辑，在弹出的菜单中选择【设为帧大小】命令，效果如图 9-25 所示。

图 9-25

此时，Premiere Pro 根据序列帧大小把剪辑的【缩放】改成了 33.3，这在【效果控件】面板中可以看到。把剪辑的【缩放】设定在 33.3 至 100.0 的范围内，既能保证剪辑画面覆盖整个序列画面，又能保证画面质量。

④ 在【效果控件】面板中，单击【缩放】左侧的【切换动画】按钮（■），在当前位置给【缩放】属性添加一个关键帧。

⑤ 把播放滑块拖曳到剪辑的最后一帧上。

⑥ 在【效果控件】面板中，单击【缩放】属性右侧的【重置参数】按钮（↺）。

⑦ 拖曳播放滑块，浏览剪辑的缩放效果。

此时，剪辑上有了一个缩放动画。而且由于剪辑的【缩放】属性不超过 100.0，所以剪辑画面仍然保持出色的质量。

⑧ 下面反转关键帧的【缩放】属性，即在第 1 个关键帧把【缩放】设置为 100.0，在第 2 个关键帧把【缩放】设置为 33.3。修改的过程中，可以在【效果控件】面板的时间轴上把关键帧拖曳至指定位置，或者在当前位置调整每个关键帧的设置。

这种效果就是"滑动变焦"效果。

⑨ 使用【撤销】命令撤销操作，让剪辑开始时的【缩放】为 33.3，然后逐渐变为 100.0。设置时，建议进行多次尝试。不满意时，撤销操作即可。

⑩ 激活 V2 轨道的【切换轨道输出】按钮。

V2 轨道上有一个调整图层。通过调整图层，可以把效果同时应用至低层视频轨道的所有剪辑上。

⑪ 在【时间轴】面板中选择调整图层剪辑，打开【效果控件】面板，其中显示该剪辑应用的各种效果。

【效果控件】面板中有【亮度】效果与【对比度】效果，如图 9-26 所示。关于调整图层的更多内容，将在第 12 课"添加视频效果"中介绍。

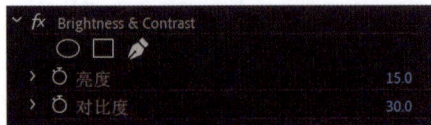
图 9-26

⑫ 播放序列，浏览内容。

可能需要渲染序列才能实现平滑播放。因为有些剪辑的分辨率很高，播放时需要进行大量计算机处理。要渲染序列，先在【时间轴】面板中选择它，然后在菜单栏中依次选择【序列】>【渲染入点到出点的效果】命令，或者按【Return】键（macOS）或【Enter】键（Windows）。

### 9.3.6 使用【过滤属性】按钮

当为一个剪辑应用了大量效果，并对多个属性进行了调整后，【效果控件】面板中会显示出一系列属性，这无疑给快速查找某个特定属性带来了一定困难。

【效果控件】面板右下方有一个【过滤属性】按钮（▼），使用它可对【效果控件】面板中的属性进行筛选，从而大大加快查找某个属性的速度。

单击【过滤属性】按钮，其下拉列表中包含以下 3 个选项。

- 显示所有属性：这是默认选项，用于在【效果控件】面板中显示所有效果的属性。
- 仅显示使用关键帧的属性：仅显示添加了关键帧的属性。
- 仅显示编辑后的属性：仅显示更改了默认值的属性。

## █ 9.4 使用关键帧插值

本课中，所有动画效果均使用关键帧技术制作完成。"关键帧"（keyframe）这一术语源自传统动画领域。在制作传统动画时，艺术总监负责绘制出关键帧（这些帧代表着动画中最重要或最关键的瞬间），随后助理动画师会根据这些关键帧来绘制它们之间的过渡帧，从而细腻地刻画出整个动画过程。在 Premiere Pro 中制作动画时，制作者就是艺术总监，负责制作关键帧，而关键帧之间的过渡帧则由计算机通过插值算法自动生成。

### 9.4.1　选择关键帧插值方法

关键帧插值是 Premiere Pro 中一个极其有用的功能，其提供了一种独特方式，用以描述对象如何从 A 点移动到 B 点。

Premiere Pro 提供了 5 种插值方法，采用不同的插值方法会产生不同的动画效果。在【效果控件】面板的时间轴中，使用鼠标右键单击关键帧图标，弹出的菜单中包含 5 种插值方法，如图 9-27 所示。

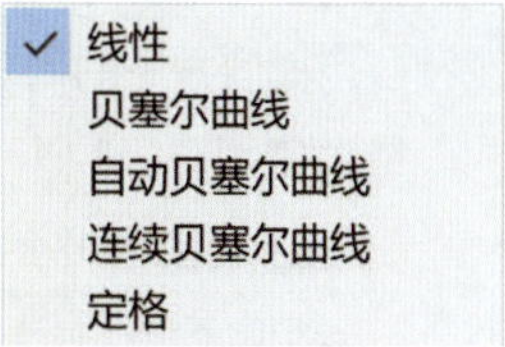

| ✓ 线性 |
| 贝塞尔曲线 |
| 自动贝塞尔曲线 |
| 连续贝塞尔曲线 |
| 定格 |

图 9-27

• 线性：这是默认的关键帧插值方法，用于在关键帧之间创建一种匀速变化。变化从第 1 帧开始，并保持恒定速度到下一帧，在第 2 帧变化速度立即变成它和第 3 帧之间的速度，以此类推。这种方法相当有效，但产生的效果有些机械和生硬，不够自然。

• 贝塞尔曲线：使用该方法可以对关键帧插值进行强有力的控制，实现更为精细的调整。贝塞尔曲线［以法国工程师 Pierre Bézier（皮埃尔·贝塞尔）的名字命名］提供了控制手柄，通过控制手柄，可以更改关键帧任意一侧的值曲线图（value graph）形状或运动路径。选中关键帧，拖曳控制手柄，可以实现平滑或突兀的运动效果。例如，让一个对象缓慢地从某个方向移动到屏幕的某一个位置，然后快速地朝另外一个方向移动。

> 💡 提示　如果熟悉 Illustrator 或 Photoshop，那么应该不会对贝塞尔曲线感到陌生。这些软件中的贝塞尔曲线和 Premiere Pro 中的贝塞尔曲线在工作原理上都是相同的。

• 自动贝塞尔曲线：使用该方法能够让关键帧之间的变化很平滑。当改变相关设置时，曲线会自动更新。这是上述【贝塞尔曲线】方法的一个改进版本。

• 连续贝塞尔曲线：该方法与【自动贝塞尔曲线】类似，但是它支持手动控制。运动路径或值路径（value path）的过渡总是很平滑，但是可以使用控制手柄调整关键帧两侧的贝塞尔曲线的形状。

• 定格：在创建不连贯的运动或者某个对象突然消失的效果时，该方法非常有用。使用该方法时，第 1 个关键帧的值会一直保持不变，直到遇到下一个定格关键帧其值才会发生变化。

## 时间插值与空间插值

有些属性和效果为关键帧之间的过渡同时提供了时间插值和空间插值方法。在 Premiere Pro 中，所有属性都有与时间有关的控件，有些属性还支持空间插值（涉及空间运动）。

关于这两种方法，需要了解以下内容。

• 时间插值：时间插值处理的是时间上的变化，控制着对象的移动速度。例如，可以使用关键帧添加加速或减速效果。

• 空间插值：该方法处理的是一个对象在位置上的变化，控制着对象的路径形状。该路径称为运动路径，它在【节目监视器】中有多种显示方式。通过做空间插值调整，可以控制一个对象从一个关键帧移动到下一个关键帧时是做硬弹跳运动，还是做圆角倾斜运动。

## 9.4.2　添加缓入缓出效果

在 Premiere Pro 中，可以使用关键帧预设快速为剪辑运动添加惯性效果。例如，使用鼠标右键单击关键帧，在弹出的菜单中选择【缓入】或【缓出】，可创建加速效果。当靠近关键帧时使用【缓入】命令，当远离关键帧时使用【缓出】命令。

当选择【缓入】或【缓出】命令时，Premiere Pro 会把一种插值方法应用到关键帧上。有关向关键帧应用插值方法的内容，将在第 12 课"添加视频效果"中讲解。

继续使用 04 Scale 序列。

① 选择该序列中的第 2 个视频剪辑。

② 在【效果控件】面板中找到【旋转】和【缩放】属性。

③ 单击【缩放】左侧的箭头按钮，然后单击【缩放】，选择缩放关键帧，【效果控件】面板的时间轴中显示出控制手柄和速率图形，如图 9-28 所示。

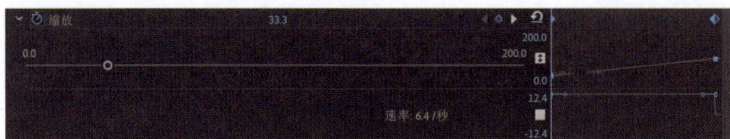

图 9-28

增加【效果控件】面板的高度，可以显示出更多属性。

不要被所看到的数字和图形吓到！一旦理解了其中一个，另外一个也就理解了，因为它们使用了相同的设计。

借助速率图形，可以方便地查看关键帧插值的效果。例如，直线表示的是速度恒定不变，没有加速度，即当前使用的是线性关键帧。

向下拖曳关键帧下方的水平线，增加速率图形高度，可以看得更清楚。变化曲线有些淡，仔细查看才能找到。

④ 在【效果控件】面板中单击空白区域，取消选择关键帧，它们会从蓝色（选中状态）变成灰色（非选中状态）。然后使用鼠标右键单击第 1 个缩放关键帧，在弹出的菜单中选择【缓出】命令。第 1 个缩放关键帧位于时间轴左侧，并且图标只显示一半。

⑤ 使用鼠标右键单击第 2 个缩放关键帧，在弹出的菜单中选择【缓入】命令，效果如图 9-29 所示。

图 9-29

此时，图形中呈现一条曲线，代表动画逐渐加速和减速。

⑥ 播放序列，查看动画效果。

⑦ 在【效果控件】面板中拖曳蓝色的控制手柄，了解曲线变化对速度快慢的影响。

曲线越陡峭，动画运动的速度增加得越快。若对效果不满意，可以在菜单栏中依次选择【编辑】>【撤销】命令进行撤销。

# 9.5 应用【自动重构】效果

以前所有屏幕的宽高比是 4：3，后来又出现了各种各样的宽高比，16：9 是如今电视节目和在线视频普遍采用的标准宽高比，有时也写作 1.78：1，即宽度是高度的 1.78 倍。

电影院屏幕往往更宽，常用的两种宽高比为 1.85：1 与 2.39：1。

制作电影时，电影公司往往会为同一部电影制作多个版本，这些版本有不同的宽高比和颜色标准，用以满足不同的视频发行标准。不过最常用的还是 16：9 或 4：3。

随着社交媒体平台的流行与发展，特别是智能手机的发展，人们对视频宽高比的多样化需求逐渐变得强烈起来。

为此，Premiere Pro 专门提供了一个自动重构工作流。借助它可以轻松地把一个已经制作好的序列从一种宽高比转换为另一种宽高比，而且还可以把这一过程自动化。使用这一工作流时，Premiere Pro 会分析剪辑中的视觉效果，然后为每个剪辑应用和配置【自动重构】效果，以自动保持兴趣点（比如屏幕上的人脸）。

如果想把自己的作品发布到多个平台上，使用自动重构工作流将节省大量时间。下面一起动手试一试。

① 打开 05 Auto Reframe 序列。

② 播放序列，浏览序列内容，如图 9-30 所示。

人物在画面中走来走去，序列中那些与画面尺寸不匹配的剪辑边缘会被裁剪掉。如果想把该序列嵌套在其他序列中，则需要手动添加关键帧来重构内容，而这会花费相当长的时间。

③ 在【时间轴】面板处于激活状态时，或者在【项目】面板中的 05 Auto Reframe 序列处于选中状态时，在菜单栏中依次选择【序列】>【自动重构序列】命令，打开【自动重构序列】对话框，如图 9-31 所示。

图 9-30

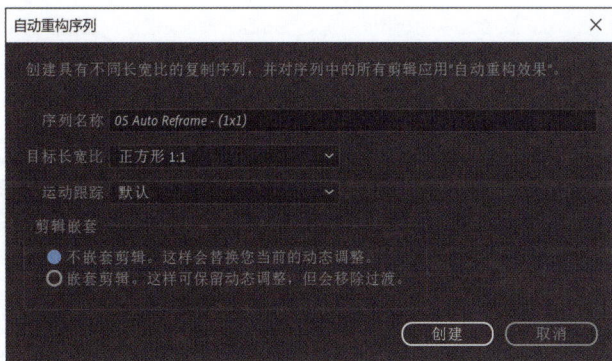

图 9-31

在【自动重构序列】对话框中，单击【创建】按钮，Premiere Pro 会根据设置新建一个序列，原始序列不受影响。【自动重构序列】对话框提供以下选项。

• 序列名称：为新序列设置名称。默认名称是在原始序列名称后面添加宽高比描述。

- 目标长宽比：这里的"长宽比"实际指的是"宽高比"，用于指定新的宽高比。在【目标长宽比】下拉列表中选择不同选项，可以创建拥有不同宽高比的序列。

- 运动跟踪：设置序列中用于跟踪运动的关键帧数量。对于慢速、平滑的运动，可以选择【减慢动作】选项；对于快速运动，可以选择【加快动作】选项。

- 剪辑嵌套：用于设置是否嵌套剪辑。每个剪辑只能有一个【运动】效果，若剪辑上已经添加了运动关键帧，它们在新的序列中会被替换，除非选择【嵌套剪辑。这样可保留动态调整，但会移除过渡。】选项，但嵌套剪辑时剪辑间的过渡效果会被移除。

④ 在【自动重构序列】对话框中保持默认设置不变，从【目标长宽比】下拉列表中选择【正方形 1:1】选项，单击【创建】按钮，Premiere Pro 会分析序列。

分析完成后，【项目】面板中会显示新创建的序列，它位于一个名为"自动重构序列"的素材箱中，如图 9-32 所示。Premiere Pro 会在【时间轴】面板中自动打开新创建的序列。

图 9-32

⑤ 播放新序列，检查重构结果。

⑥ 在【时间轴】面板中选择剪辑，【效果控件】面板中出现【自动重构】效果，如图 9-33 所示，而且【运动】效果是禁用的。

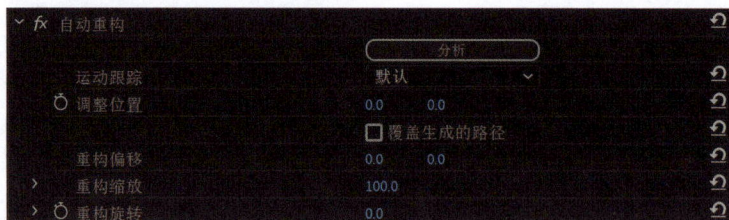

图 9-33

> **注意** 【自动重构】效果产生的某些效果通过缩放剪辑（尤其是图形剪辑）实现，这会导致分辨率降低，当以完整尺寸播放时，视频画面可能会有些模糊。为了保证画面清晰度，可以手动新建一个序列，把原有序列中的剪辑复制到新序列中，然后向各个剪辑应用【自动重构】效果（此效果也可以在【效果】面板中轻松找到）。

可以通过更改【自动重构】的各个属性调整效果，或者勾选【覆盖生成的路径】复选框，在【效果控件】面板的时间轴中显示位置关键帧，然后逐帧进行调整，如图 9-34 所示。

图 9-34

# 9.6 添加【投影】和【变换】效果

除了固有的【运动】效果，Premiere Pro 还提供了众多其他效果来控制剪辑的运动，比如【变换】和【基本 3D】效果，使用它们可以更好地控制剪辑的运动（包括 3D 旋转）。

这些效果特别有用，它们在【效果控件】面板中的显示顺序就是它们应用到剪辑上的顺序，但固有效果（包括【运动】【不透明度】【时间重映射】效果）总是最后才应用到剪辑上。

下面学习如何组合应用多种效果，以得到真实自然的合成结果。

### 9.6.1　添加【投影】效果

在某个对象背后添加阴影，能够增强立体感和空间感。制作视频时，经常会在前景元素与背景元素之间添加投影，形成明显分界，增强两者之间的分离感。

下面添加投影效果。

❶ 打开 06 Enhance 序列。

❷ 在【节目监视器】中把【选择缩放级别】设置为【适合】。

❸ 在【效果】面板中，打开【效果】>【视频效果】>【透视】文件夹，选择【投影】效果，如图 9-35 所示。

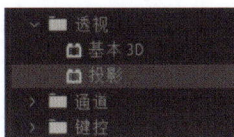

❹ 把【投影】效果拖曳到 Journey to New York 文本剪辑（位于 V3 轨道）上。

图 9-35

❺ 在【效果控件】面板中，向下拖曳面板右侧的滚动条，可以看到【投影】的各个属性。按照以下步骤，设置各个属性。

- 把【不透明度】设置为 85.0%，加深阴影。
- 把【方向】设置为 320.0°，注意观察阴影方向的变化。
- 设置【距离】为 15.0，让阴影离文本更远一些。
- 把【柔和度】设置为 25.0，柔化阴影边缘。一般而言,【距离】值越大,【柔和度】值应该越大。

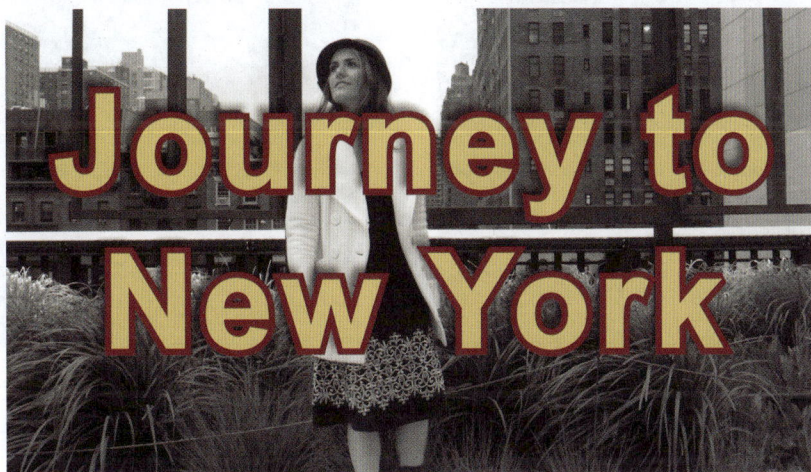

❻ 播放序列，查看效果，如图 9-36 示。

图 9-36

### 9.6.2　添加【变换】效果

除了【运动】效果，Premiere Pro 还提供了另外一种类似的效果——【变换】效果（位于【效果】面板的【视频效果】>【扭曲】分类下）。【变换】效果与【运动】效果相似，但有以下 3 个重要区别。

- 应用【变换】效果，Premiere Pro 改变剪辑的【锚点】【位置】【缩放】【不透明度】等属性时会兼顾其他效果。这一点与【运动】效果不同。与【投影】【斜面】等效果一起使用时会有不同的视觉表现。

- 【变换】效果拥有更多属性，比如【倾斜】【倾斜轴】【快门角度】等，用来变换剪辑的可视角度。
- 【变换】效果能够自动模拟运动模糊，使运动更加真实、自然。

下面比较一下两种效果。

① 打开 07 Motion and Transform 序列。

② 播放序列，浏览内容。

该序列中包含两个片段，它们内容相同，均由两个剪辑组成，其中上方剪辑充当画中画（PIP），下方剪辑充当背景，画中画在背景上一边旋转一边向右移动。请在这两个片段中仔细观察画中画阴影的位置。

- 在第 1 个片段中，阴影最初显示在 PIP 右下边缘之外，当 PIP 旋转时，阴影随之一起旋转，这显然是不对的，因为这一过程中产生阴影的光源并没有发生移动。
- 在第 2 个片段中，阴影始终位于 PIP 右下边缘之外，当 PIP 旋转时也是如此，看起来更真实。

③ 单击 V2 轨道上的第 1 个剪辑，在【效果控件】面板中可以看到，【运动】效果负责移动和旋转剪辑，【投影】效果负责产生阴影，如图 9-37 所示。

④ 单击 V2 轨道上的第 2 个剪辑。在【效果控件】面板中可以看到，【变换】效果负责移动和旋转剪辑，【投影】效果负责产生阴影，如图 9-38 所示。

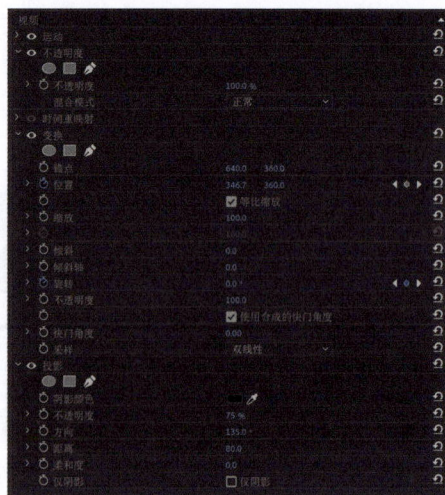

图 9-37　　　　　　　　　　　　　　　　　图 9-38

⑤ 尝试调整【变换】效果的属性，观察一下有什么变化。更改属性值时，可以单击蓝色数字后直接输入新的数值，也可以将鼠标指针移至蓝色数字上后左右拖曳鼠标。

💡 提示　在 Premiere Pro 中，凡是显示为蓝色的数字都可以将鼠标指针移至蓝色数字上，左右拖曳鼠标进行调整，包括指示当前播放滑块位置的蓝色时间码。

【变换】效果和【运动】效果有许多相同的属性，但【倾斜】【倾斜轴】【快门角度】属性是【变换】效果特有的。相比于【运动】效果，【投影】效果与【变换】效果配合使用能够产生更真实的视觉效果，这是由效果的应用顺序决定的，【运动】效果总是应用在其他效果之后。

### 9.6.3　使用【基本 3D】效果在 3D 空间中操纵剪辑

在 Premiere Pro 中，另外一个创建运动的方法是使用【基本 3D】效果。该效果允许用户在 3D 空间中操控剪辑，比如绕着水平轴或垂直轴旋转图像，或者让它靠近或远离。此外，【基本 3D】效果中还包含一个【镜面高光】属性，启用该属性，可以使旋转的剪辑画面产生逼真的反光效果。

下面尝试一下该效果。

① 打开 08 Basic 3D 序列。

② 在【时间轴】面板中拖曳播放滑块，浏览序列内容，如图 9-39 所示。

图 9-39

背景剪辑中的光线比较复杂，分别来自上方、后方以及左侧等多个方向。其中，最主要的光线来自上方，只有 PIP 剪辑向后倾斜并达到反射角度时，反光效果才会显现出来。像这样，应用【镜面高光】属性，可以大大提升 3D 效果的真实感和立体感。

【基本 3D】效果主要有以下 4 种属性。

· 旋转：该属性用于控制剪辑围绕 $y$ 轴（垂直轴）的旋转角度。当旋转角度超过 90° 时，显示出来的是正面的镜像画面。

· 倾斜：该属性用于控制剪辑围绕 $x$ 轴（水平轴）的旋转角度。当旋转角度超过 90° 时，显示出来的是上下颠倒的画面。

· 与图像的距离：沿 $z$ 轴移动剪辑，表现空间深度。该属性的值越大，剪辑画面离观看者越远。

· 镜面高光：该属性有一个复选框，一旦勾选，剪辑画面在旋转时会呈现出反光效果，仿佛有光线照射在其上。

③ 尝试调整【基本 3D】效果的各个属性，了解各自的作用。注意，【绘制预览线框】复选框仅在【仅软件】模式下（在【项目设置】对话框中未启用 GPU 加速功能时）才可用。

勾选【绘制预览线框】复选框后，将只显示剪辑画面的线框，可以快速设置效果，无须计算机渲染画面。一旦开启了 GPU 加速功能，整个画面就会完整地呈现出来。

## 9.7 复习题

1. 使用哪个固有效果可以让一个剪辑动起来？
2. 如何使用【运动】效果让一个剪辑旋转？
3. 如何让一个剪辑缓缓启动然后缓缓停下来？
4. 为一个运动的剪辑添加投影时，为追求投影的真实性，一般不会把【投影】效果与【运动】效果一起使用，为什么？

## 9.8 答案

1. 【运动】效果是 Premiere Pro 中的固有效果之一，使用它可轻松让一个剪辑动起来。【运动】效果有一个【位置】属性，给【位置】属性添加关键帧，即可让剪辑动起来。
2. 把播放滑块拖曳至起始时间点，在【运动】效果下找到【旋转】属性，单击【切换动画】按钮，在当前时间点添加一个关键帧。然后把播放滑块拖曳至结束时间点，修改【旋转】值，此时 Premiere Pro 会自动在当前时间点添加另外一个关键帧。
3. 选择关键帧，然后添加【缓出】和【缓入】效果改变关键帧插值，可让剪辑缓缓启动然后缓缓停止。
4. 当剪辑上叠加了多个效果时，【运动】效果总是最后应用到剪辑上的，它会把其他所有效果综合作用后的剪辑作为对象进行应用。若想给一个运动的剪辑添加真实的投影，请不要使用【运动】效果，可以使用【变换】或【基本 3D】效果，然后在【效果控件】面板中把【投影】效果放在最下面。

# 编辑和混合音频

## 课程概览

本课主要学习如下内容。

- 使用【音频】工作区
- 调整音频音量
- 调整音乐时长
- 音频特性
- 自动回避音乐
- 调整剪辑音量

## 学完本课大约需要 *100* 分钟

请先准备好本课要用到的课程文件，并把它们保存到计算机中的合适位置。

前面几课主要讲解如何在 Premiere Pro 中编辑和处理视频画面。毫无疑问，画面对视频作品至关重要，但音频的重要性与之相比毫不逊色，有时甚至更为关键，也是决定作品质量的关键因素，相信大多数专业剪辑师都会同意这一点。本课介绍有关音频处理的基础知识，以及 Premiere Pro 中常用的音频处理工具。

# 10.1　课前准备

试想一下，观看恐怖电影的过程中，把声音关掉会怎样？你会发现，有些原本很吓人的场景有了一种莫名的喜感。

音乐不仅会影响我们的判断力，同时还会影响我们的情感。实际上，无论什么样的声音，喜欢的或不喜欢的，我们的身体都会对其做出反应。例如，听音乐时，心率会受音乐节拍的影响，快节奏的音乐会使心跳加快，而慢节奏的音乐则会使心跳减慢。这就是音乐的魔力！导入 Premiere Pro 的音频如图 10-1 所示。

图 10-1

一般来说，摄像机录制的音频都或多或少地存在一些问题，需要先做一些处理才能在视频作品中使用。Premiere Pro 提供了强大的音频处理工具，支持对音频做以下处理。

* Premiere Pro 支持以不同于摄像机录制音频时所用方式对音频进行解释和处理。例如，可以把录制为立体声的音频解释为两个独立的单声道。

* 清除背景声音。Premiere Pro 提供了强大的音频清理工具，能够有效清除录音中的多种背景声音，比如录音设备产生的嗡嗡声以及空调发出的噪声。

* 识别剪辑中具有特定频率的声音并调整其音量。

* 无论是【项目】面板中的剪辑，还是序列中的剪辑片段，Premiere Pro 都能轻松调整它们的音量。调整序列中剪辑的声音时，可以让声音随时间变化，以创建引人入胜的动态混音效果。

* 添加音乐，然后在音乐剪辑和对话剪辑之间进行混音。该过程可以由 Premiere Pro 自动执行，也可以由用户手动完成。

* 生成单声道、立体声或者 5.1 环绕立体声。

* 添加现场声音效果，比如爆炸声、关门声、大气环境声。

* 根据序列，调整音频剪辑的持续时间。

下面学习如何在 Premiere Pro 中使用音频工具调整剪辑与序列的音频，然后学习如何使用【音频剪辑混合器】在播放过程中实时改变音量大小。

# 10.2　设置音频处理界面

切换至【音频】工作区，然后进行以下操作。

❶ 打开 Lessons 文件夹中的 Lesson 10.prproj 项目文件。

> 💡 **注意** 开始学习前，请先把 Premiere Pro 首选项恢复成默认设置，具体操作为：在桌面上双击 Premiere Pro 图标，并立即按住【Option】键（macOS）或【Alt】键（Windows），在弹出的【重置选项】对话框中，勾选【重置应用程序首选项】，单击【继续】按钮。

❷ 把项目文件另存为 Lesson 10 Working.prproj。

❸ 在菜单栏中依次选择【窗口】>【工作区】>【音频】命令，进入【音频】工作区。然后在菜单栏中依次选择【窗口】>【工作区】>【重置为已保存的布局】命令，界面如图 10-2 所示。

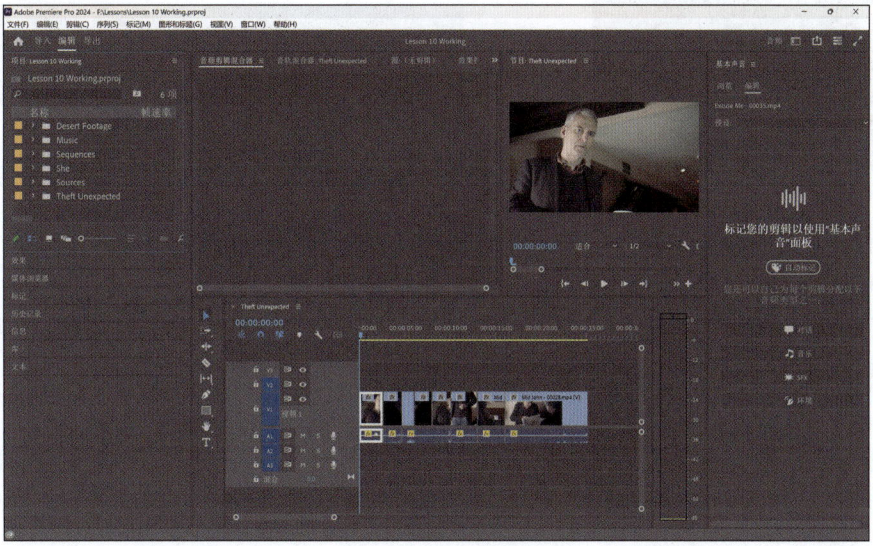

图 10-2

## 10.2.1　使用【音频】工作区

　　【音频】工作区与【编辑】工作区类似，但【音频】工作区中默认显示的是【音频剪辑混合器】，而非【源监视器】。其实【源监视器】仍然存在（与【音频剪辑混合器】在同一个面板组中），只是默认处于隐藏状态。

　　最终输出项目时，Premiere Pro 会对剪辑音量和轨道音量的所有调整进行合并处理。例如，先把剪辑音量降低 3dB，再把轨道音量降低 3dB，那么音量的总降低量就是 6dB。

　　在 Premiere Pro 中可以向音频剪辑应用音频效果，然后在【效果控件】面板中修改各个属性。事实上，使用【音频剪辑混合器】做的调整与其他所有调整都会显示在【效果控件】面板中。

　　基于轨道的音频调整只能在【音轨混合器】或【时间轴】面板中进行。

　　当同时存在基于剪辑的音频调整和效果与基于轨道的调整和效果时，Premiere Pro 会优先应用基于剪辑的音频调整和效果。需要特别注意的是，调整的应用顺序会对结果产生很大的影响。

　　在【时间轴】面板中，可以调整音频轨道头，为每个音轨添加一个音频仪表以及基于轨道的音量和声像控件。混音时，这一功能非常实用，因为它能帮助你精准找到那些需要调整音量的音频源。

　　下面一起试一下。

❶ 在【项目】面板（位于界面左上方）中，打开 Sequences 素材箱中的 Theft Unexpected 序列。

本示例项目中的素材箱采用了不同的组织方式。项目组织方式不是一成不变的。请多尝试几种组织方式，从中找到最适合自己的组织方式。

❷ 在【时间轴】面板中单击【时间轴显示设置】按钮（🔧），在弹出的菜单中选择【自定义音频头】命令。此时，弹出【按钮编辑器】面板，如图 10-3 所示，同时 A1 轨道展开，显示出整个音频头。

❸ 把【轨道计】按钮（▥）拖曳到 A1 轨道头中，单击【确定】按钮。

此时，A1 轨道头会恢复成原来的大小。双击 A1 轨道头，可能还需要沿垂直方向调整一下 A1 轨道的尺寸才能看到新添加的轨道计，如图 10-4 所示。

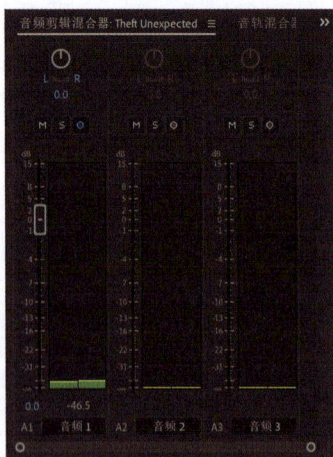

图 10-3

图 10-4

轨道计

对任意一个轨道头的调整都会应用到其他所有轨道头上。现在每个音频轨道都有了一个轨道计，如果想找出哪个轨道对整个混音影响最大，轨道计会非常有用。

打开【按钮编辑器】面板，把某个按钮从轨道头中拖曳出去，单击【确定】按钮即可将其删除。此外，还可以单击【按钮编辑器】中的【重置布局】按钮，把轨道头恢复成默认状态。

Premiere Pro 提供了两种音频混合器，二者区别如下。

· 音频剪辑混合器：用于调整音量和声像或声道平衡（调节左右声道的音量分配，确保声音在立体声输出中保持平衡，实现均衡的听觉效果），如图 10-5（a）所示。边播放序列边调整音量时，Premiere Pro 会随着播放滑块的移动向剪辑添加相应关键帧。

· 音轨混合器：用于调整轨道（而非轨道中的单个剪辑）的音量和声像，如图 10-5（b）所示。虽然它的控件和【音频剪辑混合器】相似，但是它提供了更多高级混合选项。若顶部的【效果和发送】区域处于展开状态，需要向下滚动才能看到各种控件。有关混音的更多内容，将在第 11 课 "改善声音" 中讲解。

（a）

（b）

图 10-5

## 10.2.2　配置音频混合

序列的设置与素材文件类似，比如都有帧率、帧大小、像素长宽比等。

新建序列时，在【新建序列】对话框中打开【轨道】选项卡，在【音频】下进行音频混合设置，如图 10-6 所示。音频混合设置用于指定序列输出的声道数量，类似于为素材文件配置声道。事实上，导出序列时，若启用了自动匹配序列设置，则序列的音频混合设置就会变成新文件的音频设置。

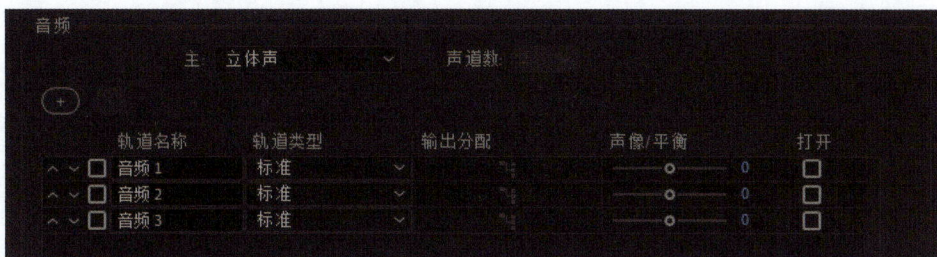

图 10-6

【主】下拉列表中有如下选项。

* 立体声：有 2 个声道，分别是左声道和右声道。向客户交付最终成品时，通常都会选择该选项。

* 5.1：有 6 个声道，分别是中央声道、前置左声道、前置右声道、后置左环绕声道、后置右环绕声道和重低音声道（由重低音喇叭放出）。当声音频率极低时，人耳无法分辨声音的来源，所以没有必要装两个低音喇叭。

* 多声道：有 1 到 32 个通道可选择。制作高质量的多通道广播电视节目、纪录片以及故事片时，通常会优先选择该选项，特别是在需要制作多语言版本的情况下。

* 单声道：只有 1 个声道。

大多数序列设置可以随时更改，但是音频混合设置只能做一次。也就是说，除了多声道序列，无法随意更改序列输出的声道数。

音轨可以添加或删除，但是音频主设置始终保持不变。如果必须更改音频混合设置，可以先从序列中复制剪辑，然后将其粘贴到另外一个拥有不同设置的序列中。

### 什么是声道

人们普遍认为，左声道和右声道在某些方面有着本质的不同。但事实上，它们都是单声道，只不过被指定成了左声道或右声道而已。录制声音时，标准做法是把 A1 设置成左声道，把 A2 设置成右声道。

把 A1 设置成左声道的原因有以下几点。

* 它是由左麦克风负责录制的。
* Premiere Pro 将其解释为左声道。
* 它输出到左侧扬声器。

本质上，它仍然是一个单声道。

同样，使用右麦克风录制的 A2 就是右声道，然后把左、右两个声道合起来就得到了立体声。事实上，立体声是由左、右两个单声道组成的。

## 10.2.3　使用音频仪表

在【源监视器】或【项目】面板中预览剪辑时，音频仪表分别显示剪辑中每个音频轨道的音量。

在预览序列时，音频仪表显示每个混合通道的音量。无论序列中有多少个音频轨道，音频仪表显示的都是序列的总混音输出音量。

若音频仪表未显示出来，请在菜单栏中依次选择【窗口】>【音频仪表】命令，将其打开，如图 10-7 所示。

若音频仪表宽度过小，可以调整面板尺寸。如果宽度很大，音频仪表将水平显示，如图 10-8 所示。

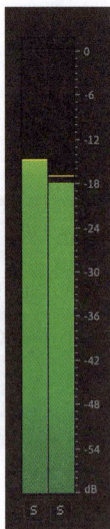

图 10-8

图 10-7

每个音频仪表底部都有一个【独奏轨道】按钮，单击它，可以只播放选中的一个或多个声道。如果【独奏轨道】按钮显示为◙，向左拖曳音频仪表左边缘，略微增加其宽度，此时会显示更大的【独奏轨道】按钮。

💡 **注意** 在使用单声道音频混合选项时，【独奏轨道】按钮不显示。

使用鼠标右键单击音频仪表，在弹出的菜单中可以选择不同的显示比例，如图 10-9 所示。默认的音量显示范围是 -60dB 到 0dB，这个范围足以清晰呈现目标音量的关键信息。

此外，还可以选择【静态峰值】或【动态峰值】。播放音频的过程中，有时会突然出现一些刺耳的声音，往往来不及在音频仪表中查看音量大小就过去了。选择【静态峰值】后，Premiere Pro 会把声音的最高值标记出来，方便找出最大音量。

单击音频仪表可重置声音峰值。选择【动态峰值】后，峰值电平会不断更新，需要一直盯着音频仪表，才能知道声音的峰值。

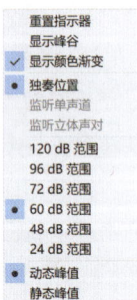

图 10-9

## 音频电平

音频仪表中显示的刻度单位是分贝，用 dB 表示。在音频仪表上有点反常的是最高音量为 0dB。所有低于最高音量的声音都是负数，随着声音越来越低直到变为负无穷。

如果录制的声音很小，则有可能会被背景噪声掩盖。背景噪声有可能来自周围的环境，比如空调设备发出的嗡嗡声；还有可能是系统噪声，比如不播放声音时，扬声器中会有轻微的嘶嘶声。

在增加音频的总音量时，背景噪声也会变大；当降低总音量时，背景噪声也会减小。根据这一特点，可以使用高于所需音量的音量（但也不要太高）来录制音频，然后降低音量，从而有效地降低背景噪声。

不同的音频硬件有不同的信噪比（指正常的声音信号与背景噪声信号的差值），有的大一些，有的小一些。信噪比通常用 SNR 表示，单位为分贝。

## 10.2.4　查看音频采样

音频采样率指的是摄像机一秒内对音频源采样的次数。专业摄像机的音频采样率一般为每秒 48000 次。

下面一起了解一下音频采样。

❶ 在【项目】面板中打开 Music 素材箱，双击 Graceful Tenure - Patrick Cannell.mp3 剪辑，将其在【源监视器】中打开。

因为该剪辑中不包含视频，所以 Premiere Pro 自动显示两个声道的波形图，如图 10-10 所示。

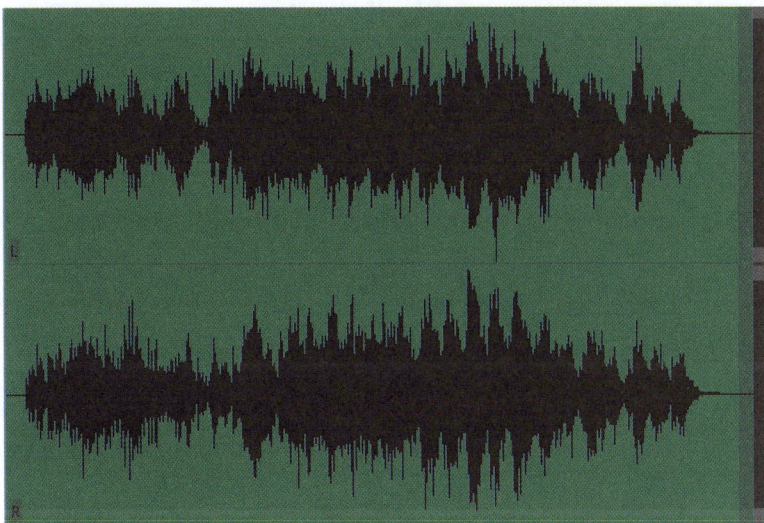

图 10-10

【源监视器】底部有一个时间标尺，其宽度代表该剪辑的总持续时间。

❷ 在【源监视器】中单击【设置】按钮（🔧），然后在弹出的菜单中选择【时间标尺数字】命令。此时，时间标尺上显示出了时间码指示器，如图 10-11 所示。

图 10-11

> 💡 **注意**　时间码中，各组数字之间的分隔符有时是冒号，有时是分号。分号代表是 NTSC 视频，冒号代表是 PAL 视频。

使用时间标尺下方的导航器把时间标尺放大，即拖曳导航器的一个端点让两个端点彼此靠近。在把时间标尺放大到最大之后，会看到一个个帧，如图 10-12 所示。

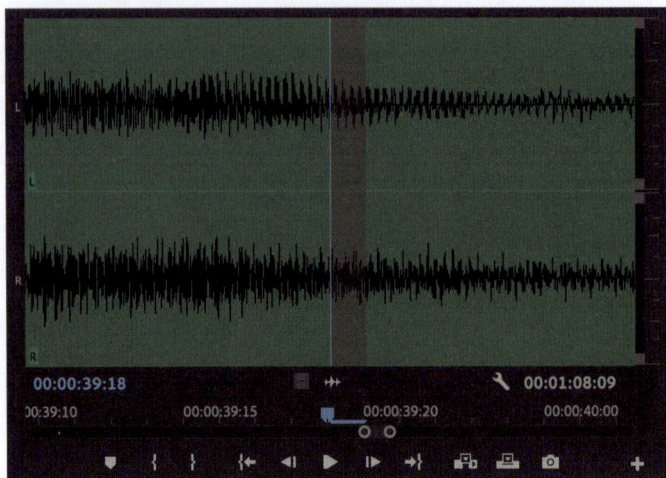

图 10-12

**③** 在【源监视器】中单击【设置】按钮，在弹出的菜单中选择【显示音频时间单位】命令。

此时，可以看到时间标尺上的一个个音频采样。这里一个音频采样的大小是 1/48000 秒，即该音频的采样率。

当然，在【时间轴】面板菜单中也可以找到同样的命令来查看音频采样。

**④** 在【源监视器】中单击【设置】按钮，在弹出的菜单中将【时间标尺数字】和【显示音频时间单位】关闭。

## 10.2.5 显示音频波形

在【源监视器】中查看波形图时，每个声道右侧都有导航器，如图 10-13 所示。这些导航器的使用方式与【源监视器】底部的导航器类似。可以沿垂直方向调整导航器，放大或缩小波形图，这在浏览音频时特别有用。

左声道垂直导航器

右声道垂直导航器

图 10-13

对于任意一个包含音频的剪辑，都可以通过在【源监视器】的【设置】菜单中打开【音频波形】来显示它的波形图。

如果一个剪辑中同时包含视频和音频，默认情况下【源监视器】中显示的是视频波形图。单击【仅拖曳音频】按钮（▬▶），可以切换显示音频波形图。

下面一起看几个波形。

❶ 在 Theft Unexpected 素材箱中，双击 HS John 剪辑，将其在【源监视器】中打开。

💡注意　当想要查找某段对话内容，但又不想观看视频画面时，可以使用波形图来辅助查找。

❷ 在【源监视器】中单击【设置】按钮，在弹出的菜单中选择【音频波形】命令，显示音频波形，如图 10-14 所示。

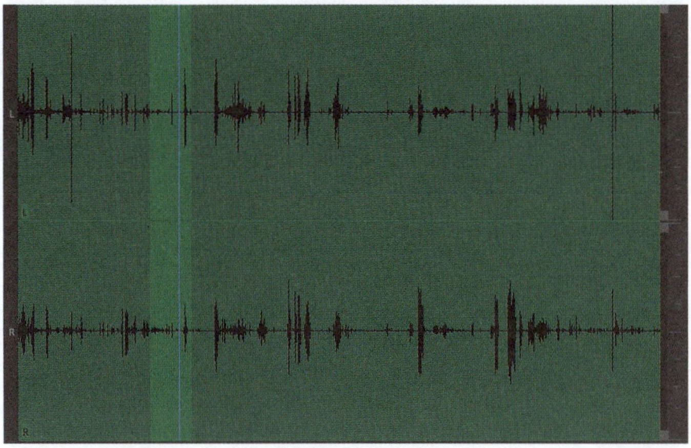

图 10-14

在音频波形中，可以轻松地找到对话开始和结束的地方。注意剪辑入点与出点之间的部分在波形图中是高亮显示的。

在波形图中单击可把播放滑块移到单击位置。

❸ 在【源监视器】中单击【设置】按钮，在弹出的菜单中选择【合成视频】命令，切换至视频波形图。

当然，还可以在【时间轴】面板中关闭剪辑片段的音频波形图。

❹ 当前，Theft Unexpected 序列应该已经在【时间轴】面板中打开。若没有，请在 Sequences 素材箱中找到并双击打开它。

❺ 单击【时间轴显示设置】按钮，在弹出的菜单中确保【显示音频波形】处于启用状态。

❻ 调整 A1 轨道的高度，确保波形图完全可见，如图 10-15 所示。注意，该序列的每个音频剪辑都有两个声道，即剪辑的音频是立体声。

图 10-15

图 10-15 中剪辑的音频波形图看起来与【源监视器】中的波形图截然不同。这是因为，默认情况下，【时间轴】面板中显示的是经过校正的音频波形，看起来有点像非常详细的条形图。通过这种波形图更容易找到音量较小的音频，比如人物之间的对话。

⑦ 打开【时间轴】面板菜单，选择【调整的音频波形】命令，使其处于未启用状态，如图 10-16 所示。

图 10-16

此时，【时间轴】面板中的波形图与【源监视器】中的一样。

在正常音频波形图中，可以很容易地找到高音量音频部分，但是对低音量音频来说，在这种波形图中很难观察到音量的变化。

⑧ 打开【时间轴】面板菜单，再次选择【调整的音频波形】命令。

## 10.2.6 使用标准音轨

序列中，标准音轨可以同时放置单声道剪辑和立体声剪辑。在 Premiere Pro 中，使用【效果控件】面板中的控件、【音频剪辑混合器】和【音轨混合器】可以轻松处理这两类素材。

如果项目中同时存在单声道剪辑和立体声剪辑（见图 10-17），相比于单声道轨道，使用标准音轨会更方便。

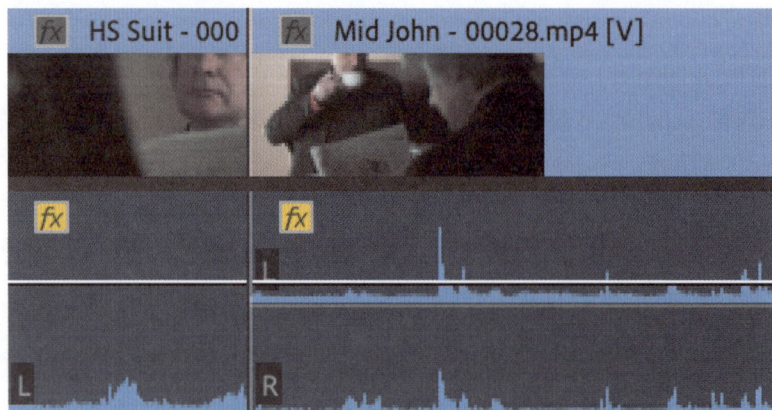

图 10-17

标准音轨支持单声道和立体声，Premiere Pro 会根据剪辑的音频轨道自动显示一个或两个波形图。

## 10.2.7 声道选听

监听音频时，可以选择倾听序列的哪个声道。

下面选一个序列演示一下。

**1** 在 Sequences 素材箱中，打开 Desert Montage 序列。

**2** 播放序列，并单击音频仪表（位于【时间轴】面板右侧）底部的每个【独奏轨道】按钮，如图 10-18 所示。

单击【独奏轨道】按钮，可单独倾听相应声道。如果有多个声道，可以单击几个声道的【独奏轨道】按钮，倾听这几个声道的混音。

如果处理的音频来自不同的麦克风，并且放置在不同轨道上，【独奏轨道】按钮会特别有用。这种情况在专业录音现场很常见。

图 10-18

> ♀ **注意** 音频仪表指示的是【源监视器】中播放剪辑时音频通道的音量，或者在【时间轴】面板中播放序列时的混合通道。要查看单个序列轨道的音量，请使用【音频剪辑混合器】或【音轨混合器】。

预览序列时，看到的声道数量和【独奏轨道】按钮的数量取决于当前序列音频的音频混合设置。

此外，还可以使用【时间轴】面板中各个音频轨道头中的【静音轨道】按钮（M）或【独奏轨道】按钮（S）来精确控制混音中包含或不包含哪些声道。

# 10.3 音频特性

当在【源监视器】中打开一个剪辑并查看其波形图时，会发现某个声道的波形越高，其音量就越大。从某种意义上说，它是一个曲线图，显示了气压波强度随时间变化的情况。

有 3 个因素会影响声音传递到耳朵的方式。下面以电视扬声器为例进行讲解。

· **频率**：扬声器纸盆振动时产生高低气压的快慢程度。衡量纸盆每秒拍打空气的次数（频率）的单位是赫兹（Hz）。人类听觉范围为 20 ~ 20000Hz，有很多因素（比如年龄）会影响人类听觉的频率范围。频率越高，音调就越高。

· **振幅**：扬声器纸盆振动的幅度。振动幅度越大，产生的空气压力波越高（这样可以把更多能量传递到耳朵），声音也就越大。

· **相位**：扬声器纸盆向外与向内运动的精确时间。如果两个扬声器的纸盆同步向外或向内运动，它们就是同相（in phase）的；如果它们的运动不同步，那它们就是异相（out of phase）的，这会导致重现声音时出现问题。一个扬声器在降低空气压力，与此同时，另一个扬声器在增加空气压力，最终可能什么声音都听不到。

## 什么是音频特性

想象一下扬声器的纸盆拍打空气时的运动情况。纸盆运动时会产生高低压波，在空气中传播到人耳，就像水波涟漪在池塘中传播一样。

压力波会使人耳中的鼓膜产生振动，随后这种振动会被转换成能量传递给大脑，大脑再把它解释成声音。整个过程极为准确。另外人有两只耳朵，并且大脑能够平衡这两种声音信息，最终形成整体听觉效果。

人们听到声音是主动而不是被动的。也就是说，大脑会不断过滤掉它认为不相关的声音，并且从中识别出特定模式，将注意力集中到自己关心的事情（比如说话）上。例如，参加聚会时，你的周围充斥着嘈杂的交谈声，就像是一堵噪声墙，但是当房间另外一侧有人提到你的名字时，你仍然能够准确地听出来。

这一主题大致属于心理声学的范畴，有大批科研人员做了大量相关研究。虽然声音对人心理的影响是一个非常有趣的课题，并且值得深入研究，但这里我们只关注声音本身，不会涉及它对人类心理产生的影响。

录音设备没有人耳那样敏锐的辨别能力，这也是我们要戴上耳机听取现场声音的原因之一。只有这样，我们才能获得最准确的录音信号。录制现场声音通常在没有背景噪声的情况下进行。在后期制作中，为了渲染气氛，会添加一定的背景噪声，但添加数量有严格控制，以保证不会影响到主要对话。

扬声器纸盆振动产生声音是声音生成的一个简单例子，但是其中的原理适用于其他所有声源，包括人发出的声音。

# 10.4　添加 Adobe Stock 音频

在 Premiere Pro 中，除了可以把本地的音乐文件添加到序列中，还可以借助【基本声音】面板浏览 Adobe Stock 素材网站中的音乐，并把心仪的音乐导入项目，如图 10-19 所示。

默认设置下，在【基本声音】面板中，可以搜索、浏览、预览 Adobe Stock 素材网站中的音频文件。

【基本声音】面板顶部有一个搜索框，可以根据名称、元数据标签搜索 Adobe Stock 网站中的音频素材。而且还可以在【情绪】【类型】【过滤器】下勾选相应的复选框来进一步缩小搜索范围，如图 10-20 所示。

在【过滤器】下，可以指定节拍和持续时间，以及从其他有合作关系的素材网站中选用音频素材，如图 10-21 所示。

图 10-19

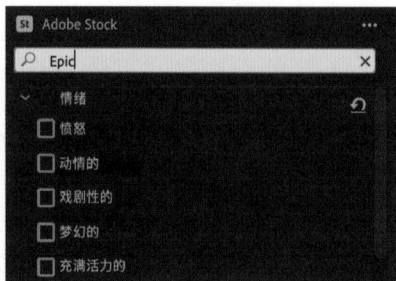

图 10-20　　　　　　　　　　图 10-21

下面把一个来自素材网站的音频剪辑添加到序列中。

① 打开 Sequences 素材箱中的 Drone Flight 序列，这个序列很简单，只包含视频画面。把播放滑块放到序列开头。

② 若【基本声音】面板中打开的是【编辑】选项卡，单击面板顶部的【浏览】选项卡标签。

③ 在【基本声音】面板底部，勾选【时间轴同步】复选框，如图 10-22 所示。

这样当在【基本声音】面板中播放音频素材剪辑时，序列会自动跟随播放。Premiere Pro 会把音频与现有音轨、视频组合在一起，以便在将其添加到序列之前试听不同的音频剪辑。

图 10-22

④ 在【基本声音】面板中，单击某个音频剪辑旁边的【播放】按钮进行试听，如图 10-23 所示。使用这种方法试听其他音频剪辑，找到最适合序列的音频。

图 10-23

> 💡 提示　在音频剪辑波形图的任意位置处单击，Premiere Pro 会从单击的位置开始播放音频。若勾选了【时间轴同步】复选框，视频播放滑块会跳转到相应的位置进行播放。

试听音频剪辑前，若序列中添加了入点，则播放从入点开始。每当预览一个音频素材时，播放滑块都会返回入点，方便比较不同音频剪辑的时间。

⑤ 把选好的音频剪辑从【基本声音】面板拖曳到序列中 A1 轨道的开头，如图 10-24 所示。拖曳音频剪辑时，请拖曳音频剪辑的名称或描述。

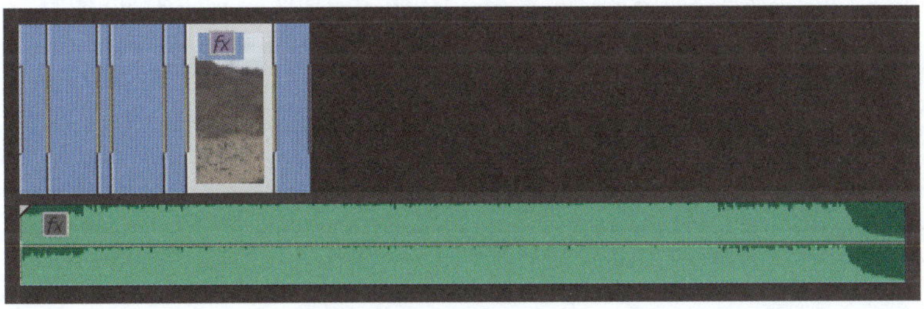

图 10-24

此时，Premiere Pro 会自动把选择的音频剪辑放入【项目】面板的 Stock Audio Media 素材箱，如图 10-25 所示。

图 10-25

⑥ 预览序列。

默认设置下，从【基本声音】面板添加到序列中的音频剪辑的质量是预览级别的。在【基本声音】面板或【项目】面板中单击音频素材旁边的【授权】按钮（🛒），可获取高质量的音频素材。

除了付费音乐，Adobe Stock 还提供了大量免版税音乐。有关 Adobe Stock 的更多内容，请访问其官方网站了解和学习。

## ▌ 10.5　调整音频音量

在 Premiere Pro 中调整剪辑音量的方法有多种，并且都是非破坏性的，所做的改动不会影响到原始素材文件。希望大家大胆尝试，不满意可返回原始状态重新开始。

## 10.5.1 在【效果控件】面板中调整音量

前面学习了如何在【效果控件】面板调整序列剪辑的尺寸和位置，在【效果控件】面板中还可以调整剪辑音量。

① 打开 Sequences 素材箱中的 Excuse Me 序列。

该序列很简单，只包含两个剪辑（若看不见第 2 个剪辑，可以在【时间轴】面板中向右滚动）。其实该序列中两个剪辑的内容相同，它们来自同一个素材，只是被添加到序列中两次。其中一个剪辑被解释为立体声，另一个被解释为单声道。有关剪辑解释的更多内容，请参考第 4 课"组织剪辑"。

② 单击第 1 个剪辑将其选中，打开【效果控件】面板。

③ 在【效果控件】面板中展开【音量】【通道音量】【声像器】控件，如图 10-26 所示。

每个控件都提供了适用于所选音频类型的属性。

- 【音量】下的属性用来调整所选剪辑中所有声道的综合音量。
- 【通道音量】下的属性用来调整所选剪辑中各个声道的音量。
- 【声像器】下的属性用来为所选剪辑提供立体声左 / 右输出平衡控制。

图 10-26

注意，此时所有属性左侧的【切换动画】按钮是自动开启的，因此每做一次调整，Premiere Pro 都会添加一个关键帧。

如果为一个设置添加一个关键帧并使用它进行调整，则调整会应用到整个剪辑。

④ 在【时间轴】面板中把播放滑块拖曳到第 1 个剪辑中想要添加关键帧的地方。

⑤ 在【时间轴显示设置】菜单中，确保【显示音频关键帧】处于启用状态。

⑥ 增加 A1 轨道的高度，缩小时间轴，以便能够看到音频剪辑波形图，以及用于添加关键帧的白色细线，如图 10-27 所示，这条白色细线通常称为"橡皮筋"。

💡 **注意** "橡皮筋"使用音频剪辑的完整高度来调整音量。

⑦ 在【效果控件】面板中，向左拖曳设置音量级别的蓝色数字，将其设置为 -25dB 左右。

💡 **提示** 拖曳数字的同时按住【Command】键（macOS）或【Ctrl】键（Windows），可进行更精细的调整。

在 Premiere Pro 添加一个关键帧后，可以在【效果控件】面板的时间轴上，以及【时间轴】面板中剪辑的"橡皮筋"上看到它，如图 10-28 所示。

图 10-27

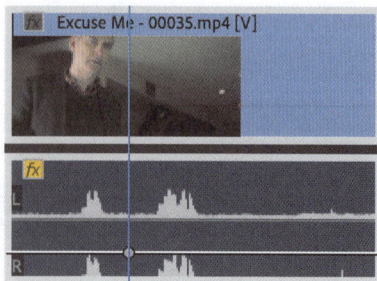

图 10-28

在【时间轴】面板中，把剪辑上的"橡皮筋"向下移动，会降低音量。区别看起来不怎么明显，但随着对 Premiere Pro 界面越来越熟悉，对这种细微区别的感受会愈加明显。

⑧ 选择序列中的第 2 个剪辑，如图 10-29 所示。

【效果控件】面板中没有【通道音量】控件，这是因为每个声道都是其剪辑的一部分，都有单独的【音量】控件，如图 10-30 所示。

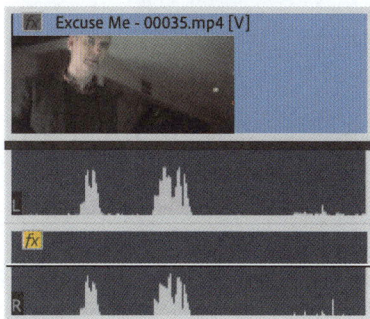

图 10-29

图 10-30

此外，原来的【平衡】属性变成了【声像】属性，它们的用途相似，但是【声像】属性更适合用来调整多个单声道音频。

⑨ 尝试为两个独立的剪辑调整音量，并检查结果。

## 【平移】和【平衡】属性的区别

创建立体声或 5.1 环绕立体声音频序列时，单声道和立体声音频剪辑使用不同的【声像器】控件为每个输出设置音量。

- 单声道音频剪辑有一个【平移】属性。在立体声序列中，这使得你可以在混音的左侧或右侧之间分配单个音频声道。
- 立体声音频剪辑有一个【平衡】属性，用来调整剪辑中左声道和右声道的相对音量。

序列音频混合设置和所选剪辑中可用音频的不同，会使得【效果控件】面板中显示的控件也不一样。

### 10.5.2 调整音频增益

在大多数音频编辑过程中编辑人员会尽量提高音量，以最大限度地分离正常音频与背景噪声。然而，当这些高音量的音频剪辑被用于视频序列中时会显得异常嘈杂，无法直接融入。在 Premiere Pro 中，可以通过调整剪辑的音频增益来解决这个问题。

音频增益调整针对的是【项目】面板中的剪辑，也就是在把剪辑从【项目】面板添加到序列之前，应该先调整好其音频增益。

此外，在【项目】面板和【时间轴】面板中，可以将音频增益调整一次性应用到多个剪辑上，以大大提高工作效率。

① 在 Music 素材箱中，双击 Graceful Tenure-Patrick Cannell.mp3 剪辑，将其在【源监视器】中打开。可能需要在【源监视器】中调整缩放级别才能看到完整的波形，如图 10-31 所示。

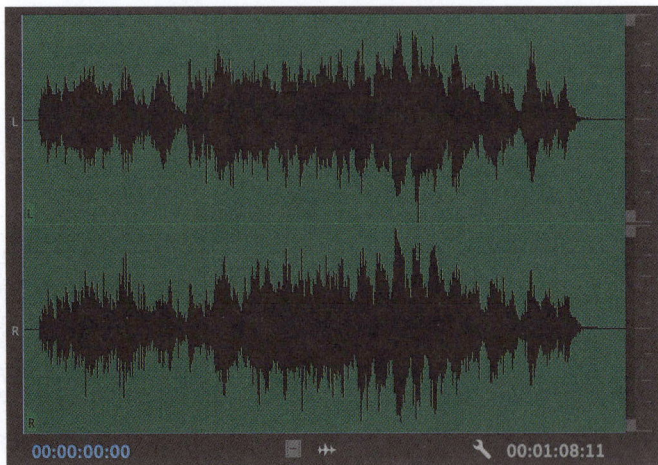

图 10-31

❷ 在【项目】面板中，使用鼠标右键单击剪辑，在弹出的菜单中选择【音频增益】命令；或者选择剪辑，按【G】键，弹出【音频增益】对话框，如图 10-32 所示，其中有以下两个选项。

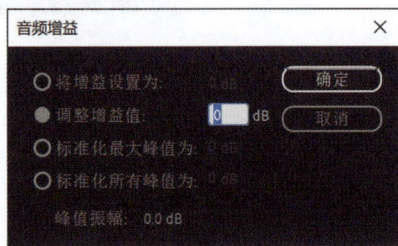

图 10-32

- 将增益设置为：用于为剪辑设置增益值。
- 调整增益值：用于指定每次调整的增益量。

例如，选择【调整增益值】选项，输入 -3，单击【确定】按钮后，【将增益设置为】会变为 -3dB。再次打开【音频增益】对话框，把【调整增益值】设置为 -3dB，单击【确定】按钮后，【将增益设置为】将变为 -6dB，以此类推。

> 💡**注意** 调整剪辑的音频增益或音量不会影响到原始素材。除了【效果控件】面板，还可以在【素材箱】面板或【时间轴】面板中调整总增益，而且这些调整都不会影响到原始素材文件。

❸ 选择【将增益设置为】选项，输入 -12，单击【确定】按钮。此时，【源监视器】中的波形发生变化，如图 10-33 所示。

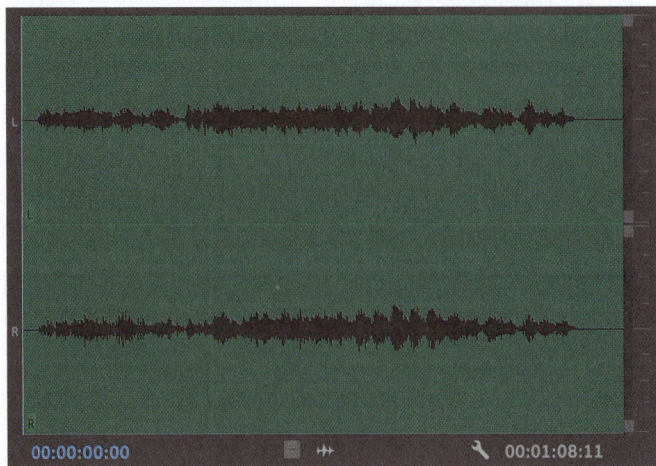

图 10-33

在素材箱中调整某个剪辑的音频增益时,那些已经添加至序列中的该剪辑的副本不会受影响,当再次把该剪辑添加到序列中时,新添加的副本才会体现出变化。按如下操作,调整序列中某个剪辑的音频增益:使用鼠标右键单击序列中的某个或多个剪辑,从弹出的菜单中选择【音频增益】命令(或者选择剪辑后按【G】键),在打开的【音频增益】对话框中调整音频增益。此时,调整只作用于序列中的剪辑副本,而不会影响素材箱中的源剪辑。

### 10.5.3　音频标准化

音频标准化类似于调整音频增益。本质上,音频标准化最终调整的就是音频增益。不同之处在于,音频标准化是 Premiere Pro 自动完成的,而非通过手动调整来实现。

对音频剪辑进行标准化处理时,Premiere Pro 首先会分析音频,找出音频中的峰值,即音频中声音最大的瞬间;然后自动调整剪辑的增益,使得峰值与指定的级别一致。

使用这种方式可以同时为多个剪辑调整音量,使其全部符合要求。

假设当前正在处理过去几天录制的多个画外音剪辑,或许是因为使用了不同的录制设置或麦克风,其中有几个剪辑的音量不一样。在这种情况下,可以同时选择多个剪辑,让 Premiere Pro 自动将它们设置成一样的音量。这样就不需要逐个浏览剪辑并进行调整了,从而大大节省时间。

下面按照以下步骤,对几个剪辑的音量做标准化处理。

❶ 从 Sequences 素材箱中打开 Journey to New York 序列,如图 10-34 所示。

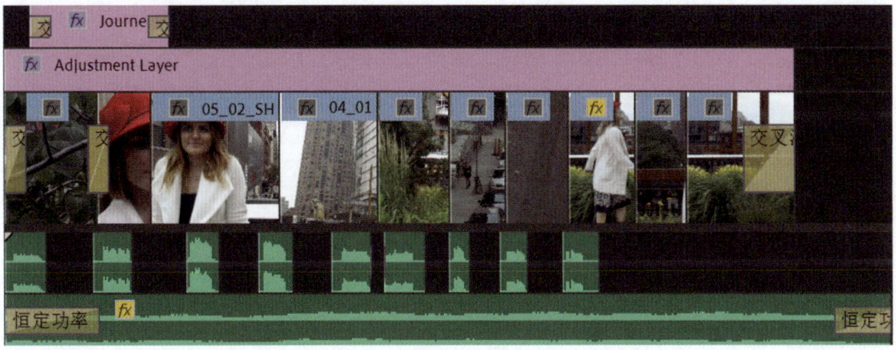

图 10-34

> **注意**　可能需要调整轨道高度才能清楚地看到音频波形。移动鼠标指针至两个轨道的轨道头之间,当其变成双向箭头时,上下拖曳鼠标可调整轨道高度。

❷ 播放序列,听声音并观察音频仪表。

各个剪辑的音量差别明显,第 1 个剪辑的音量明显低于第 3 个和第 4 个剪辑。

❸ 同时选中 A1 轨道上所有画外音剪辑(即音频剪辑),如图 10-35 所示。选择时,可以拖曳鼠标进行框选,也可以在按住【Shift】键的同时单击各个剪辑,把它们同时选中。

图 10-35

④ 使用鼠标右键单击任意一个选中的剪辑，在弹出的菜单中选择【音频增益】命令，或者直接按【G】键，打开【音频增益】对话框。

⑤ 在【音频增益】对话框中，根据混音需要为音频设置一个峰值。这里选择【标准化所有峰值为】选项，输入 -8，如图 10-36 所示，单击【确定】按钮。

-8dB 接近 0dB（最大音量），同时又有一点余量。音量交付标准各不相同，设置混音音量前一定要确认好交付要求。

⑥ 试听音频，人物旁白与背景音乐混在一起，导致难以准确判断人物旁白的音量大小。

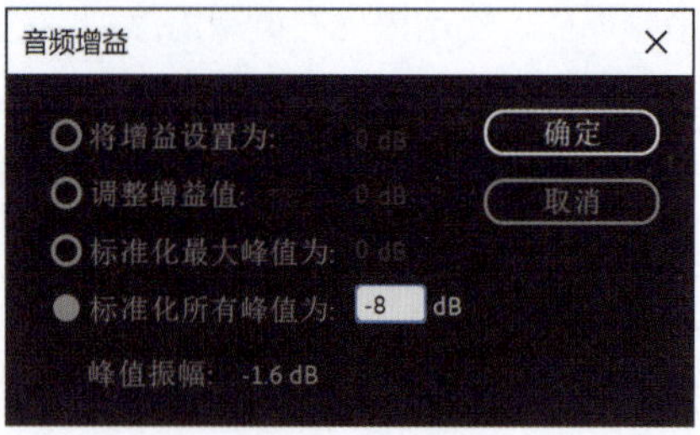

图 10-36

⑦ 若只想检查人物旁白的音量大小，可以单击 A1 轨道头中的【独奏轨道】按钮（⑤）。

⑧ 再听一遍。Premiere Pro 对每个选中的剪辑进行了调整，使它们的峰值是 -8dB。

此时，各个剪辑波形的峰值大致相同，如图 10-37 所示。

图 10-37

在【音频增益】对话框中设置【标准化最大峰值为】选项，Premiere Pro 将根据所有音频剪辑叠加后的峰值调整增益，并将等量调整应用到每一个音频剪辑，从而维持所有剪辑的相对音量。

⑨ 单击 A1 轨道头中的【独奏轨道】按钮，将其关闭。

## 发送音频到 Audition

Premiere Pro 提供了许多高级工具来完成大部分音频编辑工作，但就音频编辑而言，它远比不上 Audition 这款专业的音频后期处理软件。

Audition 是 Adobe Creative Cloud 套件的一部分。使用 Premiere Pro 编辑视频时，可以把它无缝地集成到整个编辑流程中。可以把一个完整的序列发送到 Audition，使用所有剪辑和基于序列的视频文件制作伴随画面的混音。Audition 甚至还能打开一个 Premiere Pro 项目文件（.prproj），将序列转换成多声道会话，进一步细调音频。

安装好 Audition 之后，可以按照如下步骤把一个序列发送给它。

（1）打开要发送到 Audition 的序列。

（2）在菜单栏中依次选择【编辑】>【在 Adobe Audition 中编辑】>【序列】命令。

（3）Premiere Pro 会为相关素材文件创建副本，这些副本是要在 Audition 中使用的，确保不改变原始素材。在弹出的【在 Adobe Audition 中编辑】对话框中输入文件名称，单击【浏览】按钮，选择保存位置。

（4）在【视频】下拉列表中选择【通过 Dynamic Link 发送】选项，以便在 Audition 中实时查看 Premiere Pro 序列的视频部分，然后根据需要设置其他选项，最后单击【确定】按钮。

Audition 提供了许多出色的音频处理工具，比如用来帮助识别和删除噪声的光谱显示器、高性能多轨道编辑器、高级音频效果和控件等。

要把处理好的混音从 Audition 发送到 Premiere Pro，请在菜单栏中依次选择【多轨】>【导出到 Adobe Premiere Pro】命令。选择一个混音选项（通常是立体声），为新文件指定保存位置与名称，然后单击【导出】按钮。

可以很轻松地把一个独立剪辑发送到 Audition，以便进行编辑、添加各种效果，以及进行各种调整。在 Premiere Pro 中，使用鼠标右键单击序列中的剪辑，然后在弹出的菜单中选择【在 Adobe Audition 中编辑】命令，即可把音频剪辑发送到 Audition。

Premiere Pro 会复制音频剪辑，并使用副本替换当前序列中的剪辑，然后在 Audition 中打开副本，准备进行处理。此后，每当在 Audition 中保存对剪辑进行的调整时，这些调整都会自动更新到 Premiere Pro 中。

# ▌10.6　自动回避音乐

在制作混音时，最常见的一个操作就是在有人讲话时降低背景音乐的音量。比如，广播中正在播放音乐，当主持人说话时音乐音量自动降低，成为背景音乐，说话结束后音乐音量自动变大，再次成为主角。电台 DJ 主持广播节目时都会采用这种处理方式，当 DJ 开始说话时，音乐变得轻柔、安静，成为背景音乐。这种处理技术叫作回避（ducking）。

虽然可以通过手动添加音频关键帧的方式来应用回避技术（后续会详细讲解这一技术），但 Premiere Pro 还提供了一种更为便捷的方法，即通过【基本声音】面板来实现自动回避效果。

有关【基本声音】面板的更多内容，将在第 11 课"改善声音"中讲解。这里只要知道它可用于快速创建混音，能够大大节约时间即可。

**1** 继续使用 Journey to New York 序列。请确保 A1 轨道上的所有画外音剪辑处于选中状态。

**2** 当前处在【音频】工作区，在【基本声音】面板中打开【编辑】选项卡，其中显示出音频类型选项，如图 10-38 所示。

**3** 当指定一种音频类型后，与该音频类型相关的工具和控件就会显示出来。

开启【自动标记】功能后，Premiere Pro 能够自动检测剪辑的音频类型并指派正确的标记。不过 Premiere Pro 在识别音频类型上并不总是准确无误，尤其是面对短时长的剪辑时，其误判的可能性会更高。

图 10-38

单击【对话】按钮，Premiere Pro 将对话音频类型指派给所选剪辑。此时，Premiere Pro 已经明确知道需要自动回避的音频是对话。

**4** 调整 A2 轨道的尺寸，以清晰地看到音频剪辑的音频波形图。选择 A2 轨道上的音频剪辑，在【基本声音】面板中单击【音乐】按钮。

**5** 在【基本声音】面板中勾选【回避】复选框，显示以下选项（若未显示任何值，请双击每个滑块以恢复默认值）。

· 回避依据：音频类型有多种，可以选择一种、多种或所有音频类型来触发自动回避。这里选择【依据对话剪辑回避】选项，该选项也是默认设置。

- 敏感度：数值越大，触发回避所需要的音量越低。
- 闪避量：用于设置把音频音量降低多少，单位是分贝（dB）。
- 淡入淡出时间：数值越大，音频完成一次回避所需要的时间越长。
- 淡入淡出位置：调整添加淡入、淡出的时间点，生成更合适的关键帧（提前或延后），以便更好地适应不同序列的需求。
- 生成关键帧：单击该按钮，应用设置，并添加关键帧至音频剪辑。

⑥ 为音频回避进行设置是一门科学，也是一门艺术。音频类型不同，设置也不同。想要得到最佳效果，唯一的办法就是多尝试。

这里做如下设置，如图 10-39 所示。

- 回避依据：【依据对话剪辑回避】。
- 敏感度：6.0
- 闪避量：–8.0 dB
- 淡入淡出时间：500 毫秒
- 淡入淡出位置：5.0

⑦ 单击【生成关键帧】按钮。

图 10-39

Premiere Pro 向【增幅】效果添加关键帧，自动向音频剪辑应用回避。【增幅】效果和关键帧显示在【效果控件】面板和【时间轴】面板中，如图 10-40 所示。

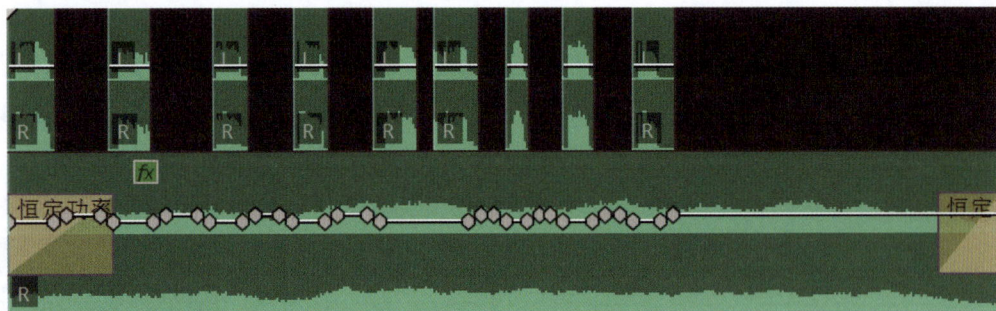

图 10-40

⑧ 播放序列，检查回避效果。虽然并不完美，但是整体表现已经相当不错了。

可以反复调整各个参数，并单击【生成关键帧】按钮替换已有的关键帧，多次尝试，直到获得满意的效果。

此外，还可以进行手动调整，包括删除、移动现有关键帧，以及添加新关键帧。

# 10.7　使用【重新混合工具】调整音乐时长

在一部视频作品中，音乐对故事情节的推动起着至关重要的作用。缺少激动人心的配乐，一部动作片会显得平淡无奇，一段对话加上合适的背景音乐会变得生动起来。在视频作品中，选择恰当的音乐能够更好地向观众传递情感、引导情绪走向，因此，正确选择和处理音乐至关重要。

有时费尽心思地找到了想要的音乐，并顺利获得了使用授权，但实际运用时却发现音乐长度不合适，要么过长，要么过短。遇到这种情况该怎么办呢？

过去常用的解决办法是花费大量时间对音乐进行拆接，力求不留痕迹地延长或缩短音乐，但结果往往不尽如人意，因为把两段音乐自然地衔接在一起绝非易事。

为此，Premiere Pro 提供了一个绝佳的解决方案——重新混合技术。借助这项技术，Premiere Pro 能够自动分析音乐，智能地编辑音乐，将其持续时间修改成需要的长度。

掌握这项技术最好的方法是亲自动手实践。

❶ 在【时间轴】面板中，单击 Drone Flight 序列名称，将其选中。

❷ 选择前面添加的 Adobe Stock 音乐剪辑，将其删除。

❸ 从 Music 素材箱中把 Ambient Heavens - Patrick Cannell 音乐剪辑拖入 A1 轨道，靠最左侧放置，如图 10-41 所示。

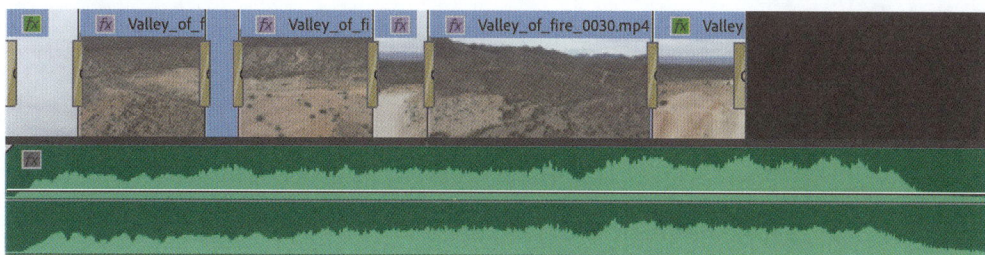

图 10-41

这个音乐剪辑的持续时间比视频剪辑长多了。下面使用【重新混合工具】调整它。

❹ 把鼠标指针移到【波纹编辑工具】（▣）上，按住鼠标左键，选择【重新混合工具】（▣）。

❺ 在【时间轴】面板中，单击【在时间轴中对齐】按钮（▣），然后使用【重新混合工具】向左拖曳音乐剪辑的末端，当它与视频剪辑末端对齐时释放鼠标左键。

此时，音乐剪辑上显示一个剪辑分析进度条，分析完成后，剪辑的持续时间会自动更新。分析完成后，音乐剪辑上会出现白色锯齿线，用于指示编辑点的位置，如图 10-42 所示。

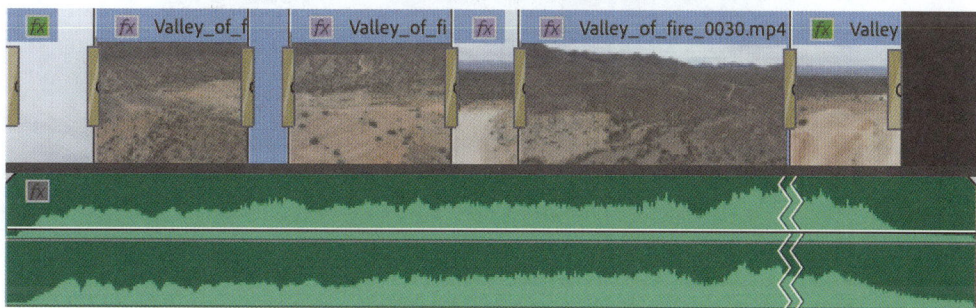

图 10-42

播放过程中，当播放滑块经过编辑点时，很难发现此处曾经有过编辑。这正是重新混合技术的魅力所在！

值得注意的是，重新混合之后，音乐剪辑的持续时间与指定的持续时间仍然有差异。【重新混合工具】会对剪辑做智能评估，并设置一个新的持续时间，以便更好地实现无缝连接。

❻ 重新混合功能也可以用来延长剪辑的持续时间。删除 Ambient Heavens - Patrick Cannell 剪辑。

❼ 从 Music 素材箱中把 Ghost Reverie 音乐剪辑拖入 A1 轨道，靠最左侧放置。该音乐剪辑的持

续时间比视频剪辑短。

⑧ 使用【重新混合工具】向右拖曳音乐剪辑末端，当其与视频剪辑末端对齐时，释放鼠标左键。试听音乐剪辑。

若对混合结果不满意，可在【基本声音】面板的【持续时间】区域中做调整，如图 10-43 所示。

最后，把当前工具切换回【选择工具】。

图 10-43

## 10.8 拆分编辑

拆分编辑是一种经典的剪辑技术，用于对音频和视频的剪辑点进行偏移。这样在播放时，一个剪辑的音频会出现在另一个剪辑的画面中，使人感觉从一个场景进入了另外一个场景。

### 10.8.1 执行 J 剪辑

"J 剪辑"（J-cut）的名字来源于字母 J 的形状，剪辑过程中，将视频的音频部分往左拖出一部分，而视频部分保持不动或稍后出现，形成一个 J 的形状。

❶ 打开 Sequences 素材箱中的 Theft Unexpected 序列，如图 10-44 所示。

图 10-44

❷ 播放序列的最后两个剪辑，如图 10-45 所示。调高扬声器音量，会发现两个剪辑之间的声音衔接非常生硬。这个问题可以通过调整音频剪辑的剪辑点来得到一定程度的改善。

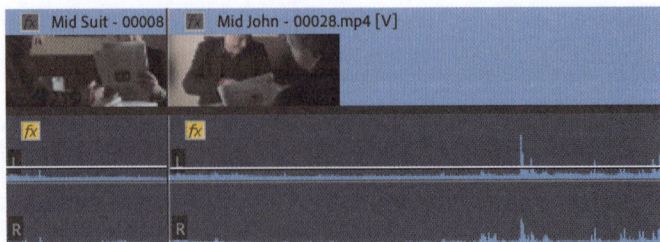

图 10-45

❸ 把鼠标指针移到【重新混合工具】（🎵）上，按住鼠标左键，选择【滚动编辑工具】（⊞）（该

工具组的默认工具是【波纹编辑工具】）。

💡 提示 默认设置下，使用【选择工具】的同时按住【Command】键（macOS）或【Ctrl】键（Windows），可以执行滚动编辑。

④ 按住【Option】键（macOS）或【Alt】键（Windows），临时取消视频和音频剪辑之间的链接，把最后两个音频剪辑之间的剪辑点稍微向左拖曳一点（视频剪辑保持不动），如图 10-46 所示。这样就完成了第一个 J 剪辑。

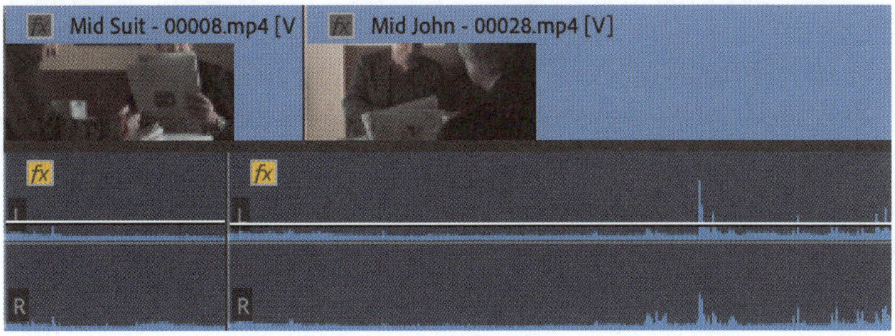

图 10-46

💡 提示 有关键盘快捷键的更多内容，请阅读 1.8 节"使用和更改键盘快捷键"。

⑤ 播放序列，查看 J 剪辑效果。

通过反复调整剪辑点的位置，可以让两个剪辑的衔接更加自然流畅，但这里简单运用一下 J 剪辑技巧就够了。另外，在两个剪辑之间添加音频交叉淡化效果可以让衔接更加平滑自然。

⑥ 把当前工具切换回【选择工具】。

### 10.8.2　执行 L 剪辑

L 剪辑（L-cut）与 J 剪辑的做法类似，只是方向相反。重复 10.8.1 小节的操作步骤，但在按住【Option】键（macOS）或【Alt】键（Windows）时，把音频剪辑点稍微向右拖曳。最后播放序列，查看 L 剪辑的效果。

💡 提示 修剪完毕后，最好把当前工具切换为【选择工具】。这样在选择序列中的剪辑时，就不会发生意外操作了。

# 10.9　调整剪辑音量

与调整音频增益一样，序列中剪辑的音量也可以通过"橡皮筋"进行调整。另外，还可以调整整个轨道的音量，Premiere Pro 会把所有音频调整叠加，形成一个总输出音量。

使用"橡皮筋"调整音量比调整增益更方便，因为 Premiere Pro 允许用户随时调整音量，并且立即呈现调整结果。

通过剪辑上的"橡皮筋"调整音量的效果，与使用【效果控件】面板进行音量调整，最终得到的音量调整效果是一致的。事实上，两者之间是自动同步的。

## 10.9.1 使用"橡皮筋"调整剪辑音量

按照以下步骤，尝试使用"橡皮筋"调整剪辑音量。

① 打开 Sequences 素材箱中的 Desert Montage 序列，如图 10-47 所示。

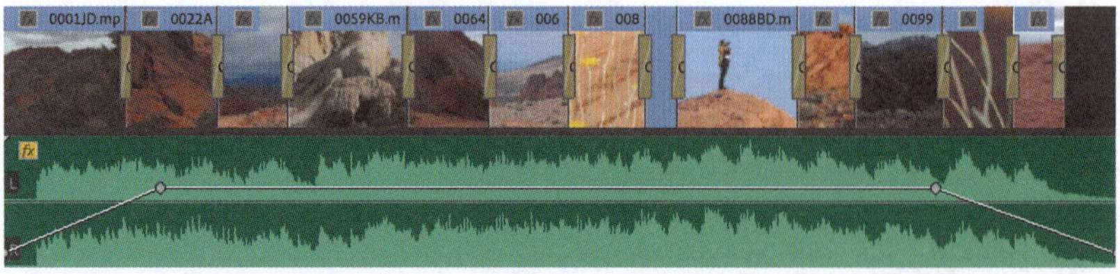

图 10-47

音频剪辑的开头和结尾已经有了渐强和渐弱效果。下面调整剪辑中间部分的音量。

② 使用【选择工具】把 A1 轨道头底部的分隔线向下拖曳，或者按住【Option】键（macOS）或【Alt】键（Windows），把鼠标指针移到轨道头并滚动鼠标滚轮，增加轨道的高度，以便对音量进行精细调整。

③ 音频剪辑中间部分的音量有点高，把"橡皮筋"的中间部分稍微向下拖曳。

拖曳过程中，Premiere Pro 会显示相关信息以提示调整量。

④ 使用这种方式调整后，需要播放音频才能确认结果。若对调整结果不满意，可再次调整并播放确认结果，如图 10-48 所示。

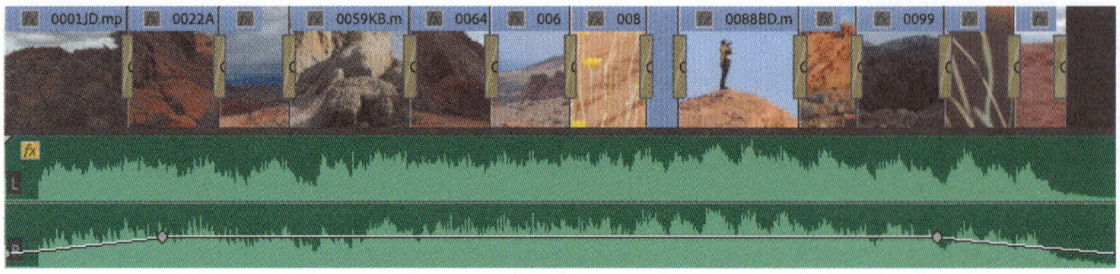

图 10-48

调整过程中，拖曳的是"橡皮筋"而非单个关键帧，因此最终调整的是鼠标指针两侧最近的两个关键帧。若剪辑上没有关键帧，则调整的是整个剪辑的总音量。

### 使用快捷键调整剪辑音量

在【时间轴】面板中，把播放滑块放到剪辑上后，即可使用快捷键来增加或降低剪辑音量。最终结果和使用"橡皮筋"是一样的，但是调整过程中看不到有关调整量的提示信息。Premiere Pro 提供了非常方便的快捷键，帮助我们快速、精确地调整剪辑音量。

- 每按一次【[】键（方括号键），剪辑音量降低 1dB。
- 每按一次【]】键（方括号键），剪辑音量增加 1dB。
- 每按一次【Shift】+【[】键，剪辑音量降低 6dB。
- 每按一次【Shift】+【]】键，剪辑音量增加 6dB。

> 如果键盘上没有方括号键，可以在菜单栏中依次选择【Premiere Pro】>【键盘快捷键】命令（macOS）或【编辑】>【键盘快捷键】命令（Windows），在打开的【键盘快捷键】对话框中设置其他快捷键。

### 10.9.2　调整音频关键帧

在 Premiere Pro 中，可以使用【选择工具】轻松调整音频剪辑上的音频关键帧，就像调整视频关键帧一样简单。向上拖曳音频关键帧，音量会变大；向下拖曳音频关键帧，音量会变小。

可以使用【钢笔工具】（■）在"橡皮筋"上添加关键帧，还可以使用它调整已有的关键帧，或者框选多个关键帧一同调整。

> ♀提示　调整剪辑音频增益时，Premiere Pro 会把该调整和基于关键帧的调整动态结合起来，可以随时调整其中任意一个。

当然，添加关键帧也可以不用【钢笔工具】。例如，按住【Command】键（macOS）或【Ctrl】键（Windows）的同时使用【选择工具】单击"橡皮筋"，也可以添加关键帧。

在音频剪辑上添加关键帧，然后上下拖曳关键帧，"橡皮筋"的形态会发生变化。如前所述，"橡皮筋"的位置越高，音量越大。

在音频剪辑上添加多个关键帧，拖曳各个关键帧，把音量调得夸张一些，如图 10-49 所示，然后播放序列，确认调整结果。

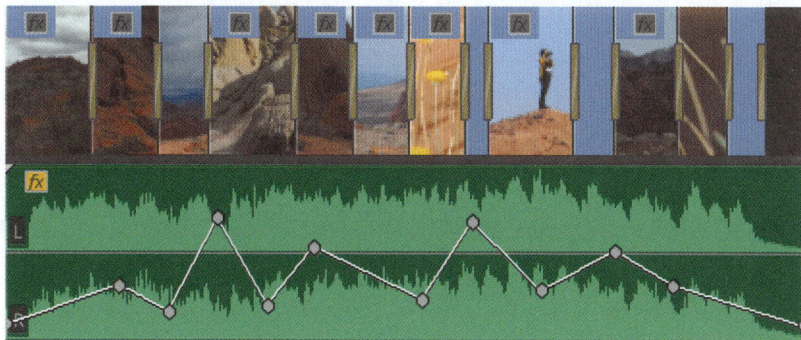

图 10-49

### 10.9.3　平滑音量调整

前面的音量调整会导致音量的变化异常突兀，缺乏平滑过渡。为此，需要对音量调整做平滑处理。

使用鼠标右键单击任意一个关键帧，然后在弹出的菜单中选择一个命令进行平滑处理，比如【缓入】【缓出】【贝塞尔曲线】【清除】。此外，还可以使用【钢笔工具】同时框选多个关键帧，然后使用鼠标右键单击任意一个关键帧，在弹出的菜单中选择一个命令，将该命令应用至所有选中的关键帧。

关键帧有不同类型，了解不同类型关键帧的最好方法是选取每种关键帧并尝试调整，然后仔细观察其发生的变化。

### 10.9.4 使用剪辑关键帧与轨道关键帧

前面已经顺利完成对序列剪辑中所有关键帧的调整。使用【音频剪辑混合器】时，所有调整直接针对当前序列中的剪辑。

对于放置序列剪辑的音频轨道，Premiere Pro 提供了类似的控件，即【音轨混合器】。基于轨道的关键帧和基于剪辑的关键帧工作方式类似，区别在于基于轨道的关键帧不会随着剪辑一起移动。

也就是说，Premiere Pro 允许用户使用轨道控件为音频音量设定好关键帧，然后在序列中尝试添加不同的音频剪辑。每次向序列中添加新音频剪辑后，听到的将是应用轨道调整后的结果。

随着编辑水平的提高，使用 Premiere Pro 可创建出更复杂的混音，综合运用剪辑关键帧和轨道关键帧将为音频调整带来极大的灵活性。

### 10.9.5 使用【音频剪辑混合器】

在【音频剪辑混合器】中，有许多用于调整剪辑音量和平移关键帧的控件。

每个序列音轨都由一组控件表示。虽然控件是按照轨道名组织的，但是进行的调整会应用到剪辑而非轨道上。

在【音频剪辑混合器】中，可以对一个音轨执行静音或独奏操作，剪辑播放期间，可以拖曳音量控制器或调整平移控件，以此启用向剪辑中写入关键帧的功能。

音量控制器如图 10-50 所示，它是行业标准控件，用于模拟混音台。向上拖曳音量控制器会增大音量，向下拖曳则会减小音量。

下面一起试一下。

① 继续使用 Desert Montage 序列。在【时间轴显示设置】菜单中选择【显示音频关键帧】命令，增加 A1 轨道的高度，以便看到该轨道上剪辑的关键帧。

② 打开【音频剪辑混合器】，从头开始播放序列。

因为序列中已经添加了关键帧，所以播放期间，【音频剪辑混合器】中的音量控制器会随着当前设置的电平上下移动。

③ 在【时间轴】面板中，把播放滑块拖曳到序列开头。在【音频剪辑混合器】中单击 A1 控件顶部的【写关键帧】(◉) 按钮（位于【静音轨道】和【独奏轨道】按钮旁边）。

④ 播放序列，对 A1 的音量做一些夸张调整。停止播放后，关键帧才会显示出来，如图 10-51 所示。

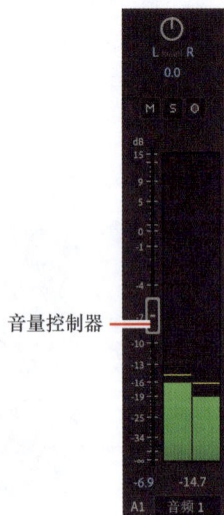

音量控制器 ———

图 10-50

图 10-51

⑤ 再次播放序列，音量控制器随着现有的关键帧进行移动，但仍然可以手动调整它。

在使用音量控制器添加关键帧时会添加大量关键帧（同时已有关键帧会被替换）。默认设置下，每拖曳一下音量控制器，Premiere Pro 就会添加一个关键帧。不过可以为关键帧设置最小时间间隔，以便管理。

⑥ 在菜单栏中依次选择【Premiere Pro】>【首选项】>【音频】命令（macOS）或【编辑】>【首选项】>【音频】命令（Windows），打开【首选项】对话框的【音频】选项卡，勾选【减小最少时间间隔】复选框，把【最小时间】设置为 500 毫秒（该时间相对较慢，但是能在精确调整和关键帧过多之间做出很好的平衡），单击【确定】按钮，保存更改。

💡 提示　在【音频剪辑混合器】中，可以像调整音量一样调整左右声道平衡。具体操作方法是，先开启【写关键帧】功能，然后播放序列，使用旋钮控件进行调整。

⑦ 把播放滑块拖曳到序列开头，播放序列，在【音频剪辑混合器】中拖曳音量控制器，添加音量关键帧，如图 10-52 所示。

图 10-52

从最后的调整结果看，关键帧排列得更有序，数量也变少了，很容易进行管理。

当然，也可以像调整那些使用【选择工具】或【钢笔工具】创建的关键帧一样来调整上面创建的关键帧。

关键帧是动画制作的基础，无论是制作视频动画还是音频动画，都需要使用关键帧。本课学习了在 Premiere Pro 中添加和调整关键帧的几种方法。注意，这些方法本身没有好坏之分，具体选用哪种方法取决于个人习惯和项目需求。

建议多尝试多练习，掌握关键帧的概念与用法，有助于加深对后期效果制作的理解。

## 10.10　复习题

1. 如何分离一个序列声道，只听某个声道？
2. 立体声音频和单声道音频有何区别？
3. 在【源监视器】中，如何查看剪辑的音频波形？
4. 音频标准化和音频增益之间的区别是什么？
5. J 剪辑和 L 剪辑之间有什么区别？
6. 播放序列期间，在【音频剪辑混合器】中，使用音量控制器添加关键帧之前必须开启哪个功能？

## 10.11　答案

1. 单击音频仪表底部或轨道头中的【独奏轨道】按钮，可以听某个特定声道。
2. 立体声音频有两个声道，而单声道音频只有一个声道。录制立体声音频时，常见的做法是把使用左麦克风录制的声音指定为 A1（音频 1），把使用右麦克风录制的声音指定为 A2（音频 2）。
3. 在【源监视器】的【设置】菜单中，选择【音频波形】命令。此外，还可以单击【源监视器】底部的【仅拖曳音频】按钮。
4. 音频标准化时，Premiere Pro 会根据原始峰值自动为剪辑调整增益。而音频增益需要编辑人员进行手动调整。
5. 使用 J 剪辑得到的效果：当前剪辑的视频画面尚未结束，下一个剪辑的音频就已经开始播放（由声音引出画面）。使用 L 剪辑得到的效果：当前已经在播放第二个剪辑的画面，但音频仍然是第一个剪辑的（由画面引出声音）。
6.【写关键帧】功能。

## 第 11 课

# 改善声音

## 课程概览

本课主要学习如下内容。

- 使用【基本声音】面板
- 调整对话音频

## 学完本课大约需要 **75**分钟

请先准备好本课要用到的课程文件，并把它们保存到计算机中的合适位置。

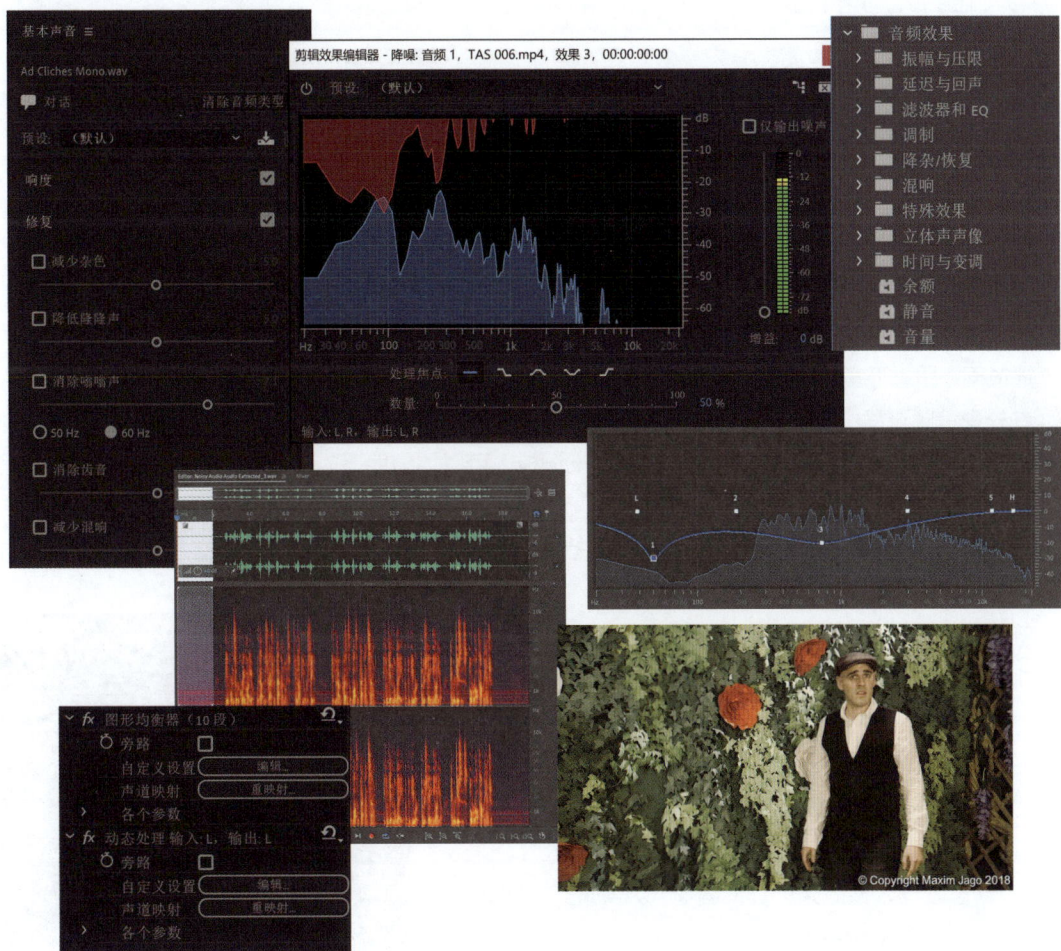

视频编辑过程中，恰当地运用 Premiere Pro 提供的各种音频效果，能够提升项目的声音质量。如果想进一步提高混音水平，需要把 Audition 软件加入整个编辑流程中，充分利用其强大的音频处理能力。本课重点介绍几个简便实用的技巧，可有效提高混音的整体质量。

## 11.1　课前准备

Premiere Pro 提供了许多音频效果，运用这些效果可轻松更改音频的音调、制造回声、添加混响，以及清除磁带噪声。另外，还可以为这些音频效果添加关键帧，让它们随着时间动态变化。

① 打开项目文件 Lesson 11.prproj。

② 把项目文件另存为 Lesson 11 Working.prproj。

③ 在菜单栏中依次选择【窗口】>【工作区】>【音频】命令，进入【音频】工作区。然后在菜单栏中依次选择【窗口】>【工作区】>【重置为已保存的布局】命令。

> 💡注意　开始学习前，请先把 Premiere Pro 首选项恢复成默认设置，具体操作为：在桌面上双击 Premiere Pro 图标，并立即按住【Option】键（macOS）或【Alt】键（Windows），在弹出的【重置选项】对话框中，勾选【重置应用程序首选项】，单击【继续】按钮。

## 11.2　使用【基本声音】面板改善声音

视频拍摄过程中几乎不可能得到完全符合要求的音频。为此，需要在后期制作中使用各种音频效果来解决音频中的一些问题，以此改善音频质量，尤其是人声，因为观众对人声非常敏感，能够轻松听出人声中的问题。

同一种声音在不同的音频设备上播放会呈现出不同的效果。例如，在笔记本式计算机和大型扬声器上播放同一段重低音，听起来肯定是不一样的。

在处理音频过程中，最好使用高品质的耳机或专业的扬声器，这样才能避免因硬件问题而对音频做不必要的调整。专业的音频监听设备经过仔细调校，可以均匀地播放声音，以保证听众听到的声音和调整时听到的声音是相同的。

检查音频效果时，有时也会用一些质量较差的扬声器播放，这有助于检查声音是否足够清晰，以及低频音是否会导致声音走样。

Premiere Pro 提供了大量有用的音频效果，如图 11-1 所示。在【效果】面板中可以找到以下音频效果。

· 参数均衡器：该效果允许在不同频率下对音量进行细致、精确的调整。

· 室内混响：该效果使用混响增强录制时的"临场效果"，可以用它模拟空荡房间中的声音。

· 动态处理：该效果允许对音频做精确的动态调整，以压缩、扩展或限制电平。

· 低音：该效果用来调整剪辑的低频部分，非常适合

图 11-1

处理旁白，尤其是男声。

- 高音：该效果用来调整音频剪辑中的高频部分。

> **注意** 在 Premiere Pro 中，多尝试音频效果是积累经验的好办法。与视频效果一样，所有音频效果都是非破坏性的，也就是说，应用并调整音频效果不会影响原始音频文件。可以向一个剪辑添加多种效果，更改效果设置，听效果，然后删除它们，从头开始。

根据操作系统以及所安装的第三方插件的不同，可能还会看到名为 AU、VST、VST3 或自定义名称的效果文件夹。

前面学习过通过拖曳来应用过渡效果，同样地，应用音频效果时，只要把它们从【效果】面板拖曳至目标剪辑即可。向一个剪辑应用某种效果后，选择该剪辑，然后打开【效果控件】面板，在其中可以看到该效果的各种属性。Premiere Pro 提供了许多预设，它们能够帮助我们了解音频效果的使用方式。

在【效果控件】面板中选中某个效果，按【Delete】键，可删除所选效果。

下面使用项目中的 01 Effects 序列来尝试各种音频效果。该序列中只包含音频剪辑，如图 11-2 所示，方便检查调整后的结果。

图 11-2

本课重点讲解【基本声音】面板，其中提供了许多易使用的专业级调整工具和效果，它们都是建立在标准媒体类型（比如对话、音乐）的常见工作流程基础上的。

【基本声音】面板中包含许多控制选项，这些选项在清理和改善音频的过程中会用到，如图 11-3 所示。

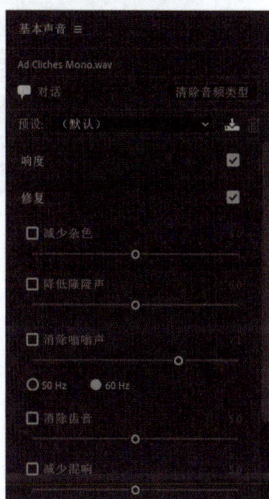

图 11-3

# 11.3 调整对话音频

使用【基本声音】面板时，先要选择序列中的一个或多个剪辑，然后根据剪辑中音频的类型，单击对应的按钮，如图 11-4 所示。

选择音频类型后，Premiere Pro 会显示处理相应类型音频的工具。处理对话音频的工具远比处理其他类型音频的工具丰富多样，大多数时候，人物对话是视频项目的核心，需要精心处理和雕琢，而音乐、特效和环境声这些通常是事先准备好的，可随时取用。

图 11-4

若不小心选错了音频类型，只要单击【基本声音】面板顶部的【清除音频类型】按钮，即可移除之前选择的音频类型。

在【基本声音】面板中做调整时，Premiere Pro 会为所选剪辑添加一个或多个音频效果并修改这些效果的设置。从某种意义上讲，【基本声音】面板提供了一条通过简单控件实现卓越效果的捷径。在【基本声音】面板中做出调整后，可以选择剪辑，打开【效果控件】面板进一步设置效果，如图 11-5 所示。

在【基本声音】面板中可以把所做的调整保存成预设，每次使用时，只要在面板顶部的【预设】下拉列表中找到并应用即可。该下拉列表中还有许多 Premiere Pro 自带的预设，如图 11-6 所示。

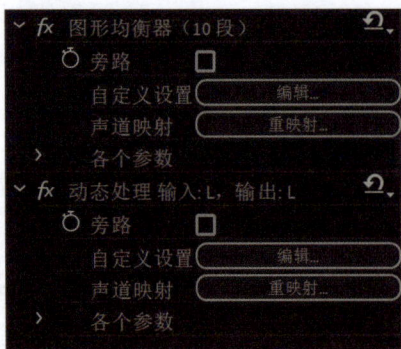

图 11-5

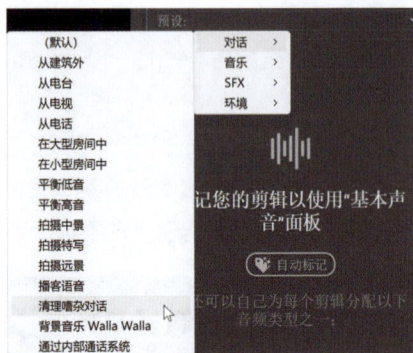

图 11-6

## 11.3.1 设置响度

使用【基本声音】面板，可以轻松将多个剪辑的音量设置成符合广播电视要求的音量。

下面一起尝试一下。

① 打开 02 Loudness 序列。

② 增加 A1 轨道的高度，将其放大一些，以便清楚地看到画外音剪辑。

③ 播放序列，可以听到各个画外音剪辑的音量是不同的。

④ 全选画外音剪辑。最简单的一种全选方法是框选，注意框选时避免同时选中序列中的其他剪辑。

⑤ 在【基本声音】面板中，单击【对话】按钮，把所选音频剪辑指定为【对话】音频类型。

⑥ 勾选【响度】右侧的复选框，单击【响度】，展开其下的选项。这类似于在【效果控件】面板中单击某个效果左侧的箭头按钮，可显示或隐藏其下的各个选项。

⑦ 单击【自动匹配】按钮，如图 11-7 所示。

Premiere Pro 会分析每个剪辑并自动调整音频增益，让它们的音量符合广播电视的标准（-23LUFS 标准），如图 11-8 所示。LUFS 是音频响度度

图 11-7

量单位，表示人耳感知的音量大小。

图 11-8

类似于标准化处理，该调整也会更新剪辑的波形图。

若视频要发布到网络平台上，则需要根据平台要求调整音量大小。选择多个剪辑，进行自动匹配后，可以使用【基本声音】面板底部的音量控件同时为多个剪辑调整音量。

⑧ 播放序列，检查调整结果。

## 关于响度

一直以来，人们使用"分贝"（dB）这个单位来描述音量大小。在视频制作的前期和后期，分贝都是一个很有用的参考，因为它是人们最常用的音量单位。

峰值电平（剪辑的最大音量）常用来为音量设置限制。虽然峰值电平是一个很有用的参考，但它反映的不是音轨的总音量，它通常会产生一种混音，使音轨的每一部分都比自然声大，例如，在与峰值电平混合之后，耳语有可能变得像喊声一样响亮。只要音频的峰值电平在规定的限制范围内，就可以将其应用到广播电视中。

这就是很多电视广告听起来声音很大的原因。峰值电平并不比任何其他内容响亮，但在混合后，即便是音轨中比较安静的部分听起来也很响亮。

为了解决这一问题，人们引入了"响度"（loudness）这个术语，它衡量的是随时间变化的总音量。设置响度限制后，虽然声音中包含响亮的部分，但音轨总音量不能超过设置的电平。

制作广播电视内容的过程中，在评估混音时使用的几乎都是响度，【基本声音】面板中使用的也是响度。

### 11.3.2 修复音频

录制现场声音时，难免会夹杂着一些背景噪声。【基本声音】面板中包含许多用来处理背景噪声的工具。勾选【修复】右侧的复选框，单击【修复】，展开其下的选项，如图 11-9 所示。

图 11-9

· 减少杂色：该选项用来减少背景中的噪声，比如空调声、沙沙声、嘶嘶声。

· 降低隆隆声：该选项用来减少低频声，比如引擎噪声或风噪。

· 消除嗡嗡声：该选项用来减少电子干扰的嗡嗡声。通常在北美洲和南美洲交流电频率为 60Hz，而在欧洲、亚洲、非洲交流电频率为 50Hz。当麦克风线缆放在电力电缆旁边时，录音中就会出现电子干扰形成的嗡嗡声，此时，使用【消除嗡嗡声】选项可以轻松地消除这种噪声。

· 消除齿音：降低刺耳的高频音，比如录音中常见的嘶嘶声。

- 减少混响：减少回声，让人声听起来更清晰。当录音环境中有大量反射面时，有些声音可能会以回声的形式反射至麦克风中。

在处理剪辑中的噪声时，要根据噪声的特点，从众多降噪工具中选择一种或多种使用，更多时候是综合运用多种降噪工具，这样才能获得令人满意的效果。

勾选【修复】复选框，将启用各个降噪工具的默认设置，应用这些默认设置能获得不错的降噪效果。大多数情况下，为了获得较好的降噪效果，建议从 0 开始调整各个选项的数值，播放音频，然后逐渐增大数值，直到获得满意的结果，这样可以最大限度地减少失真。

下面尝试使用【消除嗡嗡声】选项来消除录音中的噪声。

💡 提示　在【时间轴】面板的【时间轴显示设置】菜单中选择相应的命令，可显示或隐藏音频与视频序列剪辑的名称。

❶ 打开 03 Noise Reduction 序列，如图 11-10 所示。

图 11-10

❷ 播放序列，试听画外音。

该序列很简单，包含 4 段视频和一段画外音（旁白），画外音中有电子干扰形成的噪声。如果听不到噪声，那是因为扬声器无法重现低频声音，建议换耳机听听看。

❸ 选择序列中的画外音剪辑。

❹ 在【基本声音】面板中，该剪辑已经被指定为对话音频类型，因此可以直接看到对话音频的相关选项。

在【基本声音】面板中勾选【修复】复选框，并单击它，展开其下选项。勾选【消除嗡嗡声】复选框，如图 11-11 所示。

❺ 播放序列，感受一下降噪效果。

降噪效果非常明显！虽然电子干扰的嗡嗡声大，但是频率固定，消除它相对容易。

图 11-11

💡 提示　有时声音中的噪声并不容易去除，只使用 Premiere Pro 中的【修复】功能可能无法获得理想的效果。此时，大家可以尝试使用 Audition 软件，它提供了更高级的降噪工具。

如果勾选【消除嗡嗡声】复选框后影响了画外音中的人声，可以尝试拖曳滑块，调整其数值。

该剪辑中嗡嗡声的频率为 60Hz，因此选择默认的【60Hz】选项进行降噪操作是合适的。若效果不理想，选择【50Hz】选项试一试。

调整【消除嗡嗡声】复选框下方的滑块后，检查剪辑开头部分，可以发现还存在少量的嗡嗡声。为此可以在剪辑开头部分添加一个简短的交叉淡化效果将其去除。

### 11.3.3 降低噪声和混响

除特定类型的背景噪声（如嗡嗡声、隆隆声）外，Premiere Pro 还提供了更高级的降低噪声和混响的工具。可以在【基本声音】面板中找到这些降噪工作的简单控件，更高级的控件则显示在【效果控件】面板中。

**1. 降噪**

下面先尝试降噪。

① 打开 04 Noise and Reverb 序列，如图 11-12 所示。该序列很简单，但录制时现场环境嘈杂，播放该序列，可以听到录音中包含大量不需要的背景噪声和混响。

图 11-12

序列中的剪辑已经和【基本声音】面板中的【对话】音频类型链接在一起，如图 11-13 所示，并且在【响度】中默认启用了【自动匹配】。

图 11-13

② 选择序列中的第 1 个剪辑。在【基本声音】面板中的【修复】下，勾选【减少杂色】复选框，默认强度值为 5.0。

> 💡提示 在【基本声音】面板中，双击控件即可把滑块恢复至默认位置。

③ 再次播放剪辑，检查降噪效果。原来在大约 00:00:10:00 处有很大的隆隆声，现在几乎听不见了。

❹ 要不断尝试，才能找到合适的【减少杂色】值，并获得较理想的降噪效果。播放过程中，不断尝试调整效果强度。若【减少杂色】值太大，人物说话的声音就会出现失真。若【减少杂色】值不够，则声音中的许多背景噪声将无法去除。尝试后，把【减少杂色】值恢复成默认值 5.0。

处理声音的过程中，有时会遇到一些低频的背景噪声，这些噪声与人的说话声很接近，导致 Premiere Pro 很难自动去除它们。接下来，尝试使用一些更高级的降噪选项。

❺ 在【时间轴】面板中，确保第 1 个剪辑仍然处于选中状态。打开【效果控件】面板，在【降噪】效果下，单击【编辑】按钮，打开【剪辑效果编辑器 - 降噪】对话框，其中包含了【降噪】效果的高级选项。当在【基本声音】面板中勾选【减少杂色】复选框时，Premiere Pro 会向所选剪辑应用【降噪】效果。

## 【基本声音】面板与【效果控件】面板

只要在【基本声音】面板中勾选了【减少杂色】复选框，Premiere Pro 就会把【降噪】效果应用到所选剪辑上，可以在【效果控件】面板中看到它，如图 11-14 所示。事实上，在【基本声音】面板中的每个调整要么会应用一个新效果，要么就是对现有效果的调整，这些效果都显示在【效果控件】面板中。

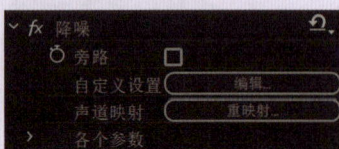

图 11-14

可以把【基本声音】面板看作一条获得理想音频效果的捷径，其中包含优化设置，你可以在【效果控件】面板中进行调整。如果【效果控件】面板未显示，可以在【窗口】菜单中找到并打开它。

播放剪辑期间，【剪辑效果编辑器 - 降噪】对话框中同时显示原始音频（底部蓝色）和应用的降噪调整（顶部红色），如图 11-15 所示。当效果控件开启时，仍然可以在【时间轴】面板中设置播放滑块的位置以及播放序列。

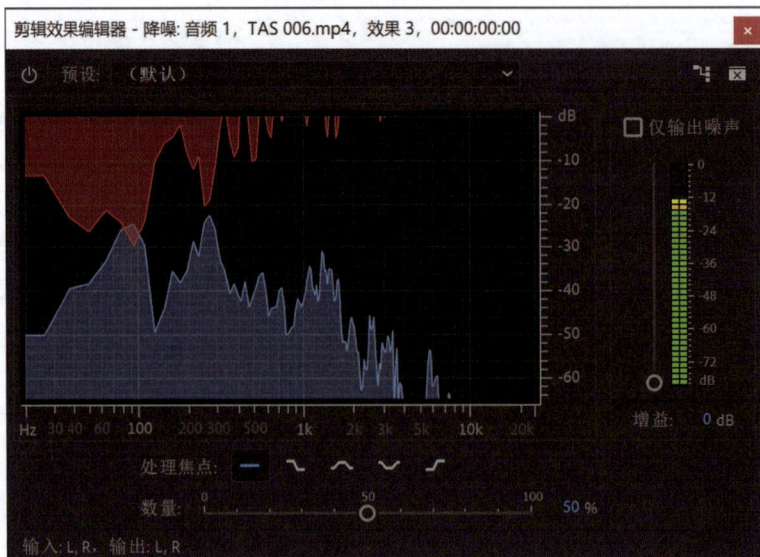

图 11-15

在降噪效果图中，从左至右，声音频率越来越大。

⑥ 再次播放剪辑，要特别注意只有隆隆声（无人声）时降噪效果图的变化情况。可以发现，隆隆声是低频音，它位于降噪效果图左侧。

【剪辑效果编辑器 - 降噪】对话框中的选项如下。

· 预设：【预设】下拉列表中主要包含【强降噪】和【弱降噪】两个选项，它们只用于调整降噪的数量。

· 数量：该选项用于调整效果强度。

· 仅输出噪声：勾选该复选框，只能听到要去除的噪声，如果担心音频被删得过多，可以勾选该复选框。

· 增益：降噪时，音频的整体音量会下降。此时，可以调整【增益】值进行补偿。观察效果应用前后的音频仪表，可以知道把【增益】值调成多少才能将总音量保持在原始水平。

相比之下，【处理焦点】控件比较复杂，如图 11-16
所示。

图 11-16

默认设置下，Premiere Pro 会把【降噪】效果应用到所有频率的剪辑上，也就是说，它会向低频音、中频音、高频音应用同等调整。使用【处理焦点】控件，可以把效果有选择地应用到指定的频率上。把鼠标指针放到某个按钮上，会显示相应的提示。其实可以根据按钮形状猜出各个按钮的含义。

⑦ 单击【着重于较低频率】按钮，如图 11-17 所示，再次播放剪辑。这次听起来效果不错，接下来把效果再增强一些。

⑧ 拖曳【数量】滑块，将其值增加到 80%，如图 11-18 所示，播放序列。接下来把滑块拖至100%，然后播放序列。

图 11-17

图 11-18

💡注意　调整效果设置时，【基本声音】面板中的相应控制项会出现感叹号图标（⚠），提醒你相应设置已经被修改。有可能需要先关闭【剪辑效果编辑器 – 降噪】对话框，才能显示出感叹号图标。

单击【着重于较低频率】按钮后，即使把效果强度设置成最大，人物对话还是能够听得清，此时隆隆声已经消失不见。不过即使使用这种高级工具，也需要多次进行尝试，才能获得理想的结果。

⑨ 把【数量】设置为 80%，关闭【剪辑效果编辑器 - 降噪】对话框。

**2. 减少混响**

【减少混响】和【降噪】的工作方式类似。

下面动手试一试。

① 听一下序列中的第 2 个剪辑，如图 11-19 所示。其音频中包含很强的混响，这是因为录音现场中物体的硬表面会把声音反射到麦克风中。

图 11-19

② 在【时间轴】面板中选择剪辑，然后在【基本声音】中勾选【减少混响】复选框，如图 11-20 所示。

图 11-20

此时音频的变化十分明显。与减少噪声相同，减少混响时也要反复尝试，在保证人物对话足够清晰的前提下，获得最好的去混响效果。

图 11-21

勾选【减少混响】复选框后，Premiere Pro 会向所选剪辑应用【减少混响】效果，可以在【效果控件】面板中打开它，如图 11-21 所示。

③ 在【效果控件】面板中单击【减少混响】效果的【编辑】按钮，打开【剪辑效果编辑器 - 减少混响】对话框。在【时间轴】面板中播放第 2 个剪辑，更新【剪辑效果编辑器 - 减少混响】对话框中的图形，如图 11-22 所示。

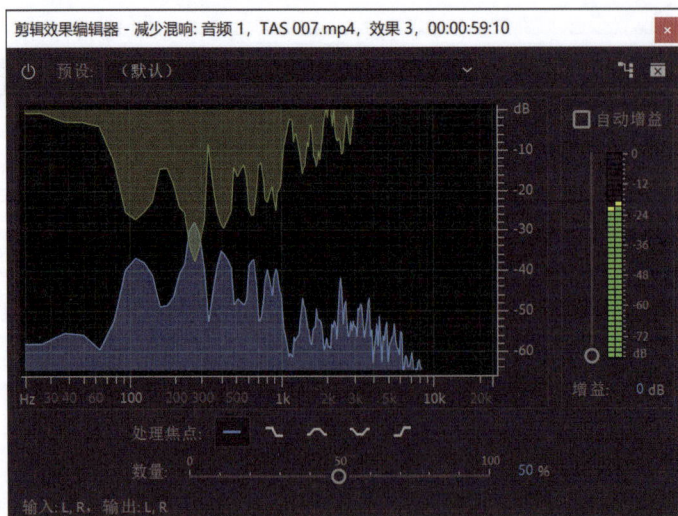

图 11-22

从上图可以看到，【减少混响】效果和【降噪】效果的设置几乎完全相同，但在【剪辑效果编辑器 - 减少混响】对话框中，噪声图的颜色有点不一样，而且右上方是【自动增益】复选框，而非【仅输出噪声】复选框。

减少混响时，总音量必然降低，勾选【自动增益】复选框后，Premiere Pro 会自动进行补偿，使得该效果更容易设置。

④ 确保【自动增益】复选框处于勾选状态，播放剪辑，比较勾选前后的不同。然后关闭【剪辑效果编辑器 - 减少混响】对话框。

⑤ 序列中还有其他两段剪辑可供练习。还可以尝试把【降噪】和【减少混响】两个效果结合起来，以获得更好的效果。

### 11.3.4　增强语音

【基本声音】面板中的【增强语音】下只有两个控件：【增强】和【混合量】（将增强后的音频和原始音频进行混合以控制增强程度）。

【增强语言】使用机器学习技术处理录音，消除录音中的噪声，增强对话质量，它不是生成式 AI，不会合成新音频。只需轻轻一点，即可轻松消除噪声，提高录音的清晰度和质量，使其听起来就像是在专业工作室中录制的。而且整个增强过程完全自动，不需要人工进行任何干预。该过程在本地计算机中进行，不需要连接互联网，更不需要把音频上传至远程服务器中处理。

在当前序列中，选择第 1 个剪辑，在【基本声音】面板的【修复】下，取消勾选【减少杂色】复选框。在【增强语音】区域下，单击【增强】按钮，等待处理完成。

把处理结果与原始剪辑音频进行比较，尝试调整【混合量】，直到获得最满意的效果。

### 11.3.5　提高清晰度

【基本声音】面板中的【透明度】下提供了 3 种提高对话质量的快捷方法，如图 11-23 所示。

· 动态：用于增大或减小音频的动态范围，即录音中最低音和最高音之间的音量范围。

· EQ：用于以不同的频率恰当地应用幅度（音量）调整。它提供了一系列预设，能帮助我们轻松选出有用的设置。

· 人声增强：根据选择的【高音】或【低音】选项，提高特定频率的清晰度。

下面一起尝试一下。

❶ 打开 05 Clarity 序列，如图 11-24 所示。

该序列和 03 Noise Reduction 序列的内容一样，但其中包含了两个版本的画外音。第 1 个版本比第 2 个版本更清晰。

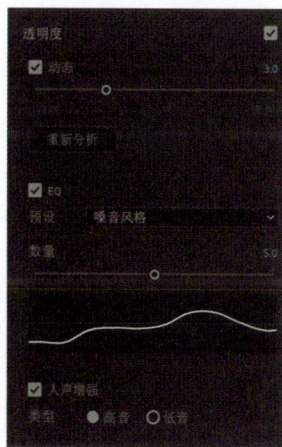

图 11-23

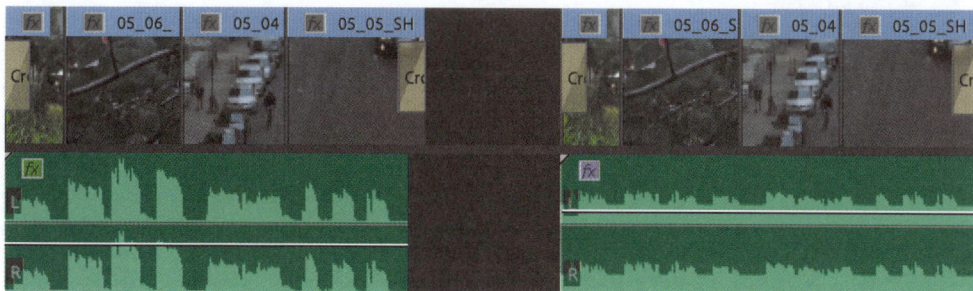

图 11-24

② 播放第 1 个画外音剪辑，了解语音内容。

③ 选择第 1 个画外音剪辑，在【基本声音】面板中向下滚动到【透明度】，单击【透明度】，展开其下选项。

④ 勾选【动态】复选框，拖曳其下的滑块，尝试不同调整。可以一边播放序列，一边在【基本声音】面板中进行调整，动态效果会实时应用并展现出来。尝试几次调整之后，取消勾选【动态】复选框。

⑤ 勾选【EQ】复选框，尝试不同的预设，如图 11-25 所示。应用有些预设（如【旧电台】）会产生非常棒的效果。

应用不同预设时，Premiere Pro 会显示不同的调整图形，该图形基于【参数均衡器】效果（有关该效果的更多内容，请阅读 11.3.9 小节）。可以拖曳【数量】滑块，增强或减弱该效果。

⑥ 播放第 2 个画外音剪辑，了解语音内容。

⑦ 选择第 2 个画外音剪辑，在【基本声音】面板的【透明度】中，勾选【人声增强】复选框，并选择【高音】选项。

图 11-25

⑧ 再次播放第 2 个画外音剪辑。播放期间，尝试勾选与取消勾选【人声增强】复选框。

对比人声增强前后，差别好像不大。事实上，可能需要佩戴耳机或使用高级监听设备才能听出差别。该选项能够提升人声的清晰度，使语音更易理解，必要时会自动降低低频信号强度来实现这一目标。

## 11.3.6　创意调整

在【基本声音】面板中，【创意】位于【透明度】下方，如图 11-26 所示。

【创意】中有一个【混响】复选框。勾选该复选框可应用混响效果，该效果类似于在有大量反射面的大型房间中录音，但听上去没有那么明显。

请使用 05 Clarity 序列中的第 1 个画外音剪辑试一下这个效果。可以发现，只需要一点点混响效果，就能营造出十分真实的现场感。

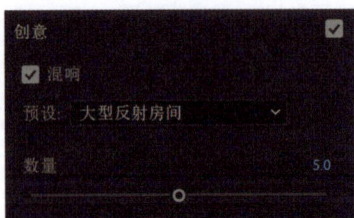

图 11-26

## 11.3.7　调节音量

除了为【项目】面板中的剪辑调整增益、为序列中的剪辑设置音量，以及自动应用【响度】调整，还可以使用【基本声音】面板底部的【剪辑音量】为选定剪辑设置音量。

前面已经介绍了多种调整剪辑音量的方式，为什么还要增加这个选项呢？

【剪辑音量】有一个显著特点：不管怎么使用它调整音量大小，音频都不会失真。也就是说，使用【剪辑音量】增大剪辑音量时，可确保音频在最大音量下能够正常播放，不会出现失真问题。

下面试一下。

① 打开 06 Level 序列，如图 11-27 所示。该序列很简单，只包含一段画外音剪辑，这段画外音之前听过，音量大小处于正常水平。

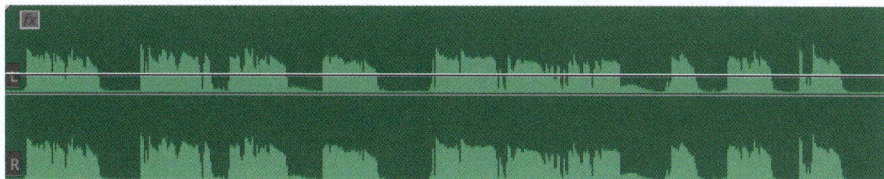

图 11-27

❷ 选择画外音剪辑,播放序列。在播放过程中,拖曳【剪辑音量】下的【级别】滑块来增大或减小剪辑音量。

> 💡 注意 调整前,最好先打开【基本声音】面板,把各个控制选项重置成默认值。双击控件,可快速恢复成默认值。

❸ 把【级别】滑块拖曳到最右侧,使音量达到 +15dB。

不管把音量调整成多少,声音都不会出现失真变形。即使把一个剪辑的增益和音量(使用"橡皮筋")都加大,剪辑的音频也不会出现大问题。

❹ 双击【剪辑音量】下的【级别】滑块,或者取消勾选【级别】复选框,将其恢复成默认值。

## 11.3.8 使用其他音频效果

本课开头提到,Premiere Pro 提供了大量音频效果,其中大部分效果都集中在【效果】面板中。

到现在为止,通过【基本声音】面板做的大部分调整实际上都是 Premiere Pro 自动添加到剪辑上的常规音频效果实现的。使用这种方式应用效果很快,因为【基本声音】面板中的所有选项就像预设,只要在【基本声音】面板中根据需要做好设置,这些效果就会出现在【基本声音】面板中,并且提供相应选项,让你进一步调整。

在序列 06 Level 中的剪辑处于选中状态时打开【效果控件】面板。

当在【基本声音】面板中调整【剪辑音量】下的【级别】时,Premiere Pro 就会向所选剪辑应用【强制限幅】效果,如图 11-28 所示。

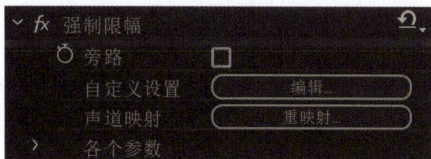

图 11-28

单击【效果控件】面板【强制限幅】效果下的【编辑】按钮,打开【剪辑效果编辑器 - 强制限幅】对话框,如图 11-29 所示。该对话框中包含【强制限幅】效果的各个选项,方便调整。当在【基本声音】面板中做出调整后,在【效果控件】面板中,效果的相应参数会同步更新。

大多数情况下,在【基本声音】面板中进行调整即可。如果想做更加细致的调整,可以随时打开【效果控件】面板进行调整。

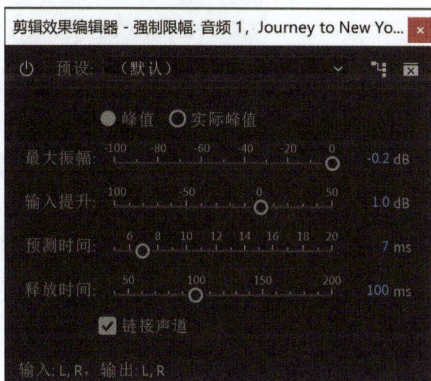

图 11-29

## 使用【基本声音】面板中的预设

　　使用【基本声音】面板处理音频时，若某组设置的使用频率很高，可以考虑将其保存为预设。具体操作为：在【基本声音】面板中，先选择一个音频类型，然后做一些设置，最后单击面板顶部的【保存设置为预设】按钮（）。一旦创建好预设，便可随意应用，且应用时无须事先指定音频类型。

　　【基本声音】面板中的预设允许用户进行二次调整，也就是说，应用某个预设后，可以进一步对它进行调整，还可以把调整后的设置保存为新预设。

### 11.3.9　使用【参数均衡器】效果

　　【参数均衡器】效果提供了详细直观的调整界面，有助于对不同频率音频的音量进行精确调整。

　　【参数均衡器】效果编辑器的中间有一条曲线，可以通过拖曳曲线上的音量调整控制点（这些控制点链接在一起）来得到细腻自然的声音。

　　下面一起试一试【参数均衡器】效果。

　①　打开 07 Full Parametric EQ 序列。该序列包含一个音乐剪辑和一个画外音剪辑，如图 11-30 所示。

图 11-30

　②　在【效果】面板中找到【参数均衡器】效果（查找时可以使用面板顶部的搜索框），将其拖曳到第 1 个剪辑上。

　③　在第 1 个剪辑处于选中状态时，打开【效果控件】面板，单击【参数均衡器】效果下的【编辑】按钮，打开【剪辑效果编辑器 - 参数均衡器】对话框，如图 11-31 所示。

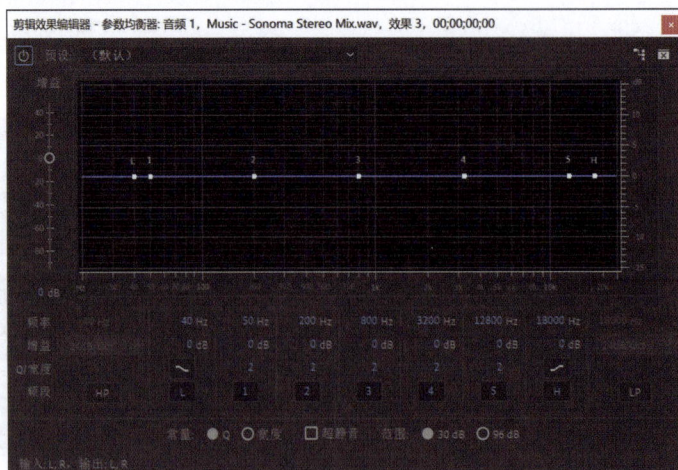

图 11-31

在图形控制区域中，横轴代表频率，纵轴（右侧）代表振幅，位于图形中间的蓝线表示所做的调整。调整之后，蓝线或高或低。拖曳线条上的控制点可改变线条形状，包括位于左右两端的【低通】（L）和【高通】（H）控制点，如图 11-32 所示。

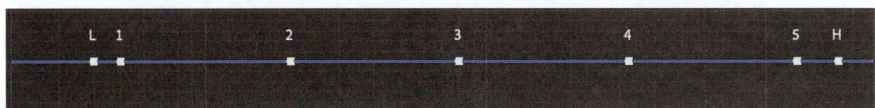

图 11-32

纵轴（左侧）表示整体增益，如图 11-33 所示。如果调整导致音频总音量过大或过小，则可以通过调整【增益】进行修正。

❹ 播放剪辑，听一下声音。图形控制区域中显示出整个频率范围内的音量情况，类似于【消除嗡嗡声】【减少混响】效果。

对话框底部有一个【范围】选项。默认设置下，【参数均衡器】效果图形允许调整的范围是 -15dB ～ 15dB。

把【范围】设置成 96dB，如图 11-34 所示，可调整范围变为 -48dB ～ 48dB。

❺ 向下大幅度拖曳蓝线上的第 1 个控制点，减小低频音频的音量，如图 11-35 所示。再次播放剪辑。

图 11-33

图 11-34

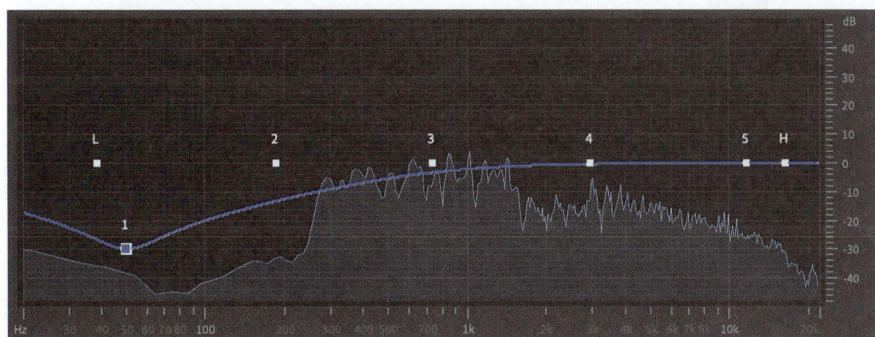

图 11-35

修改特定频率会改变蓝线形状，影响邻近频率的声音，这样产生的效果更自然。

调整图形控制区域中的蓝线时，其下方区域中的选项会发生相应变化。这两个区域是联动的，调整一个，另一个会跟着变化。

拖曳某个控制点时，其影响范围由【Q/ 宽度】控制。【频段】右侧显示的是控制点的编号，单击这些编号，可开启或关闭控制点。

前面例子中，控制点 1 被设置为 50Hz（这是个非常低的频率），其【增益】调整为 -29.8dB（增益降得很大），【Q/ 宽度】调整为 2（对蓝线来说这是一个相当大的范围），如图 11-36 所示。

❻ 把第 1 个控制点的【Q/ 宽度】从 2 改为 7。修改时，先单击 2，然后直接输入新值 7，效果如图 11-37 所示。

图 11-36

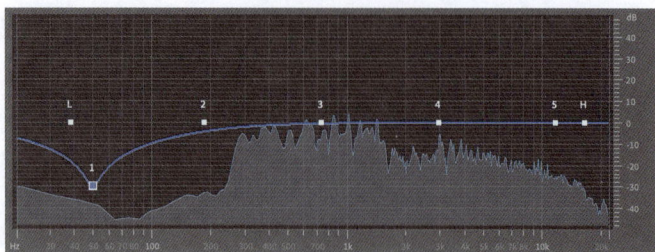

图 11-37

此时，蓝线向下凸出的部分变得非常尖锐，相比之下，所做的调整应用到更小的范围。

⑦ 播放序列，听一下有何变化。

接下来，进一步改善声音。

⑧ 人声大多在 100 ～ 1000Hz 范围内。默认情况下，控制点 3 位于 800Hz 处，这是人声最突出的部分。向下拖曳控制点 3，使其【增益】大约为 -20dB，把【Q/ 宽度】设置为 1，使调整范围变得很大，效果如图 11-38 所示。此外，也可以单击蓝色数字来改变这些设置。

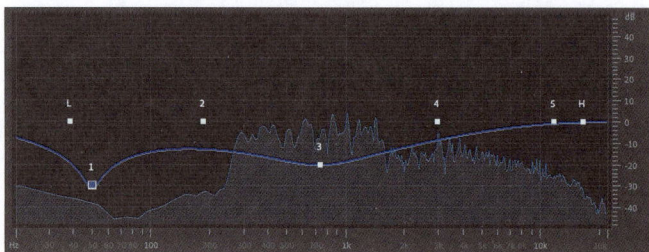

图 11-38

💡 **提示** 另一种使用【参数均衡器】效果的方法是，针对一个特定频率的音量进行提升或削减。可以使用该效果削减某个特定频率的声音，比如高频噪声或低频嗡嗡声。

⑨ 播放序列，听一下有何变化。仔细听，会发现歌声音量降低了很多。

⑩ 把控制点 4 拖曳到大约 1500Hz 处，使其【增益】为 +6.0dB。把【Q/ 宽度】设置为 3，提高调整的精确度，如图 11-39 所示。

💡 **注意** 不要把音量调得太高（峰值指示线会变成红色，峰值监视器也会亮起），否则会导致声音变形。

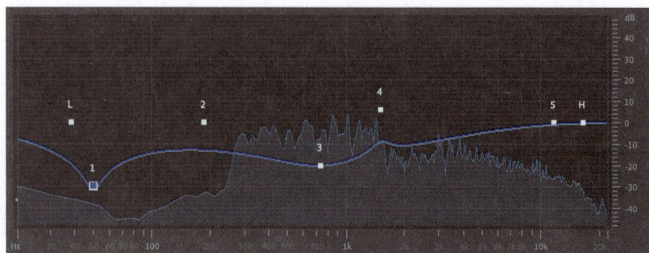

图 11-39

⑪ 播放序列，听一下有何变化。

⑫ 向下拖曳控制点 H，将其【增益】设置为 -8.0dB 左右，让高频声音变得小一些。

⑬ 使用【增益】调整总音量。调整过程中，需要借助音频仪表才能判断调整是否合适。

> 💡提示　若用户界面中未显示音频仪表，可在菜单栏中依次选择【窗口】>【音频仪表】命令，将其显示出来。

⑭ 关闭【剪辑效果编辑器 - 参数均衡器】对话框。

⑮ 播放序列，听一下有何变化。

在上面的讲解中，出于演示的需要，调整的幅度都比较大，但在实际项目中，调整的幅度通常都是很微小的。

【参数均衡器】效果的一个常见用途是提高人声质量。序列中的第 2 个剪辑是画外音（人声）剪辑，可以使用【参数均衡器】效果对其做一下调整。其实该剪辑中的声音质量还不错，但是通过应用【参数均衡器】效果并做相应调整，可以让声音更加自然、清晰。

可以在剪辑或序列的播放过程中调整音频和效果，而且可以开启【节目监视器】中的循环播放功能，这样就不必反复单击【播放】按钮了。

在【节目监视器】中，单击【设置】按钮，在弹出的菜单中选择【循环】命令，即可开启循环播放功能。

在【节目监视器】中，单击【按钮编辑器】按钮（■），打开【按钮编辑器】面板，其中包含一些与播放相关的按钮。

- 循环播放（■）：用于打开或关闭循环播放功能。若设置了入点与出点，播放会在两者之间循环进行。

- 从入点到出点播放视频（■）：若在序列上设置了入点和出点，单击该按钮，则只播放入点和出点之间的内容。

## 音频插件管理器

在 Premiere Pro 中，安装第三方插件非常简单。在菜单栏中依次选择【Premiere Pro】>【首选项】>【音频】命令（macOS）或【编辑】>【首选项】>【音频】命令（Windows），在打开的【首选项】对话框中，单击【音频增效工具管理器】按钮，打开【音频增效工具管理器】对话框。

（1）单击【添加】按钮，可添加包含 AU（仅适用于 macOS）或 VST 插件的目录。

（2）单击【扫描增效工具】按钮，可查找所有可用插件。

（3）单击【全部启用】按钮，可激活所有插件；或者选择某些插件，单独激活它们。

（4）单击【确定】按钮，使更改生效。

### 11.3.10　使用【陷波】效果

【陷波】效果用来删除指定的声音。该效果会确定一个频率范围，然后删除这一频率范围内的声音，非常适合用来删除无线电干扰的嗡嗡声和其他电子干扰声音。

❶ 打开 08 Notch Filter 序列。

❷ 播放序列，可听到嗡嗡声。

❸ 在【效果】面板中找到【陷波滤波器】效果，将其拖曳到序列中的剪辑上。此时，Premiere

Pro 会自动选中剪辑，并在【效果控件】面板中显示出该效果控件。

④ 在【效果控件】面板中单击【陷波滤波器】效果下的【编辑】按钮，打开【剪辑效果编辑器 -陷波滤波器】对话框，如图 11-40 所示。

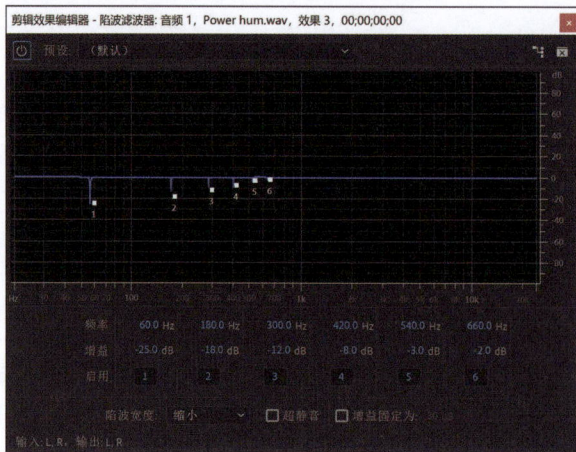

图 11-40

【陷波滤波器】效果看上去与【参数均衡器】效果非常相似，功能也类似。但是，【陷波滤波器】效果中并没有用来设置曲线调整宽度的【Q/ 宽度】。默认设置下，每一项调整幅度都很大，可以通过【陷波宽度】下拉列表中的预设调整曲线。

⑤ 播放序列，试用不同预设，比较它们之间的异同。

每个预设中通常都包含多个选项，原因是多谐波频率中经常会出现信号干扰。

⑥ 在【预设】下拉列表中选择【60Hz 与八度音阶】选项，然后播放序列，检查调整效果。

⑦ 应用【陷波滤波器】效果时，经常需要反复调整、反复检查，直到获得满意的效果为止。

音频中的嗡嗡声频率分别为 60Hz、120Hz、240Hz，它们就是所选预设的处理目标。在【启用】中，单击控制点 4、5、6，把它们关闭，如图 11-41 所示。

图 11-41

再次播放序列，检查最终效果。干扰声音的频率很精确，它会影响到人物的声音。删除干扰声音后，人物的声音听起来就非常清晰了。

⑧ 关闭【剪辑效果编辑器 - 陷波滤波器】对话框。

在【基本声音】面板中勾选【消除嗡嗡声】复选框后，Premiere Pro 会把同样的效果应用到剪辑上。

【陷波滤波器】效果中有一些非常高级的控件。当使用【基本声音】面板无法获得想要的结果时，不妨试试这些控件。

在菜单栏中依次选择【文件】>【关闭项目】命令，关闭项目。若 Premiere Pro 询问是否保存项目，单击【是】按钮。

## 使用 Audition 去除背景噪声

Audition 提供了高级混音和效果，能够帮助我们进一步改善声音。可以把整个序列或单个剪辑从 Premiere Pro 直接发送到 Audition。

如果计算机中安装了 Audition，请尝试以下操作。

（1）在 Premiere Pro 中，重新打开 Lesson 11 Working.prproj 项目文件，在【项目】面板中，打开 09 Send to Audition 序列。

（2）在【时间轴】面板中，使用鼠标右键单击 Noisy Audio.aif 剪辑，在弹出的菜单中选择【在 Adobe Audition 中编辑剪辑】命令，如图 11-42 所示。

此时，Premiere Pro 为音频剪辑新建一个副本——Noisy Audio 音频已提取 .wav，添加至项目中（副本与原始剪辑在同一个素材箱中），并替换掉序列中的剪辑。Audition 会被打开，并显示出新创建的音频剪辑副本。

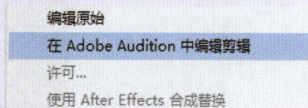

编辑原始
**在 Adobe Audition 中编辑剪辑**
许可...
使用 After Effects 合成替换

图 11-42

（3）Audition 的【编辑器】面板中显示有立体声剪辑，并且 Audition 为剪辑显示了一个很大的波形。为了使用 Audition 的高级降噪工具，需要在剪辑中找出噪声部分，告知 Audition 要删除的内容。

（4）如果波形下没有显示频谱，请单击程序窗口顶部的【显示频谱】按钮（▦），将其显示出来。播放剪辑，只有剪辑的开头部分包含几秒噪声，这很容易选出来。

（5）在工具栏中选择【时间选择工具】（▮），选择音频开始处的安静区域，面板会高亮显示刚刚找到的噪声部分，如图 11-43 所示。

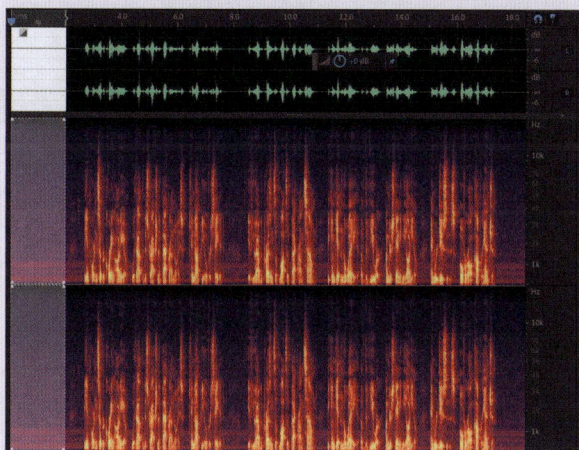

图 11-43

（6）在菜单栏中依次选择【效果】>【降噪 / 恢复】>【捕捉噪声样本】命令。也可以按【Shift】+【P】组合键。此时，弹出一个对话框，提示将要捕捉噪声样本，单击【确定】按钮。

（7）在菜单栏中依次选择【效果】>【降噪 / 恢复】>【降噪（处理）】命令。也可以按【Shift】+【Command】+【P】组合键（macOS）或【Shift】+【Ctrl】+【P】组合键（Windows）。此时，软件打开【效果 - 降噪】对话框，如图 11-44 所示。

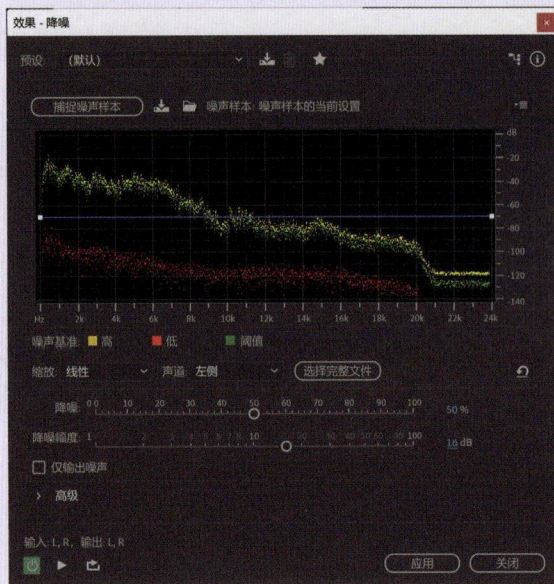

图 11-44

（8）单击【选择完整文件】按钮，选择整个剪辑。

（9）勾选【仅输出噪声】复选框。可以只听到要删除的噪声，方便准确选出要删除的噪声，以避免意外删除非噪声音频。

（10）单击对话框底部的【播放】按钮，拖曳滑块调整【降噪】和【降噪幅度】，如图 11-45 所示，从剪辑中清除噪声。注意不要过度调整。

图 11-45

（11）取消勾选【仅输出噪声】复选框，检查清除噪声之后的声音。可能需要从头开始，捕捉到噪声后，选择不同的音频区域，以获得更干净的结果。

（12）如果对调整结果满意，单击【应用】按钮应用调整。

（13）在菜单栏中依次选择【文件】>【保存】命令，保存更改。

（14）在 Audition 中保存更改之后，这些调整会自动同步到 Premiere Pro 中的剪辑上。返回 Premiere Pro，播放剪辑，检查去噪效果。

## 11.4  复习题

1. 在【基本声音】面板中,如何使人物对话视频的音量符合广播电视标准?

2. 怎样快速消除剪辑中的嗡嗡声?

3. 在【基本声音】面板中选择某个选项后,在哪里可以找到该选项的更多控制参数?

4. 在 Premiere Pro 的【时间轴】面板中,如何把一个剪辑直接发送到 Audition?

## 11.5  答案

1. 选择想要调整的剪辑,在【基本声音】面板中,选择音频类型为【对话】,然后在【响度】区域中单击【自动匹配】按钮。

2. 在【基本声音】面板中,勾选【消除嗡嗡声】复选框,可去除电子干扰的嗡嗡声。根据原始素材的情况,选择 60Hz 或 50Hz。

3. 先选择剪辑,然后打开【效果控件】面板,即可看到更多控制参数。

4. 在【时间轴】面板中,使用鼠标右键单击剪辑,然后在弹出的菜单中选择【在 Adobe Audition 中编辑剪辑】命令。

## 第12课

# 添加视频效果

## 课程概览

本课主要学习如下内容。

- 使用固有效果
- 应用和删除效果
- 使用关键帧效果
- 常用效果

- 在【效果】面板中浏览效果
- 蒙版和跟踪视频效果
- 使用效果预设
- 渲染和替换效果

## 学完本课大约需要 **120**分钟

请先准备好本课要用到的课程文件，并把它们保存到计算机中的合适位置。

Premiere Pro 提供了多种视频效果。本课将学习一些常用视频效果的使用方法，以及一些更高级的工作流程。大部分视频效果都有多个属性，可以使用关键帧为这些属性制作动画。

# 12.1　课前准备

视频效果用途广泛，不仅可以纠正曝光、颜色平衡等方面的常见问题，还能合成复杂的视觉效果（如颜色键技术），同时能够有效修正摄像机抖动、光线不足等拍摄问题。

> ♀注意　开始学习前，请先把 Premiere Pro 首选项恢复成默认设置，具体操作为：在桌面上双击 Premiere Pro 图标，并立即按住【Option】键（macOS）或【Alt】键（Windows），在弹出的【重置选项】对话框中，勾选【重置应用程序首选项】，单击【继续】按钮。

❶ 打开 Lesson 12.prproj 项目文件。

❷ 把项目文件另存为 Lesson 12 Working.prproj。

❸ 在菜单栏中依次选择【窗口】>【工作区】>【效果】命令，进入【效果】工作区。然后在菜单栏中依次选择【窗口】>【工作区】>【重置为已保存的布局】命令，重置【效果】工作区。

视频效果还可以用来为视频创建某种艺术风格，例如，扭曲素材、改变画面颜色，以及为剪辑的大小和位置制作动画等。关键是要清楚什么时候该用什么效果，以及什么时候不该用效果。

应用视频效果时，可以使用椭圆或多边形蒙版对视频效果的作用范围进行限制，而且这些蒙版会自动跟踪目标对象。例如，使用蒙版对视频中某个人的面部进行模糊处理，以隐藏其身份，当人物走动时，模糊区域会随着人物面部一起移动。在视频后期制作中，还可以使用视频效果给某个场景添加照明。

# 12.2　应用视频效果

前面已经学过如何应用音频效果以及调整它们的设置。与音频效果一样，应用视频效果时，可以直接把视频效果拖曳到剪辑上，也可以先选择一个或多个剪辑，然后在【效果】面板中双击要用的视频效果。在 Premiere Pro 中，可以向同一个剪辑应用多个视频效果，创建出令人赞叹的视频，还可以使用调整图层向一组剪辑添加相同的视频效果。

Premiere Pro 自带了丰富的视频效果，如图 12-1 所示。此外，网络上还有许多第三方厂商制作的视频效果可免费或付费使用。

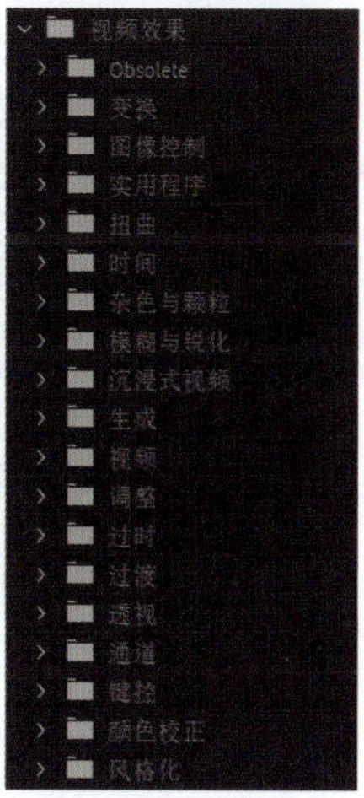

虽然视频效果数量很多，而且有的视频效果还比较复杂，但是应用、调整、删除各种视频效果的方法都差不多。

## 12.2.1　调整固有效果

当把一个剪辑添加到序列后，Premiere Pro 会自动为它应用一些效果。这些效果就是所谓的"固有效果"。每个添加到序列中的剪辑都有这些效果，主要用来控制剪辑的不透明度、速度、音频等共有属性。

虽然剪辑中添加了这些固有效果，但是如果不主动更改这些效果的默认

图 12-1

设置，它们是不会改变剪辑的。Premiere Pro 提供了以下固有效果。

- 运动：使用【运动】效果可以让剪辑动起来，对剪辑进行旋转、缩放等操作。还可以使用【防闪烁滤镜】属性，减轻动画对象边缘的闪烁问题。当缩小一个高分辨率素材或隔行扫描素材时，Premiere Pro 会对图像进行重采样，此时这个效果就会派上用场。

- 不透明度：该效果用来控制剪辑的不透明程度，还可以使用特定混合模式基于图形或视频的多个图层创建视觉效果。更多内容将在第 14 课"了解合成技术"中讲解。

- 时间重映射：该效果用于减慢或加快剪辑的播放速度，或者倒放剪辑，还可以用来冻结帧。其实可以把该效果看成【剪辑速度 / 持续时间】的高级版本，两者之间存在关联。

- 音频效果：当剪辑中包含音频时，Premiere Pro 会显示音频的【音量】【声道音量】【声像器】属性。有关内容请阅读第 10 课"编辑和混合音频"。

在【效果控件】面板中可以调整所有固有效果。

❶ 在【时间轴】面板中打开 01 Fixed Effects 序列，如图 12-2 所示。拖曳播放滑块，浏览序列内容。

图 12-2

❷ 单击序列中的第 1 个剪辑将其选中。在【效果控件】面板中，可以看到应用到该剪辑上的固有效果，如图 12-3 所示。

❸ 单击某个效果名称或某个控件左侧的箭头按钮可将其展开，显示其属性。

> 💡 提示　在【效果控件】面板或【项目】面板中按住【Option】键（macOS）或【Alt】键（Windows），单击箭头按钮，可以展开或折叠所有项目。

❹ 单击序列中的第 2 个剪辑，将其选中，查看【效果控件】面板，如图 12-4 所示。

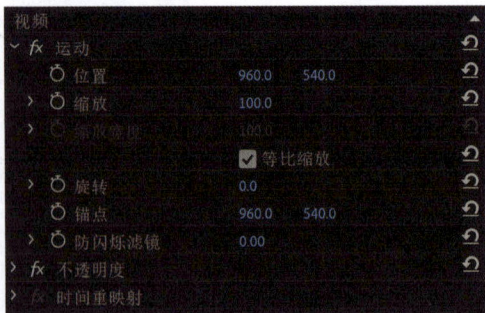

图 12-3

图 12-4

在【运动】效果下，【位置】和【缩放】属性上有关键帧，这表示这两个属性的值随着时间变化，即有动画。这里为剪辑添加了缓慢放大和平移动画效果，用来模拟数字变焦进行重新构图的效果。

当人们把注意力集中到一个物体上时，往往会产生微妙的"隧道视觉"，导致视野收窄或边缘视觉范围大大减少。缓慢放大动画可以让观众产生同样的感受，有助于集中观众的注意力，增强戏剧性时刻的紧张感。

⑤ 以正常速度播放当前序列，比较两个剪辑，观看动画。

## 12.2.2　使用【效果】面板

除了固有效果，Premiere Pro 还提供了许多标准视频效果来更改剪辑的外观，如图 12-5 所示。这些效果数量庞大，为了方便查找与选用，Premiere Pro 把它们划分成若干类别，比如【扭曲】【键控】【时间】等。如果还安装了第三方效果，那可选的效果就更多了。

众多视频效果中，【Obsolete】这类效果很特别，如图 12-6 所示。其中的许多效果都已有更新版本，但是 Premiere Pro 仍然把它们保留了下来，以便与旧项目文件兼容。在新项目中，最好不要再用这些过时的效果，以免它们在后面的版本中不适用。

在【效果】面板中，每类效果都放在一个单独的素材箱中。类似于【项目】面板，【效果】面板底部有一个【新建自定义素材箱】按钮，可以新建一个素材箱，把常用效果的副本保存在其中，方便日后查找。

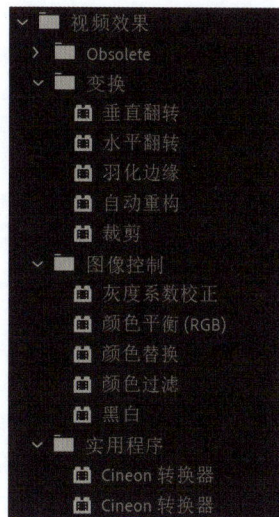

图 12-5

> 💡 提示　打开【效果】面板的快捷键是【Shift】+【7】。

① 打开【效果】面板，展开【视频效果】文件夹。

② 单击【效果】面板底部的【新建自定义素材箱】按钮（▣）。

在【效果】面板中可以找到新创建的素材箱（有时需要向下拖曳面板右侧的滚动条才能看到）。接下来，为新创建的素材箱重命名。

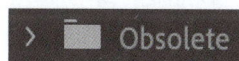

图 12-6

> 💡 注意　在【效果】面板中把一个效果拖入自定义素材箱中时，添加的其实是该效果的副本，原效果仍然位于原始文件夹中。可以使用自定义素材箱创建自己的效果组。

③ 此时，新建素材箱名称应该被选中，等待重命名。若非如此，单击新建的素材箱，将其选中。然后单击素材箱名称【自定义素材箱 01】，使其处于可编辑状态，如图 12-7 所示。

④ 把素材箱名称修改为 Favorite Effects。

⑤ 把一些效果从几个视频效果文件夹拖入刚刚创建的 Favorite Effects 素材箱以复制它们。为了方便拖曳，可调整【效果】面板的尺寸。添加之后，也可以轻松地把某些效果从素材箱中删除。选择要删除的效果，单击【效果】面板底部的【删除自定义项目】按钮（▣）即可。

图 12-7

> 💡 提示　视频效果种类繁多，有时很难找到想要的效果。如果知道完整的效果名称或效果名称的一部分，可以在【效果】面板顶部的搜索框中输入效果名称。Premiere Pro 会立即显示包含输入内容的所有效果，这可以大大缩短查找时间。

### 12.2.3 效果类型

如果使用的是小屏显示器，Premiere Pro 会隐藏【效果】面板中的一些图标。

调整【效果】面板的尺寸，使搜索框右侧的 3 个效果类型图标显示出来，如图 12-8 所示。

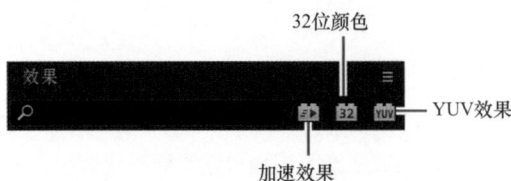

图 12-8

把【效果】面板拉宽一些，会发现许多效果名称右侧会显示出一些图标，如图 12-9 所示。了解这些图标的作用有助于快速选出需要的效果。

图 12-9

注意，只有一部分效果右侧同时有这 3 个图标。单击其中一个图标，将只显示带有该图标的效果。

#### 1. 加速效果

带有加速效果图标的效果支持 GPU 加速。GPU 可以大大提升 Premiere Pro 的性能。水银回放引擎支持多种显卡，在正确安装显卡后，这些效果通常可以加速或实时显示，并且只在最终导出时渲染，渲染时也会由硬件加速。在 Premiere Pro 产品页面中，有一个官方推荐的显卡列表。

#### 2. 32 位颜色效果

Premiere Pro 处理带有 32 位颜色图标的效果时，每个颜色通道都会进行 32 位的精细运算（也称为高位深或浮点运算），以确保效果高质量呈现。

为了获得最佳呈现质量，建议使用 32 位颜色效果。

> **注意** 在向一个剪辑应用 32 位颜色效果时，为了获得最佳质量，最好保证剪辑上应用的所有效果都是 32 位颜色的。如果同一个剪辑上既应用了 32 位颜色效果，又应用了非 32 位颜色效果，那么在非 32 位颜色效果的影响下，Premiere Pro 会把剪辑强制转换到 8 位颜色空间。

在编辑视频时，若未开启 GPU 加速功能，Premiere Pro 默认使用 8 位颜色渲染效果。要使用 32 位颜色效果，需在【新建序列】对话框的【设置】选项卡中勾选【最大位深度】复选框。如果在【项目设置】对话框中选择了硬件加速渲染器，Premiere Pro 会自动以 32 位深度渲染支持的加速效果。

### 理解位深

理解"位深"这个概念时，可简单地把它比作从尺子的一端到达另一端所需要的步数。一个典型的例子是像素的亮度，一个像素的亮度从 0%（最暗）变化到 100%（最亮）需要多少步呢？

许多视频摄像机默认录制的都是 8 位视频。大家不必深入了解位深是如何计算的，只需要知道：对于 8 位视频，每个颜色通道中像素的亮度从 0% 变化到 100% 需要 256 步，即有 256 个亮度级别。

每增加 1 位，步数翻倍，在一个 10 位视频中，每个像素的亮度有 1024 个级别。

在 8 位与 10 位视频中，每个像素的亮度级别（从 0 开始）范围如下。

8 位：0~255。

10 位：0~1023。

使用 32 位深表示颜色时，它可以表示的颜色数量超过 40 亿种。使用 32 位颜色渲染效果时，最终结果会非常棒，质量几乎不会有任何损失。

### 3. YUV 效果

应用带有 YUV 效果图标的效果时，Premiere Pro 会以 YUV 模式处理视频图像，将其拆解成一个 Y 通道（亮度通道）和两个颜色信息通道，这也是大部分视频素材的原生组织方式。在 YUV 模式下，图像的亮度和颜色分离，这有助于调整图像的对比度和曝光，又可以保证颜色不发生漂移。

Premiere Pro 会在计算机的 RGB 颜色空间中处理那些不带 YUV 效果图标的效果，在该调整过程中曝光和颜色可能会变得不准确。

## 12.2.4　应用效果

当应用某个视频效果后，可在【效果控件】面板中看到该效果的所有属性。在【效果控件】面板中几乎可以为视频效果的每个属性（确切地说，是左侧带有【切换动画】按钮的属性）添加关键帧，让属性值随着时间变化。此外，还可以通过这些关键帧上的控制手柄方便地调整变化的速度和加速度。

① 打开 02 Browse 序列，如图 12-10 所示。

② 在【效果】面板顶部的搜索框中输入"白"，在【视频效果】的【图像控制】下找到【黑白】视频效果，如图 12-11 所示。

图 12-10

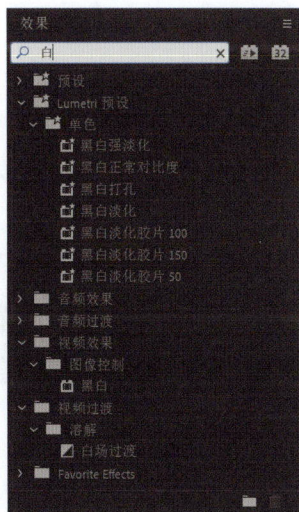

图 12-11

③ 把【黑白】视频效果拖曳到时间轴中的 Run Past 剪辑上，效果如图 12-12 所示。

此时，【黑白】效果把视频画面变成黑白的，更准确地说，是把画面变成了灰度图像。

图 12-12

④ 在【时间轴】面板中，确保 Run Past 剪辑处于选中状态，打开【效果控件】面板。

⑤ 在【效果控件】面板中，单击效果名称左侧的【切换效果开关】按钮（👁），可隐藏【黑白】效果。确保播放滑块位于 Run Past 剪辑上，拖曳播放滑块，浏览画面。

使用【切换效果开关】按钮显示或隐藏某个效果，可以很方便地了解效果对视频的影响。

⑥ 在剪辑处于选中的状态下，在【效果控件】面板中单击【黑白】效果名称，将其选中，按【Delete】键（macOS）或【Backspace/Delete】键（Windows），删除它。

⑦ 在【效果】面板的搜索框中输入"方向"，找到【方向模糊】视频效果。

⑧ 在【效果】面板中双击【方向模糊】效果，将其应用到所选剪辑上。

> 💡 注意　在剪辑处于选中的状态下，应用效果有两种方法：在【效果】面板中双击要应用的效果；把效果直接从【效果】面板拖入【效果控件】面板。

⑨ 在【效果控件】面板中单击【方向模糊】左侧的箭头按钮，将其展开。

⑩ 设置【方向】为 75.0°、【模糊长度】为 45.0，如图 12-13（a）所示，画面效果如图 12-13（b）所示。

（a） 　　　　　　　　　　（b）

图 12-13

> 💡 提示　使用滑块调整【模糊长度】时，允许的调整范围为 0 ~ 20，也可以直接单击蓝色数字，然后输入大于 20 的数值。

⑪ 这样便得到了一个有趣的模糊效果，但是画面模糊得太厉害，以至于看不清画面内容。如果想模拟摄像机的快速摇摄效果，这种程度的模糊效果也许正合适，但这里要降低模糊强度。单击【模

糊长度】属性左侧的箭头按钮，将其展开，拖曳滑块，降低模糊强度，如图 12-14（a）所示，同时在【节目监视器】中查看效果，如图 12-14（b）所示。

（a）　　　　　　　　　　　　　（b）

图 12-14

💡 注意　营造戏剧化效果是视频效果的一个重要用途，但绝不是唯一用途，很多时候，视频效果还能使视频画面显得更加自然、真实。

⓬ 打开【效果控件】面板菜单，选择【移除效果】命令，打开【删除属性】对话框。

⓭ 在【删除属性】对话框中，可选择要删除哪些效果以及要保留哪些效果。默认设置下，所有效果复选框都处于勾选状态。如果想删除所有效果，直接单击【确定】按钮即可。这是一种删除所有效果然后从头再来的便捷方法。

💡 提示　在【时间轴】面板中，使用鼠标右键单击一个或多个选中的剪辑，然后在弹出的菜单中选择【删除属性】命令；或者选择一个或多个剪辑，在菜单栏中依次选择【编辑】>【删除属性】命令，也可以打开【删除属性】对话框。

Premiere Pro 会以特定的顺序处理效果，这可能会导致出现不想要的结果，比如不必要的缩放。虽然无法调整固有效果的应用顺序，但可以使用其他类似的效果来代替它们。例如，使用【变换】效果代替【运动】效果，使用【Alpha 调整】效果代替【不透明度】效果。虽然它们不完全相同，但是功能类似，并且可以随意调整它们在【效果控件】面板中的顺序。

## 其他应用效果的方法

为了重用已有效果，Premiere Pro 提供了如下多种方法。

- 从【效果控件】面板中选择一个效果名称，在菜单栏中依次选择【编辑】>【复制】命令，然后在【时间轴】面板中选择目标剪辑（一个或多个），在菜单栏中依次选择【编辑】>【粘贴】命令。

- 可以把一个剪辑上的所有效果复制到另外一个剪辑上。在【时间轴】面板中选择源剪辑，在菜单栏中依次选择【编辑】>【复制】命令，然后选择目标剪辑（一个或多个），再从菜单栏中依次选择【编辑】>【粘贴属性】命令，在打开的【粘贴属性】对话框中选择要粘贴的效果。

- 可以创建一个效果预设，将其保存为一个效果（或多个效果），以便以后重用。有关这方面的内容，将在本课后面讲解。

## 12.2.5　使用调整图层

视频制作过程中，有时需要把同一效果应用到多个剪辑上。为此，Premiere Pro 提供了调整图层。使用调整图层时，大致的操作方法是：在【时间轴】面板中，先创建一个应用指定效果的调整图层，然后将其放在高层视频轨道中，使之位于其他剪辑之上。这样一来，Premiere Pro 就会把调整图层上的效果应用到其下的所有剪辑上。

与调整图形剪辑一样，可以轻松调整一个调整图层的持续时间和不透明度，以控制其影响低层轨道上的哪些剪辑。借助调整图层，我们可以更高效地应用效果，因为只需更改调整图层的设置就可设置其他多个剪辑的效果。

下面向一个序列添加一个调整图层。

① 打开 03 Multiple Effects 序列，如图 12-15 所示。

图 12-15

② 单击【项目】面板右下方的【新建项】按钮，在弹出的菜单中选择【调整图层】命令，打开【调整图层】对话框，如图 12-16 所示。可能需要调整一下【项目】面板的尺寸才能看到【新建项】按钮。

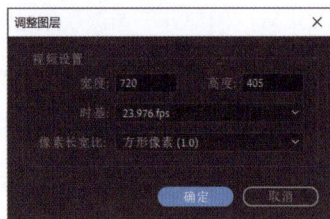

在【调整图层】对话框中，可以对新创建的调整图层进行设置，默认使用当前序列的设置。

③ 单击【确定】按钮。此时，Premiere Pro 在【项目】面板中添加了一个调整图层，如图 12-17 所示。

④ 把创建好的调整图层从【项目】面板拖曳至【时间轴】面板中，使其位于 V2 轨道的开头，如图 12-18 所示。

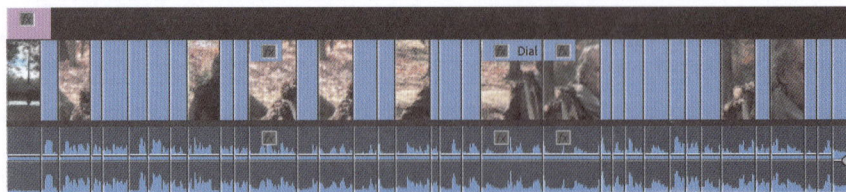

图 12-16

图 12-17

图 12-18

⑤ 在【时间轴】面板中单击调整图层的右边缘，只选中出点，此时剪辑末尾出现一个红色修剪手柄，如图 12-19 所示。

把播放滑块拖曳到序列末尾，使其与最后一个剪辑末端对齐。或者按【End】键，快速把播放滑块移至序列末尾。

图 12-19

💡 提示　如果使用的是 Mac 键盘，上面没有【End】键，可以按【Fn】+【→】键。

按【E】键，将所选修剪手柄移到播放滑块所在的位置。

到这里，调整图层就准备好了，如图 12-20 所示。接下来，向调整图层应用一个效果。应用效果后，可以通过调整图层的不透明度来改变该效果的强度。

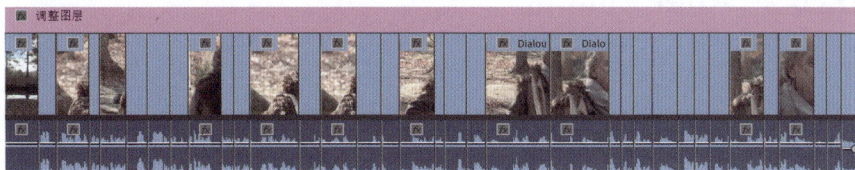

图 12-20

⑥ 在【效果】面板中，找到【高斯模糊】效果。

⑦ 把【高斯模糊】效果拖曳到序列中的调整图层上。

⑧ 在【时间轴】面板中把播放滑块拖曳到 00:00:27:00 处。该处是一个特写镜头，如图 12-21 所示，下面参考这个镜头来调整模糊效果。由于观众会特别关注人物的眼睛，设置效果时，最好选特写镜头作为参考。

⑨ 默认设置下，【高斯模糊】效果不起作用，不会对画面产生任何影响。确保调整图层处于选中状态，在【效果控件】面板中把【模糊度】设置为 25.0 左右，勾选【重复边缘像素】复选框，效果如图 12-22 所示。

图 12-21

图 12-22

从视频画面看，当前模糊效果太强了。下面使用一种混合模式将调整图层与其下方的剪辑混合，模拟电影胶片效果。通过混合模式，可以基于图层的亮度和颜色值把两个图层巧妙地融合在一起。更多相关内容将在第 14 课"了解合成技术"中讲解。

⑩ 在调整图层仍处于选中的状态下，在【效果控件】面板中，单击【不透明度】控件左侧的箭头按钮，显示具体设置。

⑪ 在【混合模式】下拉列表中选择【柔光】选项，使模糊效果与原始画面柔性混合。

⑫ 设置【不透明度】为 75.0%，如图 12-23 所示，把效果减弱一些。

在【时间轴】面板中，单击 V2 轨道的【切换轨道输出】按钮（👁），让调整图层在显示和隐藏状态之间快速切换，方便比较效果应用前后的变化。

图 12-23

使用调整图层是一种向整个场景统一应用某种效果的好方法。分别调整好各个剪辑的颜色后，可以根据需要再给个别剪辑上方添加一个调整图层，为剪辑画面添加某种独特的艺术风格。同样，对于整个序列也可以采取类似的处理方法，即在所有剪辑上方的轨道中添加一个调整图层，并向该调整图层应用某种调整，从而使整个序列呈现出一种独特的风格。

## 把剪辑发送到 After Effects

如果计算机中同时安装了 After Effects，可以轻松地在 Premiere Pro 和 After Effects 之间来回传送剪辑。Premiere Pro 和 After Effects 关系紧密，相比于其他编辑软件，两者能够轻松实现无缝集成。显而易见，这是一种进一步增强编辑流程的有效方式。

虽然不是必须学习 After Effects 才能利用好 Premiere Pro，但是许多视频编辑人员认为在工作中综合运用这两个应用程序能够极大拓展创意，有助于创建更出色的视觉作品。在这两个应用程序之间用来实现剪辑共享的工具叫"动态链接"。借助"动态链接"，可以在两个程序之间无缝地交换剪辑，而且不需要做不必要的渲染。当把一个剪辑从 Premiere Pro 发送到 After Effects 时，它会被放入一个新合成（After Effects 中的合成类似于 Premiere Pro 中的序列）中。新合成拥有与原始 Premiere Pro 项目相同的序列设置，新合成名称由两部分构成，前一部分是 Premiere Pro 项目名称，后 部分是 Linked Comp。如果感兴趣，可以按照下面的步骤尝试 下。

安装好 After Effects 后，还需要重启 Premiere Pro，这样它才能识别到安装好的 After Effects。重新启动 Premiere Pro 后，若 Premiere Pro 仍然无法检测到 After Effects，请尝试重新启动计算机。做好上面几步后，按照如下步骤操作。

（1）在 Premiere Pro 中打开 AE Dynamic Link 序列，拖曳播放滑块，浏览序列内容，如图 12-24 所示。

图 12-24

AE Dynamic Link 序列中包含几段火焰谷州立公园（位于美国内华达州）的航拍镜头，其中字幕放在第 2 个剪辑上。可以在 After Effects 中使用高级文本动画功能为字幕制作动画。

（2）使用鼠标右键单击序列中的 Nevada Desert 剪辑，在弹出的菜单中选择【使用 After Effects 合成替换】命令。

（3）此时，After Effects 启动，并弹出【另存为】对话框，进入 Lessons 文件夹。新建一个文件夹并进入新建文件夹中，在【文件名】文本框中输入 Lesson12-01.aep，单击【保存】按钮，进行保存。

字幕剪辑在 After Effects 合成中以图层形式存在，这样更容易使用【时间轴】面板中的高级控件。

在 After Effects 中应用效果的方法有很多。为方便起见，这里直接使用动画预设（类似于 Premiere Pro 中的效果预设）。

（4）此时，【Lesson 12 Working 已关联合成 01】合成应该已经在【时间轴】面板中打开了。若未打开，请在 After Effects 的【项目】面板中找到并双击打开。合成的名称应该是 "Lesson 12 Working 已关联合成 01"（如果之前尝试打开过，名称后的数字编号可能会更大一些）。该合成中只包含一个 Nevada Desert 图层，其中包含着要处理的文本，如图 12-25 所示。

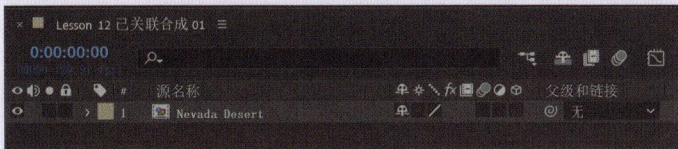

图 12-25

（5）在【源名称】下双击 Nevada Desert 图层，在一个新的【时间轴】面板中将其打开，如图 12-26 所示。

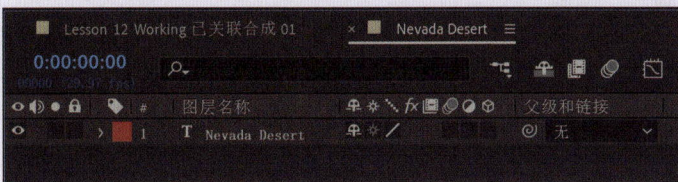

图 12-26

（6）展开【效果和预设】面板（若它未在软件界面中显示出来，可在【窗口】菜单中选择【效果和预设】命令将其打开）。单击【* 动画预设】左侧的箭头按钮，将其展开，如图 12-27 所示。若未显示出分类，请在【效果和预设】面板菜单中检查是否启用。

应用 After Effects 中的动画预设，可使用标准内置效果来获得令人印象深刻的结果，从而快速制作出具有专业水平的作品。

（7）展开【Text】文件夹中的【Animate In】文件夹，选择【解码淡入】效果，如图 12-27 所示。可能需要调整一下面板大小，才能看到完整的预设名。

（8）把播放滑块移到合成的起始位置，然后把【解码淡入】拖曳到【时间轴】面板中的 Nevada Desert 图层上。

（9）这样一段酷炫的文本动画就制作好了。按空格键，播放动画。

【时间轴】面板顶部有绿色线条，它表示 After Effects 已经创建好了临时预览。时间轴上只有突出显示的部分播放时才是流畅的。

（10）刚刚制作的文本效果看上去很棒，但是把它放到沙漠背景上是什么样子呢？返回 Premiere Pro 中查看效果。

在 Premiere Pro 中，字幕剪辑被刚刚在 After Effects 中创建的合成替换掉了，如图 12-28 所示。播放序列，检查文本动画效果。在 After Effects 中做的所有修改都会自动更新到 Premiere Pro 中。

图 12-27

图 12-28

（11）返回 After Effects，在菜单栏中依次选择【文件】>【保存】命令，然后退出 After Effects。

文本动画会在后台被处理，然后从 After Effects 发送到 Premiere Pro。Premiere Pro 内置了 After Effects 播放引擎，因此结果仍能正常显示。

（12）在 Premiere Pro 中预览序列。为提高预览播放性能，可以在【时间轴】面板中选择剪辑，然后在菜单栏中依次选择【序列】>【渲染入点到出点的效果】命令。

发送剪辑时，并不局限于从 Premiere Pro 把单个剪辑发送到新的 After Effects 项目中。若当前在 After Effects 中已经有一个打开的项目，则发送的剪辑会以合成的形式添加到现有项目中，而不是新建一个项目。还可以一次性选择多个剪辑，把它们一起发送到 After Effects 中，这有助于检查合成，创建出更复杂的动画。

# 12.3　向源剪辑应用效果

在 Premiere Pro 中，还可以把视频效果应用到【项目】面板中的源剪辑上。在这个过程中，可以使用前面介绍过的所有视频效果，而且应用方式也一样。这里把【项目】面板中的剪辑称为"源剪辑"（以区别于序列剪辑），把应用于其上的效果称为"源剪辑效果"。向源剪辑应用效果后，添加到序列中的源剪辑的所有副本或源剪辑的一部分都会自动继承应用到源剪辑上的效果。此外，还可以先把源剪辑的副本添加到序列中，然后向源剪辑应用效果，此时添加到序列中的源剪辑的所有副本都会自动更新。通过这种方式，可以做到同时修改多个剪辑片段。

例如，可以向【项目】面板中的某个剪辑应用颜色调整效果，使之与场景中其他摄像机的视角匹配。每次在序列中使用该剪辑或该剪辑的一部分时，该剪辑的颜色调整效果会一起应用。即使在场景编辑后再进行调整，也可以通过源剪辑效果实现快速调整。

下面尝试添加源剪辑效果。

❶ 打开 04 Source Clip Effects 序列，如图 12-29 所示。

该序列中有 5 段剪辑的内容完全相同（全是 Laura_02 剪辑的副本），它们由其他一些短镜头分隔开。

❷ 在【时间轴】面板中，把播放滑块拖曳到 Laura_02 剪辑的第 1 个副本上。在【源监视器】中打开这个序列剪辑的源剪辑，方便为其应用效果，如图 12-30 所示。不要直接双击序列中的剪辑，因为这样打开的是源剪辑的副本。

图 12-29

先选择剪辑，然后按【F】键（【匹配帧】的快捷键），在【源监视器】中打开源剪辑，当前显示的帧与【节目监视器】中显示的帧相同。

【F】键经常用，最好把它记住。浏览序列过程中想查看源剪辑时，可以使用该快捷键查看剪辑未应用效果的样子，或者查看替换内容。

当前，【源监视器】（源剪辑）和【节目监视器】（序列片段）中同时显示 Laura_02 剪辑。这样当向源剪辑应用效果时，就会看到它们是如何影响序列的。

图 12-30

❸ 在【效果】面板的搜索框中输入 100，找到【Cinespace 100】预设。

❹ 把【Cinespace 100】预设拖入【源监视器】，将其应用到源剪辑上。

❺ 单击【源监视器】，使其处于活动状态，打开【效果控件】面板，显示出该效果的各个属性，如图 12-31 所示。

> 💡 注意　在 Premiere Pro 中，"选择"操作至关重要。进入【效果控件】面板前，必须先单击【源监视器】，将其激活，才能看到正确的效果属性控制选项。

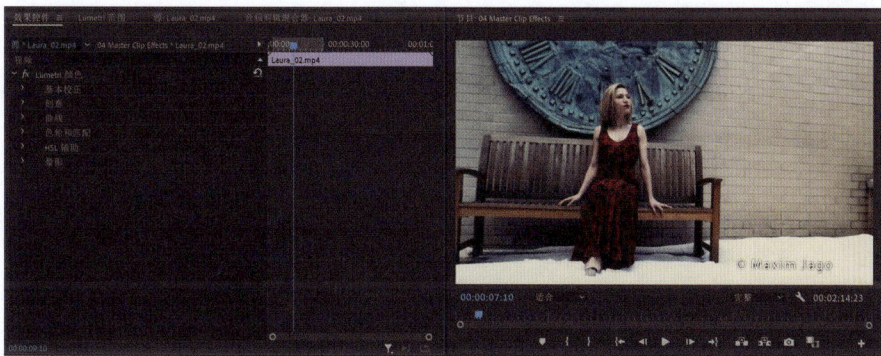

图 12-31

这里应用的是一个【Lumetri 颜色】效果。有关该效果的更多内容，将在第 13 课"应用颜色校正和颜色分级"中讲解。

> 💡 提示　此外，还有两种向源剪辑应用效果的方法：第 1 种是把效果直接拖曳到【项目】面板中的剪辑上；第 2 种是先选择序列中的剪辑，然后在【效果控件】面板的左上方单击源剪辑名称，再把效果拖入【效果控件】面板。

⑥ 在把【Lumetri 颜色】效果应用到源剪辑后，其在序列中的每个副本都会自动应用该效果。播放序列，可以看到 Laura_02 剪辑的每个副本都应用了【Lumetri 颜色】效果。想知道源剪辑效果是否应用到序列中的剪辑上时，可根据序列中的剪辑左上角的 *fx* 下是否有红色下画线进行判断。

【Lumetri 颜色】效果同时显示在【源监视器】和【节目监视器】中，因为序列中的剪辑动态地继承了应用到源剪辑上的效果。这样每次在序列中使用该剪辑（整体或部分）时，Premiere Pro 都会向其副本应用相同效果。

不过需要注意的是，虽然在源剪辑上应用了【Lumetri 颜色】效果，而且各个副本也应用了该效果，但是在各个副本的【效果控件】面板中看不到【Lumetri 颜色】效果控件。

⑦ 在【时间轴】面板中，单击序列中 Laura_02 剪辑的任意一个副本，查看【效果控件】面板，其中只显示常见的固定效果，并不显示【Lumetri 颜色】效果。

【效果控件】面板顶部有两个选项卡，左侧选项卡标签是源剪辑的名称——源 *Laura_02.mp4；右侧选项卡标签是序列及其所含剪辑的名称——04 Source Clip Effects·Laura_02.mp4，如图 12-32 所示。

由于当前选中了序列中的一个剪辑，因此右侧选项卡上的文字呈蓝色，表明当前处理的是剪辑副本。

之所以【效果控件】面板中不显示【Lumetri 颜色】效果，是因为没有直接把它拖曳至【时间轴】面板中。

⑧ 在【效果控件】面板中，单击左侧的选项卡标签，如图 12-33 所示，会看到应用到源剪辑上的【Lumetri 颜色】效果。

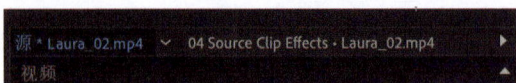

图 12-32                              图 12-33

⑨ 尝试调整【Lumetri 颜色】效果的各个属性，然后播放序列，会看到同样的调整也被应用到源剪辑的所有副本上。

在 Premiere Pro 中，源剪辑效果堪称管理效果的一个"利器"，不过要想真正驾驭好它，可能需要经历多次尝试与实践。凡是能应用于序列剪辑的视频效果，同样适用于源剪辑，应用方法也一样。至于是应用在序列剪辑上还是源剪辑上，需要根据实际情况来决定。

## 12.4  蒙版和跟踪视频效果

在 Premiere Pro 中，可以对所有标准视频效果的作用范围加以限制，仅将其应用到某个椭圆形、多边形或自定义蒙版内，而且可以使用关键帧为蒙版制作动画。使用 Premiere Pro 还可以跟踪镜头运动，轻松为创建的蒙版制作位置动画，使特定效果跟着运动。

蒙版和跟踪效果用于隐藏细节，比如对人脸或 Logo 等进行模糊处理，还可以用来添加创意效果，或者调整画面中的光线。

💡 注意  为了演示的需要，这里在对效果做调整时力度都比较大。但实际调整时，调整的力度一般都比较小。

下面继续使用 04 Source Clip Effects 序列做演示。

①把播放滑块拖曳到序列中的第 2 个剪辑（Evening Smile）的第 1 帧上，效果如图 12-34 所示。

图 12-34

该剪辑看起来不错，只是人物面部的光线有点不足。下面把人物面部提亮一些，使其从背景中凸显出来。

②在【效果】面板中查找【Brightness & Contrast】（亮度与对比度）效果。

③向选中的第 2 个剪辑应用【Brightness & Contrast】效果。

④在【效果控件】面板中，使【Brightness & Contrast】的属性全部显示出来，做如下设置，如图 12-35 所示。

- 亮度：35.0。
- 对比度：25.0。

图 12-35

修改属性值有 3 种方法：直接单击蓝色数字后输入新值；在蓝色数字上拖曳鼠标；单击控件左侧的箭头按钮，将其展开，拖曳滑动条上的滑块。

此时，【Brightness & Contrast】效果会影响整个画面。下面把效果限制在一个特定范围内，使其仅在指定范围内起作用。

【效果控件】面板的【Brightness & Contrast】下有 3 个按钮，如图 12-36 所示，可用它们为效果添加蒙版。

⑤单击【创建椭圆形蒙版】按钮，在画面中添加一个椭圆形蒙版。

图 12-36

此时，【效果控件】面板的【Brightness & Contrast】下出现了一个蒙版，在【节目监视器】中，【Brightness & Contrast】效果只应用在蒙版区域内，如图 12-37 所示。

图 12-37

Premiere Pro 可以向同一个效果添加多个蒙版。在【效果控件】面板中选择一个蒙版，然后在【节目监视器】中单击蒙版，便可以调整蒙版形状了。

⑥ 把播放滑块拖曳至剪辑开头，在【节目监视器】中使用蒙版控制点调整蒙版形状，使人物的面部和部分头发在蒙版区域内。调整【节目监视器】的缩放级别，以便看到画面边缘以外的内容。

取消选择蒙版，控制点就会从【节目监视器】中消失。在【效果控件】面板中单击蒙版名称【蒙版（1）】，蒙版的控制点再次出现，如图 12-38 所示。

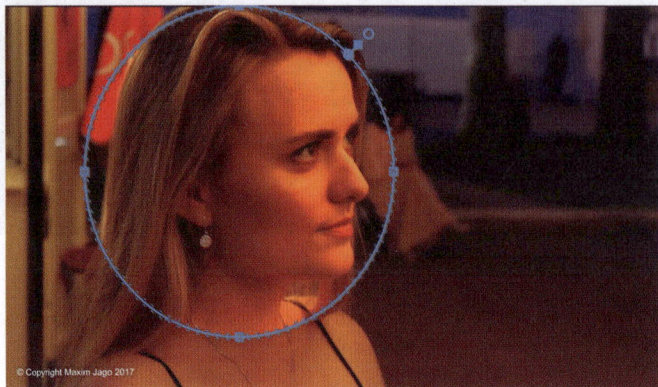

图 12-38

⑦ 羽化蒙版边缘。在【效果控件】面板中，把【蒙版羽化】设置为 240.0，效果如图 12-39 所示。

图 12-39

此时，只有人物的面部区域被提亮了，其余部分仍然保持原有亮度不变。下面让蒙版跟随人物面部移动，确保人物面部始终在蒙版区域内。

⑧【效果控件】面板的【蒙版路径】右侧有几个蒙版跟踪按钮，如图 12-40 所示。

单击【向前跟踪所选蒙版】按钮（▶），Premiere Pro 会跟踪剪辑内容，同时调整蒙版的位置与尺寸，确保在人物运动时人物的面部仍位于蒙版区域内。

图 12-40

由于人物的动作幅度很小，Premiere Pro 能够很容易地跟踪人物的运动。

⑨ 在【效果控件】面板中拖曳播放滑块，检查蒙版的运动是否正常。

⑩ 在【效果控件】面板中单击蒙版名称以外的地方，或者在【时间轴】面板中单击空轨道，取消选择蒙版。此时，蒙版控制点从【节目监视器】中消失。

Premiere Pro 还可以向后跟踪所选蒙版，这样一来，可以在一个剪辑的中间选择一个项目，然后沿着两个方向进行跟踪，从而为蒙版创建一条自然的跟踪路径。

本例只是调整了画面中人物面部的光线，但是几乎所有的视频效果都可以按照同样的方式来应用蒙版。

# 12.5  为效果添加关键帧

为某个效果添加关键帧时，其实是在某个时间点上为该效果的某个属性设置特定值。关键帧用来保存某个属性的设置信息。例如，当为【位置】【缩放】【旋转】属性添加关键帧时，需要用到 3 个独立的关键帧。

把关键帧拖曳至目标时间点，然后设置目标属性的属性值，Premiere Pro 会自动计算如何从当前值变化到目标值。

## 12.5.1  添加关键帧

通过关键帧，几乎可以调整所有视频效果的所有属性，使其值随着时间变化。例如，可以让一个剪辑逐渐失焦，修改其颜色，或者增加阴影长度。

1️⃣ 打开 05 Keyframes 序列。

2️⃣ 播放序列，浏览内容，然后在【时间轴】面板中把播放滑块拖曳到剪辑的第 1 帧上。

3️⃣ 在【效果】面板中找到【镜头光晕】效果，将其应用到序列中的所选剪辑上。该效果比较明显，很适合用来作为例子讲解如何添加关键帧。

> 💡注意  应用效果时，一定要把播放滑块移到当前处理的剪辑上，边调整边观察结果。仅选择剪辑将无法使其在【节目监视器】中显示出来。

4️⃣ 在【效果控件】面板中，单击【镜头光晕】效果的名称，将其选中。此时,【节目监视器】中显示出控制手柄。使用控制手柄调整【镜头光晕】效果的位置，使其中心位于瀑布顶部附近，如图 12-41 所示。

5️⃣ 确保【效果控件】面板中的时间轴处于可见状态。若不可见，单击面板右上方的【显示 / 隐藏时间轴视图】按钮（▥），使时间轴显示出来。

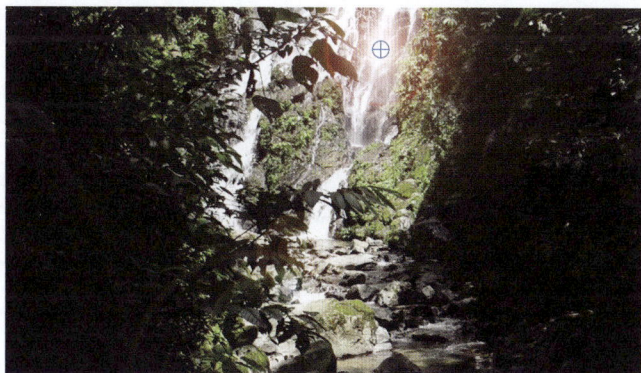

图 12-41

⑥ 分别单击【光晕中心】和【光晕亮度】属性左侧的【切换动画】按钮（◎），打开关键帧动画（◎）。单击【切换动画】按钮，Premiere Pro 会在当前位置用当前设置添加一个关键帧。

⑦ 把【光晕亮度】设置为 50%。

⑧ 把播放滑块移到剪辑的最后一帧。

可以直接在【效果控件】面板中拖曳时间轴上的播放滑块。要确保播放滑块放到视频的最后一帧画面上，而非黑场（如果后面跟着其他剪辑，它将是后面剪辑的第 1 帧）上。

⑨ 调整【光晕中心】和【光晕亮度】属性，使光晕随着摄像机镜头向上摇动而划过画面，并增加其亮度。在【效果控件】面板中，选择【镜头光晕】效果，然后在【节目监视器】中把镜头光晕中心直接拖曳到新位置。

具体设置和效果如图 12-42 所示。

图 12-42

⑩ 取消选择【镜头光晕】效果，此时，在【节目监视器】中该效果的控制手柄消失不见。播放序列，观看动画。要实现满帧率播放，请在菜单栏中依次选择【序列】>【渲染入点到出点的效果】命令，对序列进行渲染。

## 12.5.2　添加关键帧插值

在关键帧动画中，当从一个关键帧变化到另一个关键帧时，使用关键帧插值方法可以对变化的过程进行控制。默认状态下，属性变化都是线性的，也就是匀速变化的。但在现实世界中，变化往往不是匀速的，比如逐渐加速或减速。

> ♀ **提示**　请使用【转到下一关键帧】按钮和【转到上一关键帧】按钮在关键帧之间来回切换。这样可以避免意外添加不需要的关键帧。

Premiere Pro 提供了两种控制变化的方法：使用关键帧插值和速度曲线。前者比较简单，容易掌握；后者比较复杂，但是结果更准确。

在【效果控件】面板中，单击某个属性左侧的箭头按钮，将其展开，即可在面板右侧看到相应的速度曲线和关键帧。

❶ 打开 06 Interpolation 序列。播放序列，浏览序列内容。

序列中的剪辑已经应用了【镜头光晕】效果，而且添加了动画，但是在摄像机镜头开始运动之前，效果动画就已经开始播放了，看上去十分不自然。

❷ 把播放滑块拖曳到剪辑的起始位置，并选择剪辑。

❸ 在【效果控件】面板中，单击效果名称左侧的【切换效果开关】按钮（◉），可以隐藏或显示【镜头光晕】效果，方便比较效果应用前后的不同。

❹ 在【效果控件】面板的时间轴中，使用鼠标右键单击【光晕中心】属性的第 1 个关键帧，在弹出的菜单中依次选择【临时插值】>【缓出】命令，如图 12-43 所示。在关键帧结束位置产生一个柔和的过渡，使效果动画与摄像机的运动更加吻合。

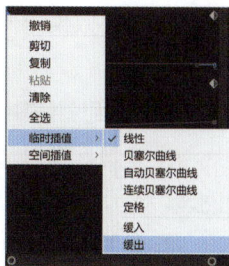

图 12-43

> 💡 **注意** 在调整与位置相关的属性时，其关键帧上下文菜单中会有两种类型的插值：空间插值（与位置相关）和时间插值（与时间相关）。在【效果控件】面板中选择效果之后，可以在【节目监视器】和【效果控件】面板中调整位置。而且可以在【时间轴】面板与【效果控件】面板中对剪辑的时间做调整。有关运动的内容已经在第 9 课"让剪辑动起来"中讲过了。

❺ 使用鼠标右键单击【光晕中心】属性的第 2 个关键帧，在弹出的菜单中依次选择【临时插值】>【缓入】命令，在第 2 个关键帧的开始位置创建柔和过渡。

❻ 调整【光晕亮度】属性。单击【光晕亮度】的第 1 个关键帧，按住【Shift】键，单击第 2 个关键帧，把它们同时选中，高亮显示为蓝色，如图 12-44 所示。

此外，还可以单击【光晕亮度】属性的名称，选择该属性的所有关键帧。如果只想选择某些特定的关键帧，那么【Shift】键就派上用场了。

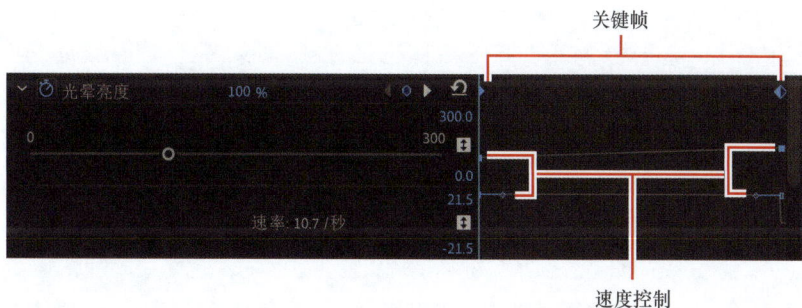

图 12-44

❼ 使用鼠标右键单击【光晕亮度】关键帧中的任意一个，在弹出的菜单中选择【自动贝塞尔曲线】命令，在两个关键帧之间创建柔和的动画。两个关键帧都被选中，因此它们都发生了改变。

❽ 播放动画，查看调整效果。

在为【光晕中心】属性制作动画时，剪辑的锚点或效果中心在画面中会形成一条路径，这条路径叫"运动路径"，如图 12-45 所示。

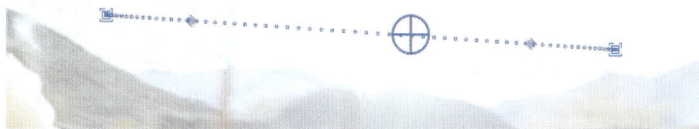

图 12-45

⑨ 在【效果控件】面板中，单击【镜头光晕】效果名称。拖曳播放滑块，会看到效果沿着运动路径移动。

下面使用速度曲线进一步调整关键帧。

⑩ 把鼠标指针移至【效果控件】面板中，然后按【`】键，或者双击面板名称，使【效果控件】面板最大化，以便更清楚地观察关键帧控件。

⑪ 单击【光晕中心】和【光晕亮度】属性左侧的箭头按钮，显示其中可调整的属性，如图 12-46 所示。

图 12-46

速度曲线刻画的是关键帧之间的速度，曲线下降或上升代表速度突然发生变化。点或线离基线越远，表示速度越大。

## 了解插值方法

Premiere Pro 提供了以下几种关键帧插值方法。

- 线性：这是默认方法，关键帧之间的变化是匀速变化。
- 贝塞尔曲线：该方法允许手动调整关键帧任意一侧的曲线形状。使用该方法可以实现在进出关键帧时突然加速或平滑加速。
- 连续贝塞尔曲线：使用该方法会使动画在通过关键帧时保持平滑变化。不同于【贝塞尔曲线】关键帧，当调整【连续贝塞尔曲线】关键帧一侧的手柄时，另一侧手柄会相应移动，以保证经过关键帧时过渡的平滑性。
- 自动贝塞尔曲线：即使改变了关键帧的值，使用这种方法也能让动画在通过关键帧时保持平滑变化。如果选择手动调整关键帧手柄，它会变成【连续贝塞尔曲线】，以保证经过关键帧时平滑过渡。使用这种方法有时会产生不想要的运动，因此建议优先使用其他方法。
- 定格：该方法用于把某个设置保持到下一个关键帧。在向一个关键帧应用【定格】插值后，其后面的速度曲线是一条水平线。
- 缓入：该方法用于减缓进入关键帧时的数值变化，并将其转换成贝塞尔关键帧。
- 缓出：该方法用于逐渐加快离开关键帧时的数值变化，并将其转换成贝塞尔关键帧。

⑫ 选择一个关键帧，然后调整控制手柄，改变速度曲线的陡峭程度，如图 12-47 所示。

⑬ 把鼠标指针移至面板中，按【`】键，或双击面板名称，把【效果控件】面板恢复成原来的大小。播放序列，观察调整之后的变化。多尝试几次，直到掌握关键帧和插值的用法。

图 12-47

前面调整【光晕中心】关键帧速度的力度不够，导致光晕的运动不够自然。可以根据摄像机的运动进一步调整第 1 个关键帧，并相应地调整速度曲线，以获得更自然的动画效果。

# 12.6 使用效果预设

Premiere Pro 不仅提供了丰富的效果预设，还支持用户自定义效果预设。这样一来，每当需要重复使用某些效果设置时，用户只需将其保存为预设，日后便能快速应用。一个预设可以包含多个效果，甚至可以包含多个动画关键帧。

## 12.6.1 使用内置效果预设

Premiere Pro 内置了大量效果预设，为执行一些常规任务提供了极大便利，比如创建 PIP 效果、风格化过渡等。

❶ 打开 07 Presets 序列，浏览序列内容。

该序列只有一个剪辑，是一个慢动作镜头，重点在于表现背景的纹理。下面使用一个效果预设在镜头开始部分添加一个有趣的视觉效果。

❷ 在【效果】面板中，单击搜索框右侧的▣按钮，清空搜索框。在【预设】>【过度曝光】文件夹中选择【过度曝光入点】预设。

❸ 把【过度曝光入点】预设拖曳到序列剪辑上。

❹ 播放序列，查看开场时的过度曝光效果，如图 12-48 所示。

图 12-48

❺ 在【时间轴】面板中选择剪辑，打开【效果控件】面板，其中包括【曝光过度（过度曝光入点）】效果。

❻【阈值】属性有两个关键帧，它们的位置比较近。可能需要调整面板底部的导航器，将其放大后，才能同时看到两个关键帧，如图 12-49 所示。

在【效果控件】面板中尝试调整第 2 个关键帧的位置，对效果进行修改。把效果时间延长一点，创建出更精彩的开场效果。

❼ 删除【曝光过度（过度曝光入点）】预设，尝试添加其他预设，或者组合应用多种预设。

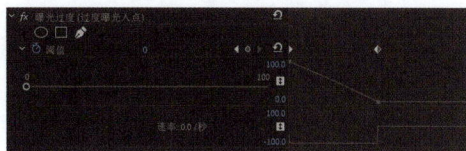

图 12-49

## 12.6.2　保存效果预设

除了使用内置的效果预设，用户还可以在 Premiere Pro 中自定义效果预设。此外，Premiere Pro 还允许用户导入和导出效果预设，以便在不同编辑系统之间共享。

❶ 打开 08 Creating Presets 序列，如图 12-50 所示。

该序列包含两个剪辑，每个剪辑在 V2 轨道中都有一个调整图层，文本位于 V3 轨道中。

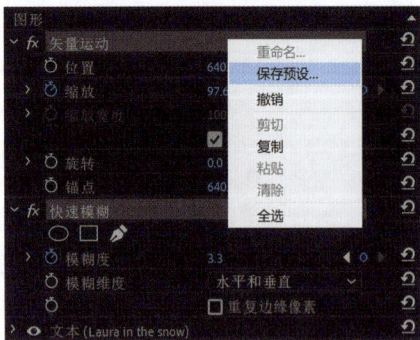

图 12-50

❷ 播放序列，观看开场动画。

❸ 选择位于 V3 轨道的 Laura in the snow 文本剪辑的第 1 个副本，查看【效果控件】面板，可以看到画面中的文本应用了【快速模糊】效果，并添加了用于制作动画的关键帧。

❹ 在【效果控件】面板中，单击【矢量运动】效果的名称将其选中。然后按住【Command】键（macOS）或【Ctrl】键（Windows），分别单击【快速模糊】效果和【不透明度】效果的名称。此时，3 个效果同时被选中。

❺ 在【效果控件】面板中，使用鼠标右键单击任意一个选中的效果，在弹出的菜单中选择【保存预设】命令，如图 12-51 所示。

❻ 在打开的【保存预设】对话框中，把预设命名为 Title Animation，在【描述】文本框中输入 Title blurs into view，如图 12-52 所示。

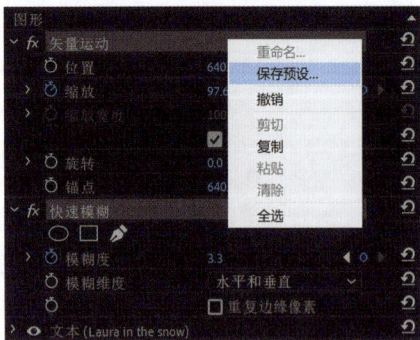

图 12-51

图 12-52

当为一个具有不同时长的剪辑应用动画预设时，Premiere Pro 需要知道如何处理关键帧。处理方式有以下 3 种。

- 缩放：根据新剪辑的时长按比例缩放原预设关键帧。
- 定位到入点：保留第 1 个关键帧的位置及其与剪辑中其他关键帧的关系（相对于入点）。
- 定位到出点：保留最后一个关键帧的位置及其与剪辑中其他关键帧的关系（相对于出点）。

❼ 这里选择【定位到入点】选项，定位到每个应用预设的剪辑的起始位置。

⑧ 单击【确定】按钮，关闭【保存预设】对话框，把效果和关键帧存储为一个新预设。

⑨ 在【效果】面板的【预设】文件夹中，找到刚刚创建的预设 Title Animation，如图 12-53 所示。把鼠标指针移到 Title Animation 预设上，将显示在【描述】中添加的提示信息。

图 12-53

⑩ 把 Title Animation 预设从【效果】面板中拖曳到 Laura in the snow 文本剪辑的第 2 个副本上，它位于【时间轴】面板的 V3 轨道中。

⑪ 播放序列，查看文本动画，如图 12-54 所示。

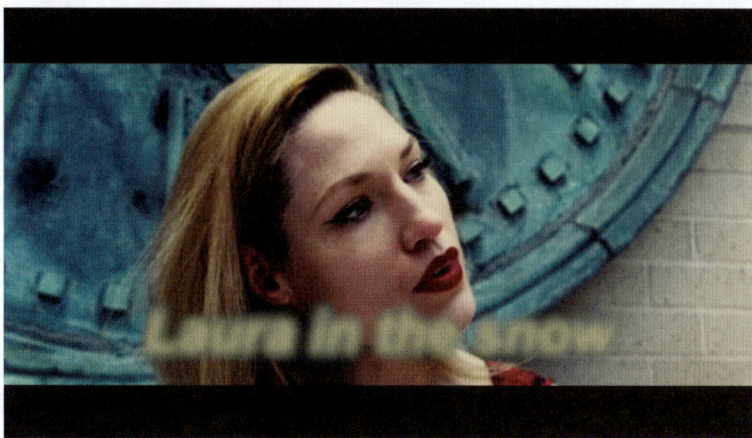

图 12-54

💡提示 用户可以轻松导入与导出效果预设，以便与他人分享。【效果】面板菜单中包含【导入预设】和【导出预设】命令，可以利用这两个命令导入或导出某个预设或者包含多个预设的整个自定义素材箱。

⑫ 在【时间轴】面板中选择 V3 轨道上的第 2 个文本剪辑，查看【效果控件】面板，可以看到预设中的 3 个效果已经应用到了剪辑上。预设名称出现在各个效果名称后面的括号中，方便我们了解效果是如何配置的，如图 12-55 所示。此外，还可以自由地编辑效果控件，这样可以很方便地检查使用的是哪种预设。

图 12-55

在【效果】面板中，使用鼠标右键单击预设，在弹出的菜单中选择【预设属性】命令，或者直接双击预设，在打开的【预设属性】对话框中修改预设设置。双击某个效果（而非某个预设）可将其应用到所选剪辑上。

## 使用多个 GPU

如果想加快效果渲染以及剪辑导出的速度，可以考虑增加一个 GPU 卡（内部或外部）。如果使用的是塔式机箱或工作站，它们一般都会提供额外的插槽，方便添加 GPU 卡。在实时预览效果或显示视频的多个图层时，额外增加 GPU 不会提高播放性能，但是 Premiere Pro 可以充分利用多个 GPU 来加快视频渲染和导出的速度。至于具体支持哪些 GPU 卡，可以在 Adobe 官方网站找到详细的说明。

# 12.7 常用效果

本书不会介绍所有效果，只选择其中最常用的一些效果进行介绍，这些效果非常有用，能为作品添色不少。

## 12.7.1 【变形稳定器】效果

使用【变形稳定器】效果可以消除摄像机移动所引起的画面抖动问题（该问题在使用轻量级摄像机拍摄时尤为常见）。该效果非常有用，因为它可以有效地消除不稳定的运动视差，也就是图像在平面上的偏移问题。

应用【变形稳定器】效果时，Premiere Pro 会把视频帧放大到相应程度，然后在画面范围内自动创建剪辑的位置动画，以此抵消摄像机的抖动。

下面试一下这个效果。

① 打开 09 Warp Stabilizer 序列。

② 播放序列中的第 1 个剪辑，可以看到视频画面不太稳定。

③ 在【效果】面板中找到【变形稳定器】效果，将其应用到第 1 个剪辑上。

此时，Premiere Pro 开始分析剪辑，同时在视频画面中显示一个横条，告知当前分析到哪个阶段，如图 12-56 所示。在【效果控件】面板中，也会显示一个分析进度提示。整个分析是在后台进行的，在这期间，可以继续做其他工作。

图 12-56

④ 一旦分析完成，可以在【效果控件】面板中对以下属性进行相关设置，以进一步改善稳定效果。

• 结果：选择【平滑运动】选项可以保留视频中对摄像机的正常运动（无论是否稳定）；选择【不运动】选项将消除视频画面中所有摄像机的运动。这里选择【平滑运动】选项。

• 平滑度：该属性用来指定在【平滑运动】过程中应该保留的原始摄像机的运动程度。该值越大，镜头越平滑。尝试多次修改该属性值，直至获得令人满意的稳定效果。

• 方法：有 4 种方法可供选用，其中【透视】和【子空间变形】会让画面产生明显变形，而且力度很大。在使用效果抵消摄像机运动时，如果发现使用这两种方法导致画面变形过大，可以选择

【位置】选项或【位置·缩放·旋转】选项。使用这些方法会导致图像被裁剪，但是当处理抖动很严重的素材时，也只能这么做。

⑤ 播放剪辑，可以看到稳定效果已经相当不错了。

> 💡提示    如果发现画面中某些部分的抖动仍存在，可以使用【高级】属性来做进一步调整。在【高级】
> 属性下勾选【详细分析】复选框，Premiere Pro 会执行更多分析工作来查找跟踪元素。此外，还可以从
> 【高级】属性下的【果冻效应波纹】下拉列表中选择【增强减少】选项。这些调整会增加运算量，但是能
> 够获得更好的结果。

⑥ 播放并浏览序列的第 2 个剪辑，如图 12-57 所示。我们希望摄像机在拍摄时镜头保持静止不动，但是由于是手持拍摄，所以画面有一些晃动。向序列中的第 2 个剪辑应用【变形稳定器】效果。这次在【结果】下拉列表中选择【不运动】选项。

© Maxim Jago 2016

图 12-57

对于这类抖动画面，使用【变形稳定器】效果能够获得非常好的稳定效果。

稳定效果是通过移动图像来改善摄像机的晃动，所以画面中的版权声明的位置发生了变化。正因如此，在选择视频素材的时候，尽量不要选带图形或文字标识的素材。

应用【变形稳定器】效果会向 Premiere Pro 项目文件添加大量数据。若有大量剪辑需要进行稳定处理，则需要另建一个项目做稳定处理，然后把经过稳定处理的视频素材导出，用到主项目中。打开与保存大型项目文件会耗费较长时间。

## 12.7.2    使用带【剪辑名称】效果的调整图层

如果想把一个序列的副本发送给客户或同事审阅，可以把【剪辑名称】效果应用到一个调整图层上，让它为整个序列生成一个可见的剪辑名称。

这非常有用，因为这样其他人就可以对指定的剪辑给出具体反馈，而且可以控制剪辑名称的显示位置、大小、不透明度等。

当然，可以在导出素材时应用时间码叠加来得到类似的效果，但是相比之下，使用【剪辑名称】效果有更多的控制自由。

① 打开 10 Clip Names 序列。

② 单击【项目】面板右下方的【新建项】按钮（🔲），在弹出的菜单中选择【调整图层】命令，然后在打开的【调整图层】对话框中单击【确定】按钮。

此时，Premiere Pro 会在【项目】面板中新建一个与当前序列具有相同设置的调整图层。

> 💡 **提示**　如果在一个项目中用到了多个序列，并且它们具有不同的格式设置，那最好为调整图层设置恰当的名称，以便轻松辨识它们的分辨率。可以在【项目】面板中为调整图层重命名，与为其他素材项重命名的方法一样。

③ 把刚刚创建的调整图层拖曳到当前序列中 V2 轨道的起始位置。

④ 在【时间轴】面板中，把播放滑块拖曳到序列末尾。单击调整图层的右边缘，将其选中，按【E】键。然后按【Esc】键，取消选择编辑点，如图 12-58 所示。

【E】键是【将所选编辑点扩展到播放指示器】命令的快捷键，会把所选编辑点移到播放滑块当前所在的位置。

图 12-58

⑤ 大多数视频效果都可以应用到调整图层上。下面尝试向调整图层添加一些效果。

在【效果】面板中，找到【水平翻转】效果，将其拖曳到调整图层上进行应用。该效果会把视频画面水平翻转，即改变其运动方向。

【水平翻转】效果没有什么控制选项可调整。但是可以创建不同蒙版对效果的作用范围进行限制，进而得到一些有趣的效果。

【水平翻转】效果适用于本例中的视频内容，但是对于一些包含文本或可识别图标的视频来说就不适用了。

下面应用【元数据和时间码预烧】效果。

⑥ 利用【效果】面板的搜索框查找【元数据和时间码预烧】效果。

⑦ 把找到的【元数据和时间码预烧】效果应用到调整图层上，效果如图 12-59 所示。

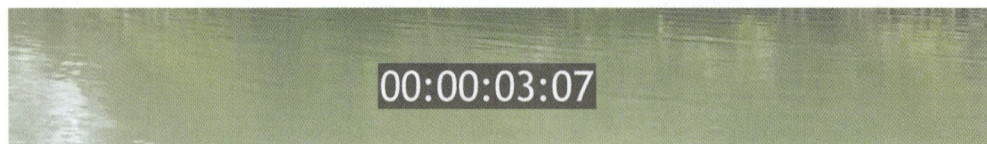

图 12-59

默认设置下，这个效果会在应用该效果的剪辑（此处是调整图层）上显示时间码，这其实没什么实际用处。

⑧ 打开【效果控件】面板，在【元数据和时间码预烧】下，在【元数据】下拉列表中选择【序列剪辑名称】选项，在【源轨道】下拉列表中选择【Video 1】选项。此时，V1 轨道上的剪辑名称会在画面中显示出来，如图 12-60 所示。

River1.mp4

图 12-60

❾ 在【效果】面板中，单击搜索框右侧的▨按钮，清空搜索框。

> 💡提示　在【效果控件】面板中单击【剪辑名称】效果的名称，然后在【节目监视器】中拖曳鼠标即可调整剪辑名称在画面中显示的位置。

### 12.7.3　渲染多个序列

如果想渲染多个应用效果的序列，可以对它们进行批量渲染，这样就不需要分别打开各个序列进行渲染了。

在【项目】面板中选择多个想渲染的序列，然后在菜单栏中依次选择【序列】>【渲染入点到出点的效果】命令。

此时，Premiere Pro 会渲染所选序列中所有需要渲染的效果。

## 12.8　渲染和替换

如果使用的计算机系统性能较差而素材的分辨率又很高，当预览素材时经常会出现丢帧问题。另外，在使用动态链接中的 After Effects 合成或者不支持 GPU 加速的第三方视频效果时，也可能会遇到丢帧问题。

如果选用的素材都是高分辨率素材，可以使用代理工作流，它允许播放素材时在高分辨率和低分辨率之间自由切换。

不过如果仅有一两个剪辑较难播放，可以把它们渲染成新的素材文件，然后用它们替换掉序列中的原始剪辑，整个过程简单又快捷。

若想使用一个平滑播放的版本替换序列中的某个剪辑，首先使用鼠标右键单击剪辑，然后在弹出的菜单中选择【渲染和替换】命令，如图 12-61 所示，打开【渲染和替换】对话框。

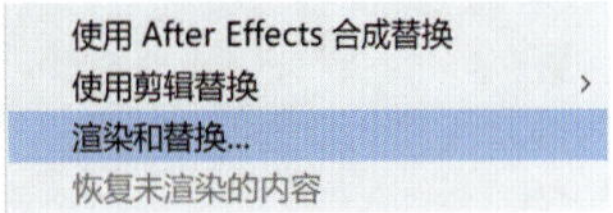

【渲染和替换】对话框主要包含如下选项。

> 使用 After Effects 合成替换
> 使用剪辑替换　　　　　　　　>
> 渲染和替换...
> 恢复未渲染的内容

图 12-61

・　源：选择是否根据序列、原始素材的帧速率、帧大小，或者使用预设新建媒体文件。

・　格式：指定要使用的文件类型。不同格式使用的编解码器不同。

・　预设：选择一个预设。可以使用由 Media Encoder 创建的自定义预设或者内置的几个预设。

> 💡提示　使用【渲染和替换】命令的另一个好处是，在序列中移动剪辑或者与分层合成中的其他剪辑组合时，无须重新渲染，这样可以大大节省时间。

若在选择以上某个选项时勾选了【包括视频效果】复选框，Premiere Pro 会把效果合并到新文件，此时就无法在【效果控件】面板中编辑效果了。

选择预设和新文件的位置之后，单击【确定】按钮，替换掉序列中的剪辑。

这样被渲染和替换的剪辑不再直接链接到原始素材文件，它是一个新的素材文件。此时，对动态链接中的 After Effects 合成所做的任何更改都不会再更新到 Premiere Pro 中。若想把链接恢复为原始素材文件，可使用鼠标右键单击剪辑，在弹出的菜单中选择【恢复未渲染的内容】命令，如图 12-62 所示，视频效果就会随原始文件一同恢复，而且可以再次编辑。

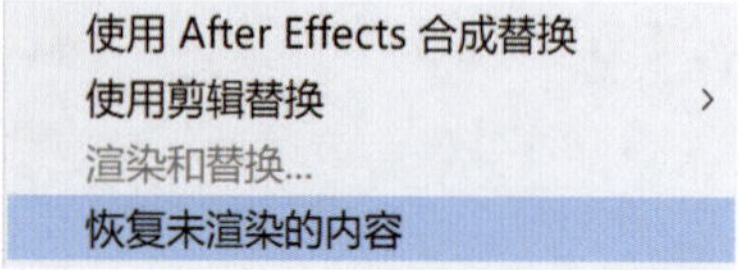

| |
|---|
| 使用 After Effects 合成替换 |
| 使用剪辑替换 ⟩ |
| 渲染和替换... |
| 恢复未渲染的内容 |

图 12-62

## 12.9　复习题

1. 向剪辑应用效果有哪两种方法？
2. 请列出 3 种添加关键帧的方法。
3. 把一个效果拖曳到一个剪辑上，并在【效果控件】面板中展开效果，但无法在【节目监视器】中看到它，为什么？
4. 如何把一个效果应用到多个剪辑上？
5. 如何把多个效果保存成自定义预设？

## 12.10　答案

1. 把效果拖曳到剪辑上；先选择剪辑，再在【效果】面板中双击效果。
2. 在【效果控件】面板中，把播放滑块移到想添加关键帧的位置，单击【切换动画】按钮添加关键帧；移动播放滑块，单击【添加 / 移除关键帧】按钮；添加关键帧后，把播放滑块移到新位置，然后更改参数。
3. 需要先在【时间轴】面板中把播放滑块移到所选剪辑上，然后才能在【节目监视器】中看到它。
4. 可以在想要应用效果的剪辑上方添加一个调整图层，然后把效果应用到调整图层上，这样其下方所有剪辑都会受到调整图层的影响。此外，还可以先选择想要应用效果的多个剪辑，然后把效果拖曳到这些剪辑上，或者在【效果】面板中双击要应用的效果。
5. 激活【效果控件】面板，在菜单栏中依次选择【编辑】>【全选】命令；或者在【效果控件】面板中，按住【Command】键（macOS）或【Ctrl】键（Windows），单击选择多个效果。然后使用鼠标右键单击任意一个所选效果，在弹出的菜单中选择【保存预设】命令；或者在面板菜单中选择【保存预设】命令。

# 第13课

# 应用颜色校正和颜色分级

## 课程概览

本课主要学习如下内容。

- 使用【颜色】工作区
- 使用【矢量示波器】和波形图
- 使用调色效果
- 使用颜色校正相关效果

- 使用【Lumetri 颜色】面板
- 比较和匹配剪辑颜色
- 修正曝光和白平衡问题
- 创建独特外观

## 学完本课大约需要 **60**分钟

请先准备好本课要用到的课程文件，并把它们保存到计算机中的合适位置。

把所有剪辑组织在一起只是视频编辑的前期工作，接下来还要处理颜色。本课将学习一些用于改善剪辑整体外观的关键技术，掌握这些技术后，能够使视频呈现出独特的氛围和风格。

# 13.1　课前准备

前面组织好了剪辑，创建了序列，还应用了效果，下面该校正视频颜色了。在这个过程中会用到前面学过的各种技术。

查阅一下摄像机记录颜色、光线的方式，以及计算机显示器、电视屏幕、投影仪、手机、平板电脑、电影屏幕显示颜色的方式，会发现有很多因素与视频画面的最终外观密切相关。

> 💡**注意**　开始学习前，请先把 Premiere Pro 首选项恢复成默认设置，具体操作为：在桌面上双击 Premiere Pro 图标，并立即按住【Option】键（macOS）或【Alt】键（Windows），在弹出的【重置选项】对话框中，勾选【重置应用程序首选项】，单击【继续】按钮。

Premiere Pro 提供了多种颜色校正工具，使得用户可以轻松地自定义预设。本课先介绍一些基础的颜色校正技术，以及一些常用的颜色校正效果，然后演示如何使用它们解决校色问题。

❶ 打开 Lessons 文件夹中的 Lesson 13.prproj 项目文件。

❷ 把项目文件另存为 Lesson 13 Working.prproj。

❸ 在菜单栏中依次选择【窗口】>【工作区】>【颜色】命令，进入【颜色】工作区。然后在菜单栏中依次选择【窗口】>【工作区】>【重置为已保存的布局】命令。

切换到【颜色】工作区，并将其重置为默认布局，可以很方便地使用 Premiere Pro 提供的各种颜色校正工具，尤其是【Lumetri 颜色】面板和【Lumetri 范围】面板。

# 13.2　显示颜色管理

一般来说，计算机显示器使用的显示系统与电视屏幕、电影放映机是不同的（有关内容请阅读本节"关于 8 位视频"部分）。

如果制作的视频打算在网络平台上播放，并且观看者所使用的计算机显示器与你的显示器规格相近，那么你看到的视频颜色和亮度效果与观看者所看到的应该大致相同。如果制作的视频用于广播电视或影院播放，那么在制作过程中，需要找到一种方法来确保你在制作时看到的视频效果与在目标设备上呈现的效果尽可能一致。

一般专业调色师都配有多个显示系统，以便检查调整结果。在为影院制作影片时，他们一般会准备一台和影院相同的放映机（用于把画面投射到银幕上供观众观看），以便在调色过程中随时查看最终效果。

相比于电视屏幕，有些计算机显示器的色彩还原能力更加出色。如果启用了 GPU 加速（相关内容请参考第 2 课"创建与设置项目"），而且使用的是一款拥有出色色彩还原能力的计算机显示器，Premiere Pro 可以调整视频在【源监视器】和【节目监视器】中的显示方式，以匹配电视机显示的颜色。

Premiere Pro 能够自动检测使用的显示器类型是否正确，但需要开启相应功能。具体开启方法为：在菜单栏中依次选择【Premiere Pro】>【首选项】>【颜色】命令（macOS）或【编辑】>【首选项】>

【颜色】命令（Windows），打开【首选项】对话框的【颜色】选项卡，然后勾选【显示色彩管理】复选框（需要 GPU 加速），如图 13-1 所示。

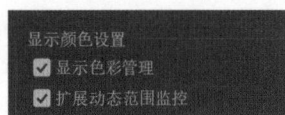
图 13-1

若当前使用的是高动态范围（HDR）素材，且显示器支持 HDR 显示模式，可勾选【扩展动态范围监控】复选框，将完整的亮度范围呈现出来。

在【Lumetri 颜色】面板中，打开【设置】选项卡，在【显示颜色】区域下，也能看到【显示色彩管理】和【扩展动态范围监控】两个复选框。

有关色彩管理的更多内容，请前往 Adobe 帮助页面进行了解与学习。

## 关于 8 位视频

前面提到过，在 8 位视频下，3 个颜色通道中每个颜色通道的取值范围均为 0 ~ 255。也就是说，对于 RGB 颜色，每个像素的红色、绿色、蓝色（RGB）3 种颜色值全部介于 0 和 255 之间，这 3 种颜色相互叠加产生千千万万种颜色。如果把 0 ~ 255 对应到 0 ~ 100%，那么一个像素的红色值为 127，就表示它含有 50% 的红色。

广播电视使用的是另外一种颜色系统——YUV，两者类似，但涵盖的范围不同。

YUV 颜色也有 3 个颜色通道，每个通道是 8 位的。比较 YUV 和 RGB 两种颜色系统，可以发现 8 位 YUV 像素颜色值的取值范围是 16 ~ 235，而 RGB 像素颜色值的取值范围是 0 ~ 255。

电视广播一般使用 YUV 颜色，而不使用 RGB 颜色。但是，计算机屏幕使用的是 RGB 颜色。在为广播电视制作视频时，这会产生一些问题，因为视频制作时使用的显示器和最终呈现时使用的显示器不同。有一种方法可以解决这一问题，那就是直接把电视或广播监视器连接到视频编辑系统中，然后通过它们检查制作的视频是否满足要求。

这种差异有点像把 Photoshop 中看到的照片与打印出来的照片做比较。打印机和计算机屏幕使用不同的颜色系统，并且从计算机屏幕使用的颜色系统到打印机使用的颜色系统的转换并不完美。

有时有些细节（最亮处与最暗处区域中）能够在 RGB 屏幕（比如计算机显示器）上正常呈现出来，但是在电视屏幕上却无法呈现。这时我们就得做一些调整，让颜色细节能够在电视屏幕上正常呈现出来。

有些电视提供了多种显示模式，比如 Game Mode、Photo Color Space，在选择这些模式后，电视就能正常显示 RGB 颜色（0 ~ 255）。至于电视用的是什么模式，得检查一下设置才能知道。

在一些计算机上，可以在 Premiere Pro 中调整视频颜色的显示方式，以模仿其他类型的屏幕。

## ▌13.3 颜色调整流程

切换至【颜色】工作区，调整视频颜色时需要转换一下思维。把剪辑放到合适的位置后，就不要再过多关注它们的位置了，而要把更多精力用于思考它们放在一起是否符合审美要求，以及怎样让它们看上去更好看。

处理颜色有两个主要任务。

- 确保每个场景中的剪辑在颜色、亮度、对比度方面保持一致，使所有剪辑看起来像是在同一时间、同一地点使用同一台摄像机拍摄的。
- 为视频内容整体赋予一种外观风格，也就是一种特定的色调或颜色倾向，如图 13-2 所示。

图 13-2

可以使用同样的工具同时完成上面这两个任务，但是通常都是按照上述顺序分别来做的。当同一个场景下两个剪辑的颜色不匹配时，就会导致前后不协调、不一致的问题，进而分散观众的注意力。这种情况或许是有意为之，但大多数时候，还是希望观众把注意力集中到主要故事情节上。

## 颜色校正和颜色分级

"颜色校正"和"颜色分级"这两个词或许你早已听说过了，但很少有人能够把它们明确地区分开。事实上，这两种颜色处理工作所使用的工具是一样的，只不过在方法和目标上有所不同。

颜色校正的目标是对各个镜头做统一处理，确保它们能够和谐地放在一起，同时改善整体外观，比如加强高光与阴影、纠正摄像机色偏等。这是一个"技术活"，不属于艺术处理的范畴。

颜色分级的目标在于为视频创建一种具有艺术感的外观，为画面营造某种氛围，以便充分地向观众传递要表达的主题。"颜色分级"更多的是在做艺术处理，而非技术性调整。

当然，关于"颜色校正"与"颜色分级"如何划分，目前还存在一定争议。在非线性编辑过程中，我们时常会在这两个阶段之间来回切换。

### 13.3.1 了解【颜色】工作区

【颜色】工作区包含【Lumetri 颜色】面板和【Lumetri 范围】面板，其中【Lumetri 颜色】面板包含大量颜色调整控件，【Lumetri 范围】面板与【源监视器】位于同一个面板组，它包含一系列图像分析工具，如图 13-3 所示。

此外，【颜色】工作区中还有【节目监视器】、【时间轴】面板、【项目】面板、【工具】面板、【音频仪表】等。而且【时间轴】面板变小了，留出更多空间显示【Lumetri 颜色】面板。

若【Lumetri 范围】面板未显示出来，单击【Lumetri 范围】面板，使其处于活动状态。【Lumetri 范围】面板中有大量显示选项，其数量比默认状态多得多。

图 13-3

【Lumetri 范围】面板中包含了一系列图像分析工具——示波器。为了显示更多示波器，可使用鼠标右键单击【Lumetri 范围】面板，在弹出的菜单中依次选择【预设】>【矢量示波器 YUV/ 分量 RGB/ 波形 YC】命令。稍后将详细介绍这些重要工具。

在【Lumetri 颜色】面板处于显示状态时，在【时间轴】面板中拖曳播放滑块，播放滑块经过的剪辑会被自动选中，但只有开启了【目标切换轨道】功能的轨道上的剪辑才会被自动选中，如图 13-4 所示。

💡 提示　在播放滑块所在位置，若有多个目标轨道且都有剪辑，则最上层目标轨道上的剪辑会被选中。

图 13-4

了解这一点很重要，因为就像其他效果一样，在【Lumetri 颜色】面板中所做的调整只会应用到所选剪辑上。对当前剪辑进行调整后，在【时间轴】面板中把播放滑块移到下一个剪辑，即可选中它继续处理。

💡 注意　自动剪辑选择功能仅用于选择目标轨道上的剪辑。当不同轨道上的剪辑叠加在一起时，将选择最上层目标轨道上的剪辑。当希望自动剪辑选择功能忽略某个轨道，只需关闭该轨道的【目标切换轨道】功能即可。

在菜单栏中依次选择【序列】>【选择跟随播放指示器】命令，可以打开或关闭剪辑自动选择功能。

## 13.3.2 了解【Lumetri 颜色】面板

在【效果】面板中，有一种叫作【Lumetri 颜色】的效果，其中包含了【Lumetri 颜色】面板中的所有控件和选项。与其他效果一样，可以在【效果控件】面板中找到【Lumetri 颜色】效果的控件，如图 13-5 所示。

第一次使用【Lumetri 颜色】面板调整颜色时，Premiere Pro 会把【Lumetri 颜色】效果应用到所选剪辑上。如果剪辑上已经应用了【Lumetri 颜色】效果，则现有效果设置会随着调整而更新。

从某种意义上说，【Lumetri 颜色】面板是【效果控件】面板中【Lumetri 颜色】效果的一个独立控制面板。与其他效果一样，可以创建预设，把【Lumetri 颜色】效果从一个剪辑复制到另外一个剪辑，并在【效果控件】面板中进行各种设置，如图 13-6 所示。

图 13-5

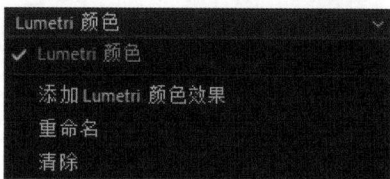

图 13-6

可以向同一个剪辑应用多个【Lumetri 颜色】效果，并分别进行调整，最终得到一种综合效果，这样在处理复杂项目时会显得更有条理。例如，可以使用【Lumetri 颜色】效果在两个剪辑之间匹配颜色，还可以用该效果添加特定色调。把这些效果分开，有助于日后做进一步精细调整。

在【Lumetri 颜色】面板顶部，可以选择当前要处理哪一个【Lumetri 颜色】效果。而且还可以添加新的【Lumetri 颜色】效果。

单击【重命名】后，可以对当前【Lumetri 颜色】效果重命名，这样查找起效果来会更快捷。另外，在【效果控件】面板中使用鼠标右键单击效果名，然后在弹出的菜单中选择【重命名】命令，也可以进行重命名。

【Lumetri 颜色】面板中包含【编辑】（分为 6 个区域）和【设置】（分为 5 个区域）两个选项卡，如图 13-7 所示。

图 13-7

> 💡 **注意** 每个区域都有一个复选框，用来启用或关闭各个区域。通过勾选或取消勾选复选框，可以很方便地观察效果应用前后视频画面的变化情况。

每个区域有一组控件，分别提供不同的调色方法。可以使用任意一个或所有区域中的控件来得到想要的结果。在【Lumetri 颜色】面板中单击各个区域的标题，可以展开或收起各个区域。下面简单介绍一下各个区域。

### 1. 基本校正

【基本校正】区域提供了一些简单的控件，可以使用这些控件快速调整剪辑。

【基本校正】区域顶部有一个【输入 LUT】下拉列表，可以从中选择一个预设，如图 13-8 所示。选择的预设将应用到视频文件上，对其进行标准调整，使画面看起来不那么普通。

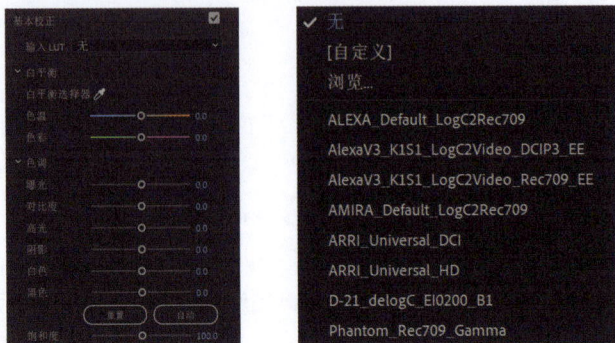

图 13-8

LUT 其实是一个文件，主要用来调整剪辑外观，类似于效果预设。Premiere Pro 允许导入或导出 LUT 文件，把它们用在高级协作的颜色分级工作流程中。

如果熟悉 Photoshop 和 Lightroom，那么对于【基本校正】区域中的控件应该比较熟悉。用户可以手动调整各个控件，改善视频画面，也可以单击【自动】按钮让 Premiere Pro 自动调整。

**2. 创意**

在【创意】区域中，可以对视频外观做进一步调整，使视频画面与众不同，如图 13-9 所示。

Premiere Pro 提供了大量创意外观，并提供了一个基于当前剪辑的效果预览区域。单击预览区域左右两侧的箭头，可以浏览不同外观，单击预览区域可以把当前外观应用到剪辑上。

预览区域下有一个【强度】选项，拖曳滑块，可以控制外观应用到剪辑上的强度。此外，Premiere Pro 还在该区域中提供了两个色轮，分别用来调整画面中阴影区域（暗部）和高光区域（亮部）的色彩。

图 13-9

**3. 曲线**

在【曲线】区域中，可以使用各种曲线工具精确地调整视频，如图 13-10 所示。这些曲线用起来非常简单，只需要单击几下，就能得到非常自然的结果。

【曲线】区域中还提供了一些比较高级的控件，可以使用这些控件对视频画面的亮度、红色、绿色、蓝色进行精细调整。调整方法与调整【参数均衡器】效果的曲线或音频的"橡皮筋"相同。曲线的位置变化代表所做的调整。

除传统的【RGB 曲线】外，【曲线】区域中还包含多种控件，用来调整色相、饱和度和亮度曲线，每种曲线都可以用来准确控制一种特定的调整。

例如，在【色相与饱和度】曲线上，可以通过添加（单击曲线）或移动（拖曳）控制点来增加或减少特定颜色的饱和度。

在【色相与色相】曲线上，可以把一种色相改成另一种色相。

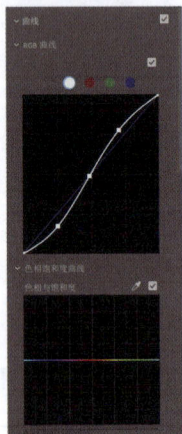

图 13-10

💡 **提示** 在【Lumetri 颜色】面板中，双击控件可重置大部分控件。

**4. 色轮和匹配**

借助【色轮和匹配】区域中的工具，可以准确地控制视频画面中的阴影、中间调和高光。调整时，只需把控制器从色轮中心向边缘拖曳即可。

每个色轮左侧还有一个亮度控制滑块，如图 13-11 所示。拖曳滑块可以对画面亮度进行简单调整，还可以通过适当调整各个滑块来改变视频画面的对比度。

【色轮和匹配】区域中有一个【比较视图】按钮，用来打开【节目监视器】的比较视图。还有一个【应用匹配】按钮，用来自动匹配颜色到剪辑。

### 5. HSL 辅助

可以使用【HSL 辅助】区域中提供的各种工具精确调整画面特定区域中的颜色，该特定区域是由色相、饱和度、亮度范围定义的，如图 13-12 所示。

在【Lumetri 颜色】面板的这一区域中，可以有选择性地让蓝天变得更蓝或者让草地变得更绿，同时不会影响画面中的其他部分。

【色相与饱和度】曲线（位于【Lumetri 颜色】面板的【曲线】区域中）也提供了类似功能，可以根据个人偏好选择要使用的工具或方法。

### 6. 晕影

一个简单的晕影效果就能为视频画面带来令人惊叹的变化。

晕影是指画面边缘变暗的现象，最初是由摄像机镜头引起的，但是现代镜头比老镜头质量好得多，很少会出现这个问题。

现在，晕影已经成为一种制造画面焦点的手段，它能够把观众视线有效地集中到画面的重点区域。Premiere Pro 提供了专门的晕影制作工具，如图 13-13 所示。即使调整得很轻微，在创建画面焦点方面，晕影效果也很不错，如图 13-14 所示。

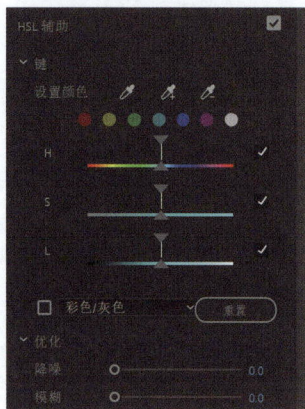

图 13-11

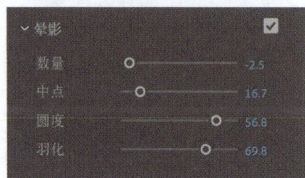

图 13-12

图 13-13

图 13-14

### 7. 调整 Lumetri 颜色设置

在【Lumetri 颜色】面板的【设置】选项卡中，有几个重要设置会对颜色的解释和显示方式产生重要影响。

当然，这些设置在其他菜单中也存在，把它们集中起来放入【Lumetri 颜色】面板，用起来更加方便。这些设置划分在 5 个区域，分别用于设定首选项、当前项目、当前所选剪辑的源剪辑、当前序列，以及当前选择的序列剪辑，如图 13-15 所示。前面介绍过的【显示色彩管理】和【扩展动态范围监控】就位于【首选项】区域，如图 13-16 所示。虽然这些设置分布在不同地方，但只要在一个地方做出了改动，其他地方的设置会同步更新。

图 13-15

默认情况下，遇到未定义颜色空间的剪辑时，Premiere Pro 会使用 Rec.709 颜色空间（HDTV 色彩标准）解释剪辑，并自动调整剪辑色调，以便在新创建的序列中正确显示它们（此过程称为"色调映射"）。在旧版本的 Premiere Pro 中，创建序列时色调映射功能不会自动开启，但是在【Lumetri 颜色】面板的【设置】选项卡中，找到【序列】区域，勾选【自动对媒体进行色调映射】复选框，如图 13-17 所示，可开启色调映射功能。

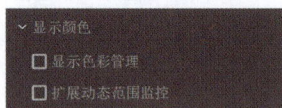

图 13-16

大多数情况下，【设置】选项卡中的所有设置保持默认就好，一般不需要更改。

在序列中使用由手机拍摄的高动态范围（HDR）视频时，把序列颜色空间设置为 Rec.709，并勾选【自动对媒体进行色调映射】复选框，能够得到不错的结果。

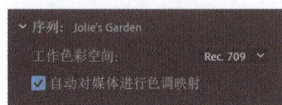

图 13-17

现在，切换回【编辑】选项卡。

### 8. 使用【Lumetri 颜色】面板

在 Premiere Pro 中使用【Lumetri 颜色】面板进行调整时，这些调整将作为一个普通的效果添加到所选剪辑上。因此，可以在【效果控件】面板中开启或关闭这一效果，或创建一个效果预设。

下面尝试应用一些预设外观。

❶ 打开 Sequences 素材箱中的 Jolie's Garden 序列，如图 13-18 所示。该序列很简单，由一系列剪辑组成，并且色彩和对比度也调整得不错。

❷ 在【时间轴】面板中，把播放滑块放到序列的第 1 个剪辑上。此时，第 1 个剪辑应该会被自动选中。

❸ 在【Lumetri 颜色】面板中单击【创意】区域的标题，将其展开。

❹ 单击预览区域左侧与右侧的箭头，浏览一些预设外观。找到喜欢的外观后，直接单击预览画面，即可应用它，如图 13-19 所示。

图 13-18

图 13-19

❺ 尝试拖曳预览区域下方的【强度】滑块，改变外观强度。

可尝试一下【Lumetri 颜色】面板中的其他控制选项。有些控制选项初次尝试就能立即掌握，而有些控制选项则需要花一些时间才能掌握。可以将这一序列中的剪辑作为例子，通过不断尝试来了解【Lumetri 颜色】面板，把各个控制选项的滑块从一个极端拖曳到另一个极端，观察应用前后的变化。后面还会详细讲解这些选项。

### 13.3.3 了解【Lumetri 范围】面板

或许你已经注意到了，Premiere Pro 用户界面默认是深灰色的，为什么要这样？原因在于，人类的视觉是主观的，而且容易受到其他因素的影响。

例如，在观看两种相近的颜色时，人们对其中一种颜色的观感会受到另外一种颜色的影响。为防止 Premiere Pro 界面影响人们对颜色的感受，Adobe 公司设计出了近乎全灰的用户界面。一般调色师在对影片与电视节目做最后调整时都会选择在一个专门做颜色分级的房间中进行，这种房间的大部分都是灰色的。有时调色师还会准备一张尺寸很大的灰卡或一堵灰色的墙，开始调色前，他们往往都会先看灰卡或灰色墙面几分钟，这样可以"重置"他们的视觉。

除视觉具有主观性外，计算机显示器或电视屏幕在显示画面时也会有偏差，这使得我们迫切需要一种客观的测量方法。

视频示波器正是为此而生的。视频示波器在整个媒体行业有着广泛的应用，一旦掌握了使用方法，就可以在任何场合使用它。

❶ 打开 Lady Walking 序列，如图 13-20 所示。

❷ 在【时间轴】面板中，把播放滑块拖曳到序列中的剪辑上。

❸ 当前，【Lumetri 范围】面板应该与【源监视器】在同一个面板组中。单击【Lumetri 范围】面板，或者在菜单栏中依次选择【窗口】>【Lumetri 范围】命令，将其激活。

图 13-20

❹ 单击【Lumetri 范围】面板中的【设置】按钮（🔧），在弹出的菜单中依次选择【预设】>【Premiere 4 Scope YUV（浮点、未固定）】命令，效果如图 13-21 所示。

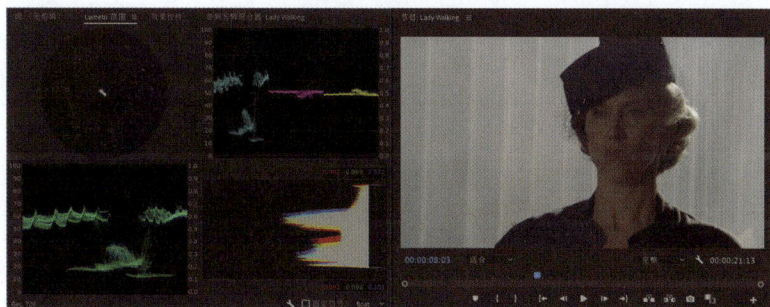

图 13-21

💡 提示 在【Lumetri 范围】面板中，使用鼠标右键单击面板中任意一个地方，也可以打开面板的【设置】菜单。

此时，能够在【节目监视器】中看到一位女士在街上行走，同时画面也在【Lumetri 范围】面板中显示出来。

### 13.3.4　使用【Lumetri 范围】面板

【Lumetri 范围】面板中包含一系列行业中常用的标准工具，借助这些工具，可以更加客观、准确地评估视频。

默认情况下，【Lumetri 范围】面板中同时显示了 4 种工具，各个工具显示得比较小，这可能会让人有点不知所措。打开该面板的【设置】菜单，从中选择某一个工具，可以将其关闭或打开。

在【设置】菜单中，可选择要使用的颜色空间（包括 Rec.601、Rec.709、Rec.2020、Rec.2100 HLG、Rec.2100 PQ）。如果视频打算在广播电视中播放，必然会使用这些标准中的一个。如果不确定选哪个，选择【自动】命令就好，如图 13-22 所示。

在【Lumetri 范围】面板右下方的下拉列表中，可以选择以 8 位、10 位、float（32 位浮点颜色）、HDR 来显示示波器，如图 13-23 所示。

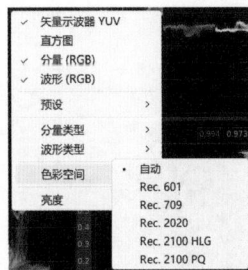

这些选择不会改变剪辑以及效果的渲染方式，只会改变信息在示波器中的显示方式。在实际工作中，请根据所使用的颜色空间做相应选择或者直接选择【自动】命令。

HDR 图像中最亮的点和最暗的点之间存在的灰度等级数量要比 SDR（Standard Dynamic Range，标准动态范围）多。有关 HDR 的内容已经超出了本书的讨论范围，但是它是一项非常重要的技术，越来越多的摄像机、显示器对其提供了支持。

图 13-22

勾选【固定信号】复选框（见图 13-24），可以把信号限制在符合广播电视标准的范围内。注意，这不会影响图像或效果的显示结果，只是一种个人偏好，通过这种方式限制示波器的范围可以更清晰地观察视频。

图 13-23　图 13-24

下面简化一下视图，看看【Lumetri 范围】面板中的两个主要组件。

在【Lumetri 范围】面板的【设置】菜单中，单击当前各个选中项，将它们取消选择，使其不显示在面板中，而只显示【波形（YC）】（在【波形类型】中选择【YC】才显示该命令）。

#### 1. 波形

使用鼠标右键在【Lumetri 范围】面板中单击，在弹出的菜单中依次选择【波形类型】>【RGB】命令。

第一次接触波形图，可能会觉得它们看上去有些奇怪（见图 13-25），但其实很简单，它们显示的是图像的亮度和颜色强度。

当前画面中的每个像素都会显示在波形图中。像素越亮，其在图中的位置越高。在波形图中，水平位置对应于像素在图像中的水平位置（也就是说，画面中间的像素会显示在波形图中间），但是其垂直位置表示的并不是像素在图像中的垂直位置。

在波形图中，像素的垂直位置代表的是亮度或颜色强度。亮度波形和颜色强度波形使用不同颜色一同显示在波形图中。

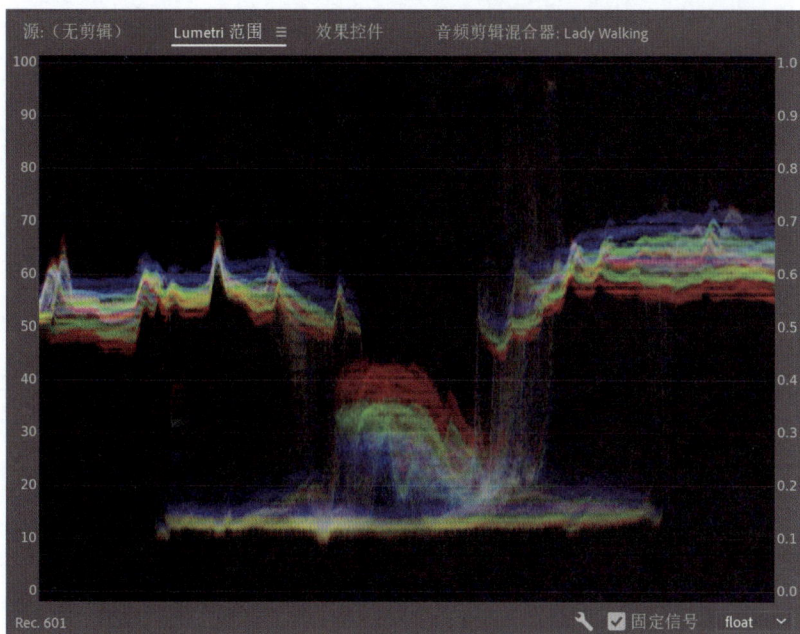

图 13-25

- 0 位于底部，表示完全没有亮度，或者没有颜色强度。
- 100 位于顶部，表示像素全白。在 8 位的 RGB 模式中，全白对应的是 255（如果把【Lumetri 范围】设置成 8 位，该刻度显示在波形图的右侧）。

这些内容听上去"技术味"很浓，但其实挺简单的。波形图中有一些水平线，用来把左侧的 0 ~ 100 与右侧的 0 ~ 255 对应起来，底部的水平线代表无亮度，顶部的水平线代表全白。选择不同设置，波形图边缘的数字可能不一样，但是基本用法是一样的。

波形图的展现方式有很多种。在【Lumetri 范围】面板的【设置】菜单中选择【波形类型】命令，可以选择如下展现方式。

- RGB：分别显示像素的 Red（红色）、Green（绿色）、Blue（蓝色）3 个颜色分量的亮度值。
- 亮度：显示像素的亮度值，刻度范围是 -20 ~ 201IRE。使用该波形类型，有助于编辑人员准确分析画面中的亮度和对比度。
- YC：用绿色显示图像亮度（明度），用蓝色显示色度（颜色强度）。
- YC 无色度：只显示亮度，不显示色度。

## YC 是什么

在 YC 中，字母 C 代表的是"色度"（chrominance），这很容易理解。而字母 Y 代表的是"亮度"（luminance），需要稍微解释一下：它来自一种使用 $x$、$y$、$z$ 轴测量颜色信息的方式，其最初的想法是创建一种记录颜色的简单系统，并使用 Y 表示亮度或明度。

下面尝试使用这些波形的显示方式。

❶ 继续使用 Lady Walking 这个序列。在【时间轴】面板中，把播放滑块拖曳至 00:00:07:00 处，画面中有一位女士身处烟雾中，如图 13-26 所示。

图 13-26

② 把【波形类型】设置为【YC 无色度】。此时，波形图中只显示亮度（绿色）。

画面中烟雾的对比度很小，体现在波形图中就是一条相对平坦的线。女士的头部和肩部比烟雾暗得多，并且都处在画面中间，因此显示在波形图的中间区域，如图 13-27 所示。

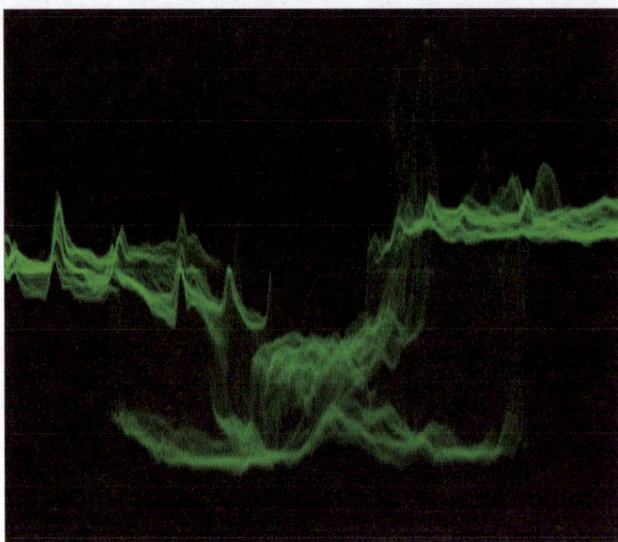

图 13-27

③ 在【Lumetri 颜色】面板中展开【基本校正】区域。

④ 尝试调整各个控件，如图 13-28 所示。一边调整这些控件，一边在波形图中观察这些调整产生的影响。

对画面做出调整，然后等待几秒，你的眼睛就会适应调整后的画面，而且不会觉得有什么问题。再做一次调整，等待几秒后再看，也觉得新画面很正常。那到底哪个画面外观是正常的呢？

归根结底，这个问题的答案取决于你自己的感觉。如果你喜欢当前的画面，那它就是对的。相比于感觉，波形图提供的画面中像素的明暗程度、包含的颜色数量等信息都是客观的，这些信息在根据交付标准调整视频画面时会非常有用。

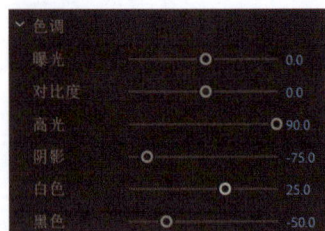

图 13-28

当拖曳播放滑块或者播放序列时，会看到波形图也会跟着变化。

通过波形图，可以了解视频画面的对比度（即画面中明暗区域的差异），检查处理的视频是否合乎客户要求。

有时会误认为波形图与视频画面中的像素是对应的。但请注意，画面中像素的垂直位置并没有在波形图中体现出来。

从波形图中可以发现整个画面的对比度不够，同时有一些强烈的阴影，但是高光很少，从波形图的顶部区域可以知道这一点，如图 13-29 所示。当波形图中显示的是平坦的水平线时，就意味着画面中缺少细节。在图 13-29 中，阴影非常深，因此可以在波形图底部看到平直的水平线。

只有勾选【固定信号】复选框，把波形图限制在输出的可见区域中，才能看到波形平直化的情况。

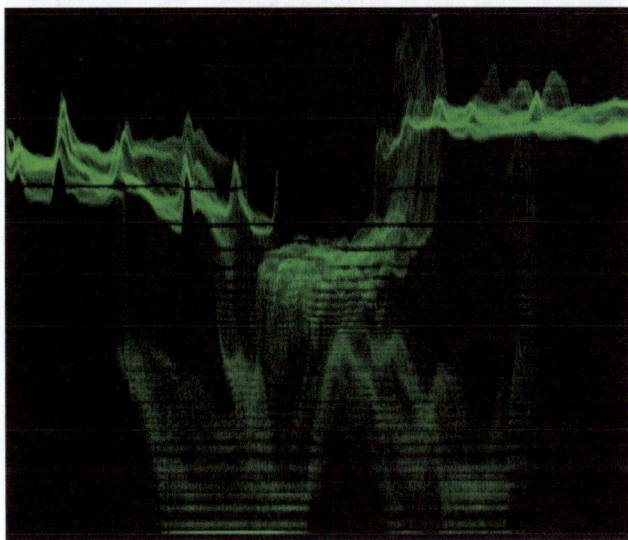

图 13-29

当然，这样的结果不一定是坏事，或许能带来戏剧性效果，如图 13-30 所示。但有一点很重要，那就是一定要知道调整到什么程度会导致细节丢失。

图 13-30

【Lumetri 颜色】面板右上方有一个【重置效果】按钮（🔄），单击它，可重置【Lumetri 颜色】面板中的所有设置。

## 2. 矢量示波器 YUV

【YC 无色度】波形图显示的是图像的亮度，不同亮度的像素显示在波形图中的不同位置，较亮的像素显示在波形图顶部，较暗的像素显示在底部。而矢量示波器只显示颜色。

❶ 打开 Skyline 序列，如图 13-31 所示。

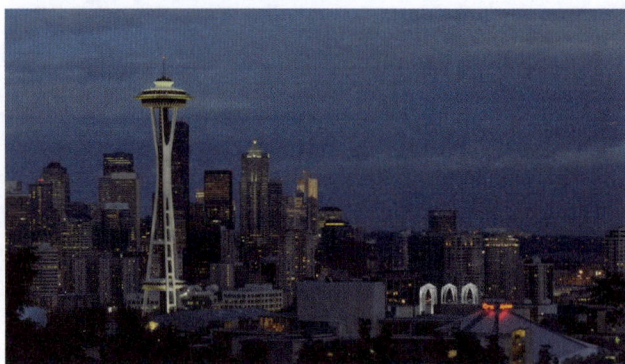

图 13-31

❷ 在【Lumetri 范围】面板中单击【设置】按钮，在弹出的菜单中选择【矢量示波器 YUV】命令，然后再次单击【设置】按钮，选择【波形（YC 无色度）】命令，将其取消显示。

此时，视频画面中的像素在矢量示波器中显示出来，如图 13-32 所示。位于圆形中心的像素的颜色饱和度为 0，越接近圆形边缘的像素，其颜色饱和度越高。

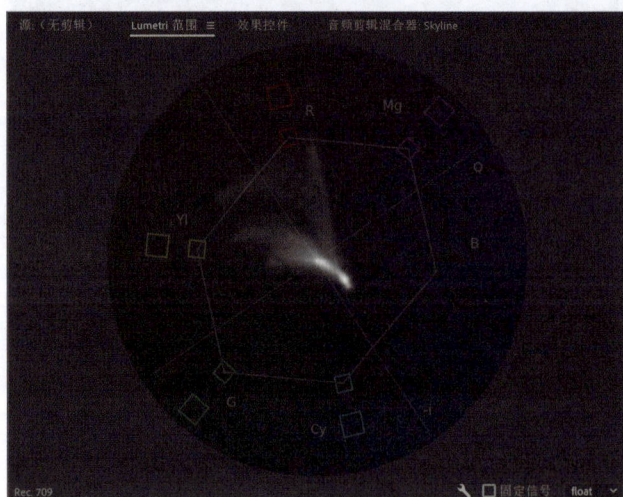

图 13-32

仔细观察矢量示波器，会发现其中有一些代表三原色（基色）的字母，如下所示。

- R = 红色（见图 13-33）。
- G = 绿色。
- B = 蓝色。

每种颜色有两个方框，较小的内框表示 75% 饱和度，代表的是 YUV 颜色空间；较大的外框表示 100% 饱和度，代表的是 RGB 颜色空间。RGB 颜色的饱和度高于 YUV 颜色。内框之间的连线构成了 YUV 色域（即 YUV 颜色空间）。

除了 RGB 三原色，还可以看到表示 3 种混合色的字母。

- Yl = 黄色（见图 13-34）。
- Cy = 青色。
- Mg = 洋红色。

一个像素越靠近某种颜色，这种颜色在这个像素中的占比就越大。前面提到，波形图能够把每个像素在画面中的水平位置表示出来，但是矢量示波器中不包含像素的任何位置信息。

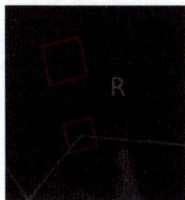

图 13-33

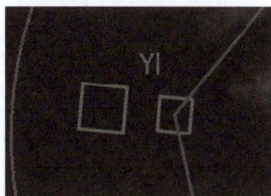

图 13-34

在视频画面中，可以清楚地看到画面中都有什么颜色，其中包含大量蓝色和少量的红色、黄色。在矢量示波器中有一些峰纹指向字母 R，这表示画面中有少量红色。

矢量示波器非常有用，它能够客观地提供序列中的颜色信息。拍摄时，如果没有正确校正摄像机，视频画面中就会出现色偏，这从矢量示波器中可以明显地看出来。此时，可以使用【Lumetri 颜色】面板中的控件从视频画面中轻松消除那些不想要的颜色或添加更多补色。

## 原色与混合色

计算机显示器和电视机使用加色法显示颜色，即通过把不同颜色的光按不同比例混合以生成其他颜色。

一张白纸会反射所有色光，所以我们看到它是白色的。在白纸上添加一种颜料后，这种颜料只能反射一部分波长的光线，而吸收掉其他波长的光线，例如，红色的颜料反射红色的光线，是因为除红色外的其余光线都被颜料吸收了，所以我们只看到红色。这叫作"减色法"。

红色、绿色、蓝色是三原色，它们在显示系统中很常见，比如电视屏幕、计算机显示器，这3 种原色按照不同比例混合形成了我们看到的各种颜色。把红色、绿色、蓝色 3 种颜色等比例混合会得到白色。

标准色轮是完美对称的，本质上，矢量示波器显示的就是色轮。

任意两种原色等比例混合会产生一种混合色，并且这种混合色（黄色、青色、品红色）与第3 种原色是互补色。

例如，红色和绿色两种原色等比例混合会产生黄色，而黄色与蓝色（第 3 种原色）是互补色。

使用加色法把 3 种原色（红色、绿色、蓝色）两两等比例混合即可得到减色法中的 3 种原色（黄色、青色、品红色）。它们之间形成一种优雅的对称关系。

下面做些调整，然后在矢量示波器中观察调整的结果。

❶ 继续使用 Skyline 序列。在【时间轴】面板中把播放滑块拖曳到 00:00:01:00 处，该处的颜色比剪辑末尾更鲜艳。

❷ 在【Lumetri 颜色】面板中展开【基本校正】区域。

❸ 把【色温】滑块从一端拉到另一端，同时观察矢量示波器中有何变化。先把滑块拖曳到左端（蓝色端），如图 13-35 所示。

图 13-35

💡 提示 在【源监视器】【节目监视器】【时间轴】面板中单击时间码，输入"1."（数字"1"后面有一个英文句号），然后按【Return】键（macOS）或【Enter】键（Windows），可以直接跳转到 00:00:01:00 处。每个英文句号（.）表示添加一对 0。

拖曳滑块时，可以看到矢量示波器中的像素在橙色和蓝色区域之间移动，画面效果如图 13-36 所示。向左拖曳滑块后，画面中蓝色更多，画面变冷。

图 13-36

❹ 把滑块拖曳到右端（橙色端），如图 13-37 所示。

图 13-37

向右拖曳滑块后，画面中橙色更多，画面变暖，显得更自然，如图 13-38 所示。

图 13-38

❺ 双击【色温】滑块，将其重置为默认值。

❻ 在【Lumetri 颜色】面板中把【色彩】滑块从一端拖曳到另一端，同时观察矢量示波器中有什

么变化。

拖曳滑块时，可以看到矢量示波器中的像素在绿色和洋红区域之间移动。

❼ 双击【色彩】滑块，将其重置为默认值。

边调整边观察矢量示波器，这样就可以对所做的调整有个客观的判断。

**3. 分量 RGB**

在【Lumetri 颜色】面板中单击【设置】按钮，在弹出的菜单中依次选择【预设】>【分量 RGB】命令。

分量 RGB 是另外一种波形展现形式。但不同的是，红色、绿色、蓝色是分别显示的。为了把 3 个颜色分量同时显示出来，Premiere Pro 把【Lumetri 颜色】面板的显示区域沿水平方向等分成 3 部分，如图 13-39 所示。

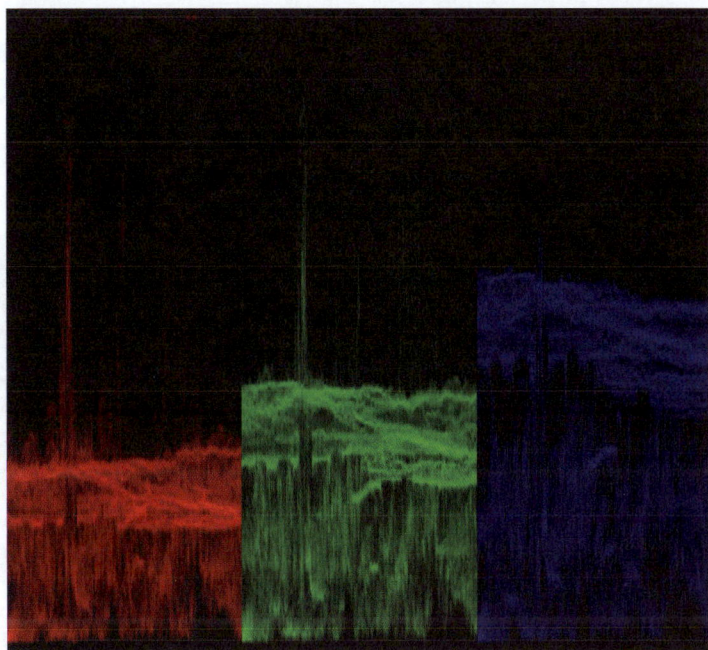

图 13-39

在【Lumetri 颜色】面板中单击【设置】按钮，或者用鼠标右键单击面板空白区域，然后在【分量类型】子菜单中选择要显示哪种分量，如图 13-40 所示。

3 种颜色分量显示的图形类似，尤其是在有白色或灰色像素的地方，因为这些地方含有等量的红色、绿色和蓝色。在颜色校正过程中，分量 RGB 是常用的工具，因为它可以清晰地显示原色通道之间的关系。

图 13-40

为了观察调色对各个分量的影响，在【Lumetri 颜色】面板中展开【基本校正】区域，尝试调整【白平衡】下的【色温】和【色彩】控件。尝试结束后，双击各个控件，把它们恢复成默认状态。

## 13.4　使用【比较视图】

前面提到过，调色主要包括以下两个阶段。

- 颜色校正：颜色校正的目标是纠正视频画面中的色偏和亮度问题，调整序列中的各个剪辑，让它们看起来就像是在同一时间、同一地点拍摄的同一个内容的不同部分，或者让它们符合某个交付标准。

- 颜色分级：为各个镜头、场景或整个序列建立一致的外观风格。

做颜色校正时，对两个剪辑做比较有助于对它们进行匹配，当这两个剪辑来自不同的拍摄场景时尤为有用，因为在不同场景下拍摄的剪辑即便整体色调类似，它们之间总还是会有一些颜色偏差。

可以把当前序列从【项目】面板拖曳至【源监视器】中，方便并排比较。但是 Premiere Pro 提供了一种更简单的方式，即把【节目监视器】切换到【比较视图】。

下面尝试使用【比较视图】。

❶ 打开 Jolie's Garden 序列，在【时间轴】面板中把播放滑块拖曳到序列的最后一个剪辑上，如图 13-41 所示。

© Maxim Jago 2016

图 13-41

❷ 在【节目监视器】中，单击【比较视图】按钮（▣）。

> 💡 注意　在尺寸较小的显示器上，【比较视图】按钮有可能不显示。此时，在【节目监视器】中单击右下方的双箭头图标，然后在弹出的菜单中选择【比较视图】命令即可将其显示出来。另外，还可以从【节目监视器】的【设置】菜单中选择【比较视图】命令，将其显示出来。

下面看一下【比较视图】中的一些新控件（见图 13-42）。

- 参考帧：当前序列中选作参考或颜色匹配的帧。
- 参考位置：参考帧的时间码。
- 播放指示器位置：当前帧的时间码。
- 镜头或帧比较：把另一个帧或当前帧的当前状态用作比较参考。应用效果时，帧比较会非常有用，因为【节目监视器】会提供效果应用前后的视图，方便观察画面在应用效果前后的变化。

参考播放滑块　　　参考位置　　　参考帧　　　　　　　　　当前帧

播放　　　　　镜头或帧比较　　并排　垂直拆分　水平拆分　　换边
滑块
位置

转到上一个编辑点　转到下一个编辑点

图 13-42

💡提示 在【Lumetri 颜色】面板的【色轮和匹配】区域单击【比较视图】按钮，也可以进入【比较视图】。它与【节目监视器】中的【比较视图】按钮的作用是一样的。

- 并排：并排查看两个独立画面。
- 垂直拆分：把画面沿垂直方向一分为二，可以拖曳中间分隔线，调整它的位置。
- 水平拆分：把画面沿水平方向一分为二，可以拖曳水平分隔线，调整它的位置。
- 换边：互换左右两个画面。
- 当前帧：当前正在处理的帧。

③ 确保序列中最后一个剪辑处于选中状态，在【Lumetri 颜色】面板中展开【色轮和匹配】区域。

④ 使用如下方式中的一个改变参考帧。

- 把参考帧下面的迷你播放滑块拖曳到新位置。
- 单击【参考位置】时间码，输入新时间，或者在时间码上拖曳鼠标以选择另外一个时间。
- 单击【参考位置】时间码两侧的【转到上一个编辑点】或【转到下一个编辑点】按钮，如图 13-43 所示，在剪辑之间跳转。

⑤ 尝试切换不同的拆分视图，并拖曳拆分视图上的分隔线。

图 13-43

【比较视图】下出现了许多新按钮，需要了解学习。可以综合使用这些按钮精确控制两个正在比较的剪辑的显示方式。

　　使用【比较视图】查看序列的两部分非常有用，它也是在【Lumetri 颜色】面板中进行自动颜色调整的起点。

　　熟悉【比较视图】后，接下来继续使用这些剪辑，学习有关匹配颜色的内容。

## 13.5　匹配颜色

　　【Lumetri 颜色】面板提供了许多强大的功能，其中之一就是在两个剪辑之间自动匹配颜色。

　　使用这个功能前，先在【节目监视器】中切换到【比较视图】，选择参考帧和当前帧，然后在【Lumetri 颜色】面板的【色轮和匹配】区域中，单击【应用匹配】按钮。

　　有时匹配结果不尽如人意，可能需要多次尝试，选择不同的参考帧和当前帧才能得到理想的结果。尽管如此，Premiere Pro 提供的自动颜色匹配功能还是相当不错的，可以在自动调整的基础上做进一步调整。

　　下面使用当前序列尝试匹配颜色功能。

　　❶ 接着上个练习，把【参考位置】设置成00:00:01:00，如图 13-44 所示。

图 13-44

　　❷ 在【时间轴】面板中，把播放滑块拖曳到序列中最后一个剪辑的开头，把【比较视图】设置为【并排】，效果如图 13-45 所示。

图 13-45

　　❸ 这些剪辑来自同一部电影的不同场景，它们的颜色不必完全相同，但是如果不同剪辑中的人物肤色协调一致，画面效果会更好。在【Lumetri 颜色】面板中勾选【人脸检测】复选框，这样 Premiere Pro 会自动检测镜头中的人脸，并优先进行匹配。

　　❹ 在【Lumetri 颜色】面板中单击【应用匹配】按钮，向所选剪辑应用颜色调整，效果如图 13-46 所示。

图 13-46

⑤ 画面变化相当明显。不过几分钟后，人的眼睛就会适应当前帧的颜色。为了更清楚地观察变化，可以不断勾选和取消勾选【色轮和匹配】复选框（见图 13-47），比较调整前后画面的变化。

图 13-47

⑥ 在【节目监视器】中单击【比较视图】按钮，切换到正常的播放视图。

【Lumetri 颜色】面板中提供的自动匹配颜色功能不可能把颜色匹配得完全相同，部分原因是人对颜色的感知是十分主观的，而且容易受到其他因素的影响。不过在 Premiere Pro 中，所有调整都是可以编辑的，可以对不满意的调整进行修改，直到获得满意的结果。

# 13.6 调色效果

在 Premiere Pro 中，除使用【Lumetri 颜色】面板调整颜色外，还可以使用大量调色效果来调整颜色，这些调色效果都值得我们好好了解一下。而且与其他效果一样，可以使用关键帧为调色效果的各个属性制作动画。事实上，【Lumetri 颜色】效果也一样，只要在【效果控件】面板中做调整就行。

随着对 Premiere Pro 越来越熟悉，你会发现 Premiere Pro 中有很多效果能够产生相同结果，这可能导致在实际使用时不知道该选哪种效果好。这很正常，在 Premiere Pro 中经常有多种方法能够得到相同结果，选择哪种方法取决于个人喜好。

建议多尝试一下不同效果，了解各个效果都有哪些选项可用。尝试时，多选一些在颜色、高光、阴影方面有明显差异的素材，方便观察把效果应用到不同类型内容上的结果。

> 💡 提示 【效果】面板顶部有一个搜索框，在该搜索框中输入效果名称可以快速查找相应效果。学习如何使用一个效果的最佳方式是把它应用到一个拥有良好色彩、高光、阴影的剪辑上，然后调整效果的各个属性并查看结果。

## 13.6.1 使用【视频限制器】效果

除了创意效果，Premiere Pro 还包含一些用于制作专业视频的效果。

制作好视频，针对特定播放平台导出视频之前，必须根据目标播放平台对视频做合规调整，播放平台一般会对视频的最大亮度、最小亮度、颜色饱和度有特定限制要求。手动调整各个控件可以把视频调整到所允许的范围内，但在这个过程中很容易遗漏某些需要调整的部分。为此，Premiere Pro 专门提供了【视频限制器】效果。

> 💡 提示 在【颜色】工作区，【效果】面板不容易找到。此时，可以在菜单栏中依次选择【窗口】>【效果】命令，打开【效果】面板。任何一个面板都可以通过这种方式打开。

在【效果】面板的【视频效果】>【颜色校正】下找到【视频限制器】效果（见图 13-48），将其应用到剪辑上，此时它会把限制自动应用到所选剪辑上，确保剪辑符合指定标准。

在【效果控件】面板中调整【视频限制器】效果的【剪辑层级】前，需要了解广播公司提出的限制要求。根据广播

图 13-48

公司的要求设置【剪辑层级】，所有超过【剪辑层级】的信号都会被剪切掉。

设置好【剪辑层级】后，还要选择一个合适的【剪切前压缩】数量。设置该选项后，Premiere Pro 不会直接把高于【剪辑层级】的信号剪切掉，而是先做适当压缩再进行剪切，这样能够得到更自然的结果。

在【剪切前压缩】下拉列表中，可选择 3%、5%、10%、20%，请根据实际情况做选择。

勾选【色域警告】复选框后，那些高于【剪辑层级】的像素（或者受【剪切前压缩】影响的像素）将使用【色域警告颜色】中指定的颜色进行显示。在浏览序列时，这个功能非常有用。但是，在导出序列之前，必须取消勾选【色域警告】复选框，否则高亮显示的颜色会出现在导出文件中。

💡 提示　通常会把【视频限制器】效果应用到整个序列上，具体方法是将其应用到一个调整图层上，或者导出时再开启它（参考第 16 课"导出帧、剪辑和序列"）。

### 13.6.2　使用【效果】面板中的【Lumetri 颜色】预设

除了【Lumetri 颜色】面板中的控件，在【效果】面板中还有大量的【Lumetri 颜色】预设。做高级调色时，可以从这些预设开始。这些预设带有各种设置，应用预设后，可以根据需要继续调整各个设置，直到获得想要的结果。增加【效果】面板宽度，可以预览 Premiere Pro 内置的预设效果，如图 13-49 所示。

与在【效果】面板中应用其他效果一样，可以使用同样的方式来应用【Lumetri 颜色】预设效果，如图 13-50 所示。

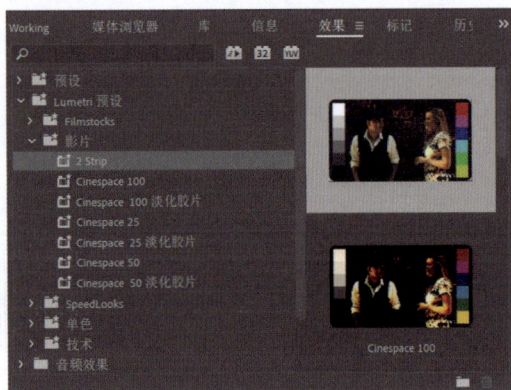

图 13-49

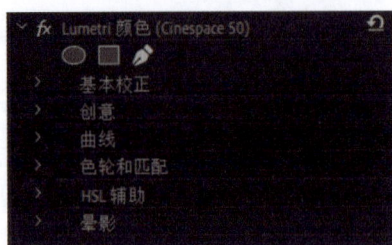

图 13-50

【Lumetri 颜色】预设其实就是一些【Lumetri 颜色】效果，只不过它们在【基本校正】中应用了某个【输入 LUT】，或者在【创意】中应用了某个外观。

可以在【效果控件】面板或【Lumetri 颜色】面板中添加或删除它们。

## 13.7　修复曝光问题

下面对存在曝光问题的剪辑使用【Lumetri 颜色】面板中的控件来尝试修复。

❶ 确保当前处在【颜色】工作区，必要时将其重置为已保存的布局。

❷ 打开 Color Work 序列。

❸ 在【Lumetri 范围】面板中单击鼠标右键，或者打开【设置】菜单，依次选择【预设】>【波形 RGB】命令，这会快速关闭其他示波器，而只显示波形 RGB 示波器。

❹ 在【Lumetri 范围】面板中单击鼠标右键，或者打开【设置】菜单，依次选择【波形类型】>【YC 无色度】命令，这样显示的波形就在标准广播电视范围内，对大多数视频项目来说，这非常有用。

❺ 在【时间轴】面板中，把播放滑块放到序列的第 1 个剪辑上。第 1 个剪辑是一位女士在街道上行走的场景，如图 13-51 所示。下面为这个剪辑增加一些对比度。

图 13-51

观察视频画面，可以看到人物周围的环境雾蒙蒙的。100IRE（波形图左侧最大刻度）表示完全过曝，0IRE（波形图左侧最小刻度）表示无曝光。整个视频画面既无过曝又无死黑，你的眼睛会很快适应画面，因此会觉得整个画面看上去还不错，但是画面对比度其实是有点低的，从波形图可以看出这一点。下面尝试做一些调整，让画面变得更生动一些。

❻ 在【Lumetri 颜色】面板中单击【基本校正】，将其展开。

❼ 调整【曝光】和【对比度】的值，同时观察波形图，不要让画面中出现太暗或太亮的区域。

调整前，请先从剪辑中找出最好的一帧作为参考画面，这样更容易得到满意的视觉效果。00:00:07:19 处的画面非常清晰，可以选它作为参考画面。

把【曝光】设置为 0.6、【对比度】设置为 60.0，效果如图 13-52 所示。

图 13-52

⑧ 此时，你的眼睛会很快适应调整后的画面。反复勾选与取消勾选【基本校正】右侧的复选框，比较调整前后画面的变化。

经过前面这些细微调整，画面的空间感更足了，画面中的高光和阴影也更强了。可以反复打开与关闭效果，同时在【Lumetri 范围】面板中观察波形图的变化。仔细观察画面，会发现画面中没有太亮的高光，这十分正常，因为画面颜色以中间调居多，而且雾蒙蒙的。

💡提示 可以指定一个快捷键来暂时关闭【Lumetri 颜色】效果的所有实例。在【键盘快捷键】对话框中，为【绕过 Lumetri 颜色效果】命令指定一个快捷键。有关设置快捷键的内容，请参考第 1 课 "了解 Adobe Premiere Pro"。

### 13.7.1 修复曝光不足

下面解决剪辑曝光不足问题。

① 切换到【效果】工作区。

② 在【时间轴】面板中，把播放滑块放到 Color Work 序列的第 2 个剪辑上。这个剪辑看上去还不错，高光合适，细节也挺丰富，尤其是人物的面部很清晰。但是有些暗部区域太黑，缺少细节。

③ 打开【Lumetri 范围】面板，观察当前所选剪辑的波形图，如图 13-53 所示。波形图底部存在不少暗像素，有些几乎接触到了 0 IRE 线。

图 13-53

💡提示 【Lumetri 范围】面板不是【颜色】工作区独有的，可以随时在【窗口】菜单中打开它。对于任何一个面板，都可以通过【窗口】菜单打开它。

从视频画面看，这些暗像素大多集中在人物的右肩位置（画面左侧），使人物右肩区域缺少细节。对于这样的暗像素集中区域，增加亮度只会使深色的阴影变为灰色，并不能恢复丢失的细节。

④ 在【效果】面板中查找【Brightness & Contrast】效果。为选中的第 2 个剪辑应用【Brightness & Contrast】效果。

⑤ 向右下方拖曳【Lumetri 范围】面板，将其移到【节目监视器】左侧的一个新面板组中，如图 13-54 所示。

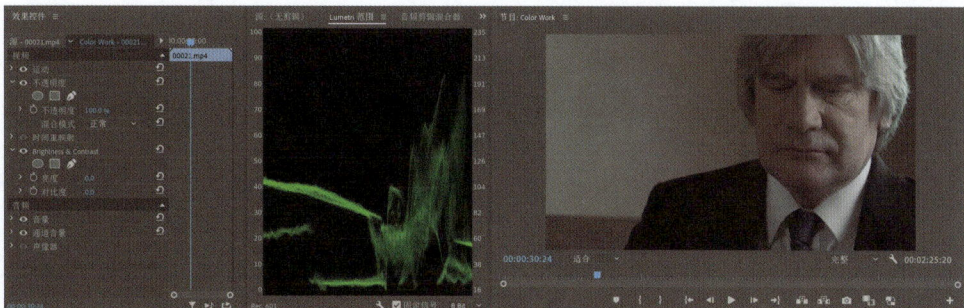

图 13-54

如此一来，便可以同时看到【效果控件】面板、【节目监视器】，以及【Lumetri 范围】面板。

⑥ 在【效果控件】面板中展开【亮度】，向右拖曳【亮度】滑块，增加亮度。改变亮度时，不建议直接输入数值，最好一边拖曳【亮度】滑块一边观察画面的变化。

向右拖曳【亮度】滑块的过程中，视频画面亮度不断增加，波形图整体上移，整个画面虽然变亮了，但是阴影部分仍然是一条平坦的线，如图 13-55 所示。也就是说，增加画面亮度只是把黑色阴影变成了灰色阴影。如果把【亮度】滑块拖曳到右端（100.0），剪切掉一部分高光，会看到整个视频画面变得又亮又灰。

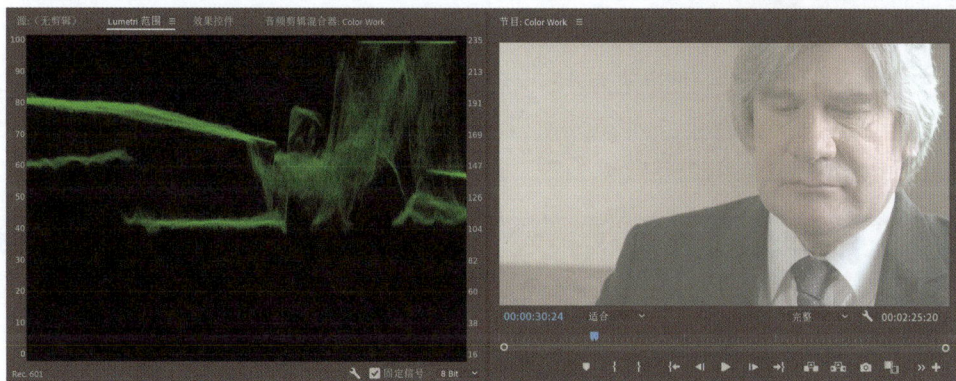

图 13-55

💡 **注意** 使用【Brightness & Contrast】效果能够快速修复画面的亮度和对比度，但一不小心就会把黑色（暗）或白色（亮）像素剪切掉，导致丢失细节。

⑦ 在【效果控件】面板中删除【Brightness & Contrast】效果。

⑧ 返回【颜色】工作区。在【Lumetri 颜色】面板的【曲线】区域中，尝试使用【RGB 曲线】进行调整，用【RGB 曲线】增加画面亮度后的样子，如图 13-56 所示。

⑨ 使用【RGB 曲线】工具尝试调整序列的第 3 个剪辑。从上面的调整可以认识到，所谓的后期调整也不是万能的，它只能在一定程度上改善视频画面，无法弥补视频本身存在的一些缺陷。

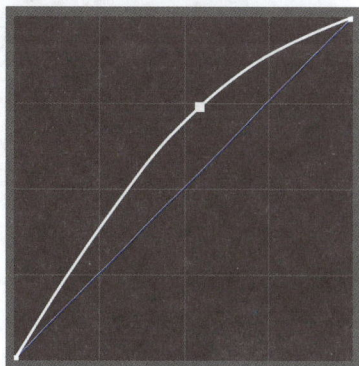

图 13-56

当然这并不是说后期调整毫无必要，它对加强视频画面的视觉感染力至关重要。例如，可以根据创作需要向视频应用一些艺术感很强的效果，创作出独特的外观，增强视频画面的视觉冲击力和艺术感染力。

⑩ 尝试修复序列的第 4 个剪辑。这是一个沙漠的航拍镜头，整个视频画面曝光不足。向右拖曳【RGB 曲线】底部的控制点，直到【Lumetri 范围】面板中最暗的像素触到底部。这会使阴影变暗。

⑪ 向左拖曳【RGB 曲线】的顶部控制点，直到波形图中最亮的像素触碰到顶部。这会使高光变亮。

画面中的阴影变暗、高光变亮会增加画面的整体对比度。

⑫ 单击【RGB 曲线】的中间部分，添加一个控制点，如图 13-57 所示，将其向上或向下拖曳，直到获得令人满意的效果，此时视频画面会有明显的改善。

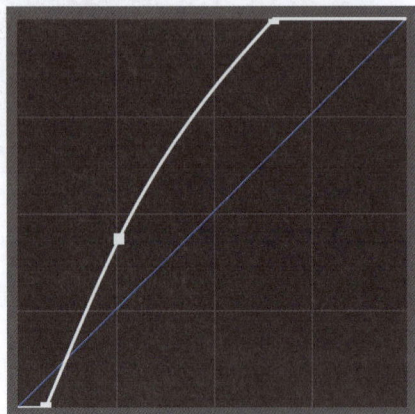

图 13-57

## 13.7.2 修复曝光过度

下面尝试解决曝光过度问题，曝光过度的画面如图 13-58 所示。

❶ 在【时间轴】面板中，把播放滑块拖曳至序列的第 5 个剪辑上，视频画面出现了严重的曝光过度问题。与序列第 2 个剪辑中的阴影区域类似，在画面的曝光过度区域中也没有任何细节。也就是说，降低画面亮度只会让人物的皮肤、头发变灰，而无法恢复细节。

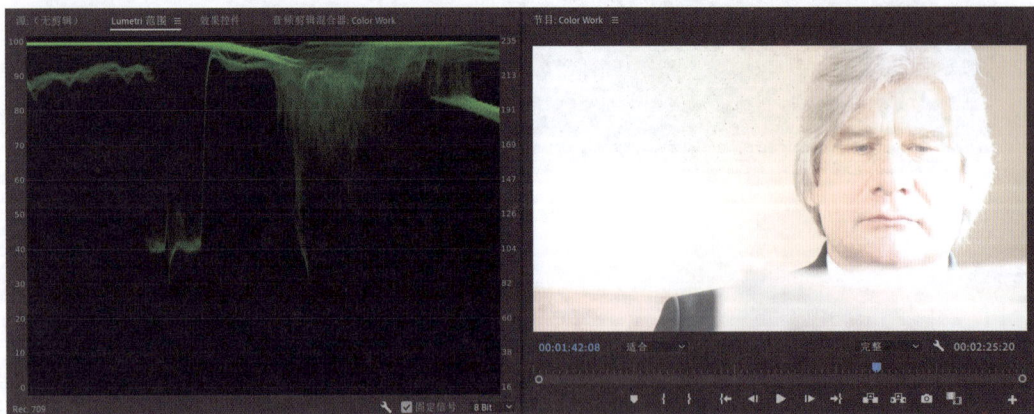

图 13-58

❷ 从波形图可以看出，视频画面中的阴影区域并没有接触到波形图的底部，即视频画面缺失暗部，这导致整个画面的对比度不够。

❸ 使用【Lumetri 颜色】面板改善画面对比度。经过一系列调整，虽然视频画面看上去有明显的后期痕迹，但最终结果还是可以接受的。

上面这段视频素材是 8 位的，所以调整时可以恢复的细节并不多。倘若视频素材是 10 位或 16 位的，那么经过一系列调整之后，还是能够得到令人满意的结果的。

# 13.8　纠正偏色问题

人的眼睛会自动调整以补偿周围环境光线颜色的变化。这是一种非凡的能力，它使得你把白色物体还原为白色，比如白色物体在钨丝灯的照射下呈现橙黄色，但你的眼睛仍然会把它还原成白色。

类似于人眼，摄像机也可以自动调整白平衡以补偿光线颜色的变化。正确校正白平衡后，无论是室内拍摄（在橙色钨丝灯照射下），还是室外拍摄（在偏蓝的日光照射下），白色物体拍出来就是白色的。

但是摄像机毕竟是机器，它的自动白平衡功能的准确性并不稳定。为了确保白平衡准确，大多数专业摄像师都喜欢手动校正白平衡。当然白平衡不准并非都是坏事，有时可以故意把它调得不准，以实现一些有趣的效果。剪辑出现偏色问题最常见的原因就是事先没有准确校正摄像机的白平衡。

## 关于颜色校正标准

视频调色是一件非常主观的事。虽然调色时会受到图像格式和广播技术要求方面的限制，但是让图像亮一些还是暗一些、偏蓝色还是偏绿色，最终都是调色者个人的主观选择。虽然 Premiere Pro 提供了【Lumetri 范围】面板等非常好用的参考工具，但是最后要调整到什么程度还是要由调色者决定。

如果制作的视频将用在广播电视中，那么调色之前应该先将一台电视机连接到 Premiere Pro 编辑系统中，以便查看调色之后的结果，这一点非常重要。通常电视机屏幕显示的颜色与计算机显示器不同，而且有时电视屏幕还支持用来更改视频外观的特殊颜色模式。编辑视频时，为了做出具有专业水准的广播电视效果，编辑人员应该准备一台经过准确校正的显示器连接到编辑系统中。虽然可以使用【显示颜色管理】功能来模拟电视上显示的颜色，但相比之下，还是使用经过严格校正的显示器更可靠。

若制作的视频要在数字影院、超高清电视、高动态范围电视上播放，上述方法也适用。想知道视频最终呈现出来的效果，最好的途径就是直接在目标播放设备上进行查看。如果视频的最终播放设备是计算机，这段视频或许是一段 Web 视频，或许是软件界面的一部分，就不需要再寻找其他显示设备了，因为编辑视频时用的就是计算机。

## 13.8.1　使用 Lumetri 色轮校色

下面使用【Lumetri 颜色】面板中的色轮工具为序列中的最后一个剪辑校色。

① 确保当前处在【颜色】工作区，必要时将其重置为已保存的布局。

② 在【时间轴】面板中，把播放滑块移到 Color Work 序列的最后一个剪辑上。

③ 在【Lumetri 颜色】面板中展开【基本校正】区域，如图 13-59 所示，单击【自动】按钮自动调整色阶。

Premiere Pro 会自动调整【颜色】和【灯光】的值，对画面中的亮度级别和色彩平衡做补偿。可以看到视频画面有所改善，但仍有比较强烈的蓝色调。

用这种方式做自动调整一般都能获得比较理想的结果，但是由于拍摄现场环境中的光源纷杂（室内外），Premiere Pro 无法判断哪种色温是正确的。

④ 若【Lumetri 范围】面板当前未处于活动状态，单击它，使其成为活动面板。

⑤ 在【Lumetri 范围】面板内单击鼠标右键，在弹出的菜单中依次选择【预设】>【矢量示波器 YUV】命令，打开矢量示波器，如图 13-60 所示。

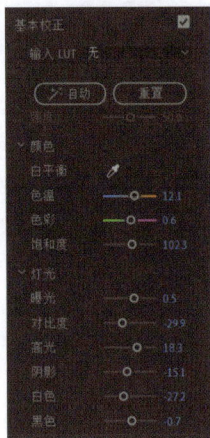

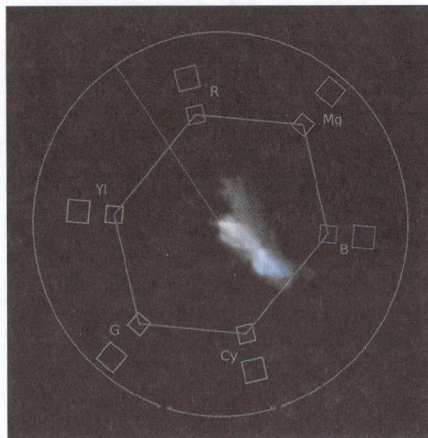

图 13-59　　　　　　　　　　　　　　　　　图 13-60

很明显，剪辑的颜色范围没有问题，但是画面严重偏蓝。当时拍摄现场的光线比较乱，从窗户透进来的偏蓝光线压制住了从屋内钨丝灯射出来的暖色光线。

⑥ 在【Lumetri 颜色】面板的【基本校正】区域中，把【色温】滑块向橙色方向拖曳。可能需要把色温滑块拖到右端（100），才能看到画面效果，因为画面中蓝色偏色问题实在太严重。

调整之后，画面看上去还不错，但是其实还可以更好一些。

画面中暗部区域受室内钨丝灯的照射偏暖，而亮部区域受室外日光照射偏蓝。对此，可以使用色轮针对画面的不同区域进行调整，这样画面更加真实、自然。

⑦ 在【Lumetri 颜色】面板中展开【色轮和匹配】区域。为了强调不同光源，在阴影色轮上把颜色拖向橙色，在中间调色轮上把颜色拖向红色，在高光色轮上把颜色拖向蓝色，如图 13-61（a）所示。

⑧ 观察视频画面，会发现画面中的阴影、中间调区域变暖，高光区域变冷。再次调整中间调色轮，以获得更自然的画面效果，如图 13-61（b）所示。

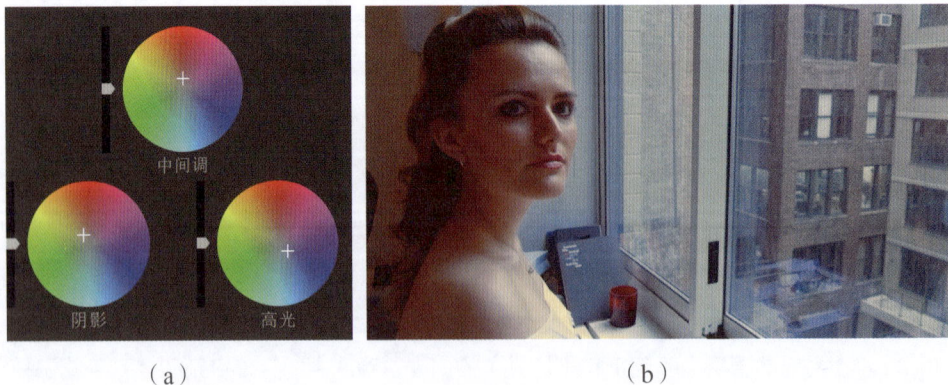

（a）　　　　　　　　　　　　　　　　　　（b）

图 13-61

可以在【Lumetri 颜色】面板中继续调整其他选项，查看是否能进一步改善画面的视觉效果。

为了更精确地调整图像，可以添加两个 Lumetri 效果，并使用【效果控件】面板为它们添加蒙版。把一种效果限制在图像的左侧，把另一种效果限制在图像的右侧，以自然的方式分别对室内和室外的场景进行调整。

## 13.8.2  使用 HSL 辅助工具

借助【Lumetri 颜色】面板中的 HSL 辅助工具，可以针对画面中某个特定范围内的色相、饱和度和亮度进行调整。

如果想把人物的眼睛变成蓝色，或者加强花朵的颜色，则 HSL 辅助工具会非常有用。下面动手试一试。

**❶** 打开 Yellow Flower 序列，在【时间轴】面板中把播放滑块拖曳到第 1 个剪辑上，画面如图 13-62 所示。该序列中包含两个剪辑，各个剪辑画面中的颜色区分非常明显。

图 13-62

**❷** 在【Lumetri 颜色】面板中，展开【HSL 辅助】区域。

**❸** 再展开【键】区域，【设置颜色】栏中有一排吸管工具，如图 13-63 所示。单击【设置颜色】中的第 1 个吸管工具，然后单击花朵的黄色花瓣，拾取颜色。

单击的同时按住【Command】键（macOS）或【Ctrl】键（Windows），Premiere Pro 会基于 5 像素 ×5 像素进行平均采样。

图 13-63

> **注意**  如果使用的是 macOS，系统会询问是否允许 Premiere Pro 录制计算机屏幕。单击【打开系统首选项】，输入管理员密码，解锁【安全与隐私】首选项，然后退出 Premiere Pro，再次启动，使更改生效。

【色相】【饱和度】【明度】会根据单击的区域（花瓣）做出相应变化。

**❹** 拖曳 H、S、L 颜色范围选择控件，扩展选择范围，如图 13-64 所示。最初可能只选择了几个像素，因为花瓣的黄色变化很丰富。

对于每个控件，上方的三角形代表选区的硬边缘，下方的三角形通过柔化硬边缘来扩展选区，如图 13-65 所示。

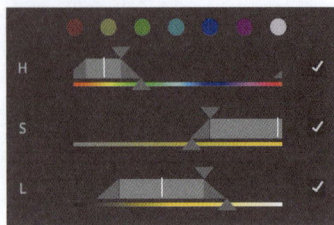

图 13-64                    图 13-65

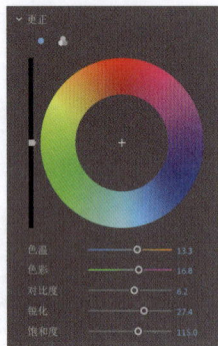

拖曳控件时，画面中未被选择的像素呈现为灰色。松开鼠标左键，图像恢复成原样。

⑤ 在【优化】区域下尝试使用【降噪】和【模糊】两个控件，它们会影响选区，只对选区做平滑处理，而非整个图像内容。

⑥ 当准确选择了黄色花瓣后，调整【更正】下的【色温】与【色彩】控件，如图 13-66 所示。

所做的调整只会影响选区中的像素。

⑦ 掌握这些控件后，尝试调整序列中的第 2 个剪辑。选择蓝色天空中的像素，然后增加颜色饱和度，向选区添加蓝色调。

图 13-66

### 13.8.3  使用曲线调整

【Lumetri 颜色】面板的【曲线】区域中有一系列色相饱和度曲线，在调整色相与亮度时，可以使用它们进行更精确的控制。

每个控件各不相同，它们分别适用于某一种特定类型的选区和调整，但是它们的基本工作方式都相同。通过调整曲线形状，可以把调整结果应用到所选像素上，这与调整【参数均衡器】音频效果差不多。

曲线调整结果与使用 HSL 辅助工具得到的结果类似，但是操作起来更简单、快捷。

曲线名称的前半部分是水平轴的参数，后半部分是垂直轴的参数。

每条曲线的功能如下。

• 色相与饱和度：基于指定色相选择像素，并修改饱和度水平。

• 色相与色相：基于指定色相选择像素，并改变所选像素的色相。

• 色相与亮度：基于指定色相选择像素，并改变所选像素的亮度。

• 亮度与饱和度：基于指定亮度选择像素，并改变所选像素的饱和度。

• 饱和度与饱和度：基于指定的饱和度选择像素，并改变所选像素的饱和度。可以使用该工具调整图像中的高饱和度区域，同时保持图像的其他区域不变。

与其他许多效果相同，要了解这些曲线的功能，最快的办法是找一些剪辑来把这些曲线全都试一遍，做一些极端的调整，然后观察前后变化。

下面试一试。

① 打开 The Ancestor Simulation 序列。播放序列，浏览序列内容。序列中各个剪辑画面的颜色都比较柔和，有些特定区域包含的颜色很明显，比如桌子上的花。

② 在【Lumetri 颜色】面板中展开【曲线】区域。在【时间轴】面板中，把播放滑块拖曳到序列

第 2 个剪辑的 00:00:06:00 处，画面如图 13-67 所示。

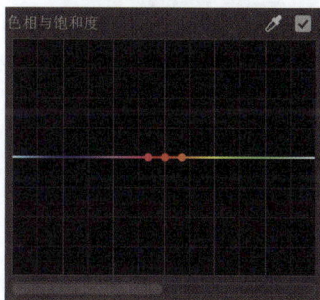

图 13-67

每条色相饱和度曲线的右上方都有一个吸管工具（🖊）。使用它单击图像中的某个位置，Premiere Pro 会在曲线上添加 3 个控制点：中间的控制点对应在图像上单击的位置，另外两个控制点把要进行调整的部分与曲线的其余部分分开。

❸ 选择【色相与饱和度曲线】的吸管工具，然后单击桌子上最靠近摄像机的淡红色花瓣吸取颜色。

❹ 添加的控制点正好位于【色相与饱和度】曲线边缘。拖曳曲线底下的滚动条，把控制点显示在中间区域，如图 13-68 所示。

❺ 向上大幅拖曳中间的控制点，如图 13-69 所示，提升花朵的饱和度。

这里建议降低调整的强度，以便获得更自然的效果。

❻ 在【时间轴】面板中，把播放滑块拖曳到序列开头第 1 帧的位置上。使用【饱和度与饱和度】曲线的吸管工具选择沙发上的淡米色。这样选出的像素几乎没有饱和度。向上拖曳左侧控制点，使其处于非常高的位置，如图 13-70 所示，给沙发和画面中的灰白区域中加点颜色。

因为只选取了颜色饱和度较低的像素，所以画面中其他具有较高饱和度的区域不受影响。这样调整出来的结果看上去会更自然。

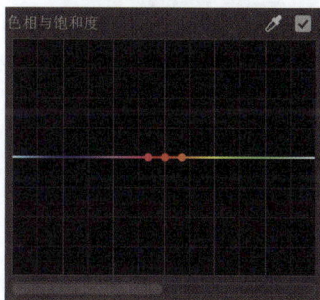
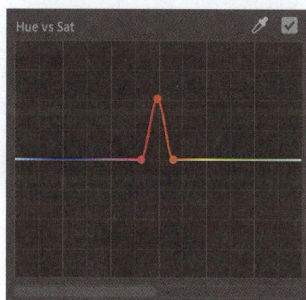
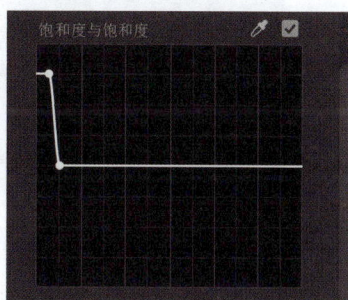

图 13-68                     图 13-69                     图 13-70

💡 **注意** 示例视频剪辑的分辨率较低，而且经过了压缩（保持较小尺寸）。所以处理原始素材文件时，最终呈现的边缘非常柔和。

**7** 尝试调整序列中的其他剪辑。例如，在序列的第 6 个剪辑中，可以看到城堡、树等景物，先使用【色相与饱和度】曲线提高绿树的饱和度，再使用【色相与亮度】曲线把树叶的亮度降低。这会增加画面的视觉趣味性和对比度，且不必修改整个剪辑。

## 13.9 使用特殊颜色效果

在【效果】面板中，还有一些用于调整剪辑颜色的效果，可帮助我们创作出更具创意的画面。

### 13.9.1 使用【高斯模糊】

严格来说，【高斯模糊】不是一种调色效果，但是向画面适当加一点模糊可以对调整结果起到很好的柔化作用，从而让画面看起来更加自然、真实。Premiere Pro 提供了大量模糊效果，其中最常用的是【高斯模糊】效果，使用它可以在画面中形成一种自然、平滑的模糊效果。

### 13.9.2 使用风格化效果

风格化效果分类中包含一些戏剧化的效果（比如【马赛克】效果），使用这些效果并结合使用效果蒙版，可以对视频画面局部做一些特殊化处理，比如隐藏某个人的面部。

调整画面颜色时，使用【曝光过度】效果能够为画面带来强烈的过曝感觉，很适合用来为图形或开场序列创建个性十足的背景，如图 13-71 所示。

图 13-71

### 13.9.3 从文件添加颜色调整

除了使用内置预设，【Lumetri 颜色】效果还允许使用一个已有的 LOOK、LUT、CUBE 文件对素材颜色进行精细调整。

开始调整颜色时，可能会拿到一个 LOOK 或 LUT 文件作为调色的起点。目前，越来越多的摄像机和拍摄监视器开始采用这种颜色参考文件。这样在后期处理素材过程中，就有了一样的参考文件。

要应用某个现成的 LOOK、LUT 或 CUBE 文件，请在【Lumetri 颜色】面板的【基本校正】区域中打开【输入 LUT】下拉列表，然后从中选择需要的文件，如图 13-72 所示。

图 13-72

# 13.10 创建独特外观

学习 Premiere Pro 中的颜色校正效果后，应该了解可以进行哪些调整，以及这些调整对素材的整体外观和氛围的影响。

可以使用效果预设为剪辑创建独特外观，还可以把效果应用到一个调整图层上，为整个序列或序列的一部分添加整体外观。

下面借助调整图层向序列应用颜色调整效果。

❶ 打开 Theft Unexpected 序列。

❷ 单击【项目】面板，将其激活，然后在菜单栏中依次选择【文件】>【新建】>【调整图层】命令。在打开的【调整图层】对话框中保持各个视频设置（自动匹配当前序列）不变，单击【确定】按钮，创建调整图层。

❸ 把刚创建的调整图层拖曳到序列的 V2 轨道上，使其靠左端对齐。若【时间轴】面板中的【在时间轴中对齐】功能处于开启状态，调整图层会自动对齐到序列左端。若【在时间轴中对齐】功能处于关闭状态，请按【S】键将其打开，再拖曳剪辑。

调整图层的默认持续时间与静态图像一样，相对于序列来说太短。

❹ 向右拖曳调整图层的右边缘，使其持续时间与序列相同，如图 13-73 所示。

图 13-73

> 💡 注意　如果序列中除视频图层外还包含图形图层（或字幕图层），则需要把调整图层放到图形图层（或字幕图层）和视频图层之间的轨道上。否则对调整图层所做的调整也会影响到图形图层（或字幕图层）。

❺ 在【效果】面板中，在【Lumetri 预设】的【SpeedLooks】下找到【Universal】效果组，从中任选一种效果应用到调整图层上。这里选用【SL 热金 (Universal)】预设，画面如图 13-74 所示。

此时，所选外观会应用到序列的所有剪辑上，而且可以使用【效果控件】面板或【Lumetri 颜色】面板中的控件调整它。

可以采用这种方式应用其他任何一种效果预设，使用多个调整图层向不同场景应用不同外观。

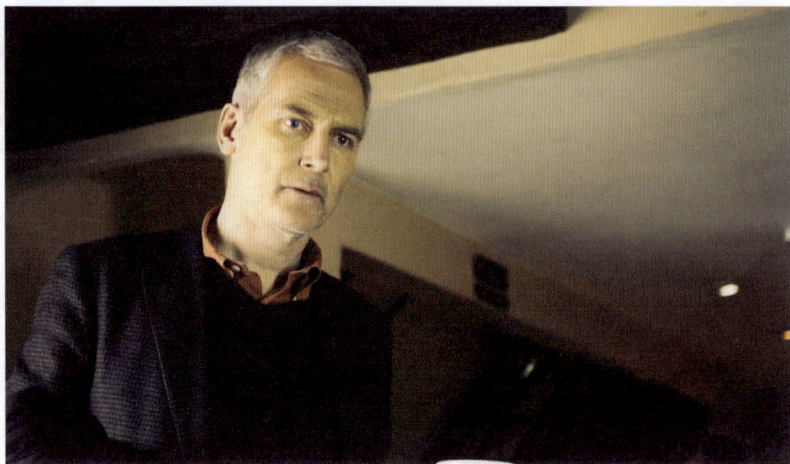

图 13-74

还可以使用【Lumetri 颜色】面板中的各种控件调整在面板顶部选中的【Lumetri 颜色】效果。

上面对颜色调整做了简单的介绍，还有大量内容值得探讨。建议花些时间熟悉【Lumetri 颜色】面板中的高级控件。Premiere Pro 提供了大量视觉效果，可以使用它们为素材添加细微或显著的外观。在 Premiere Pro 学习和后期视频处理过程中，多尝试、多实践才是掌握 Premiere Pro 以及实现创意的关键。

## 13.11　复习题

1. 如何在【Lumetri 范围】面板中更改显示类型?

2. 若【Lumetri 范围】面板未在【颜色】工作区中显示出来,该如何把它显示出来?

3. 调色时,为什么要使用矢量示波器,而不靠人眼?

4. 如何改变整个序列的外观?

5. 为什么需要限制视频的亮度和颜色级别?

## 13.12　答案

1. 在【Lumetri 范围】面板中单击鼠标右键或者打开【设置】菜单,在弹出的菜单中选择需要的显示类型即可。

2. 可以在【窗口】菜单中选择【Lumetri 范围】命令,将其显示出来。

3. 颜色感知是一种主观、相对的行为,新看到的颜色会受之前看到的颜色的影响。矢量示波器可以提供一种客观的参考。

4. 可以使用【效果】面板中的效果预设,把同样的颜色调整应用到多个剪辑上,或者添加一个调整图层,然后把效果应用到调整图层上。被调整图层覆盖的所有剪辑都会受到调整图层的影响。

5. 如果制作的视频要用于广播电视或者线上发布,那么需要确保视频满足最大亮度、最小亮度与颜色级别的要求。一般客户会主动提供这些要求。

# 第14课
# 了解合成技术

## 课程概览

本课主要学习如下内容。

- 使用 Alpha 通道
- 使用【不透明度】效果
- 使用蒙版
- 使用合成技术
- 使用绿幕
- 使用【轨道遮罩键】效果

## 学完本课大约需要 **60** 分钟

请先准备好本课要用到的课程文件，并把它们保存到计算机中的合适位置。

任何把两个图像组合在一起的处理过程都叫合成，包括混合、分层、抠像、蒙版、裁剪。Premiere Pro 提供了强大的合成工具，借助这些工具，可以轻松地把序列中的视频、照片、图形、字幕合成在一起。本课主要学习与合成有关的内容，包括如何做合成前的准备，以及合成具体如何操作等。

## 14.1　课前准备

在前面的示例项目中，所使用的视频素材都是原封不动、未经任何修改或合成的。主要操作有创建编辑点，在编辑点上添加过渡效果，从一幅图像过渡到另一幅图像，或者把编辑过的剪辑放到上层视频轨道上，使其在低层视频轨道剪辑前面显示出来，如图 14-1 所示。

图 14-1

本课将学习组合视频图层的方法。在学习过程中，仍然会使用高、低层轨道上的视频剪辑，只是它们变成了合成中的前景元素和背景元素。

图像的组合有可能来自前景图像的裁剪部分，也有可能来自蒙版或抠像（选择特定颜色的像素，使其变为透明），但是无论使用哪种方法，把剪辑添加到序列中的方法都是一样的。

下面来了解一个重要概念——Alpha 通道（解释像素的显示方式），然后学习几种合成技术。

❶ 打开 Lesson 14 文件夹中的 Lesson 14.prproj 项目。

❷ 把项目文件另存为 Lesson 14 Working.prproj。

❸ 在菜单栏中依次选择【窗口】>【工作区】>【效果】命令，进入【效果】工作区。然后在菜单栏中依次选择【窗口】>【工作区】>【重置为已保存的布局】命令，重置【效果】工作区。

> 💡注意　开始学习前，请先把 Premiere Pro 首选项恢复成默认设置，具体操作为：在桌面上双击 Premiere Pro 图标，并立即按住【Option】键（macOS）或【Alt】键（Windows），在弹出的【重置选项】对话框中，勾选【重置应用程序首选项】，单击【继续】按钮。

## 14.2　什么是 Alpha 通道

摄像机使用单独的颜色通道分别保存光谱中的红色、绿色与蓝色信息。因为每个通道只保存一种颜色信息，所以通常也把它们称为"单色通道"。

Premiere Pro 使用这 3 种单色通道来保存 3 种原色。把 3 种原色通过加色法混合在一起，形成绚丽多彩的 RGB 图像。人眼看到的彩色图像都是由这 3 种通道混合而成的。

除了 R、G、B 这 3 种单色通道，还有一种单色通道——Alpha 通道，它不保存任何颜色信息，只记录每个像素的不透明度。像素不透明度与其颜色无关，Alpha 通道与颜色通道是分开的。Alpha 通道还有几种不同的叫法，比如可见性、透明度、混合器、不透明度等。叫什么不重要，关键是要知道在哪设置它。

可以通过颜色校正对剪辑中红色像素的数量进行调整，同样可以使用【不透明度】控件调整 Alpha 值的大小。在默认设置下，剪辑的 Alpha 通道（或不透明度）为 100%（完全可见），在 8 位（亮度范围为 0 ~ 255）视频中，对应 255。不是所有素材都包含 Alpha 通道，比如一般的摄像机不会记录 Alpha 通道。事实上，大多数编解码器（保存图像和声音信息的方法）也不会保存 Alpha 通道。

动画剪辑、字幕、图形中通常包含 Alpha 通道，用来指定图像中哪部分透明、哪部分不透明。

可以设置【源监视器】与【节目监视器】，把它们的黑色背景换成透明网格背景，就像在 Photo-shop 中那样，这样做有助于识别透明像素。下面做一下比较。

图 14-2

❶ 在 Graphics 素材箱中双击 Theft_Unexpected.png 剪辑（确保打开的是 PNG 剪辑），将其在【源监视器】中打开，如图 14-2 所示。

❷ 单击【源监视器】的【设置】按钮（▨），确保【透明网格】命令处于未启用状态。

图片看起来好像有一个黑色背景，但是它其实是【源监视器】的背景。使用不支持 Alpha 通道的编解码器导出该图像时，导出图像中将会带有一个黑色背景。

❸ 在【源监视器】的【设置】菜单中选择【透明网格】命令，将其打开，画面如图 14-3 所示。

图 14-3

此时，可以清晰地看到哪些像素是透明的。不过对于某些类型的素材来说，使用透明网格可能并不合适。例如，本例中开启【透明网格】后，受网格影响，难以看清文本边缘。

❹ 在【源监视器】的【设置】菜单中，再次选择【透明网格】命令，取消显示透明网格。

> 💡提示　本课学习过程中，遇到不熟悉的术语时，请查阅 14.3.2 小节"了解基本术语"。

在【源监视器】和【节目监视器】中，还可以把 Alpha 通道显示为灰度图像。在【源监视器】或【节目监视器】的【设置】菜单中选择【Alpha】命令，可以打开或关闭灰度图像模式。

# 14.3 在项目中做合成

使用合成效果和控件能够把后期制作效果提升到一个全新的水平。一旦开始在 Premiere Pro 中使用合成效果，就会发现一些新的拍摄方法和编辑组织方法，运用这些方法，图像混合将会变得更轻松、容易。

做合成时，综合运用前期规划、拍摄技术并精确设置效果，才能得到最好的结果。可以把静态的环境图像与复杂、有趣的图案组合起来，这样能够生成质感很棒的画面。也可以删除图像中不合适的部分，并使用其他内容代替。

在 Premiere Pro 中，合成是非线性编辑中最具创意、灵活性最强的部分。

## 14.3.1 带着合成的想法去拍摄

要想获得最好的合成结果，应该从项目规划之初就开始考虑合成问题。要考虑如何使 Premiere Pro 更好地识别出图像中要变透明的部分，有很多方法可以实现这一点。比如使用绿幕抠像技术，它是一种标准的特效，许多电影制作中都使用它来完成一些特技动作，这些动作一般出现在危险环境或者物理不可达的地方（比如火山内部）。

实际拍摄时，演员会在一个绿幕前进行表演，如图 14-4 所示。绿色用来标识画面中的透明像素。演员的视频图像作为合成的前景。

下面把前景的视频图像放到另外一个背景图像（见图 14-5）上，最终结果如图 14-6 所示。在动作电影中，背景可以是真实世界中的某个地方，也可以是视觉艺术家创建的合成场景，总之这些都可以实现。

经过多次合成，最终会得到想要的结果。

提前做好规划有助于提升合成质量。为了顺利完成绿幕抠像，背景颜色需要保持一致，比如都是绿色。而且背景颜色最好不要出现在拍摄主体上，否则会出现一些不太希望的结果。例如，应用绿幕抠像时，拍摄主体中的绿色珠宝有可能变透明。

图 14-4　　　　　　　　　图 14-5　　　　　　　　　图 14-6

> ♀ 注意　抠像时，除了使用绿色背景，还可以使用蓝色背景。许多支持使用绿色背景的理由同样适用于蓝色。在过去，蓝色作为一种背景颜色十分流行，随着摄影摄像技术的发展，使用绿色背景抠像能够获得更好的结果，所以使用绿幕逐渐成为主流。

拍摄绿幕素材时，拍摄方式也会对最终结果产生很大影响。拍摄者应尽量让拍摄主体的光照布局与替换背景的光照保持一致，尤其要注意阴影的方向。

拍摄绿幕背景时，使用的光线要柔和、均匀，并避免出现色彩溢出，导致光线从绿幕反射到拍摄对象上。如果出现这种情况，拍摄对象会很难抠出来，而且拍摄对象的一部分也会变透明，因为它与要移除的背景一样也是绿色的。

> 💡 **注意** 与高端摄像机生成的 RAW 文件或低压缩文件（如 ProRes 4444）相比，使用高压缩文件一般无法得到高质量结果。

## 对素材做预处理

理想情况下，每个绿幕剪辑的绿色背景都是完美无瑕的，而且前景元素的边缘清晰、完好。但实际上，由于各种原因，最终拿到的素材的"品相"可能没这么好。

拍摄视频时，光线不足会引发许多潜在的问题。此外，许多摄像机存储图像信息的方式也会产生一些问题。

我们的眼睛在记录颜色信息时不像记录亮度信息那么准确，因此摄像机通常会减少保存的颜色信息的数量。这样可以节省存储空间，而人眼几乎察觉不出来。

不同摄像机系统记录颜色的方式不同。有时是隔一个像素记录一次，有时是隔一行像素记录一次。这样做有助于减小文件尺寸，否则会占用相当大的存储空间。但这也会增加抠像的难度，因为颜色细节不够。

如果发现素材抠得不好，可尝试进行如下操作。

- 在抠像前应用一个轻微的模糊效果。这会混合像素细节，柔化边缘，并产生更平滑的结果。当模糊数量很小时，图像的质量不会显著下降。可以先把模糊效果应用到剪辑，调整设置，然后在上方应用【色度键】效果。
- 在抠像前做颜色校正。如果前景和背景之间的对比度不够，可以先使用【Lumetri 颜色】面板调整画面，增强对比度，然后做抠像。

### 14.3.2　了解基本术语

本课学习过程中可能会遇到一些新术语。下面介绍几个重要的新术语。

- Alpha 通道：除了 R、G、B 这 3 个颜色通道，像素还有第 4 个通道，即 Alpha 通道，该通道用来记录像素的透明度信息。Alpha 通道是一个完全独立的通道，其创建、调整与图像内容无关。在 Premiere Pro 中，无论原始素材是否包含 Alpha 通道，都可以在序列中使用它。
- 蒙版：蒙版可以是一个图像、形状或视频剪辑，用来标识图像中的透明或半透明区域。Premiere Pro 支持多种类型的蒙版，稍后会使用它们。在 Premiere Pro 中可以使用一个图像、视频剪辑或视觉效果，根据像素颜色动态生成蒙版。

在第 13 课"应用颜色校正和颜色分级"中进行混合色调整时，Premiere Pro 根据选择生成了一个蒙版应用颜色调整。这限制了颜色调整所影响的像素范围。相比之下，抠像效果会把蒙版应用到 Alpha 通道，有选择地将某些像素变透明。

- 不透明度：在 Premiere Pro 中，不透明度用来描述序列剪辑中整体的 Alpha 通道值。不透明度的值越大，剪辑越不透明（与透明度相反）。可以使用关键帧为剪辑制作不透明度动画，就像前面创建移动动画一样。
- 混合模式：这项技术最初出现在 Photoshop 中。从众多混合模式中选择某种混合模式可以让前景图像和背景图像相互作用而产生特定结果，比如只显示前景中那些比背景亮的像素，或者只把颜色信息从前景剪辑应用到背景，而不是简单地把前景图像直接放在背景图像上。在第 12 课"添加视频效果"中就用到了【柔光】混合模式。想了解混合模式，最好的方法就是试一下。可以在【效果控件】面板中的【不透明度】效果下找到它们，如图 14-7 所示。

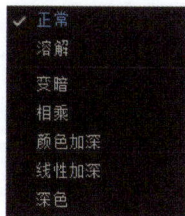

图 14-7

- 抠像：Premiere Pro 中常用的抠像效果有【颜色键】和【亮度键】。使用它们时，Premiere Pro 会分析图像像素的颜色或亮度，然后将图像中与选定颜色或亮度相近的像素设置为透明，从而实现分离图像特定区域的目的。

- 绿幕：绿幕指的是一个纯绿色的背景幕布，先在绿幕之前拍摄主体对象，然后使用特效把绿色像素变透明，再把剪辑与另一个背景图像合成在一起。绿幕是一种常用的抠像技术。

# 14.4 使用【不透明度】效果

在 Premiere Pro 中，可以在【时间轴】面板或【效果控件】面板中使用关键帧调整剪辑的整体不透明度。

❶ 在【时间轴】面板中打开 Desert Jacket 序列。在该序列中，前景图像是一个穿夹克的男人，背景图像是戈壁。这个合成是使用【超级键】效果创建的，关于如何使用【超级键】效果，将在稍后讲解。

❷ 把 V2 轨道高度增加一点，让缩览图更大一些。在轨道头区域（位于【时间轴】面板最左侧），向上拖曳 V2 和 V3 轨道之间的分隔线，把 V2 轨道的高度增加一点。此外，还可以把鼠标指针放到 V2 轨道头上，按住【Option】键（macOS）或【Alt】键（Windows），滚动鼠标滚轮，以增加轨道高度。

❸ 打开【时间轴显示设置】菜单，选择【显示视频关键帧】命令，时间轴如图 14-8 所示。

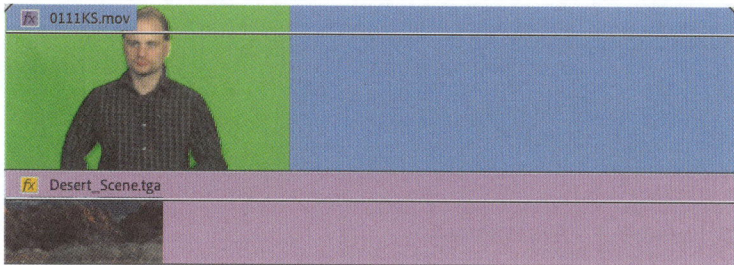

图 14-8

此时，剪辑上会显示一条"橡皮筋"（一条白色的细水平线），可以使用它调整设置和关键帧效果。每个剪辑只有一条"橡皮筋"，一次只允许调整一个控件。

默认设置下，"橡皮筋"控制的是剪辑的不透明度。前面提到过，"橡皮筋"在控制音频剪辑时默认控制的是音量。

剪辑左上方有一个 fx 图标（▨），如果有效果应用到剪辑上，或者调整了剪辑的固定效果，则 fx 图标的颜色就会发生变化。序列中前景剪辑的 fx 图标是紫色的（▨），因为其应用了【超级键】效果（非固有效果）。

若想使用"橡皮筋"调整其他效果参数，请使用鼠标右键单击 fx 图标，然后在弹出的菜单中选择要调整的效果与参数。

④ 在 V2 轨道的剪辑上，使用【选择工具】上下拖曳"橡皮筋"。尝试将其调整到 50% 左右，画面如图 14-9 所示。剪辑的 fx 图标变为绿色（），表示已经把非固有效果和固有效果组合在一起了。

图 14-9

拖曳的同时按住【Command】键（macOS）或【Ctrl】键（Windows），可以进行更精确的调整。注意，一定要先按下鼠标左键，再按修饰键（【Command】键或【Ctrl】键），否则将添加一个关键帧。

## fx 图标的颜色

在【时间轴】面板中，剪辑的 fx 图标有好几种颜色，各颜色的含义如下。

*fx* 灰色：未应用效果（默认颜色）。

*fx* 紫色：应用了非固有效果（比如【颜色校正】【模糊】）。

*fx* 黄色：调整了固有效果（比如【运动】【不透明度】）。

*fx* 绿色：修改了固有效果并应用了附加效果（从【效果】面板）。

*fx* 红色下画线：应用了源剪辑效果。

### 14.4.1 为【不透明度】添加关键帧

在【时间轴】面板中，为【不透明度】添加关键帧与为音量添加关键帧的方法类似。可以使用同样的工具、快捷键，"橡皮筋"越高，剪辑的可见性越强（越不透明）。

① 从 Sequences 素材箱中打开 Theft Unexpected 序列。拖曳播放滑块，浏览序列内容。

该序列的 V2 轨道上有一个文本，位于前景中。制作视频时，经常需要在画面中添加一些文本淡入淡出动画。可以使用过渡效果实现文本淡入淡出动画，就像向视频剪辑添加过渡一样。当然也可以使用关键帧调整【不透明度】来实现这个效果，而且还可以使用关键帧进行更多控制。

② 增加 V2 轨道高度，确保能看到 Theft_Unexpected.png 剪辑上的"橡皮筋"（放大一些能对"橡皮筋"做更精确的调整），如图 14-10 所示。

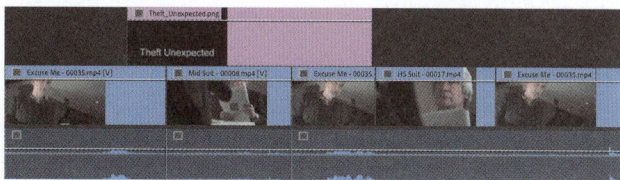

图 14-10

**③** 按住【Command】键（macOS）或【Ctrl】键（Windows），在"橡皮筋"上单击 4 次，添加 4 个关键帧，其中两个关键帧加在开头附近，另外两个关键帧加在末尾附近，如图 14-11 所示。关键帧的添加位置不必太准确，稍后还会调整。

图 14-11

💡 提示　先在"橡皮筋"上添加好关键帧，然后上下拖曳进行调整，这样操作起来会更容易。

**④** 与调整音频关键帧一样，拖曳关键帧，调整"橡皮筋"形状，创建淡入淡出效果，如图 14-12 所示。

图 14-12

💡 提示　按住【Command】键（macOS）或【Ctrl】键（Windows），单击"橡皮筋"添加关键帧之后，释放【Command】键（macOS）或【Ctrl】键（Windows），拖曳关键帧，可改变关键帧的位置。

**⑤** 播放序列，观察文本淡入淡出效果。

此外，还可以在【效果控件】面板中向剪辑的【不透明度】添加关键帧。在【时间轴】面板中选择文本剪辑，在【效果控件】面板中也会看到刚刚添加的【不透明度】关键帧，如图 14-13 所示。

图 14-13

## 14.4.2　使用混合模式实现轨道混合

混合模式用来指定前景像素（指上层轨道剪辑中的像素）与背景像素（指下层轨道剪辑中的像素）的混合方式。每种混合模式对应一种算法，Premiere Pro 会使用这些算法把前景中的红色、绿色、蓝色、Alpha（RGBA）值与背景中的 RGBA 值进行混合。前景中的每个像素与背景中对应的像素直接进行混合运算。

默认混合模式是【正常】。在这种模式下，前景图像在整个画面图像中具有统一的 Alpha 通道值。前景图像的不透明度越高，其显示得就越真实（即越不透明）。

要了解混合模式的工作原理，最好的方法就是亲自动手试试。

❶ 使用 Graphics 素材箱中的 Theft_Unexpected_Layered.psd（其中包含更复杂的文本）代替 Theft Unexpected 序列中的 Theft_Unexpected.png（当前显示的文本）。

按住【Option】键（macOS）或【Alt】键（Windows），把 Theft_Unexpected_Layered.psd 拖曳到 Theft_Unexpected.png 上，即可实现替换，如图 14-14 所示。注意，使用这种方式进行替换后，之前添加的序列剪辑关键帧仍然存在。

图 14-14

❷ 选择替换后的文本，观察其【效果控件】面板。

❸ 在【效果控件】面板中，展开【不透明度】控件，打开【混合模式】下拉列表，查看混合模式，如图 14-15 所示。

❹ 当前默认混合模式为【正常】。尝试选择另外一种混合模式，然后观察应用结果。每种混合模式使用不同方式计算前景像素和背景像素之间的关系。有关混合模式的介绍，请查阅 Premiere Pro 帮助文档。

把鼠标指针放到【混合模式】下拉列表中，不要单击，直接滚动鼠标滚轮可快速查看各种混合模式。

试一下【变亮】混合模式。在这种模式下，Premiere Pro 只显示前景图像中那些比背景像素亮的像素，效果如图 14-16 所示。

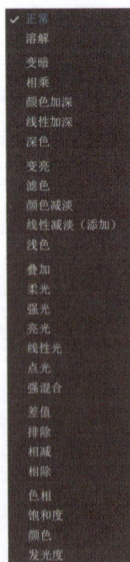

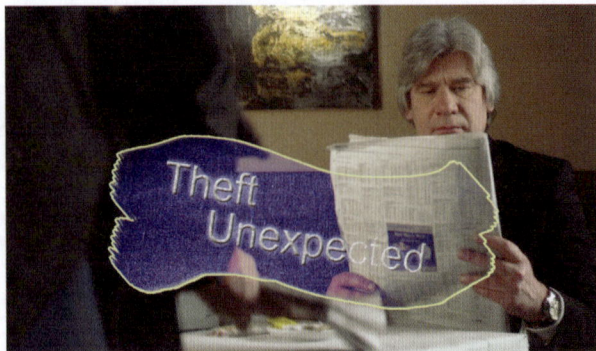

图 14-16

图 14-15　　❺ 尝试其他混合模式，然后选择【正常】混合模式。

# 14.5　选择 Alpha 通道的解释方式

许多媒体素材都有 Alpha 通道，而且不同区域像素的 Alpha 值也不一样。比如，在一个文本图形中，在有文本的地方，像素的不透明度为 100%；在没有文本的地方，像素的不透明度为 0%；而文本周围的投影等元素的不透明度通常在 0% 到 100% 之间。在投影中添加一点透明度，可以让投影看起来更真实。

在 Premiere Pro 中，像素的 Alpha 值越大，其可见性越高。这也是最常见的 Alpha 通道解释方式，但有时可能会遇到一些采用相反解释方式的媒体素材。此时，可以立刻发现这个问题，因为一个原本黑色的图像中会出现镂空。这个问题在 Premiere Pro 中很容易解决，可以为 Alpha 通道选择不同的解释方式，就像为剪辑的声道指定解释方式一样。

**1** 打开 Theft Unexpected 序列。

**2** 在【项目】面板中，找到 Theft_Unexpected_Layered.psd 文件。

使用鼠标右键单击该文件，然后在弹出的菜单中依次选择【修改】>【解释素材】命令。在打开的【修改剪辑】对话框的下半部分中，有一些【Alpha 通道】解释选项，如图 14-17 所示。

图 14-17

·　预乘 Alpha：该复选框用于控制半透明区域的解释方式。如果发现图像中柔和的半透明区域呈现块状或渲染质量差，可勾选该复选框。

·　忽略 Alpha 通道：把所有像素的 Alpha 值视为 100%（不带透明度）。如果不打算在序列中使用背景剪辑，而希望使用黑色像素，请勾选该复选框。

·　反转 Alpha 通道：为剪辑中的每个像素反转 Alpha 通道。这样一来，原本不透明的像素会变成透明像素，原本透明的像素会变成不透明像素。

**3** 勾选【忽略 Alpha 通道】复选框，单击【确定】按钮，观察画面。然后再次打开【修改剪辑】对话框，取消勾选【忽略 Alpha 通道】复选框，勾选【反转 Alpha 通道】复选框，在【节目监视器】中观察结果，如图 14-18 所示。

图 14-18

> **注意**　改变 Alpha 通道的解释方式后，混合模式仍然起作用。例如，反转 Alpha 通道之后使用【变亮】混合模式，黑色背景将不可见。

④ 再次打开【修改剪辑】对话框，在【Alpha 通道】区域下，选择【从文件使用 Alpha 预乘：直接 Alpha】选项，取消勾选【反转 Alpha 通道】复选框。此外，也可以使用【撤销】命令恢复剪辑的解释方式。

## 14.6　色度抠像

使用"橡皮筋"或【效果控件】面板改变剪辑的不透明度时，图像中所有像素的 Alpha 值的变化量都相同。其实，在 Premiere Pro 中，还可以基于像素在屏幕上的位置、亮度、颜色，有选择性地调整像素的 Alpha 值。

色度抠像（chromakey）会根据所选像素的亮度、色相、饱和度来调整像素的不透明度。其原理很简单：选择一种或一系列颜色，一个像素与所选颜色越接近，它就越透明。也就是说，一个像素越接近所选颜色，其 Alpha 值越低，直到完全透明。

下面尝试一下色度抠像合成。

❶ 在【项目】面板中展开 Greenscreen 素材箱，把 Timekeeping.mp4 剪辑拖曳到面板底部的【新建项】按钮上，Premiere Pro 会根据剪辑参数新建一个序列，并把剪辑添加到序列的 V1 轨道上，画面如图 14-19 所示。

图 14-19

> 💡提示　在【项目】面板中使用鼠标右键单击剪辑，在弹出的菜单中选择【从剪辑新建序列】命令，也可使用所选剪辑的设置新建一个序列。这也适用于同时选择多个剪辑的情况。当选择了不同格式的多个剪辑时，Premiere Pro 会根据第一个被选择的剪辑设置创建新序列。

❷ 在序列中，把 Timekeeping.mp4 剪辑向上拖曳到 V2 轨道上，用来充当前景，如图 14-20 所示。在这个过程中，可能需要调整 V2 轨道的高度才能看到剪辑的缩览图。当然双击轨道头区域也可以快速实现同样的效果。

❸ 把 Seattle_Skyline_Still.tga 剪辑从 Shots 素材箱拖曳到 V1 轨道上，使其位于 Timekeeping.mp4 剪辑下。

Seattle_Skyline_Still.tga 剪辑是单帧图形，默认持续时间太短了。

❹ 向右拖曳 Seattle_Skyline_Still.tga 剪辑的右边缘，使其持续时间与 V2 轨道上的前景剪辑一样

长，如图 14-20 所示。

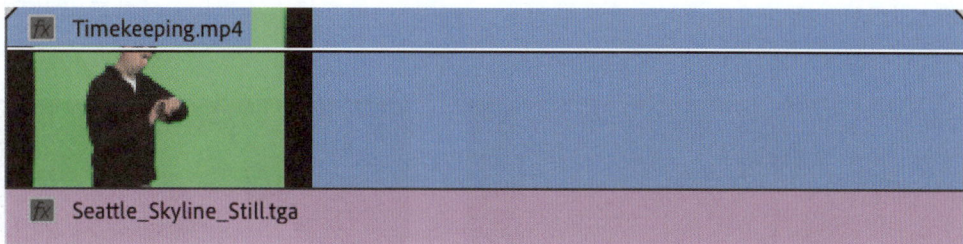

图 14-20

有一个快速延长背景剪辑的方法：把播放滑块移到 Timekeeping.mp4 剪辑末尾，选择 Seattle_Skyline_Still.tga 剪辑的出点，按【E】键（【将所选编辑点扩展到播放指示器】命令的快捷键）。

⑤ 上面创建的序列是依据 Timekeeping.mp4 剪辑的名称命名的，它们都保存在 Greenscreen 素材箱中。在【项目】面板中，把序列重命名为 Seattle Skyline，并将其拖入 Sequences 素材箱。

随时整理素材十分有必要，这有助于掌控整个项目。

现在有了前景剪辑和背景剪辑，接下来要做的就是让前景中的绿色像素变透明。

## 使用【超级键】效果

Premiere Pro 提供了一个强大、高效、直观的色度抠像效果——【超级键】（ultra key）。它的使用步骤十分简单明了：先选择一种要变透明的颜色，然后仔细调整设置，把颜色选区精准调整到所需范围。

【超级键】效果会基于所选颜色动态生成一个蒙版（该蒙版用于指定哪些像素是透明的），可以在【效果控件】面板中使用详细设置来调整蒙版。下面尝试向 Timekeeping.mp4 剪辑应用【超级键】效果。

① 把【超级键】效果应用到 Seattle Skyline 序列中的 Timekeeping.mp4 剪辑上。查找【超级键】效果时，只要在【效果】面板顶部的搜索框中输入"超级"二字，可轻松找到【超级键】效果。

② 在【效果控件】面板中选择【主要颜色】右侧的吸管工具，如图 14-21 所示。注意，请不要单击吸管工具左侧的色板。

③ 按住【Command】键（macOS）或【Ctrl】键（Windows），使用吸管工具在【节目监视器】中单击绿色区域以拾取颜色，如图 14-22 所示。剪辑背景中的绿色是一样的，所以单击哪个地方都可以。对于其他素材，可能需要进行多次尝试才能找到正确的取色点。

图 14-21

图 14-22

💡提示　拍摄含绿幕的视频素材时，不要过度使用摄像机内置的锐化功能，否则在使用【超级键】效果抠像时很难得到干净的边缘。

使用吸管工具取色的同时按住【Command】键（macOS）或【Ctrl】键（Windows），Premiere Pro 会对 5 像素 ×5 像素做平均采样，而不是对单个像素采样。这样可以得到更好的颜色，以便抠像。

【超级键】效果能够识别出带有所选绿色的所有像素，并把它们的 Alpha 值设置为 0%，如图 14-23 所示。

④ 在【效果控件】面板中把【超级键】效果的【输出】更改为【Alpha 通道】。在这种模式下，【超级键】效果会把 Alpha 通道显示成灰度图像，其中黑色像素代表透明，白色像素代表不透明，如图 14-24 所示。

图 14-23

图 14-24

从灰度图像看，抠像效果非常不错，但有些区域还是呈现为灰色，这些区域中的像素是半透明的，有些不是我们想要的，有些则是头发、衣服柔和的边缘，这些地方应该带有一点灰色，才能自然地呈现出半透明细节。图像的左侧与右侧没有任何绿色，所以不会有像素抠出来。稍后会处理这个问题。不过当前在 Alpha 通道的主区域中，应该是纯黑色或纯白色。

⑤ 在【效果控件】面板的【超级键】效果的【设置】下拉列表中选择【强效】选项，稍微清理一下选区。拖曳播放滑块，检查黑色和白色区域是否得到了清理。如果图像中还保留一些不该出现的灰色像素，这些区域将在画面中呈现为半透明状态。图像区域应该是半透明的，这就是所需要的结果。设置【超级键】效果时，需要经常在合成图像和 Alpha 通道之间来回切换查看。

⑥ 在【超级键】效果的【输出】下拉列表中选择【合成】选项，查看结果，如图 14-25 所示。

> ♀提示  你可能已经注意到了，暂停时的画面比播放时的画面更清晰。原因可能是在【节目监视器】中把播放分辨率设置成了 1/2（默认设置）。此时，可以尝试将【选择回放分辨率】设置为【完整】。还可以单击【设置】按钮，在弹出的菜单中选择【高品质回放】命令。

对本示例剪辑来说，使用【强效】模式会更好。

图 14-25

【设置】下拉列表中的【默认】【弱效】【强效】选项用来对【遮罩生成】【遮罩清除】【溢出抑制】进行调整。针对更复杂的素材，还可以采用手动方式进行调整，以得到更好的抠像效果。

下面介绍【超级键】效果的一些控件。

· 遮罩生成：一旦选好了【主要颜色】，就可以使用【遮罩生成】中的控件来改变它的解释方式。处理更复杂的素材时，综合调整各个控件可以得到更好的结果。

在示例中可以看到一些问题，特别是主体人物的边缘。这些问题在快速运动时更为明显，可参考图 14-26 进行设置。

调整时，先尝试把每个控件拖到极限位置，然后往中间位置拖动，来回拖动，找到最合适的值。做精细调整时，通常会反复调整各个参数，直到得到最佳结果。

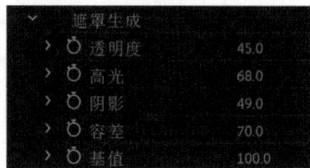

图 14-26

· 遮罩清除：一旦定义好遮罩，即可使用【遮罩清除】下的各个控件调整遮罩。

抑制：收缩遮罩。如果抠像时丢失了一些边缘，可以用它找回来。请勿过多收缩遮罩，否则前景图像的边缘会变模糊甚至丢失，这在视觉效果领域被形象地称为"数字修剪"（digital haircut）。

柔化：使遮罩模糊，可以改善前景图像与背景图像的混合效果，获得更好的合成结果。

对比度：加大 Alpha 通道的对比度，让黑白图像的对比更强烈、清晰，方便抠像。通过增加对比度，通常可以获得更干净的抠像结果，但有可能会产生不想要的硬边。

中间点：一种对比度的锚点，用来指定对比度调整的起始级别。根据不同级别调整对比度可以实现更精细的控制。

> 💡注意　本例使用的是带有绿色背景的素材。当然还可以使用带有蓝色背景的素材进行抠像，抠像方法完全相同。

· 溢出抑制：对绿色背景反射到主体对象上的颜色进行补偿。出现这种情况时，绿色背景组合和主体本身的颜色通常有很大的区别，不会使部分主体变透明。不过当主体对象的边缘是绿色时，视觉效果较差。

【溢出抑制】会进行自动补偿，向前景元素边缘添加颜色（【主要颜色】的补色）。例如，做绿幕抠像时，【溢出抑制】会添加洋红；做蓝幕抠像时，添加的是黄色。这会中和溢出的颜色，与纠正颜色偏差使用的方法一样。

· 颜色校正：使用内置颜色控件可以轻松、快速地调整前景视频的外观，以便与背景更自然地融合在一起，如图 14-27 所示。若想认识更多调色控件，请打开【Lumetri 颜色】面板，其中包含更多颜色调整控件。

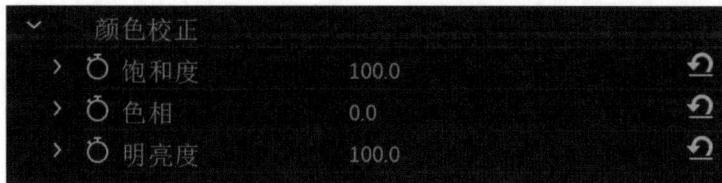

图 14-27

大多数情况下，使用图 14-27 所示的 3 种颜色调整控件就能得到很好的效果。而且这些颜色调整都是在抠像完成后才应用的，因此使用控件调整颜色完全不会干扰到正常的抠像结果。在 Premiere Pro 中调色时，可以自由地运用各种颜色调整工具，包括功能强大的【Lumetri 颜色】面板。

# 14.7  自定义抠像蒙版

使用【超级键】效果抠像时，Premiere Pro 会根据剪辑中的颜色动态生成蒙版。此外，还可以自定义蒙版形状，或者把另外一个剪辑当作蒙版使用。

前面提到，可以使用一个蒙版把某个效果的作用范围限制在图像的某个区域内。类似地，也可以把【不透明度】效果与蒙版结合使用，这样可以精确地把图像的某些区域变透明。

下面创建一个蒙版，用来从 Timekeeping.mp4 剪辑移除不需要的边缘。

**1** 返回 Seattle Skyline 序列。

在该序列的前景剪辑中，有一个演员站在绿幕前面，但是绿幕并不大，它未占满整个画面。使用这种方法拍摄素材是一种常见做法，尤其是在拍摄现场设备不够完备的情况下，这种方法更是被广泛应用。

**2** 在【效果控件】面板中单击【超级键】效果左侧的【切换效果开关】按钮（◉），把效果暂时关闭（◒），而非删除。这样可以再次看到画面中的绿色背景。

**3** 在【效果控件】面板中展开【不透明度】控件，单击【创建 4 点多边形蒙版】按钮（▣）。此时，Premiere Pro 会把一个蒙版应用到剪辑的【不透明度】属性，使得大部分图像变透明，如图 14-28 所示。

图 14-28

> **提示** 取消选择蒙版后，显示在【节目监视器】中的控制点会消失。在【效果控件】面板中选择蒙版，可以重新激活它们。

**4** 调整蒙版尺寸，显示剪辑的中间区域，但不要露出两侧的黑色区域。在这个过程中，需要把【节目监视器】的缩放级别降低到 50% 或 25%，以便看到图像边缘之外的部分，如图 14-29 所示。

图 14-29

在【效果控件】面板中，只要蒙版处于选中状态，就可以直接在【节目监视器】中通过拖曳控制点来改变蒙版的形状。不用过分关注是否精确对齐至画面边缘，要专注于选择画面中主体移动所经过的区域。

⑤ 把【节目监视器】的【选择缩放级别】设置为【适合】。

⑥ 在【效果控件】面板中打开【超级键】效果，取消选择剪辑，移除可见的蒙版控制点，如图 14-30 所示。

图 14-30

对该素材实施抠像有些难度，因为原始摄像机拍摄时对主体边缘进行了调整，同时采用了降低色彩保真度的色彩压缩系统。调整的时候需要耐心一点，尽量保持精确，这样才能得到一个不错的结果。

## 使用【轨道遮罩键】效果

在【效果控件】面板中，向【不透明度】效果添加蒙版可以设定可见区域或透明区域。Premiere Pro 也可以使用另一个序列剪辑（位于受影响的剪辑上方）来生成自定义蒙版。

【轨道遮罩键】效果使用一个轨道上任意剪辑的亮度信息或 Alpha 通道信息为另一个轨道上的所选剪辑定义一个透明蒙版。稍微动点心思、做点准备，使用这个简单的效果就能得到出色的结果，因为可以使用任意剪辑作为参考，甚至还可以应用效果更改最终蒙版。

下面使用【轨道遮罩键】效果向 Seattle Skyline 序列中添加一个分层文本。

❶ 把 Seattle_Skyline_Still.tga 剪辑修剪得长一些，以便将其用作另外一个前景剪辑的背景。修剪剪辑，将其持续时间修改为 50 秒左右，如图 14-31 所示。

图 14-31

❷ 把 Laura_06.mp4 剪辑从 Shots 素材箱拖曳到 V2 轨道上，使其末端与背景剪辑的末端对齐，如图 14-32 所示。

图 14-32

❸ 把 SEATTLE 图形剪辑从 Graphics 素材箱拖曳到 V3 轨道上，就放在 Laura_06.mp4 剪辑上，并让它们的左端对齐。该剪辑包含一个 Alpha 通道，用来把图像的非文字部分定义成透明的，以便看到背景。

❹ 向右拖曳 SEATTLE 图形剪辑的右边缘，使其持续时间与 Laura_06.mp4 剪辑一样长，如图 14-33 所示。

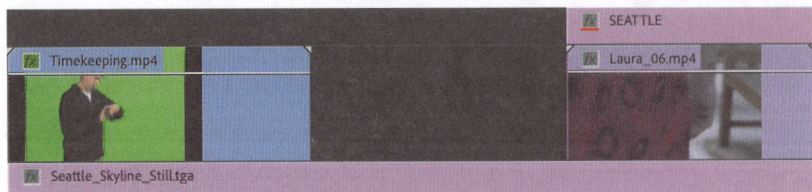

图 14-33

❺ 在【效果】面板中查找【轨道遮罩键】效果，将其应用到 V2 轨道的 Laura_06.mp4 剪辑上。Premiere Pro 会把效果应用到想更改的剪辑（不是那些用作效果参考的剪辑）上。

❻ 确保 Laura_06.mp4 剪辑处于选中状态。在【效果控件】面板【轨道遮罩键】效果的【遮罩】下拉列表中选择【视频 3】选项，如图 14-34 所示。所选轨道上的所有剪辑都会成为新建遮罩的参考。

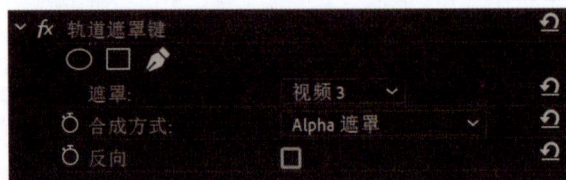

图 14-34

⑦ 沿着序列拖曳播放滑块，观察结果，可以看到 V3 轨道上的白色文本消失不见了，如图 14-35 所示。Premiere Pro 使用文本作为参考来定义 V2 轨道上剪辑的可见区域与透明区域。

图 14-35

> 💡 **提示** 本例使用了一幅静态图像作为【轨道遮罩键】效果的参考。其实可以使用任意类型的剪辑作为参考，包括视频剪辑。

默认设置下，【轨道遮罩键】效果使用所选轨道上剪辑的 Alpha 通道来抠像。若参考剪辑不使用 Alpha 通道，可把【合成方式】设置为【亮度遮罩】，此时【轨道遮罩键】效果会使用参考剪辑的亮度来抠像。

【轨道遮罩键】效果不同寻常，其他大部分效果只改变应用它们的剪辑，但【轨道遮罩键】效果能够同时改变应用它的剪辑和用作参考的剪辑，在效果持续期间，参考剪辑变透明。

在蓝色背景中，Laura_06.mp4 剪辑的颜色看上去很不错，但可以把它们调整得更鲜艳一些。为此，可以使用各种调色工具，让红色更强烈、更明亮一些，从而使合成更引人注目。

还可以为 SEATTLE 文本制作动画，让它在画面中移动，或者使它的尺寸逐渐变大。此外，还可以先向 Laura_06.mp4 剪辑添加模糊效果，再应用【轨道遮罩键】效果，调整播放速度，让纹理变得更柔和，让变化更平滑。

## 14.8　复习题

1. RGB 通道和 Alpha 通道有何区别?
2. 如何向剪辑应用混合模式?
3. 如何为剪辑的【不透明度】添加关键帧?
4. 如何更改素材文件的 Alpha 通道的解释方式?
5. 什么是抠像?
6. 应用【轨道遮罩键】效果时,用作参考的剪辑类型有什么限制吗?

## 14.9　答案

1. RGB 通道记录的是颜色信息,Alpha 通道记录的是不透明度信息。
2. 在【效果控件】面板的【不透明度】效果的【混合模式】下拉列表中,选择一种混合模式。
3. 在【时间轴】面板或【效果控件】面板中,调整剪辑不透明度的方法和调整剪辑音量的方法是相同的。为了在【时间轴】面板中进行调整,先把要调整的剪辑的【不透明度】"橡皮筋"显示出来,再使用【选择工具】进行拖曳调整。单击的同时按住【Command】键(macOS)或【Ctrl】键(Windows),即可添加【不透明度】关键帧。此外,还可以使用【钢笔工具】以更高级的方式添加关键帧。
4. 在【项目】面板中使用鼠标右键单击文件,在弹出的菜单中依次选择【修改】>【解释素材】命令。
5. 抠像是一种特殊效果,它使用像素的颜色或亮度来定义图像的透明区域和可见区域。
6. 【轨道遮罩键】效果几乎可以使用任何类型的剪辑作为参考剪辑,只要参考剪辑所在的轨道位于应用【轨道遮罩键】效果的剪辑上。可以向参考剪辑应用特效,这些效果的结果会反映在蒙版中。甚至还可以使用多个剪辑,因为设置是基于轨道的,而非特定剪辑。

# 创建文本与图形

## 课程概览

本课主要学习如下内容。

- 使用【基本图形】面板
- 创建文本
- 创建滚动字幕
- 创建字幕
- 使用视频文字版式
- 创建图形
- 使用动态图形模板

## 学完本课大约需要 **90** 分钟

请先准备好本课要用到的课程文件，并把它们保存到计算机中的合适位置。

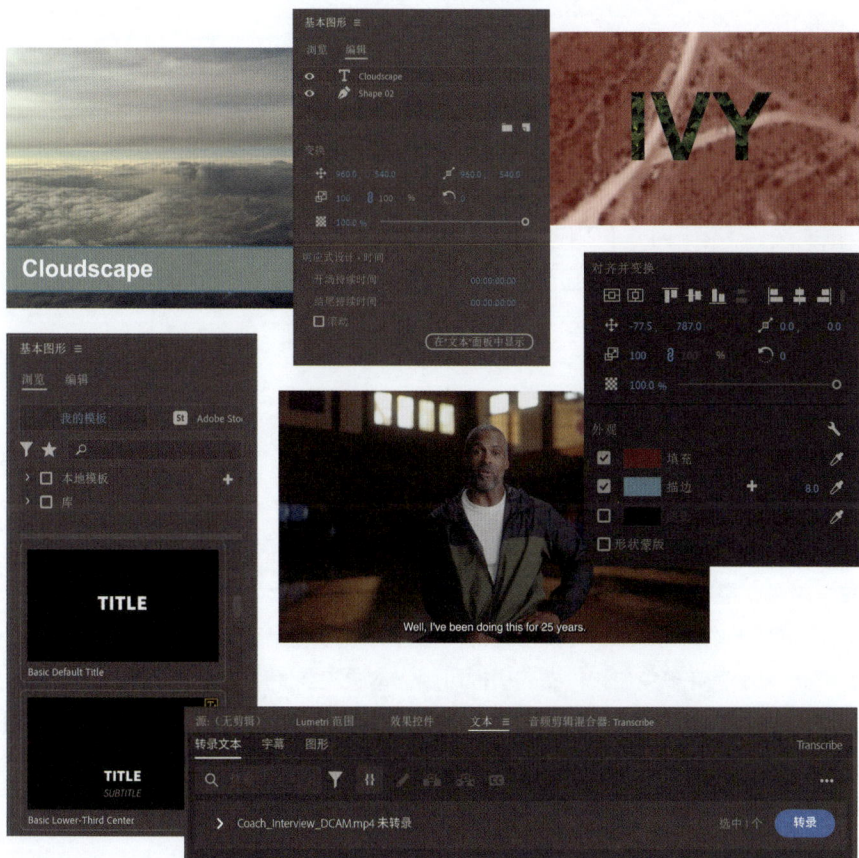

虽然创建序列时主要使用的是音频和视频素材，但是在项目制作过程中还是经常需要向画面中添加文本与图形。Premiere Pro 提供了强大的文本和图形创建工具，可以直接在【节目监视器】中使用它们，或者在【基本图形】面板中浏览可编辑模板并应用。

## 15.1 课前准备

文本是一种把信息快速传递给观众的有效手段。例如，在访谈节目中，可以在视频画面中添加被采访者的名字，让观众了解采访对象的有关信息（位于画面的下方三分之一处）。另外，还可以使用文本将一个长视频分割成几个片段，或者列出演职人员的名字以示感谢。

相比于纯声音解说，恰当地使用文本可以把信息更清晰地传达给观众，并且这可以在对话过程中实现。文本可以用来强调关键信息。

【基本图形】面板、【工具】面板和【节目监视器】中包含一系列文本编辑和形状创建工具，可以用它们来设计图形，还可以使用已经安装在计算机中的字体（Adobe Fonts 提供了大量字体，但需要有 Creative Cloud 会员资格才能使用）。

此外，还可以控制文本的不透明度、颜色，插入图形元素或图标等。

> ♀注意  开始学习前，请先把 Premiere Pro 首选项恢复成默认设置，具体操作为：在桌面上双击 Premiere Pro 图标，并立即按住【Option】键（macOS）或【Alt】键（Windows），在弹出的【重置选项】对话框中，勾选【重置应用程序首选项】，单击【继续】按钮。

本课将学习一些向视频画面添加文本和图形的方法。

❶ 打开 Lessons 文件夹中的 Lesson 15.prproj 项目。

❷ 把项目文件另存为 Lesson 15 Working.prproj。

❸ 在菜单栏中依次选择【窗口】>【工作区】>【字幕和图形】命令，切换到【字幕和图形】工作区。在菜单栏中依次选择【窗口】>【工作区】>【重置为已保存的布局】命令，重置工作区。

在【字幕和图形】工作区中，会显示出【基本图形】面板，并把【工具】面板放在【节目监视器】左侧，方便快速使用文本与形状工具。

## 15.2 认识【基本图形】面板

【基本图形】面板有两个选项卡。

- 浏览：用于选择内置或导入的字幕与运动图形模板，其中很多模板包含动画（见图 15-1）。
- 编辑：用于调整序列中的字幕与图形（见图 15-2）。

在【浏览】选项卡中，可以在【我的模板】中查找已有模板，或者切换到 Adobe Stock 网站进行搜索。Adobe Stock 中有许多免费和付费的模板可用。本课主要使用【我的模板】中已有的模板。

除了使用可编辑的内置模板，还可以在【节目监视器】中使用【文字工具】（▥）、【钢笔工具】（✐）、【矩形工具】（▭）、【椭圆工具】（◯）、【多边形工具】（◉）新建图形。选择任意一种工具前，需要确保没有剪辑处于选中状态，否则新建的图形会添加到选中的剪辑中。

图 15-1

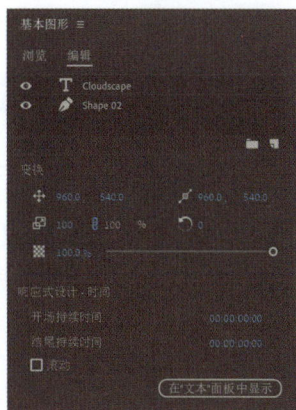

图 15-2

在【文字工具】上按住鼠标左键不放，弹出工具组，从中选择【垂直文字工具】（见图15-3），使用该工具可沿着垂直方向输入文本。

此外，还可以直接在【节目监视器】中使用【钢笔工具】创建作为字幕图形元素使用的形状。

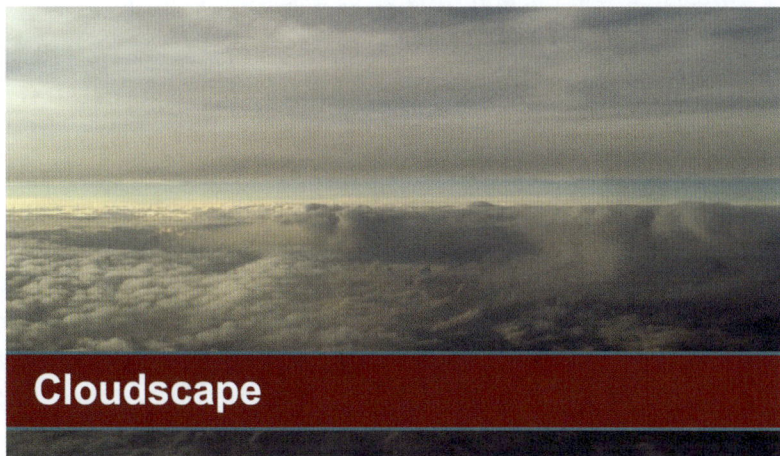

在【矩形工具】上按住鼠标左键不放，会显示【椭圆工具】和【多边形工具】，如图15-4所示。

创建好图形和文本元素后，可以使用【选择工具】（▶）选中它们，重新调整其位置和大小。

可以直接在【节目监视器】中做各种创意工作。只要添加文本或形状，Premiere Pro就会在【时间轴】面板中新建一个剪辑，然后在【基本图形】面板中应用调整即可。

下面打开一个带格式的文本，然后调整它。这是了解【基本图形】面板强大功能不错的方法。在本课稍后部分，将创建一个新标题。

❶ 打开01 Clouds序列。

❷ 把播放滑块拖曳到V2轨道的Cloudscape字幕上，并将其选中，画面如图15-5所示。

图 15-5

❸ 若【基本图形】面板处于打开状态，在【时间轴】面板中选择字幕剪辑后，Premiere Pro将自

动切换到【编辑】选项卡，如图 15-6 所示。若没有，请单击【基本图形】面板顶部的【编辑】选项卡标签。

类似于【效果控件】面板，【基本图形】面板的【编辑】选项卡中将显示【时间轴】面板中所选剪辑的相关选项。

此外，与【效果控件】面板一样，【基本图形】面板中每次只显示一个剪辑的相关选项。

类似于【Lumetri 颜色】面板，在【基本图形】面板中所做的更改会以效果的形式显示在【效果控件】面板中，并包含大量设置选项，包括创建效果预设和为图形元素制作关键帧动画的选项。

对于图形与字幕，添加的是【矢量运动】效果，该效果与【运动】效果的工作方式相同，但是能够让字体与形状有更清晰的边缘。

可以发现，【基本图形】面板顶部有 Cloudscape 和 Shape 02 两项，如图 15-7 所示。

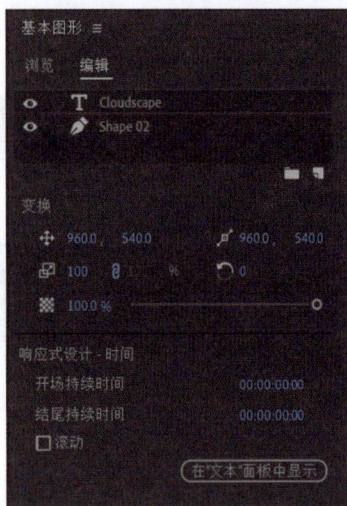

图 15-6

图 15-7

如果熟悉 Photoshop，就会知道它们其实是图层。在【基本图形】面板中，各个元素是以图层形式显示的，类似于【时间轴】面板中的轨道。

上方图层位于下方图层的前面，并且可以拖曳各个图层调整它们的顺序。

此外，在各个图层左侧都有一个眼睛按钮，用来显示图层（⬤）或隐藏图层（◼）。

若【基本图形】面板中没有图层处于选中状态，【节目监视器】中也没有选择任何图形或文本，则在这些图层下会显示整个图形的【变换】控件和【响应式设计】控件。可以使用这些控件指定图形剪辑的【开场持续时间】和【结尾持续时间】，改变序列中剪辑的持续时间时，这两个时间不会受到影响，有助于保护图形起点与终点动画关键帧的时间安排。

④ 在【基本图形】面板的顶部选择 Shape 02 图层。这是一条横穿屏幕的红色带。

此时，【基本图形】面板中显示出红色带的【对齐并变换】和【外观】控件，如图 15-8 所示。

虽然控件名称不显示，但可以把鼠标指针移到某个按钮上，此时，可以看到工具提示。大多数图标本质上是按钮，其中有些可以开启关键帧动画，使用方式与【效果控件】面板中的【切换动画】按钮相同。

如果在【效果控件】面板中用过【运动】效果，那其中很多控件想必你已经非常熟悉了。

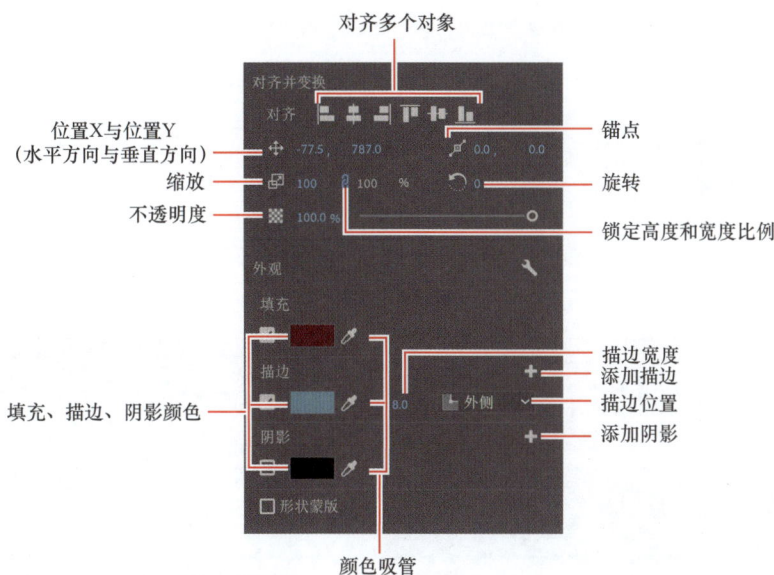

图 15-8

在【外观】中，可以使用控件对形状进行填充、描边，为阴影指定颜色（更多内容请阅读 15.5 节"文本样式"）。

⑤ 单击【填充】色板。在弹出的【拾色器】对话框中，可以准确地选择某种颜色，如图 15-9 所示。【拾色器】对话框提供了多种颜色模式，可以把鼠标指针放到目标颜色上直接单击，以选择该颜色。

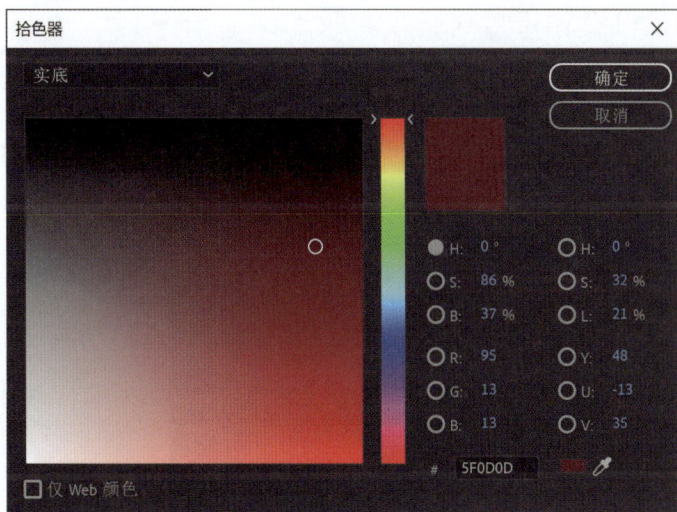

图 15-9

⑥ 单击【取消】按钮，关闭【拾色器】对话框。然后选择【填充】右侧的吸管工具（🖉）。

可以使用吸管工具从画面的任意位置拾取颜色，也可以从计算机屏幕上的任意位置拾取颜色。当一组颜色（比如图标颜色、品牌颜色）要反复使用时，使用吸管工具拾取颜色特别方便。例如，使用吸管工具可确保所选用的颜色与图标或品牌颜色完全一致。

⑦ 在【节目监视器】中，单击云朵之间的淡蓝色天空，形状的填充颜色立刻变为淡蓝色，如图 15-10 所示。

⑧ 在【工具】面板中选择【选择工具】，在【基本图形】面板中确保 Shape 02 图层仍处于选中状态。

在【节目监视器】中，可以看到形状上的控制手柄（见图 15-11），而且可以用【选择工具】直接调整形状。

图 15-10

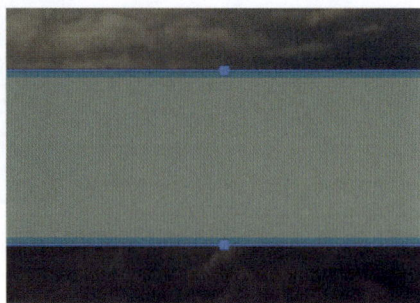

图 15-11

下面使用【选择工具】选择字幕中的另外一个图层。

要在【节目监视器】中选择一个图层，需要先取消选择当前选中的所有图层。为此，可以在【节目监视器】中单击空白区域，或者在【时间轴】面板中取消选择文本剪辑。

⑨ 使用【选择工具】在【节目监视器】中单击单词 Cloudscape。

此时，【基本图形】面板中仍然显示【对齐并变换】【外观】的控件，除此之外，还有用来调整文本外观的控件，如图 15-12 所示。

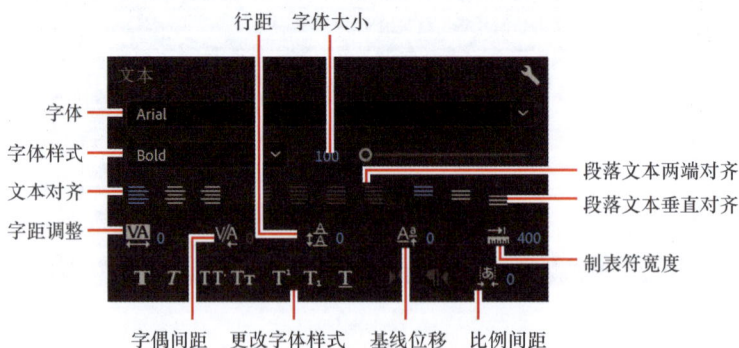

图 15-12

⑩ 尝试更改字体和字体样式。可以直接使用鼠标拖曳蓝色数字，改变它们的值。此外，还可以单击蓝色数字将其选中，然后按【↑】键或【↓】键，一点点改变它们的值。按【↑】键或【↓】键的同时按住【Shift】键，可以以 10 为步长更改数值。

使用 CJK（中文、日语、韩语）字体时，【比例间距】调整的是字符周围的间距，而不是字符的垂直或水平缩放比例。

为了快速了解控件功能，可以尝试极端调整，看看会有什么结果，然后撤销操作。

在 Premiere Pro 中，字幕文本会被保存到项目文件中，并非作为独立文件保存在硬盘中。

要添加更多字体，可展开【字体】下拉列表，单击【添加 Adobe Fonts 字体】按钮，如图 15-13 所示，或者在菜单栏中依次选择【图形和标题】>【从 Adobe Fonts 添加字体】命令。此时，Premiere Pro 会在默认网络浏览器中打开 Adobe Fonts 网站，其中包含大量可用字体。

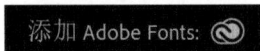

添加 Adobe Fonts: ☁

图 15-13

# 15.3 视频文字版式基础

在为视频设计文字时，遵循一些约定俗成的版式惯例很有好处。在把文字添加到一个色彩丰富的视频背景上时，需要多花一些时间和精力把文字设计得醒目一些。

做文字排版时，要在易读性和样式之间找到平衡，确保视频画面中有足够多的文字信息，同时又不会显得拥挤。画面中文字越多，文字的可读性就越差，尤其是移动的文字。

## 15.3.1 选择字体

当计算机中安装了大量字体时，从中选择一种合适的字体就变成一件耗时且困难的事。为了简化这个过程，选择字体时，可以从如下几个方面考虑。

· 可读性：所选字体在指定大小下拥有良好的可读性吗？所有字符都可读吗？快速浏览一下，然后闭上眼睛，是否还能记起看过的文本？

· 样式：仅用形容词，该如何描述所选的字体？所选字体能否正确传达情感？字体就像衣服或发型，选择合适的样式是整个设计取得成功的关键。

· 灵活性：该字体与其他字体配吗？该字体是否有多种样式（比如粗体、斜体、半粗体）供选择，以帮助我们更轻松地传达信息？能否创建一个文字信息层次结构，以传达不同类型的信息，比如位于画面下方三分之一处的说话者的名字、头衔？

· 语言的兼容性：字体是否包含所用语言所需要的全部字符？某些字体的字符集有限。

弄清这些问题的答案有助于设计出更好的文本内容。选择字体时，可能需要不断尝试才能找到合适的。幸运的是，在 Premiere Pro 中可以轻松地修改现有文本，复制它并修改副本以便进行比较。

在向视频画面中添加文字时，经常会遇到画面中包含多种颜色的情况，这使得文字与背景画面很难形成有效的对比，导致文字的可读性变差。为了解决这个问题，可以为文字添加描边或投影，增加文字边缘的对比度。有关添加描边和阴影的内容，请阅读 15.5 节"文本样式"。

## 15.3.2 选择颜色

在 Premiere Pro 中，可以轻松创建出无数种颜色组合，但是从中选出适合设计的颜色绝非易事。这是因为只有少数几种颜色能很好地适合文字，同时又能保证观者清晰地看到。如果制作的视频要用在广播电视中，那颜色选起来会更困难，因为还得保证文字在频繁移动的背景中也有较强的可读性。

在向视频添加文本时，最常见的配色还是黑色和白色，尽管这样的配色方案略显俗套，缺乏新意。选用彩色时，往往会在文字上添加一些或轻或重的阴影，或者给文字添加一个色彩醒目的描边。

选择颜色时，必须保证文字与背景有较高的对比度。也就是说，必须不断对颜色进行评估，既要考虑任务的需要，又要考虑整体配色的一致性。

> 💡注意　可以使用 Adobe Color 服务为自己的设计项目选择和谐且吸引人的颜色组合。更多相关信息，请访问 Adobe Color 官网。

在深色背景上使用浅色文本，如图 15-14 所示，文本的可读性很强。

在深色背景上使用深色文本，如图 15-15 所示，文本颜色和天空颜色相似导致文本可读性下降。

图 15-14

图 15-15

### 15.3.3　调整字偶间距

做文字排版时，经常需要调整文本中两个字符的间距，以改善文本外观，使其与背景更好地融合在一起。这个过程叫调整字偶间距（kerning）。选用的字体越大，调整文本所需的时间就越多，因为如果大号文本的字偶间距不合适，问题会更明显。调整字偶间距的目标是改善文本外观，提高文本的可读性，引导读者的视线按意图流动，提高阅读体验和信息传递效率。

多看看海报、杂志等设计精美的资料，从中可以学到许多有关调整字偶间距的知识。字偶间距是逐个字母应用的，可以创造性地运用字偶间距来增强文字排列的美感与可读性。

> 💡注意　调整字偶间距的一个常见例子是，调整大写首字母和后续小写字母之间的间距，尤其是字母具有非常小的底部时（比如字母 T），会给人带来底部空间过多的感觉。

下面尝试调整字偶间距。

❶ 在 Assets 素材箱中找到 White Cloudscape 剪辑。

❷ 把 White Cloudscape 文本剪辑添加到 01 Clouds 序列中，将其放到 V2 轨道上，且使其位于第 1 个文本剪辑后，如图 15-16 所示。

图 15-16

把文本剪辑放置在背景视频剪辑的上方，方便将其作为定位的参考。

③ 选择【文字工具】（▼），在单词 CLOUDSCAPE 的字母 D 和 S 之间单击，设置插入点。

④ 在【基本图形】面板中，打开【编辑】选项卡，在【文本】区域中把【字偶间距】设置为
300，如图 15-17 所示。

只有选中单个字母，或者光标处于两个字母之间时，【字偶间距】选项才可用，调整后的效
果如图 15-18 所示。

图 15-17

CLOUD SCAPE
图 15-18

⑤ 对于其他字母，从左到右重复上述过程，调整每对字母的字偶间距。

⑥ 在【基本图形】面板的【对齐并变换】中，单击【水平居中对齐】按钮（▣），重设文本位置。
然后在【时间轴】面板中单击空白轨道，取消选取文本。效果如图 15-19 所示。

C L O U D S C A P E
图 15-19

⑦ 选择【选择工具】，准备学习下一小节内容。

💡 注意 在用完一个工具之后，最好切换回【选择工具】，这样可以防止意外添加新文本，或者对序列
做出意外修改。

### 15.3.4　设置字距

另外一个比较重要的文本属性是字距，它与字偶间距类似。在 Premiere Pro 中，【字距】用于对
多个选定字母之间的间距进行总体控制，整体压缩或拉伸所选文字的间距。

下面的场景中经常会用到【字距】属性。

· 紧凑的字距：若一行文本太长（比如字幕超出下三分之一），可以通过缩小字距来缩短文本行
的长度。这样做一方面可以保持字体大小不变，另一方面也可以在指定空间中添加更多文本。

· 松散的字距：当使用的字母全部是大写或复杂的字体时，可以把字距调整得大一些，以增加文

字的可读性。当文本尺寸很大，或把文本用作设计、运动图形元素时，通常都会把字距调得大一些。

可以在【基本图形】面板的【文本】区域中为所选图层（或者在【节目监视器】中选择的元素）调整字距。下面动手试一试。

❶ 把 Cloudscape Tracking 剪辑从 Assets 素材箱拖曳到 01 Clouds 序列中的 White Cloudscape 剪辑上，覆盖它。

若【时间轴】面板中的【在时间轴中对齐】功能处于开启状态，新剪辑会自动对齐到 White Cloudscape 剪辑的开始位置。新旧剪辑的持续时间相同，因此新剪辑可以完全代替旧剪辑。

❷ 确保新添加的剪辑处于选中状态，使用【选择工具】选择文本。

❸ 在【基本图形】面板的【编辑】选项卡中尝试调整字距。随着【字距】值的增大，字母开始偏离锚点，向右伸展。

❹ 把【字距】设置为 530。

❺ 在【基本图形】面板的【文本】中单击【居中对齐文本】按钮（▤），根据其锚点居中对齐文本对象，把文本对象移到左侧。

❻ 在【对齐并变换】中单击【水平居中对齐】按钮（▥），把文本对象的锚点移到画面中间，文本对象在画面中水平居中对齐。

❼ 在把文本居中对齐后，尝试把【字距】调整为 700。请注意，此时文本仍然是水平居中对齐的。

相比于单独调整【字偶间距】，调整【字距】会让文本看上去更整洁，排版意图更明确，效果如图 15-20 所示。

图 15-20

❽ 把【字距】改为 530。

### 15.3.5　调整行距

字偶间距和字距是指字符之间的水平间距，而行距指的是文本行之间的垂直间距。行距（leading）这一名称来源于印刷机上用来在文本行之间创建间距的铅条。

在 Premiere Pro 中，打开【基本图形】面板的【编辑】选项卡，在【文本】区域中调整行距。接下来，再添加一行文本。

① 继续使用 01 Clouds 序列中的 Cloudscape Tracking 剪辑。

② 在 Cloudscape Tracking 剪辑处于选中的状态下，使用【选择工具】在【节目监视器】中双击 CLOUDSCAPE 文本，高亮显示文本，使其处于等待编辑状态，如图 15-21 所示。

图 15-21

在【工具】面板中选择【文字工具】。

③ 按【→】键，把光标移到文本末尾。

④ 按【Return】键（macOS）或【Enter】键（Windows），把光标移动到第 2 行，输入 A NEW LAND（全部大写）。

⑤ 单击第 2 行文本 3 次，选择整行文本。把【字号】设置为 48、【字距】设置为 1000、【行距】设置为 40，如图 15-22 所示。

⑥ 在【时间轴】面板中，单击空白轨道，取消选择文本，画面如图 15-23 所示。

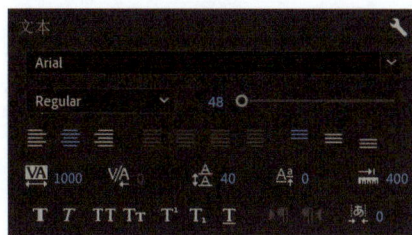

图 15-22

图 15-23

增加行距有助于把两个文本行分开，但是文本的可读性仍然较差，因为它与背景的区分度不高。

⑦ 使用【选择工具】选择【节目监视器】中的文本，这是一种快速访问图形中特定元素的方式。

在【基本图形】面板顶部，CLOUDSCAPE A NEW LAND 文本图层处于选中状态。

在文本图层处于选中状态时，把【行距】设置为 140，增加行距，提高文本可读性。

⑧ 在【时间轴】面板中，单击空白轨道，取消选择剪辑，画面如图 15-24 所示。

图 15-24

大多数情况下，使用默认行距即可。调整行距会对文本产生巨大影响。不要把行距设置得太小，否则上一行文本中的某些字母（比如 j、p、q、g）和下一行文本中的某些字母（比如 b、d、k、l）交错在一起，会降低文本的可读性，尤其在动态背景上更加明显。

## 15.3.6　设置文本对齐方式

虽然大部分人习惯左对齐的文本排列方式，但视频画面中的文本对齐方式却不一定非得如此。一般来说，位于画面下三分之一处的文本都是左对齐或右对齐的。

滚动字幕或片段分隔画面中，通常使用文本居中对齐方式。【基本图形】面板中有许多用来对齐

图 15-25

文本的工具（见图 15-25）。可以使用这些工具把所选文本（相对于文本锚点）进行左对齐、居中对齐或右对齐。

选择【文字工具】后在【节目监视器】中拖曳鼠标，可以创建出文本框。

对于文本框中的文本，可以使用两端对齐按钮（见图 15-26）让文本拉伸到整个文本框的宽度。还可以使用垂直对齐按钮（见图 15-27）让文本在文本框的顶部、居中、底部对齐。

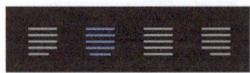

图 15-26

可以使用各种对齐方式尝试各种文本对齐效果，若不满意，使用【撤销】命令撤销即可，不需要把各种对齐方式都记住。

选中文本，调整某个对齐方式后，所选文本在画面中的位置会发生变化。此时，可以手动调整文本的位置，或者单击【垂直居中】按钮（❐）或【水平居中】按钮（❏），把文本设置到画面中间。

图 15-27

## 15.3.7　设置安全边距

添加文本时，可使用参考线来帮助放置文本和图形元素。

为此，可以在【节目监视器】中单击【设置】按钮（❖），然后在弹出的菜单中选择【安全边距】命令，如图 15-28 所示。此时，画面如图 15-29 所示。

默认设置下，外框内部区域占整个画面的 90%，称为动作安全

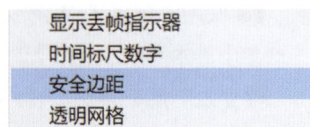

显示丢帧指示器
时间标尺数字
安全边距
透明网格

图 15-28

区。当在电视中播放视频信号时，该区域之外的部分可能会被剪切掉。因此，必须确保所有重要元素（比如图标）位于该区域内。

内框内部区域占整个画面的 80%，称为字幕安全区，应尽量把重要文本放到画面的字幕安全区中，方便观众看到信息。

图 15-29

如果文本超出了字幕安全区，有些部分可能会在未经校准的显示器上丢失。

随着显示器技术的发展，现在动作安全区已经占到整个屏幕的 97%，字幕安全区占到整个屏幕的 95%，如图 15-30 所示。

图 15-30

在【源监视器】或【节目监视器】中打开【设置】菜单，选择【叠加设置】>【设置】命令，打开【叠加设置】对话框，在【动作与安全区域】中可进行设置。

# 15.4 创建文本

创建文本时，需要选择文本的显示方式。Premiere Pro 提供了两种创建文本的方法，并为每种方法提供了创建水平文本和垂直文本的选项，具体如下。

- 点文本：使用这种方法输入文本时会创建一个文本边界框。输入文本时，若不按【Return】键

（macOS）或【Enter】键（Windows），输入的文本位于同一行中。改变文本框的形状和大小会引起【基本图形】与【效果控件】面板中【缩放】属性的变化。

- 段落（区域）文本：在输入文本前，先设置文本框的大小和形状。改变文本框的大小只影响显示文本的多少，而不会改变文本大小。

若要在【节目监视器】中使用【文字工具】，需先选择添加哪种类型的文本。

- 单击并输入，添加点文本。
- 拖曳鼠标以创建文本框，然后向文本框中输入段落文本。

【基本图形】面板中大部分选项同时适用于上面两种文本。

## 15.4.1　添加点文本

前面介绍了调整和设计文本时的一些注意事项，下面一起创建一个文本。

这里创建的文本用于宣传一处旅游景点。

① 打开 02 Cliff 序列。

② 在【时间轴】面板中，把播放滑块拖曳至序列开头。在【工具】面板中选择【文字工具】。

③ 在【节目监视器】中单击，输入文本 The Dead Sea。

此时，在【时间轴】面板中，在 02 Cliff 序列的下一个视频轨道（这里是 V2）上新添加了一个文本剪辑，如图 15-31 所示。

图 15-31

新建文本时，Premiere Pro 会自动应用上一次使用的设置。

输入文本之前，如果单击了背景图像中的白云，那么可能难以分辨出创建的文本。

④ 在【时间轴】面板中，拖曳播放滑块，尝试更改背景视频帧。添加文本时，一定要认真选择背景帧。因为视频在播放时是动态变化的，可能在剪辑开头文本显示正常，但到了剪辑末尾文本无法正常显示。

⑤ 在【工具】面板中选择【选择工具】。注意，不能使用【选择工具】的快捷键，因为当前正在向文本框中输入内容。此时文本框周围会出现控制点。

在【基本图形】面板中做如下设置，如图 15-32（a）所示。

- 字体：Arial。
- 字体样式：Bold。
- 字体大小：83。
- 字距：0。
- 字偶间距：0。
- 行距：0。

- 填充颜色：白色。

在【外观】区域中仅勾选【填充】复选框（取消勾选【描边】【背景】【阴影】复选框），效果如图 15-32（b）所示。

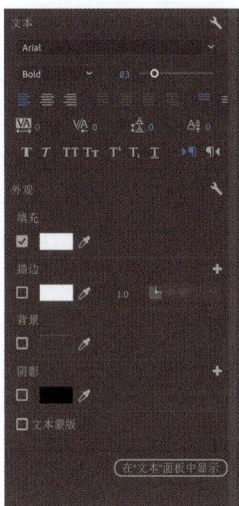 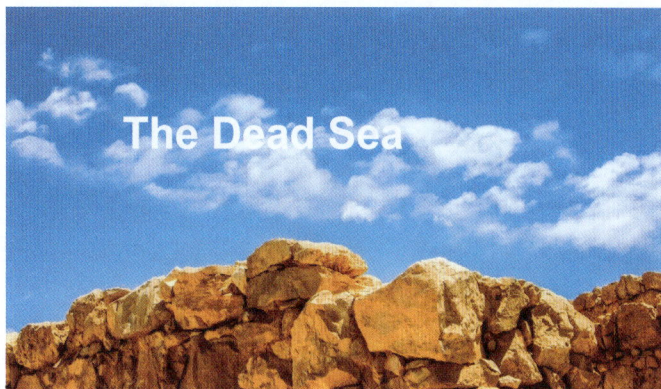

（a）　　　　　　　　　　　　　　　　（b）

图 15-32

⑥ 使用【选择工具】拖曳文本框的边角。注意，文本的字号、宽度、高度保持不变，仅会调整【对齐并变换】中的【缩放】（ 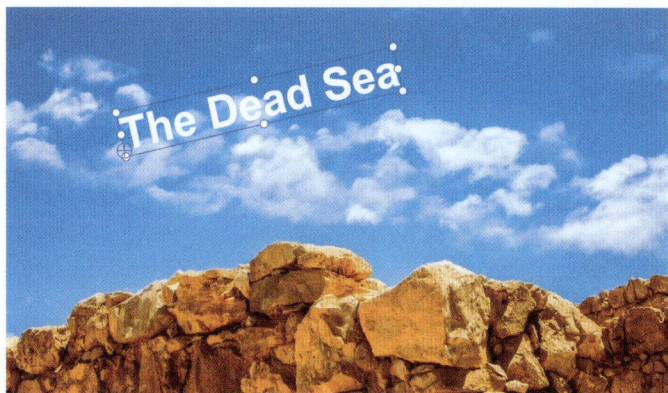 ）。

默认设置下，文本的高度和宽度会保持相同的缩放比例。可通过【设置缩放锁定】按钮（ ）分别调整高度和宽度。

把【缩放】恢复成 100%，开启【设置缩放锁定】。

⑦ 把鼠标指针放到文本框顶点外，此时鼠标指针变成一个弯曲的双箭头。拖曳鼠标，旋转文本框，如图 15-33 所示。

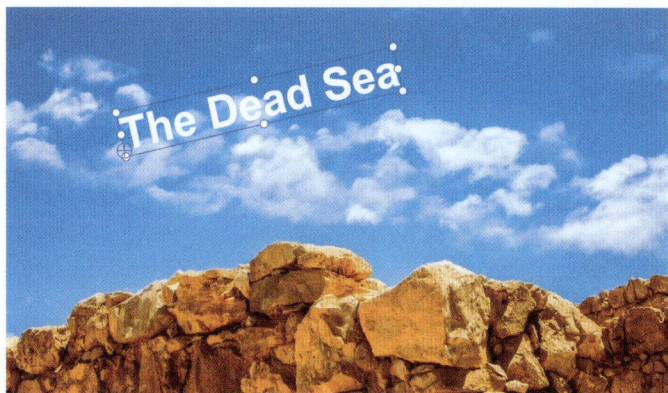

图 15-33

旋转对象时以锚点为中心，使用【位置】控件设置位置时也以锚点为参考点。调整位置时，效果会专门应用于锚点，锚点本身在对象上有一个位置。对许多视觉元素而言，锚点就是对象的中心，这一点很重要。

但文本对象不这样，左对齐文本的默认锚点位置在文本（非文本框）的左下角。旋转文本时，旋转是围绕着文本左下角而非文本中心进行的。

⑧ 在【选择工具】处于选中状态时，在【基本图形】面板中单击代表旋转角度（■）的蓝色数字，输入 45，按【Return】键（macOS）或【Enter】键（Windows），把旋转角度手动设置为 45°。

⑨ 在文本框中单击任意位置，拖曳文本到画面的右上角。

⑩ 在【时间轴】面板中单击 V1 轨道左侧的【切换轨道输出】按钮（◉），禁用 V1 轨道输出。

⑪ 打开【节目监视器】的【设置】菜单，选择【透明网格】命令，开启透明网格，如图 15-34 所示。此时，文本位于一个透明网格上，辨识度差，几乎看不出来。

当文本处于选中状态时，在【基本图形】面板的【外观】中，勾选【描边】复选框，为字母添加轮廓线。把描边颜色设置为黑色，【描边宽度】设置为 7。

此时，文本在透明网格上清晰地显示出来了，如图 15-35 所示，添加描边后，文本在不同背景中都有较高的可读性。有关向文本添加描边或阴影的更多内容，请阅读 15.5 节"文本样式"。

图 15-34

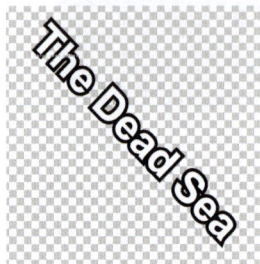

图 15-35

① 在【文本】面板中，可以直接访问序列中图形的内容。

② 打开【文本】面板。若【文本】面板未打开，请在【窗口】菜单中打开它。

打开【图形】选项卡。在【图形】选项卡中，只有一个图形的缩览图，因为所有添加的文本都是图形剪辑的一部分。

> ♀ 提示　在【基本图形】面板右下方，单击【在"文本"面板中显示】按钮，可快速打开【文本】面板。

③ 双击缩览图右侧文本，可直接编辑它。尝试改动文本，可以看到【节目监视器】中的文本同步发生了改变。

④ 使用【撤销】命令，把文本恢复成原始模样。

## 15.4.2　添加段落文本

虽然点文本非常灵活，但使用段落文本可以更好地控制文字的布局。使用段落文本时，当输入的文本到达文本框边缘，Premiere Pro 会自动换到下一行。

> ♀ 注意　在某个文本剪辑处于选中状态下添加新文本或形状时，新文本或形状会被添加到所选剪辑上。
> 若【时间轴】面板中没有剪辑处于选中状态，则 Premiere Pro 会在下一个可用轨道上新建一个剪辑，并把新文本或形状添加到新建剪辑中。

继续使用上一节的例子。

**1** 选择【文字工具】（**T**），在【时间轴】面板中确保文本剪辑处于选中状态。

**2** 在【节目监视器】中画面的左下方（和画面的左边缘有一定的距离），拖曳鼠标，创建一个文本框。

**3** 输入参加旅游的人名。输入时，可以输入示例中的人名，也可以添加其他人名，每输入一个人名按一下【Return】键（macOS）或【Enter】键（Windows）进行换行。

> 💡 提示　避免发生拼写错误的一个好办法是直接从经过客户或制作者审核过的脚本或邮件中复制文本。

尝试输入很多人名，使字母超出文本框右边缘，而且不按【Return】键（macOS）或【Enter】键（Windows）换行。与点文本不同，段落文本仍然保留在指定的文本框之内，当字母超出文本框右边缘时会自动换行。如果向文本框中添加了大量文本，超出了文本框的容量，超出文本框的文本则会被隐藏起来。

**4** 使用【选择工具】更改文本框的大小，显示所有文本。

当调整文本框的大小时，文本的字号保持不变，但在文本框中的位置会发生变化。

**5** 在【基本图形】面板中，可将描边设置在外侧、内侧或中心。把描边设置在【中心】，如图 15-36（a）所示，段落文本的边缘会更清晰，效果如图 15-36（b）所示。

【基本图形】面板中有两个文本图层，两部分文本分别占用一个图层，并且拥有独立的控件，如图 15-37 所示。

（a）　　　　　　　　　（b）

图 15-36

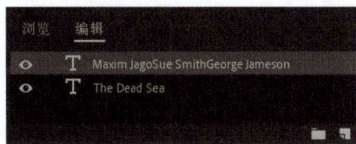

图 15-37

# 15.5  文本样式

除了设置字体、位置、不透明度，在【基本图形】面板中，还可以向文本或形状应用描边或阴影。

有时需要向不同文本应用相同的文本设置，以确保它们拥有一致的文本样式，但逐个手动设置既麻烦又费力。此时，可以把这一组文本设置保存成一个"文本样式"（类似于文本的预设外观）。有了文本样式，就可以轻松地把一组文本设置一次性应用到指定文本上。

细心调整序列中的文本外观，然后将这些外观保存为文本样式，方便日后随时调用。

## 15.5.1  更改文本外观

在【基本图形】面板的【外观】中，主要有 3 个选项可用来提高文本的可读性。

• 描边：描边是指文本的轮廓线，添加描边有助于让文本在动态图像或复杂背景中保持良好的可读性。

• 背景：设置文本背景，包括背景颜色、不透明度、大小等。

- 阴影：为视频文本添加阴影，可以提高文本的可读性，同时又不会造成视觉干扰。添加阴影时，一定要调整好文本的模糊程度，并确保项目中所有文本的倾斜角度一致。相关选项如图 15-38 所示。

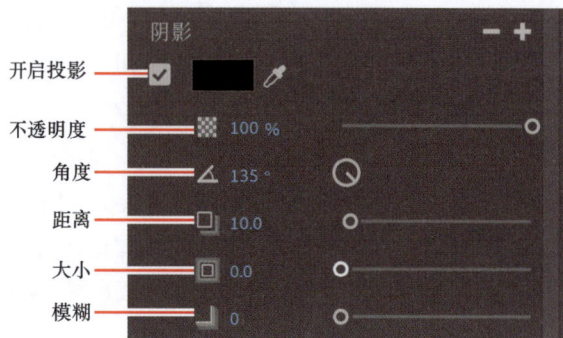

图 15-38

与文本填充一样，可以把任何颜色应用到描边、背景、阴影上。

① 单击 V1 轨道的【切换轨道输出】按钮。

② 在【基本图形】面板中，尝试调整各项设置来提高文本的可读性，并添加更多颜色到合成中。

③ 选择右上方的点文本，使用【填充】吸管工具吸取岩石的橙黄色，把点文本设置为橙黄色。

④ 选择左下方的段落文本，使用【填充】吸管工具吸取天空中的淡蓝色，把段落文本设置为淡蓝色。

如果对岩石和天空的颜色不满意，可以先使用吸管工具吸取一种颜色，然后打开填充颜色的【拾色器】对话框，对所选的颜色进行调整。不断使用吸管工具在图像中吸取颜色，直到找到喜欢的颜色，最终效果如图 15-39 所示。

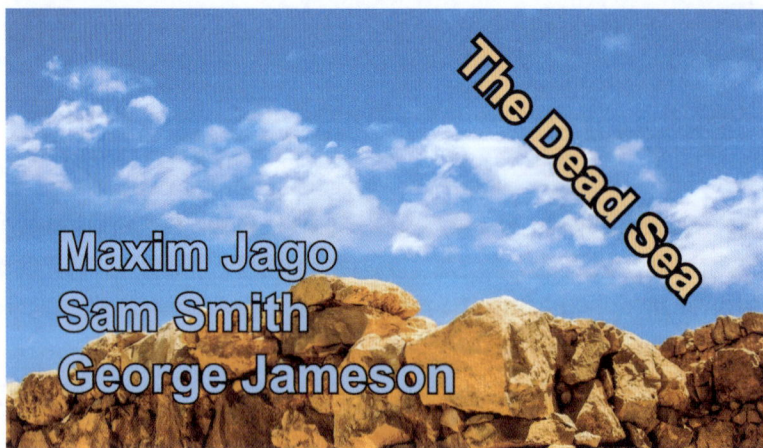

图 15-39

## 15.5.2 保存样式

创建一个喜欢的文本样式后，可以将其保存起来，以便重用。样式描述的是文本的颜色、字体、外观。只需简单操作，即可把指定的样式应用到文本上，文本的所有属性都会根据预设进行更新，从而改变文本外观。

下面使用 15.5.1 小节中调整的文本来创建一个样式。

❶ 使用【选择工具】选择左下方的段落文本。

❷ 在【基本图形】面板的【样式】下拉列表中选择【创建样式】选项，如图 15-40 所示。

此时，弹出【新建文本样式】对话框。

❸ 在【新建文本样式】对话框中，输入样式名称 Blue Bold Text，如图 15-41（a）所示，单击【确定】按钮。

此时，定义的样式就会出现在【基本图形】面板中的【样式】下拉列表中。同时还可以在【项目】面板中看到刚刚创建的样式，如图 15-41（b）所示。

图 15-40

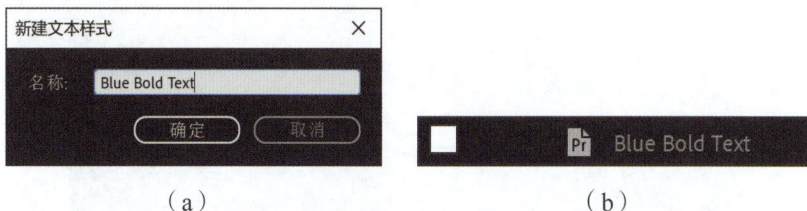

（a）　　　　　　　　　　　　　　（b）

图 15-41

> 💡 提示　可以从一个打开的项目中把样式复制到另外一个项目中。另外，在【项目】面板中，使用鼠标右键单击一个样式，在弹出的菜单中选择【导出文本样式】命令，将其存储为一个 .prtextstyle 文件，以便导入其他项目中使用。

❹ 选择右上方的另外一个文本，然后在【样式】下拉列表中选择【Blue Bold Text】样式，效果如图 15-42 所示。

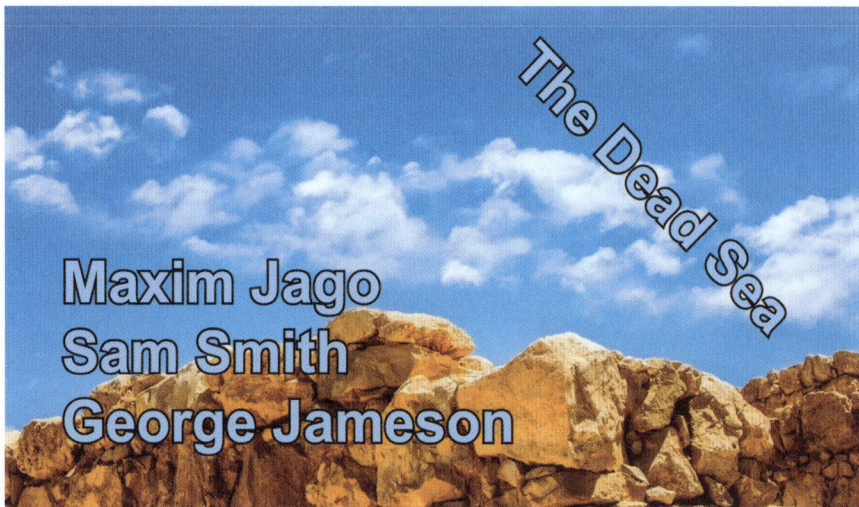

图 15-42

【项目】面板中的所有样式都会出现在【基本图形】面板的【样式】下拉列表中。在【项目】面板中删除某个样式，即可将其从【样式】下拉列表中移除。

### 15.5.3　保存源图形

目前为止，使用的文本有的是序列中事先创建好的，有的是从【项目】面板添加的，有的是新创建的。

大多数情况下，Premiere Pro 要求序列中的每个组成要素同时存在于【项目】面板中。但是，在 Premiere Pro 中创建的图形除外。

前面把 Cloudscape Tracking 剪辑（见图 15-43）添加到了 01 Clouds 序列中。打开 01 Clouds 序列，从【项目】面板中，把该文本的一个副本添加到 V2 轨道中。可能需要移动 V2 轨道中已有的文本副本，为新添加的文本副本留出空间。

图 15-43

对比文本剪辑的两个副本，对序列文本所做的改动也会应用到【项目】面板中的源剪辑上，这是因为该文本是一个源图形。

在【时间轴】面板中选择任意一个图形剪辑，然后在菜单栏中依次选择【图形和标题】>【升级为源图】命令，即可将其转换成源图形。

把一个新的图形剪辑添加到【项目】面板中后，可以轻松地将其在多个序列和多个项目之间进行共享。

> 💡注意　字幕文本的默认持续时间是在【首选项】对话框中设置的，与其他静帧素材相同。

所有基于源图形创建的图形剪辑（包括用来升级的那个图形剪辑）都是彼此的副本。在任意一个源图形的副本中对文本、样式、内容所做的更改会体现到源图形的其他所有副本中。

项目中，有时需要多次使用同一个图形元素（如同一字幕在不同片段中反复出现），此时可将该图形元素转换成源图形，这样使用起来更方便，而且能保持一致性，还提高了工作效率。

如果对某一项进行调整之后能够做到统一更新，这无疑会大大节省处理时间，提高工作效率。

## 15.6　创建图形

在为视频制作字幕时，可能不只用到文字，还可能会用到一些图形元素。为此，Premiere Pro 提供了创建矢量图形的工具，许多文本属性也适用于调整图形。除了手动创建，还可以直接导入已经制作好的图形（比如图标）作为新图形剪辑中的一个图层使用。

# 使用 Photoshop 创建图形或文本

可以在 Photoshop 中创建要在 Premiere Pro 中使用的图形或文本。虽然 Photoshop 是修改照片的首选工具，但它提供的强大功能完全可以用来为视频项目创建图形或文本，这些功能包括一些高级选项，比如高级格式化工具、灵活的图层样式、拼写检查工具等。

在 Premiere Pro 中新建 Photoshop 文件，请按照如下步骤操作。

（1）在菜单栏中依次选择【文件】>【新建】>【Photoshop 文件】命令。

（2）在弹出的【新建 Photoshop 文件】对话框中，根据当前序列进行设置，单击【确定】按钮。

（3）在弹出的【将 Photoshop 文件另存为】对话框中，为新的 PSD 文件选择保存位置，输入名称，单击【保存】按钮。

此时，文件在 Photoshop 中打开，等待进行编辑。文件中包含参考线，用来标识动作安全区和字幕安全区（在 Photoshop 中打开时才能看到）。这些参考线不会出现在最终图像中。

> 💡 **提示** 如果在 Photoshop 中禁用了参考线，可以在菜单栏中依次选择【视图】>【显示】>【参考线】命令，重新启用参考线。

（4）按【T】键，选择【横排文字工具】。

（5）可以在画面中单击以创建点文本，或者拖曳鼠标以创建段落文本。与 Premiere Pro 相同，在 Photoshop 中使用段落文本可以更好地控制文本布局。

（6）输入文本。

（7）使用工具栏中的控制选项设置文本的字体、颜色、字号。

（8）单击工具栏中的【提交】按钮（✓），退出文本编辑状态。

（9）在菜单栏中依次选择【图层】>【图层样式】>【投影】命令，调整各个控制选项，为文本添加阴影。

在 Photoshop 中编辑完成后，保存并关闭文件。此时，可以在 Premiere Pro 的【项目】面板中看到它，将其添加到序列中。

如果想再次在 Photoshop 中编辑文本，在【项目】面板或【时间轴】面板中选择它，然后依次选择【编辑】>【在 Adobe Photoshop 中编辑】命令，即可在 Photoshop 中打开它。在 Photoshop 中保存更改后，对文本所做的改动会自动更新到 Premiere Pro 中。

## 15.6.1 创建形状

如果在 Photoshop、Illustrator 等图形编辑软件中创建过形状，就会发现在 Premiere Pro 中创建形状的方法也是类似的。

首先从【工具】面板中选择【钢笔工具】，然后在【节目监视器】中多次单击，即可创建一个形状。

另外，还可以使用【矩形工具】【椭圆工具】【多边形工具】，这 3 个工具位于同一个工具组中。选择上面任意一种工具，在【节目监视器】中拖曳鼠标，即可新建形状。

按照如下步骤创建一些形状并调整设置。

① 打开 03 Shapes 序列。

② 选择【钢笔工具】，在【节目监视器】中多次单击。每次单击，Premiere Pro 都会添加一个控制点。在画面左下方创建一个形状，如图 15-44 所示。

图 15-44

只要不重启 Premiere Pro，创建新形状时，默认使用的就是上一次在【基本图形】面板中设置的形状外观。可以在【基本图形】面板中调整各个控制选项来更改形状外观。新建标题文本时使用的是在【基本图形】面板中最近一次为某个文本选择的外观。

绘制形状后，单击第 1 个控制点，把形状封闭起来。切换回【选择工具】。

③ 选中绘制好的形状，更改形状的填充颜色，添加描边并修改描边颜色，效果如图 15-45 所示。

图 15-45

④ 再次使用【钢笔工具】在画面右下方新建一个形状。这次不要只是单击，而是在添加控制点时进行拖曳，如图 15-46 所示。

图 15-46

拖曳创建的控制点带有手柄，这些手柄和设置关键帧时用到的手柄一样。借助这些手柄，可以更准确地控制创建的形状。

⑤ 选择【矩形工具】。

⑥ 在【节目监视器】中拖曳鼠标以创建矩形。拖曳鼠标的同时按住【Shift】键，可以创建正方形。

⑦ 在【矩形工具】图标上按住鼠标左键不放，在弹出的工具组中选择【椭圆工具】，拖曳鼠标以绘制椭圆。拖曳的同时按住【Shift】键，可以绘制圆形，如图 15-47 所示。

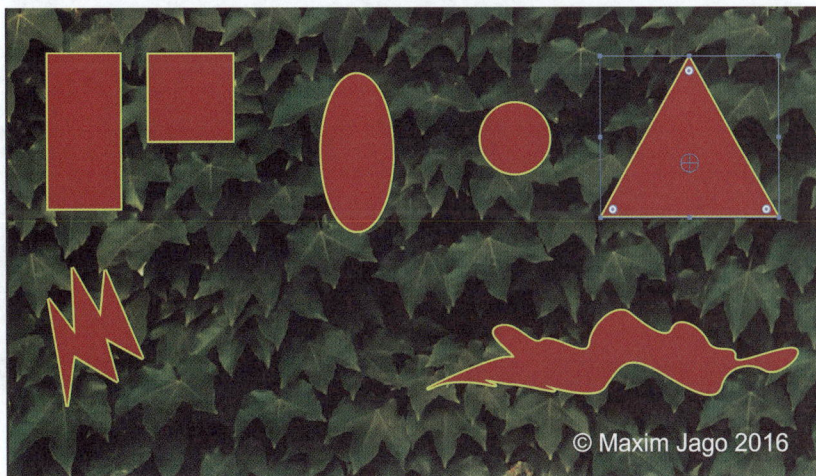

图 15-47

⑧ 在【椭圆工具】图标上按住鼠标左键不放，在弹出的工具组中选择【多边形工具】。尝试绘制一个多边形，然后选择【选择工具】。

在多边形处于选中状态时，在【基本图形】面板的【对齐并变换】中调整【角半径】【边数】，如图 15-48 所示，可改变多边形的外观。

任何一个多边形或矩形的【角半径】都是可以改变的。在【节目监视器】中，拖曳形状内部的小圆圈（■），可直接调整【角半径】。按住【Option】键（macOS）或【Alt】键（Windows），可分别调整各个角。

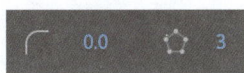

图 15-48

对于任意一个选中的形状，都可以使用【钢笔工具】调整它。可以通过多次单击添加多个锚点，创建出更复杂的形状。

⑨ 按【Command】+【A】组合键（macOS）或【Ctrl】+【A】组合键（Windows），全选形状，然后按【Fn】+【Delete】组合键（macOS）或【Delete】键（Windows），删除所有形状。还可以在【基本图形】面板中选中所有图层，把它们全部删除。这里保留一些形状，供以后使用。

⑩ 尝试调整形状的各个控制参数。尝试把它们重叠在一起，设置不同颜色、不同透明度。

在【基本图形】面板中，图层的顺序决定着对象显示的前后顺序，就像【时间轴】面板中的轨道一样。拖曳各个形状所在的图层，可改变图层的叠放顺序。

## 15.6.2 导入图形

制作字幕时，可以把外部的图形或图像文件导入 Premiere Pro，支持的文件格式有 AI、EPS、PSD、PNG、JPEG。

下面尝试导入一个按钮图标。

❶ 打开 04 Logo 序列。

这是一个简单序列，画面底部的矩形右侧有较大空间，如图 15-49 所示。

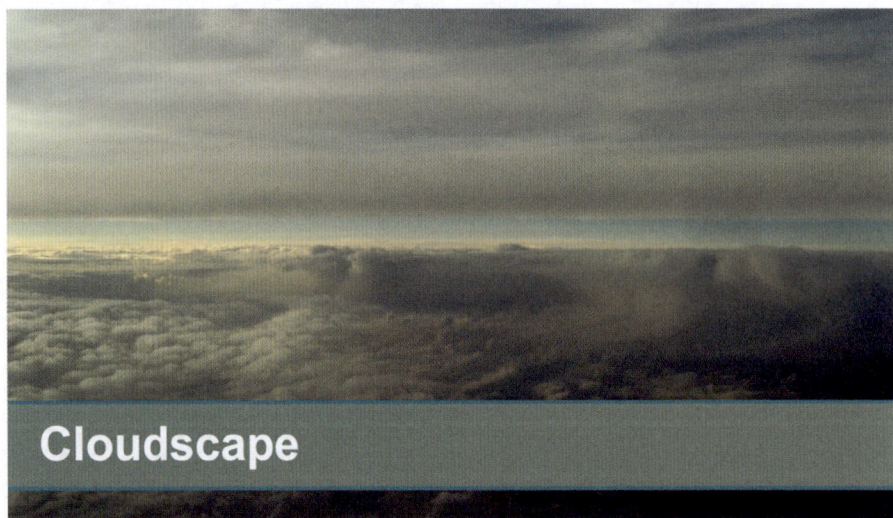

图 15-49

❷ 使用【选择工具】选择序列中的 Add a logo 剪辑。

❸ 在【基本图形】面板中，打开【编辑】选项卡，在图层显示区域的右下方单击【新建图层】按钮（▣），然后选择【来自文件】命令。或者在菜单栏中依次选择【图形和标题】>【新建图层】>【来自文件】命令。

❹ 在打开的【导入】对话框中，进入 Lessons\Assets\Graphics 文件夹，找到 logo.ai 文件，单击【导入】按钮（macOS）或【打开】按钮（Windows）。

❺ 选择【选择工具】，把导入的图标拖曳到标题文本右侧。然后调整其【不透明度】【旋转】【缩放】值，效果如图 15-50 所示。

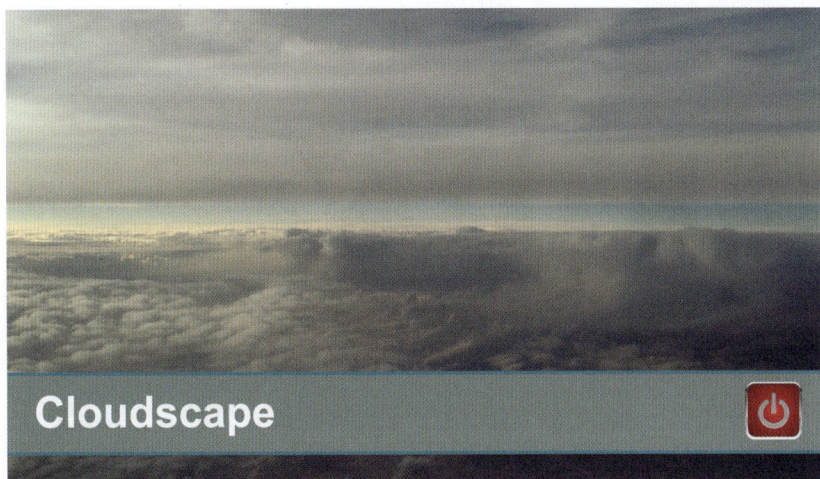

图 15-50

> **注意** 在重新调整导入素材的尺寸时，效果缩放比例大于 100%，其质量会明显下降，因为最终显示的是图像而非图形。

### 15.6.3 文本蒙版

【基本图形】面板中还有一个【文本蒙版】选项值得好好讲一下。

下面结合一个例子进行讲解。

**1** 打开 05 Mask 序列。这个序列很简单，背景是一段缓慢移动的视频，前景是一张常春藤图片，如图 15-51 所示。背景视频调整了颜色，应用了模糊效果，以便将其与前景图片区分开。

图 15-51

**2** 在【时间轴】面板中，把播放滑块移到序列开头。选择 Graphic 剪辑，在【工具】面板中选择【文字工具】。在【节目监视器】中单击，输入 IVY（全部大写）。

**3** 切换到【选择工具】。在【基本图形】面板中调整各个控制属性，尽量让文本填满整张常春藤图片。使用【选择工具】移动文本，使其位于如图 15-52 所示的位置。

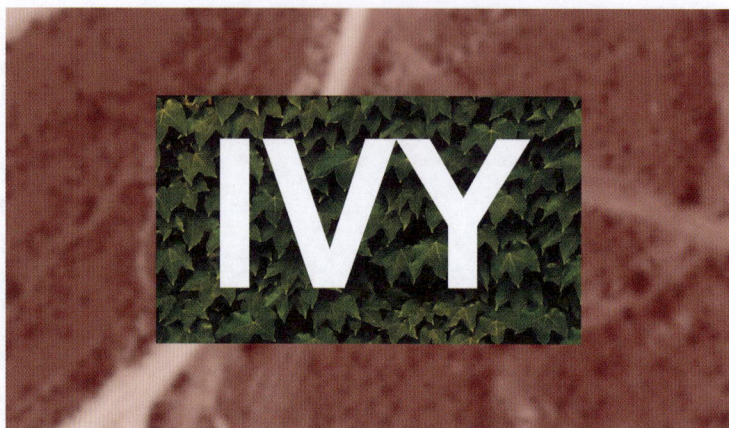

图 15-52

不要在意填充颜色和描边颜色是什么，下一步会忽略它们。

④ 在文本处于选中的状态下，向下滚动【基本图形】面板，勾选【文本蒙版】复选框，效果如图 15-53 所示。

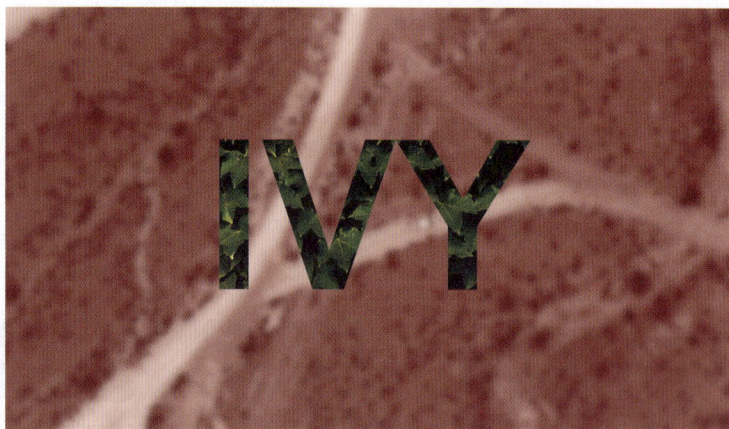

图 15-53

可以看出，文本成为蒙版，常春藤图片透过文本显露出来，这类似于前面讲解的【轨道遮罩键】效果。二者的不同之处在于，【轨道遮罩键】效果只局限于当前图形内容。

### 15.6.4　使用标尺与参考线

在【节目监视器】中排列与对齐元素的方法有很多。默认设置下，可以在画面中自由地移动各个元素，也有一些与【时间轴】面板中的【在时间轴中对齐】功能类似的方法，可以在【节目监视器】中把指定元素对齐到指定位置。

① 继续使用前面处理过的 03 Shapes 序列，如图 15-54 所示。

② 使用【选择工具】随意移动各个形状。可以自由地移动形状，当发生重叠时，各个形状会依据其在【基本图形】面板中的图层堆叠顺序重叠在一起。

③ 在【节目监视器】处于活动状态时，在菜单栏中依次选择【视图】>【在节目监视器中对齐】命令，将其开启。这样当在【节目监视器】中拖曳某个元素时，就会出现一些参考线，协助观察当前

元素与其他元素、【节目监视器】中心或边缘的对齐情况，以便准确地设置指定元素的位置。

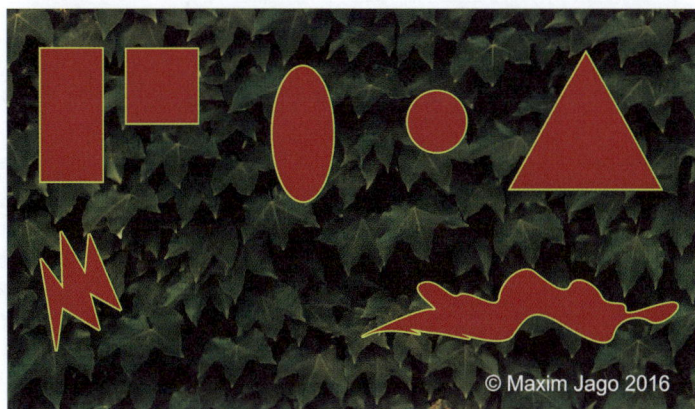

图 15-54

当画面中的元素非常多时，开启对齐功能可能会让人有点不知所措，因为参考线实在太多了。

> 💡 **提示**　若【在节目监视器中对齐】命令处于不可用状态，请检查当前激活的面板是否正确。在【节目监视器】的【设置】菜单中，也可以找到【在节目监视器中对齐】命令。

④ 序列末尾的画面是空白的，新建一个图形。尝试在画面中移动，把它放到合适的位置。

⑤ 确保【节目监视器】处于激活状态（周围有蓝色框线），在菜单栏中依次选择【视图】>【显示标尺】命令。标尺不是交互式的，它只能为下一步操作提供参考。

⑥ 在【节目监视器】顶部的标尺上按住鼠标左键并向下拖曳，在画面中创建一条参考线，用于对齐元素（见图 15-55）。拖曳过程中会出现一个工具提示，显示像素位置。在标尺上多次拖曳，可以创建多条参考线。

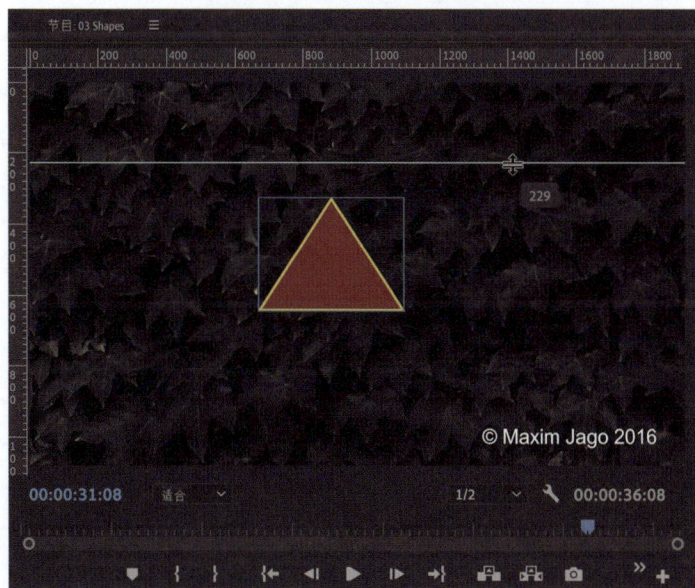

图 15-55

> **注意** 如果要长时间地使用某些参考线，请在菜单栏中依次选择【视图】>【锁定参考线】命令，把它们锁定在某个位置。再次选择【锁定参考线】命令，可解除参考线锁定。

另外，还可以使用鼠标右键单击参考线，在【编辑参考线】对话框中选择一种颜色，指定准确位置。

使用【视图】菜单中的相应命令（见图 15-56），可以把标尺与参考线显示或隐藏起来。参考线位置可以一直保持不变，当把隐藏的参考线再次显示出来时，它仍然保持在原位。

✓ 显示标尺
✓ 显示参考线
　 锁定参考线
　 添加参考线...
　 清除参考线

此外，使用【视图】菜单中的【清除参考线】命令，可以清除添加的所有参考线。

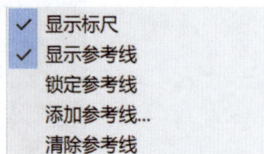

图 15-56

在【节目监视器】中，打开【按钮编辑器】面板，也可显示或隐藏标尺与参考线。

# 15.7　创建滚动字幕

下面在片头和片尾创建滚动字幕。其实滚动动画不仅可以应用于文字，还可以应用于其他所有图形。

❶ 打开 04 Logo 序列。在【节目监视器】中，打开【设置】菜单，选择【透明网格】命令，取消显示透明网格。

❷ 在【时间轴】面板中，把播放滑块放到序列末尾，即 V1 轨道上剪辑的末尾。

❸ 选择【文字工具】，在【节目监视器】中单击，添加点文本。

❹ 输入几行文本，用作滚动文本，每输入一行，按一次【Return】键（macOS）或【Enter】键（Windows）。

添加多行文本时需要不断重新确定位置，这样很麻烦。通常先在文档中准备好文本，然后把它们复制到 Premiere Pro 中。

❺ 输入几行文本后，使用【基本图形】面板根据需要对文本进行调整，效果如图 15-57 所示。

❻ 选择【选择工具】，单击【节目监视器】背景，取消选择文本图层。此时，【基本图形】面板的【编辑】选项卡会显示出整个图形的属性，而不只是输入文本的属性。

❼ 在【基本图形】面板中勾选【滚动】复选框，使文本滚动起来。

【节目监视器】右侧会显示一个滚动条。播放剪辑时，字幕会从屏幕底部滚入，然后从屏幕顶部滚出。

出现滚动条之后，添加文本行以及浏览较长的文本会更容易。

【滚动】效果有如下控制选项，如图 15-58 所示。

· 启动屏幕外：该复选框用来控制滚动的起始位置，勾选该复选框，表示从屏幕外开始滚动；取消勾选该复选框，表示字幕从在【节目监视器】中的创建位置开始滚动。结合【交叉溶解】效果，可使文本先向上淡入屏幕，然后滚动到屏幕外。

· 结束屏幕外：该复选框用来控制字幕在持续时间内完全滚出屏幕，还是在持续时间结束时突然从屏幕上消失。结合【交叉溶解】效果，可让文本先滚动到屏幕中，然后淡出屏幕。

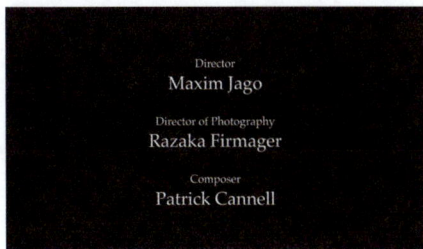

图 15-57

图 15-58

- 预卷：用于设置经过多长时间字幕才开始滚动。
- 过卷：用于指定滚动结束后还要播放多长时间。
- 缓入：用于指定把滚动速度从 0 逐渐增加到最大速度需要的帧数。
- 缓出：用于指定把滚动速度降为 0 需要的帧数。
- 柔化：勾选该复选框，Premiere Pro 会柔化滚动文本的边缘。

若文本从屏幕外开始滚动，或者滚动到屏幕外，则【预卷】【过卷】【缓入】【缓出】不会有什么作用，毕竟文本内容在屏幕之外。

> 💡 注意　前面提到的【响应式设计】控件针对的是具有精确定时的开场和结尾的运动图形，使用这些时间控件可以防止在重新调整动画的起点与终点时导致剪辑的持续时间发生变化。

调整字幕长度时，需要考虑它与播放速度的关系，字幕长度决定了播放速度。字幕越短，滚动速度越快。因为无论怎样，所有文本都会在剪辑的持续时间内显示出来。

⑧ 播放序列，观看字幕滚动效果。

# 15.8　使用动态图形模板

【基本图形】面板的【浏览】选项卡中包含许多内置的图形模板，可以把它们添加到序列中使用。这些模板都是可定制的。许多模板中都包含动画，通常把这样的模板称为动态图形模板。

向序列添加动态图形模板时，只要将其拖曳至某个视频轨道上即可。

可以在 Premiere Pro 或 Adobe After Effects 中创建动态图形模板，使用这些程序创建的模板有如下不同之处。

- 在使用 Premiere Pro 创建的动态图形模板中，图形是完全可编辑的。
- 使用 After Effects 创建动态图形模板时，可以添加更高级的设计和复杂动画。设计师往往会加入一些控件，在保护原始设计的同时增加灵活性。

内置模板是按类别组织的。把模板直接拖入一个序列，即可添加它。

有些模板带有黄色字体警告图标（🔠），表示模板中用到的字体在当前计算机系统中未安装。

如果使用的模板中包含的字体可以在 Adobe Fonts 网站中找到，并且当前处于联网状态，Premiere Pro 就会自动下载并安装它们。此外，还可以在【基本图形】面板中使用鼠标右键单击模板，然后在弹出的菜单中选择【同步缺失的字体】命令。

若无法自动安装缺失的字体，Premiere Pro 就会显示一条警告信息提示无法下载缺失的字体，而且会弹出【解析字体】对话框，显示缺失什么字体。

最简单的一种解决缺少字体的方法是联网然后重新添加模板。若无法实现，则可以在【基本图形】面板中另选一种字体。此外，还可以在 Premiere Pro【首选项】对话框的【图形】选项卡中设置默认的替换字体。

尝试使用动态图形模板是探索动态图形设计潜能的绝佳途径。把一个动态图形模板添加至序列中，然后在【基本图形】面板中深入探究那些已应用的各种设置。

### 创建自定义动态图形模板

Premiere Pro 允许用户把自己创建的图形添加到【基本图形】面板的【浏览】选项卡中。在序列中选择图形剪辑，打开菜单栏中的【图形和标题】菜单，从中选择【导出为动态图形模板】命令。在弹出的【导出为动态图形模板】对话框中，为新动态图形模板输入名称，并从【目标】下拉列表中选择一个保存位置（见图 15-59）。还可以在【关键字】文本框中添加相关的关键字，以便通过输入关键字快速找到模板。

> 💡 **提示** 可以快速添加多个关键字，不同关键字之间使用逗号分隔。

做好设置后，单击【确定】按钮。此时，新的动态图形模板会被自动添加到【基本图形】面板的【浏览】选项卡中。

另外，Premiere Pro 还允许把现成的动态图形模板导入项目，具体做法是在菜单栏中依次选择【图形和标题】>【安装动态图形模板】命令，或者在【基本图形】面板的【浏览】选项卡中，单击右下方的【安装动态图形模板】按钮（ ）。

图 15-59

熟练掌握上述方法，可以轻松地把自己制作的动态图形模板分享给他人，或者将其保存起来以备日后使用。

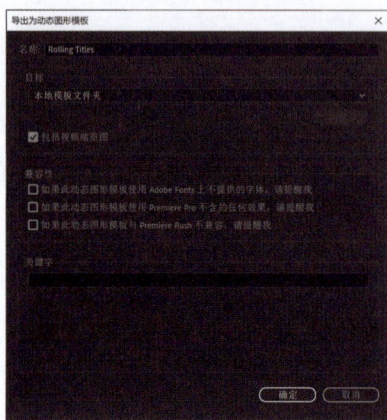

## 15.9　添加字幕

制作电视节目时，通常会用到两种类型的字幕：隐藏式字幕和开放式字幕。

隐藏式字幕内嵌于视频流中，观众可以自主决定开启或关闭；而开放式字幕则直接"烧印"在视频画面上，始终保持可见。

社交平台中有大量视频，有些视频画面中有彩色字幕，这些字幕就是典型的开放式字幕。

Premiere Pro 支持用户以相同方式使用这两种字幕。不仅如此，Premiere Pro 还允许用户把一种字幕文件转换成另外一种字幕文件，不过会受到字幕交付标准的某些限制。

与开放式字幕相比，隐藏式字幕在颜色选择和设计风格上受到更多限制。这是因为它们是由观看者的电视、机顶盒、在线播放软件生成和显示的，因此，隐藏式字幕的控制选项是固定不变的。

### 15.9.1　使用隐藏式字幕

只要视频内容通俗易懂，且无任何观看障碍，就能吸引更多人观看。因此，为了确保观众能够无障碍地观看电视节目，大多数广播电视台都要求在电视节目中添加电视机能够解码的隐藏式字幕。具体来说就是把可见字幕插入视频文件，然后通过支持的格式传输到特定的播放设备上。

添加隐藏式字幕相对比较容易。可以使用现成的字幕文件，也可以在 Premiere Pro 中生成新字幕。

下面演示如何使用现成字幕文件向序列中添加字幕。

① 在当前项目处于打开状态时，在菜单栏中依次选择【文件】>【打开项目】命令，在弹出的【打开项目】对话框中，进入 Lessons 文件夹，打开 Lesson 15_02.prproj 项目文件。

② 单击【项目】面板，将其激活，然后将该项目文件另存为 Lesson 15_02 Working.prproj。

③ 若 Coach Interview 序列未在【时间轴】面板中打开，请将其打开，如图 15-60 所示。

图 15-60

④ 在菜单栏中依次选择【文件】>【导入】命令，转到 Lessons\Assets\Video and Audio Files\Interview 文件夹，选择 Coach Interview.srt，单击【打开】按钮，将其导入。Premiere Pro 支持 DFXP、MCC、SCC、SRT、STL、XML 等格式的字幕文件。

此时，Premiere Pro 会把字幕文件添加到素材箱中，就像添加一个普通的视频剪辑，而且带有帧速率和持续时间。

⑤ 把字幕文件拖入【时间轴】面板，弹出【新字幕轨道】对话框，如图 15-61 所示。

不同的电视系统支持不同的字幕类型，常见字幕类型如下。

· 【澳大利亚 OP-47】是澳大利亚隐藏字幕标准，专用于澳大利亚广播电视网络。

· 【CEA-608】（又叫 Line 21）是美国与加拿大模拟广播电视最常用的字幕标准。

· 【CEA-708】是美国与加拿大采用的数字广播电视字幕标准。

· 【EBU 字幕】是一种欧洲广播联盟制定的字幕规范，具有广泛的兼容性。

· 【字幕】是一种较新的字幕类型。

· 【图文电视】有时在使用 PAL 制式的国家或地区使用。

在每种类型中，可能存在多个不同的流，比如一个流是英语的，另一个流是法语的。在这里，默认设置就符合要求，直接单击【确定】按钮，

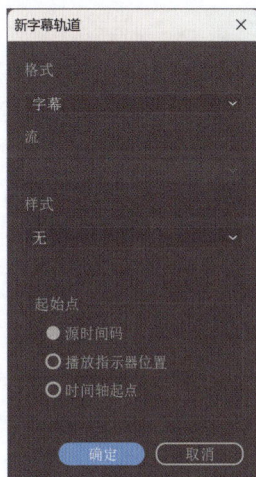

图 15-61

关闭【新字幕轨道】对话框。

此时，Premiere Pro 在序列中添加一个字幕轨道，字幕的每个部分都是一个独立的剪辑，如图 15-62 所示。

图 15-62

⑥ 在 Premiere Pro 中，一个序列可以添加多个字幕轨道。单击字幕轨道左侧的【切换活动字幕轨道】按钮（◉），可以关闭字幕显示。

尝试打开与关闭字幕轨道。

⑦ 播放序列，观看字幕，如图 15-63 所示。

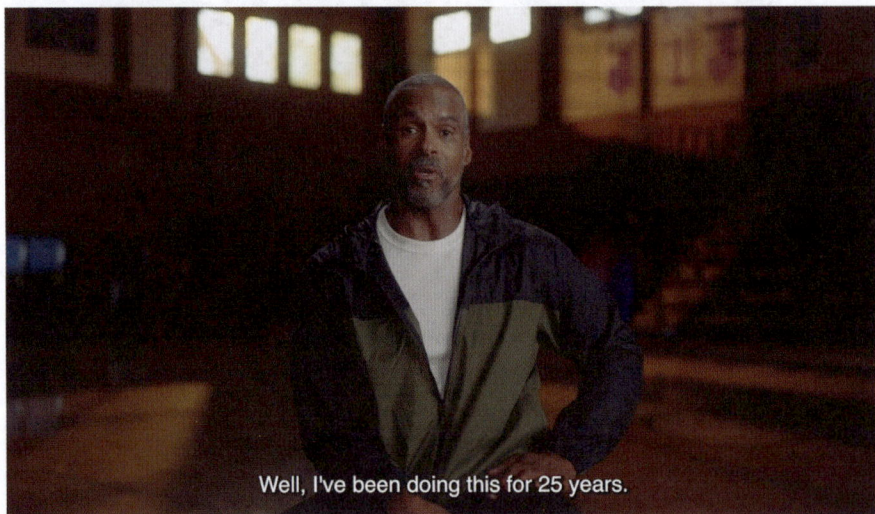

Well, I've been doing this for 25 years.

图 15-63

可以修剪字幕剪辑，调整它们的持续时间，就像调整序列中的其他剪辑一样。

选择序列中的一个或多个字幕剪辑后，可以在【基本图形】面板中修改相应设置来改变它们的外观。

此外，还可以直接在【节目监视器】中双击字幕来编辑它们。

⑧ 下一小节要用到更多字幕空间，为此使用鼠标右键单击【字幕】轨道的轨道头，在弹出的菜单中选择【删除单个轨道】命令，将其删除。

## 15.9.2　新建字幕

在 Premiere Pro 中，用户可以自己创建隐藏式字幕。Premiere Pro 提供了一个【自动转录剪辑】功能，开启该功能后，当向序列添加剪辑时，Premiere Pro 会自动转录剪辑。

可进行如下操作开启【自动转录剪辑】功能：在菜单栏中依次选择【Premiere Pro】>【设置】>【转录】命令（macOS）或者【编辑】>【首选项】>【转录】命令（Windows），在打开的【首选项】对话框中勾选【自动转录剪辑】复选框。

可进行如下操作完成在导入剪辑时自动转录所有剪辑：勾选【自动转录剪辑】复选框后，在【转录首选项】下拉列表中选择【自动转录所有导入的剪辑】选项，如图 15-64 所示，单击【确定】按钮，关闭【首选项】对话框。当前单击【取消】按钮，关闭【首选项】对话框，不做任何修改。

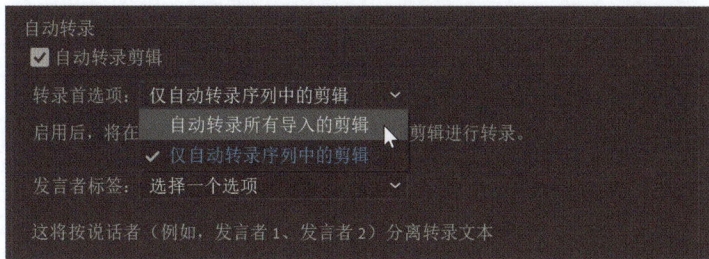

图 15-64

下面转录当前序列。

① 打开 Transcribe 序列。该序列的内容与前面一样，但是其中的剪辑没有进行转录。

② 打开【文本】面板，单击【转录文本】选项卡标签，将其激活，如图 15-65 所示。若【文本】面板未在界面中显示出来，请在【窗口】菜单中选择它，将其打开。

图 15-65

③ 单击蓝色的【转录】按钮。Premiere Pro 开始转录序列中的音频，如图 15-66 所示。

图 15-66

转录的准确率在很大程度上取决于原始录音的质量。在转录后的文本中，若发现某个单词需要替换，只需双击该单词，然后输入新单词即可。

> 💡 注意　当一个剪辑有多个音频轨道时，默认设置下，Premiere Pro 只转录第一个音频轨道。对于那些包含多个音频轨道的剪辑，转录前最好检查和配置好各个音频轨道。选择剪辑，使用鼠标右键单击，在弹出的菜单中选择【音频声道】命令（也可按【Shift】+【G】组合键），即可打开音频声道的相关设置。

④ 单击【文本】面板顶部的【创建说明性字幕】按钮（🆑）。可能需要调整【文本】面板尺寸才能看到该按钮。

此时，弹出【创建字幕】对话框，如图 15-67 所示。

在该对话框中有几个选项用于设定字幕的显示方式。默认字幕预设是【字幕默认设置】。单击箭头按钮，显示当前所选字幕预设的更多细节。如果明确知道项目要使用什么设

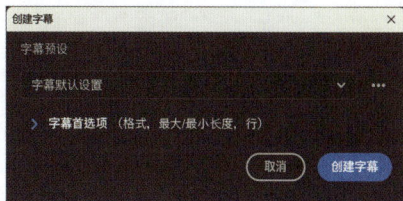

图 15-67

置，在这里可以选择所需要的设置。

保持默认设置不变，单击【创建字幕】按钮。

字幕创建完成后，Premiere Pro 会向序列中添加一个字幕轨道，就像前面导入字幕文件时创建的
轨道一样。

❺ 播放序列。随着序列的播放，当前说话的内容会在【文本】面板中突出显示。

在【基本图形】面板中，可修改字幕外观。在字幕轨道上可同时选择多个字幕剪辑，然后在【基
本图形】面板中做修改，这些修改将应用于所有选中的字幕剪辑上。

### 15.9.3　把字幕转换成图形

为了保证字幕在各种播放器上都能正常显示，Premiere Pro 为字幕提供的外观设置选项相对有限。
若想对字幕做一些更具创意的调整，最好把字幕转换成图形。

具体操作如下：选择一个或多个字幕剪辑，在菜单栏中依次选择【图形和标题】>【将字幕升级
为图形】命令。

此时，Premiere Pro 会把选中的字幕剪辑从字幕轨道上删除，并以图形形式将其添加至一个空白
的视频轨道上，如图 15-68 所示。

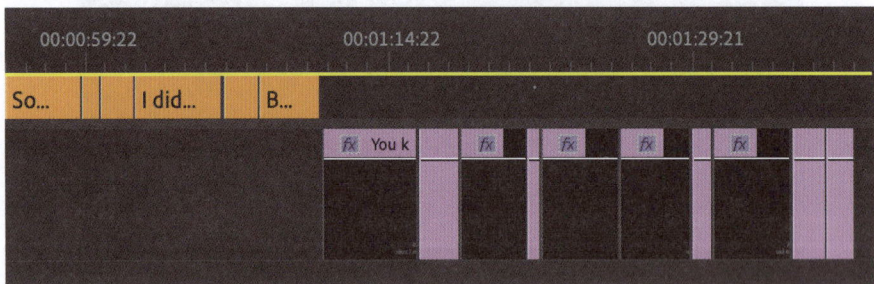

图 15-68

这样就可以使用【基本图形】面板中的设计功能来调整字幕了。

## 15.10　关闭多个项目

当前有两个项目同时处于打开状态。在菜单栏中依次选择【文件】>【关闭所有项目】命令，可
以一次性把它们全部关闭。若 Premiere Pro 询问是否保存更改，单击【是】按钮。

## 15.11　复习题

1. 如何创建点文本与段落文本？
2. 为什么要显示字幕安全区？
3. 如何使用【矩形工具】绘制正方形？
4. 如何应用描边或阴影？
5. 字偶间距与字距有什么不同？

## 15.12　答案

1. 选择【文字工具】后在【节目监视器】中单击可创建点文本，点文本的文本框会随着输入的内容自动扩展。选择【文字工具】后在【节目监视器】中拖曳鼠标可创建段落文本，此时会出现一个边界框，输入的文本会被限制在该边界框内，调整边界框形状可改变文本显示的多少。
2. 有些电视会裁切掉画面边缘，裁切量随电视设备的不同而不同。把重要文本放到字幕安全区内，可以保证这些文本不被裁剪掉，从而确保观众能够看到它们。这个问题在新式平板电视上并不严重，对在线视频来说也不重要，但是把重要文本放入字幕安全区是个好习惯。
3. 使用【矩形工具】绘制的同时按住【Shift】键，可以绘制出正方形。
4. 要应用描边或阴影，首先选择要编辑的文本或对象，然后在【基本图形】面板中勾选【描边】或【阴影】复选框。
5. 字偶间距是两个字符的间距。字距是多个所选字符的间距。

第16课

# 导出帧、剪辑和序列

## 课程概览

本课主要学习如下内容。

- 快速导出
- 导出单个帧
- 与其他编辑人员共享项目

- 导出选项
- 使用 Media Encoder

## 学完本课大约需要 **90**分钟

请先准备好本课要用到的课程文件，并把它们保存到计算机中的合适位置。

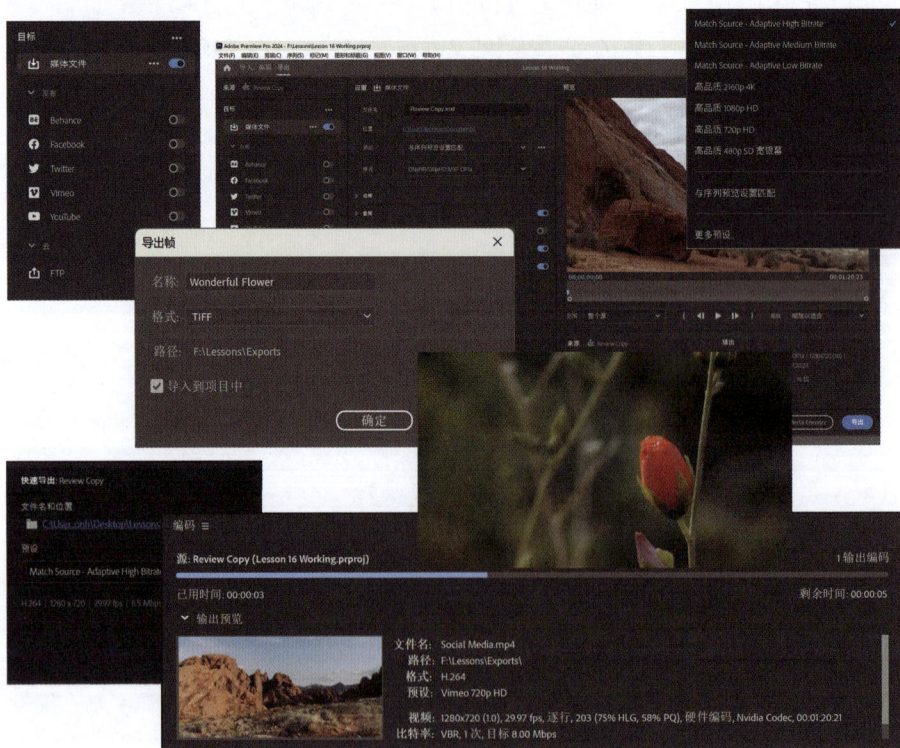

制作视频最令人难忘的就是把自己的作品分享出去的那份喜悦。Premiere Pro 提供了多种导出选项，可以使用多种高级输出格式导出视频，还可以使用 Media Encoder 进行批量导出。

# 16.1　课前准备

分发视频最常用的形式是使用数字文件。无论最终视频是在电视上、电影院中播放，还是在计算机、手机中播放，交付时的视频文件都必须满足特定要求。

导出视频时，可以直接在 Premiere Pro 中导出，也可以使用 Media Encoder 进行导出。Media Encoder 是一个独立的应用程序（包含在 Creative Cloud 中），专门用来处理文件的批量导出，借助它，可以同时以多种格式导出文件，而且这些导出操作是在后台进行的，不会影响你在其他程序（比如 Premiere Pro 和 Adobe After Effects）中的处理工作。

> ♀ 注意　开始学习前，请先把 Premiere Pro 首选项恢复成默认设置，具体操作为：在桌面上双击 Premiere Pro 图标，并立即按住【Option】键（macOS）或【Alt】键（Windows），在弹出的【重置选项】对话框中，勾选【重置应用程序首选项】，单击【继续】按钮。

# 16.2　快速导出

Premiere Pro 提供了便捷的快速导出功能，当希望以合适的设置参数快速导出序列或剪辑时，使用该功能，只需简单单击几下就可轻松完成。在【快速导出】对话框中，选择不同预设，可生成不同类型和标准的视频文件。

下面试一下快速导出功能。

① 打开 Lessons 文件夹中的 Lesson 16.prproj 文件。

② 把项目文件另存为 Lesson 16 Working.prproj。

③ 切换到【编辑】工作区，并将其重置为已保存的布局。

④ 若当前 Review Copy 序列未打开，将其打开。

⑤ 单击软件界面右上方的【快速导出】按钮（🖾），打开【快速导出】对话框，如图 16-1 所示。

⑥ 在【预设】下拉列表中选择【Match Source - Adaptive High Bitrate】选项，如图 16-2 所示。Premiere Pro 将根据该预设的设置调整序列（或剪辑），并使用流行的 H.264 编解码器对视频编码，这样导出的视频非常适合上传到社交平台或流媒体服务平台。

【预设】下拉列表中还有其他多个预设，比如高品质 4K（超清）、HD（高清）、SD（标清），使用这些预设，可以轻松把视频导出为指定的交付格式。

选中某个预设后，所选预设的具体设置会显示在对话框底部，如图 16-3 所示。

> ♀ 注意　打开【预设】下拉列表，选择【更多预设】选项，在弹出的【预设管理器】对话框中可查看完整的预设列表。

图 16-1

图 16-2

图 16-3

⑦ 单击【文件名和位置】下的蓝色文字，打开【另存为】对话框。在 Lessons 义件夹中，新建一个名为 Exports 的文件夹。转到 Exports 文件夹，将文件名设为 Review Copy.mp4，单击【保存】按钮，关闭【另存为】对话框。

⑧ 在【快速导出】对话框中，单击【导出】按钮，Premiere Pro 开始导出视频文件。

导出完成后，Premiere Pro 界面的右下方会出现一个通知。

## 16.3　导出选项

无论是想导出制作好的项目，还是分享正在制作的项目，都要对大量的导出选项进行选择。

- 根据交付要求，选择合适的文件类型、格式、编码器进行导出。
- 可以导出单个帧或一系列静态帧。
- 可以选择只输出音频、只输出视频，或者同时输出音频和视频。
- 可以选择把字幕一同导出、内嵌在输出文件中，或者存储在单独文件中。
- 导出的剪辑或静态图像可以再次导入项目，方便重用。

除选择导出格式（帧大小、帧速率等）外，还可以设置其他一些重要的导出选项。

- 可以选择以与原始素材类似的格式、质量和数据速率创建文件，或者把它们压缩到更小的尺寸，以方便分发。

> ♀ 注意　导出时，不管选的是剪辑、序列，还是剪辑或序列的一部分，Premiere Pro 都会把它们作为导出源进行导出。

- 可以把素材从一种格式转码为另外一种格式，方便与其他合作者交换文件。
- 如果现有预设无法满足要求，可以自定义帧大小、帧速率、数据速率以及音 / 视频压缩方法。
- 可以应用一个颜色查找表来指定外观。还可以应用视频限制器、HDR 到 SDR 转换和音频标准化。
- 可以在画面中叠加时间码、名称和图像等。

- 可以把导出后的文件直接上传到社交平台、FTP（File Transfer Protocol，文件传输协议）服务器、Adobe Stock 或者 Creative Cloud 文件夹。

## 16.4　导出单个帧

在编辑过程中，可能想导出一个静态帧，将其发送给团队成员或客户审阅。另外，可能还想导出一幅图像，在把视频推送到网络平台时作为缩览图使用。

在【源监视器】中导出单个帧时，Premiere Pro 会根据源视频文件的分辨率创建一幅静态图像。

在【节目监视器】中导出单个帧时，Premiere Pro 会根据序列的分辨率创建一幅静态图像。

下面一起试一试。

❶ 继续使用 Review Copy 序列。在【时间轴】面板中，把播放滑块拖曳到需要导出的那一帧上，如图 16-4 所示。

图 16-4

❷ 在【节目监视器】中单击右下方的【导出帧】按钮（🔘）。若未显示【导出帧】按钮，请调整【节目监视器】的尺寸。

> 💡注意　未显示【导出帧】按钮，还有可能是因为自定义过【节目监视器】面板中的按钮，将其从【节目监视器】中移除了。此时，可以选择【节目监视器】或【时间轴】面板，然后按【Shift】+【E】组合键（macOS）或【Shift】+【Ctrl】+【E】组合键（Windows）来导出一个帧。

❸ 在弹出的【导出帧】对话框中输入文件名称。

❹ 从【格式】下拉列表中选择一种静态图像格式。

- JPEG、PNG、BMP（Windows 专用）较常用，其中 JPEG、PNG 格式常用于网站设计。
- TIFF、Targa、PNG 格式适用于印刷和动画。
- DPX 格式通常用于数字电影或颜色分级（精细调色）。
- OpenEXR 格式用于保存高动态范围图像信息。

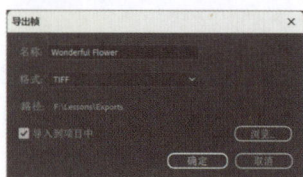

图 16-5

❺ 单击【浏览】按钮，在弹出的【选择文件夹】对话框中选择前面创建的 Exports 文件夹。

❻ 勾选【导入到项目中】复选框，把新的静态图像添加到最近项目中，如图 16-5 所示，单击【确定】按钮，关闭【导出帧】对话框。

Premiere Pro 会新建静态图像，并把一个链接到该静态图像的剪辑添加到【项目】面板中。

# 16.5 导出高品质媒体文件

为项目制作一个高质量数字副本是非常有必要的，可以把它存档，供日后使用。这个数字副本是一个独立的、经过渲染的输出文件，具有合适的分辨率和最佳质量。一旦创建完成，就可以把该文件作为源文件来生成其他压缩的输出格式，而且无须在 Premiere Pro 中打开原始项目。

从技术上说，基于源文件制作的副本在画质上都会有一些损失，但与获得的便利性和节省的时间相比，这点损失几乎可以忽略不计。

下面将讲解导出新媒体文件时都可以做哪些设置。Premiere Pro 可以把制作好的作品自动推送到社交平台、云空间、FTP 服务器。稍后会讲解如何把视频作品上传至社交平台。

一旦配置好各个导出设置，导出视频就会变成一件既简单又轻松的事，只需要单击几个按钮就可以搞定。

## 16.5.1 匹配序列设置

理想状态下，最终导出的高质量视频应在帧大小、帧速率以及编解码器方面与源序列保持完全一致，以确保品质无损。导出视频时，有多个重要导出选项需要仔细考虑。为了简化这个过程，Premiere Pro 提供了【与序列预览设置匹配】选项。

❶ 继续使用 Review Copy 序列。

❷ 在【项目】面板中选择该序列，或者在【时间轴】面板中将其打开，保持面板处于激活状态，然后单击软件界面左上方的【导出】选项卡标签，或者在菜单栏中依次选择【文件】>【导出】>【媒体】命令，进入导出界面。此外，还可以按【Command】+【M】组合键（macOS）或【Ctrl】+【M】（Windows）组合键，进入导出界面，如图 16-6 所示。

此时，Premiere Pro 切换到【导出】模式。

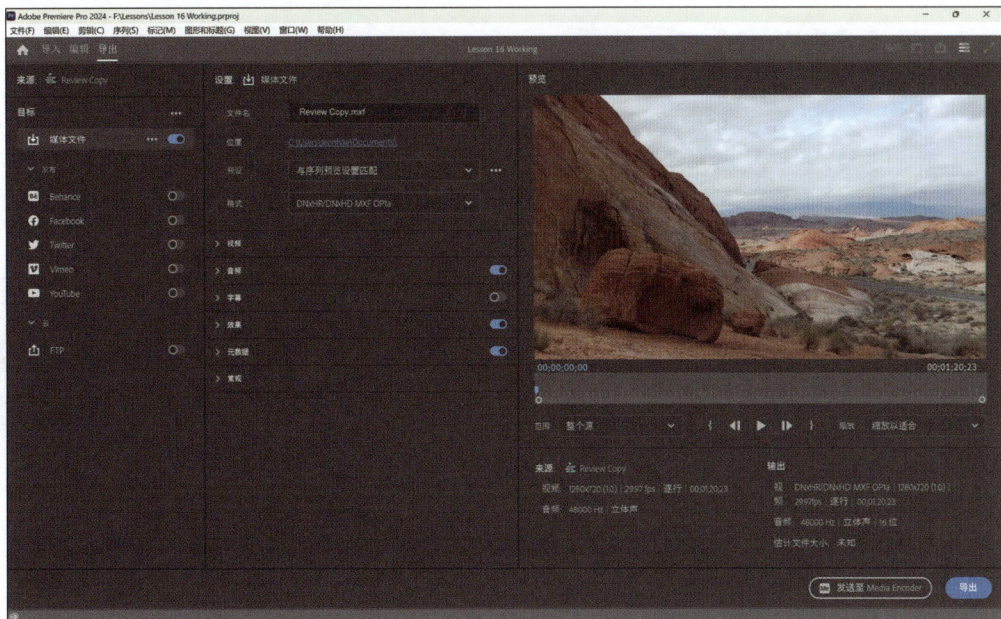

图 16-6

❸ 在【预设】下拉列表中选择【与序列预览设置匹配】选项，如图 16-7 所示。

图 16-7

> 💡**注意** 某些情况下，使用【与序列预览设置匹配】选项生成的视频也无法做到与原始摄像机素材完全匹配。例如，XDCAM EX 会把视频写入一个 MPEG2 文件。大多数情况下，最终生成的文件与源素材文件具有相同的格式，数据速率也非常接近。

❹ 在【文件名】文本框中输入 Review Copy - Match Previews（不用加文件扩展名，Premiere Pro 会自动添加）。

❺ 单击【位置】右侧的蓝色文字，打开【另存为】对话框。选择前面创建的 Exports 文件夹，如图 16-8 所示。

❻ 查看信息，检查输出格式是否与序列设置匹配，如图 16-9 所示。在本示例中使用的是 DNxHR/DNxHD MXF OP1a 格式，帧速率为 29.97 帧 / 秒。通过检查摘要信息，可以避免一些可能引起严重后果的错误。当【来源】与【输出】的设置完全匹配时，可以极大地减少转换过程中的烦琐步骤，进而确保最终输出结果的高品质。

图 16-8

图 16-9

> 💡**注意** 【输出】摘要中帧大小后面括号里的数字指的是像素长宽比。

导出序列时，导出界面中所谓的【来源】是指序列本身，并非序列中的剪辑，因为它们已经与序列设置保持一致了。

❼ 单击【导出】按钮，Premiere Pro 会根据序列创建一个媒体文件。

导出完成后，Premiere Pro 切换到【编辑】模式。在 Premiere Pro 中，可以随意在【导入】【编辑】

【导出】3种模式之间来回切换。

### 16.5.2　选择【源范围】

有时并不需要导出整个序列，只需要导出序列的某个片段，然后发给其他人审查或上传到社交平台展示。

单击【时间轴】面板，将其激活，然后单击界面左上方的【导出】选项卡标签，进入导出界面。

在右侧【输出】上方的【预览】区域中包含一些用于做局部选择的控件。

如果源序列或剪辑中包含入点与出点，Premiere Pro 会自动使用它们指定要导出的片段。同时入点与出点也会在【预览】区域的时间标尺上显示出来。在【范围】下拉列表中选择【整个源】选项，如图 16-10 所示，可覆盖现有的入点与出点。

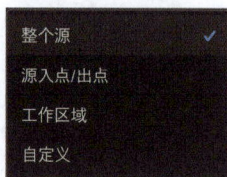

图 16-10

拖曳【预览】区域下方的播放滑块到目标位置，然后单击【设置入点】与【设置出点】按钮或者按键盘上的【I】键或【O】键，添加新的入点与出点。

当设置新的入点与出点后，【范围】下拉列表中会显示为【自定义】，如图 16-11 所示。

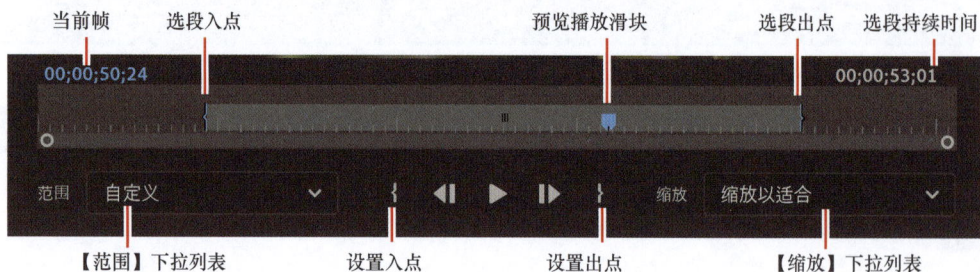

图 16-11

### 16.5.3　缩放视频画面

有时在导出视频时，需要视频画面的长宽比与源序列或源剪辑不一样。例如，需要把一个 2.39∶1（宽银幕电影的长宽比）的视频画面导出为 16∶9 的宽屏 HD 或 UHD 视频画面。又比如，为了把制作好的视频上传至社交平台，需要把宽屏视频导出为方形视频。在这两种情况下，需要根据目标长宽比对现有视频画面进行裁剪、拉伸或缩放处理。具体选择裁剪、拉伸还是缩放，要看具体创意和技术方面的要求。当明确了这两方面的要求后，选择起来就比较容易了。

为此，Premiere Pro 专门提供了【缩放】下拉列表，可以在这个下拉列表中选择采用哪种方式来处理视频画面，相关选项如下。

• 缩放以适合：选择该选项时，Premiere Pro 会保持视频画面的原始长宽比，整体缩小画面，使其在目标长宽比中完全显示出来。这会导致在新画面的顶部与底部，或者两侧出现黑边，也就是黑色区域。

• 缩放以填充：选择该选项，Premiere Pro 会缩放当前视频画面，确保其填满新画面，且四周不存在黑边。这会导致原始视频画面被裁剪。

• 拉伸以填充：选择该选项，Premiere Pro 会拉伸当前视频画面，改变其长宽比，确保其符合目标长宽比，而且保证画面没有黑边和不被裁剪。

导出一个视频文件时，若视频画面上下或左右有黑边，则导出之后，这些黑边会变成画面的一部分。有时需要画面中存在这些黑边，因为它们可以确保最终视频画面能够按照正确的长宽比显示。

### 16.5.4 选择编解码器

导出视频时，Premiere Pro 提供了许多相关选项，用于指定输出文件的格式、编解码器、音频编码、元数据、效果等。这些选项数量非常多，乍一看会让人不知所措。但是，一般都可以根据客户提供的交付要求轻松完成设置。

大多数情况下，都会先选择一种与交付要求最接近的预设，然后根据实际情况做一些调整，最后单击【导出】按钮进行导出。

在这些选项中，最重要的是确定输出文件时使用哪种编解码器。有些摄像机的录制格式（比如 DSLR 摄像机生成的 H.264 MP4 文件）本身已经进行了高度压缩，以节省存储空间。使用高质量的编解码器有助于保证视频的输出质量。

> **提示** 即使源素材是 8 位的，编辑时也可以使用更高质量的效果。相较于 8 位文件，使用 10 位文件可以更有效地表现出颜色的分级层次，同时在图形中添加更为精妙的细节。

首先选择格式和预设，然后通过开关相应按钮（▇）指定是单独导出音频或视频，还是两者都导出，最后根据需要调整设置。单击某个设置组的标题，可展开该设置组中的所有设置选项。

❶ 在【时间轴】面板处于激活的状态下，按【Command】+【M】组合键（macOS）或【Ctrl】+【M】组合键（Windows），进入【导出】界面。

❷ 打开【预设】下拉列表，选择【更多预设】选项，打开【预设管理器】对话框，如图 16-12 所示。

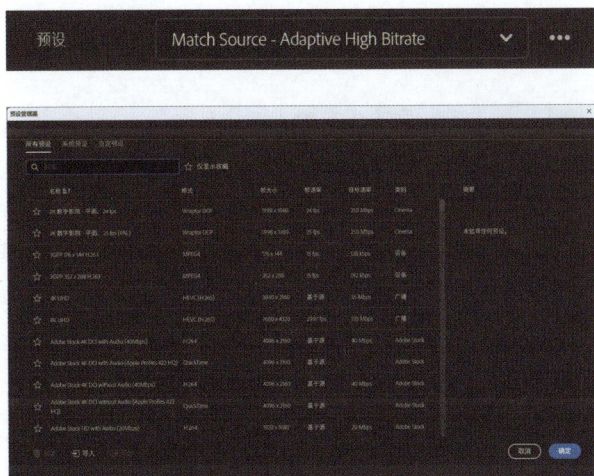

图 16-12

【预设管理器】对话框中列出了许多预设，可以从中选择一种预设作为起点来配置导出设置。找到要用的预设，将其选中后，单击【确定】按钮，即可应用它。这里单击【取消】按钮，关闭【预设管理器】对话框。

❸ 打开【格式】下拉列表，选择【QuickTime】选项。

在右侧的输出摘要中，可以看到使用该预设会生成一个 Apple QuickTime 文件，其采用的是 Pro-

Res 422 HQ 压缩。当交付专业媒体项目时，通常都会选择这个预设。

④ 输入文件名 Review Copy Qt，并把输出位置设置成 Exports 文件夹。

在【格式】下方，还有多个设置选项组，其中包含一系列重要的设置选项。

各个选项组说明如下。

· 视频：在【视频】选项组中，可以设置视频编解码器、帧大小、帧速率、场序和配置文件。选择的预设不同，可用设置选项也不一样。

· 音频：在【音频】选项组中，可以调整音频的比特率以及某些格式的编解码器。默认设置是基于所选择的预设。

· 字幕：当序列中包含字幕时，可以在此指定是忽略字幕，把字幕永久烧录到视频中，还是导出为一个单独的文件（附属文件）。

· 效果：输出视频时，可以在此处添加许多有用的效果和叠加（参见 16.5.5 小节"导出期间应用效果"）。

💡 注意 　根据选择的格式不同，各选项组中显示的设置也不同。

· 元数据：指定与序列或源剪辑相关的元数据的处理方式，以及新媒体文件的开始时间码。

· 常规：选取是否想要把新媒体文件导入项目，以及是否想使用序列预览或代理文件作为输出源。

⑤ 单击【视频】选项组，将其展开。在【视频编解码器】下拉列表中，浏览有哪些编解码器可用。

浏览结束后，选择【Apple ProRes 422 HQ】选项。使用该编解码器能够生成高质量文件，很多视频制作人员在最终交付作品时都会选择它。

💡 注意 　ProRes 422 是一款专业的编解码器，得到了 Adobe Creative Cloud 应用程序的原生支持。与其他所有编解码器相同，不支持该编解码器的程序无法播放这种格式的文件。

⑥ 在【基本视频设置】区域底部，单击【更多】按钮。

⑦ 在【深度】下拉列表中，选择【16-bpc】选项。

若选择【8-bpc】选项（默认选择），Premiere Pro 在渲染视频文件时，每个通道只有 8 位。把【深度】设置成【16-bpc】，Premiere Pro 会使用 ProRes 422 HQ 编解码器的最高质量渲染视频文件。

⑧ 展开【音频】选项组。在【基本音频设置】区域中，在【采样率】下拉列表中选择【48000Hz】选项，在【样本大小】下拉列表中选择【16 位】选项。单击【更多】按钮，在【音频通道配置】中，在【输出声道】下拉列表中选择【立体声】选项。

这些音频选项是交付专业视频时的通用标准。

💡 注意 　如果选择的是 MXF OP1a、DNxHD MXF OP1a、QuickTime 等专业格式，那么导出音频时最多可以导出 32 个通道。为此，必须配置原始序列，使其使用带有相应轨道数量的多通道混合轨道。

⑨ 单击右下方的【导出】按钮，导出序列，将其转码成新媒体文件。

交付专业视频时，一般都选择【Apple ProRes 422 HQ】选项，使用该选项能够生成高质量的视频文件，但生成的文件尺寸相对比较大。

目前，较为流行的编解码器和交付格式分别是 H.264 编解码器及其生成的 MPEG4 文件（.mp4）。这些媒体文件的尺寸比 Apple ProRes 422 HQ 的小，上传速度快，而且质量满足大多数在线视频网站的要求。在【预设管理器】对话框中，会看到 Premiere Pro 内置了一些网站专用的预设。

### 16.5.5　导出期间应用效果

导出时，可以向输出文件应用多种视觉效果，添加信息叠加和进行自动调整。

在【效果】选项组中，各个选项含义如下。

· 色调映射：当处理的是高动态范围序列但以标准动态范围导出时，勾选该复选框，并选择一种色调映射方式，Premiere Pro 将根据 SDR 标准自动调整色调。

· Lumetri Look/LUT：可以从大量内置的 Lumetri 外观中进行选择，或者浏览自定义的外观，将其快速应用到输出文件上，对输出文件的外观做细致调整。在每天拍摄结束、查看当日拍摄的素材时，这个效果最常用。

· SDR 遵从情况：当视频序列应用了高动态范围时，可以使用这个效果，通过手动调节亮度和对比度制作一个标准动态范围的视频。

· 图像叠加：添加公司图标、网络标识等图形，Premiere Pro 会把图形融合（烧录）到图像画面中。

· 文本叠加：向视频图像添加文本叠加效果。如果想向视频中添加水印保护自己的成果，或者添加用于区分不同版本的标志，可以勾选该复选框。

· 时间码叠加：用于在最终视频文件上显示时间码，让观看者不必使用专门的编辑软件就能看到参考时间，以便进行评论。

· 时间调谐器：指定一个新的持续时间或播放速度，范围为 -10%~10%。这是通过细调【目标持续时间】或【持续时间更改】实现的（不包括声道）。使用的素材不同，最终结果不同，因此需要测试不同速度并比较最后结果。不间断的音乐声道有可能会影响到【时间调谐器】。

· 视频限幅器：除了在序列中设置视频级别，也可以使用【视频限幅器】来确保视频作品符合广播电视的要求。

· 响度标准化：用于在输出文件中使用响度标准对音频电平做标准化处理，使其符合广播电视要求。与视频一样，最好在序列中进行调整，但也可以在导出期间对响度级别做限制，这相当于多了一层安全保障。

## 16.6　使用 Media Encoder

Media Encoder 是一个独立的应用程序，可以单独启动，也可以从 Premiere Pro 中启动。使用 Media Encoder 的一个优点是，可以把一个编码任务直接从 Premiere Pro 发送给 Media Encoder，在 Media Encoder 执行编码任务期间，可以继续在 Premiere Pro 中做其他视频编辑工作。如果想在中途查看一下工作进展情况，可以使用 Media Encoder 在后台生成一个预览文件，这不会影响到正常工作流程。

默认设置下，在 Premiere Pro 中播放视频时，Media Encoder 会暂停编码，以尽量提升播放性能。另外，也可以在 Premiere Pro 中打开【首选项】对话框的【回放】选项卡，取消勾选【回放期间暂停 Media Encoder 队列】复选框。

### 16.6.1　选择导出格式

视频项目制作完成再思考交付格式的问题会比较麻烦。归根结底，选择交付格式是一个"反向规划"过程：先确定好文件的呈现方式，然后确定适用于该呈现方式的最佳文件格式。通常情况下，客户会提出明确的交付要求，制作视频项目时，只需依据这些要求就能轻松地进行合适的编码设置。

Premiere Pro 和 Media Encoder 支持多种文件导出格式，如图 16-13 所示。事实上，Premiere Pro 与 Media Encoder 能够共享设置选项。

下面只介绍一些常见场景中所使用的典型输出格式。虽然不是一定要使用这些格式，但是使用它们一般都会得到不错的输出结果。

此外，在输出完整的文件之前，最好先使用影片的一个小片段做一下测试，这样就可以在尽可能短的时间内找到更好的设置。

· 上传到视频网站：在这种情况下，最好选用 H.264 格式。YouTube、Vimeo、Facebook、Twitter 系列预设采用的都是 H.264 格式。

· 生成供院线放映的 DCP 文件：如果制作的影片是要在影院放映的，可以选择 Wraptor DCP 格式，帧速率为 24 帧 / 秒或 25 帧 / 秒。如果序列的帧速率是 30 帧 / 秒，输出成 DCP 文件时可以选择 24 帧 / 秒。选择 Wraptor DCP 格式时，一些设置会受到限制，这是为了兼容标准的电影放映系统。

Premiere Pro 提供了丰富的预设，这些预设几乎能满足我们的所有需要。

大多数 Premiere Pro 预设都比较保守，使用默认设置一般都能得到不错的结果，贸然修改这些设置不一定能得到更好的结果。

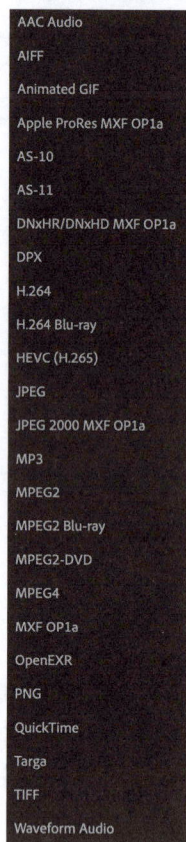

图 16-13

### 16.6.2　导出设置

要把文件从 Premiere Pro 导出到 Media Encoder 中，需要先把导出任务放入队列。第一步是使用【导出】模式，对要导出的文件做一些设置。

❶ 继续使用 Review Copy 序列。在【项目】面板中选中它，或者将其在【时间轴】面板中打开，并使面板处于活动状态。

❷ 在菜单栏中依次选择【文件】>【导出】>【媒体】命令，或者按【Command】+【M】组合键（macOS）或【Ctrl】+【M】组合键（Windows），进入【导出】界面。

❸ 打开【预设】下拉列表，选择【更多预设】选项，打开【预设管理器】对话框。在搜索框中输入 Vimeo，然后选择【Vimeo 720p HD】预设，单击【确定】按钮。

该预设会根据 Vimeo 网站的要求调整序列的帧大小、帧速率等。

❹ 在【文件名】文本框中输入新名称 Social Media。当前输出文件的保存位置应该是 Exports 文件夹。若不是，请设置成 Exports 文件夹。

❺ 查看输出摘要，检查设置是否正确。

### 16.6.3 添加到 Adobe Media Encoder 队列

导出视频前，还有一些高级选项需要好好考虑。可以在【导出】模式下找到这些高级选项。导出某个特定序列时，可能不想使用这些选项，也可能这些选项在工作流程中非常重要。不管哪种情况，这些高级选项都值得花些时间好好研究。

无论是在 Premiere Pro 中导出，还是添加到 Media Encoder 队列导出，这些设置都能发挥作用。

- 【视频】>【更多】>【使用最高渲染质量】：当序列中包含缩放、位置或旋转等变换，或者使用【变形稳定器】等效果时，请考虑勾选该复选框，以尽可能地生成高质量视频。勾选该复选框会增加内存消耗，延缓导出速度。通常仅在没有开启 GPU 加速（仅软件模式下），或者使用不需要 GPU 加速的效果时才启用该功能。

- 【视频】>【更多】>【仅渲染 Alpha 通道】：有些后期制作中需要使用一个独立的灰度文件来表示 Alpha 通道（用来记录不透明度），可启用该功能来实现。

- 【视频】>【更多】>【时间插值】：如果导入的文件与当前序列或源剪辑的帧速率不同，可以使用该选项指定帧速率更改的渲染方式。这些选项与更改序列中剪辑播放速度时所应用的选项相同。

- 【元数据】>【设置开始时间码】：勾选该复选框后，Premiere Pro 将允许用户为新建文件指定一个不同于 00:00:00:00 的开始时间码。在制作广播电视节目视频时，一般交付要求都会指定一个特定的开始时间码，此时可使用该功能。

- 【常规】>【导入项目中】：勾选该复选框后，Premiere Pro 会把新创建的媒体文件导入当前项目，便于检查，或者把它用作新的源素材。

- 【常规】>【使用预览】：在渲染效果时，Premiere Pro 会生成预览文件，预览文件看起来就像是原始素材和效果相结合的结果。启用该功能，Premiere Pro 会将预览文件用作导出源。这可以避免再次渲染效果，从而节省大量时间。最终呈现结果的质量可能比较差，这取决于序列预览文件的格式（请参考 2.2 节"新建项目"）。

如果把序列预览设置为高质量，并且已经渲染了所有效果，则在导出时勾选该复选框将节省大量时间，至少快 10 倍。如果有足够多的存储空间，推荐的做法是将【预设】设置为【Apple ProRes 422 HQ】，然后交付 ProRes 422 HQ 媒体文件。

- 【常规】>【使用代理】：有时为了加快预览速度，会为素材创建或应用代理，不过 Premiere Pro 在执行导出操作时一般都会使用原始素材文件。若勾选【使用代理】复选框，Premiere Pro 将使用代理进行导出，这会大大加快导出速度，类似于勾选【使用预览】复选框，但需要注意的是，代理视频文件的质量一般都比较低，以保持较小的文件尺寸。

最后，无论导出哪类媒体文件，都要考虑以下选项。

- 发送至 Media Encoder：单击【发送至 Media Encoder】按钮，如图 16-14 所示，Premiere Pro 会把要导出的文件发送到 Media Encoder，然后启动 Media Encoder 进行导出，导出期间，可以继续在 Premiere Pro 中处理其他视频项目。

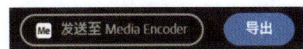

图 16-14

- 导出：单击【导出】按钮，Premiere Pro 不会把文件发送到 Media Encoder 队列，而是直接从【导出设置】对话框导出文件。这样导出流程更简单，导出速度也更快。但是在导出文件期间，无法继续在 Premiere Pro 中做其他视频编辑工作。

❶ 单击【发送至 Media Encoder】按钮，把待导出的文件发送到 Media Encoder，如图 16-15 所

示。Media Encoder 自动启动，并添加好待编码的序列文件。

图 16-15

**②** 此时，Media Encoder 不会自行启动编码。单击右上方的【启动队列】按钮（▶），启动编码，如图 16-16 所示。

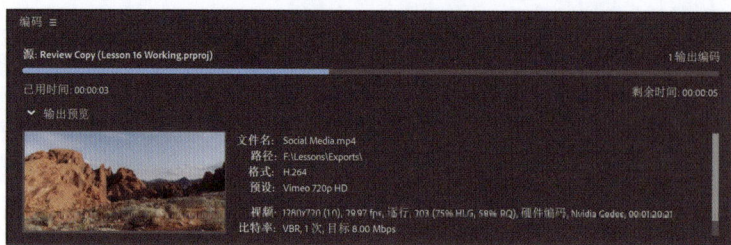

图 16-16

**③** 要向队列添加另外一个导出项目，请在 Premiere Pro 中进行导出设置，然后单击【发送至 Media Encoder】按钮。Media Encoder 会根据队列中的顺序依次进行导出。

## 16.6.4　了解 Media Encoder 更多选项

使用 Media Encoder 编码有许多好处。在 Premiere Pro 的导出界面中单击【导出】按钮可以直接导出文件，相比之下，使用 Media Encoder 导出文件的步骤要多一些，但这些多出的步骤能带来更多好处。

> ♀ 注意　Media Encoder 不是一定要从 Premiere Pro 中启动。可以先启动 Media Encoder，然后浏览 Premiere Pro 项目，选择要进行转码的项目启动编码。

下面列出了 Media Encoder 中一些非常有用的功能。

· 添加待编码的文件：在菜单栏中依次选择【文件】>【添加源】命令，可以把文件添加到 Media Encoder 中。还可以直接把文件从【访达】（macOS）或【文件资源管理器】（Windows）拖曳到 Media Encoder 中。可以使用【媒体浏览器】面板，查找要导出的项目，如同在 Premiere Pro 中查找文件。

· 直接导入 Premiere Pro 序列：在菜单栏中依次选择【文件】>【添加 Premiere Pro 序列】命令，选择一个 Premiere Pro 项目文件，并选择要编码的序列（这并不需要启动 Premiere Pro）。

· 直接渲染 After Effects 合成：在菜单栏中依次选择【文件】>【添加 After Effects 合成图像】命令，可以从 After Effects 导入并编码合成图像。而且这一过程中完全不需要打开 After Effects。

· 使用监视文件夹：如果希望 Media Encoder 自动处理编码任务，则可以使用监视文件夹。创建监视文件夹时，首先在菜单栏中依次选择【文件】>【添加监视文件夹】命令，然后把一个预设指定给监视文件夹。在【访达】（macOS）或【文件资源管理器】（Windows）中，监视文件夹和普通文件夹没有区别。Media Encoder 运行时，放入监视文件夹中的媒体文件会被自动编码成指定的格式。

- 修改队列：使用任务列表上方的按钮，如图 16-17 所示，可以添加、重制、移除任意一个编码任务。

- 修改导出设置：一旦把编码任务添加到队列中，更改编码格式、预设等就变得非得简单。只要单击每个编码任务下的【格式】或【预览】条目（蓝字），然后在弹出的【导出设置】对话框中修改设置即可。

编码完成后，退出 Media Encoder。

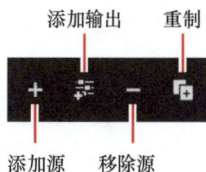

添加输出　　重制

添加源　　移除源

图 16-17

# 16.7  与其他编辑程序交换文件

在视频后期制作过程中，尤其制作大型视频项目时，多人合作往往必不可少。Premiere Pro 与市面上许多高级编辑工具和色彩分级工具兼容，它能够正确读取和生成这些工具所支持的项目文件和素材文件。这大大方便了用户之间交换文件，即便大家使用的是不同的编辑系统，也能正常打开彼此的文件。

Premiere Pro 支持导入和导出的文件格式有：EDL（Edit Desicion List，剪辑决策表）、OMF（Open Media Framework，公开媒体框架）、AAF（Aduanced Authoring Format，高级制作格式）、ALE（Avid Log Exchange，Avid 日志交换）、XML（Extensible Markup Language，可扩展标记语言）。

如果对方使用的是 Avid Media Composer 编辑软件，可以选择 AAF 作为通用格式，相互交换剪辑信息、编辑的序列和某些效果。

如果对方使用的是 Apple Final Cut Pro 编辑软件，那么可以选用 XML 作为媒介来彼此交换工作成果。

在 Premiere Pro 中导出 AAF 或 XML 文件非常简单，首先选择想要导出的序列，然后在菜单栏中依次选择【文件】>【导出】>【AAF】命令或者【文件】>【导出】>【Final Cut Pro XML】命令。

了解完各个导出选项后，返回【编辑】模式，在菜单栏中依次选择【文件】>【关闭项目】命令，若弹出对话框询问是否保存更改，单击【是】按钮。

# 16.8  练习项目

到这里，关于 Premiere Pro 的重要内容就讲完了，包括导入媒体、组织项目、创建序列、添加 / 修改 / 删除效果、混合音频、使用图形和文字，以及输出作品与他人分享等。

最好再做一些练习来巩固前面所学的内容。为了方便大家练习，我们把一些素材放入了一个单独的项目文件（Final Practice.prproj）中，可以使用该项目文件回顾前面学习的内容。

事先声明：这些素材文件仅供个人学习使用，禁止以任何形式向外传播，包括上传到在线视频网站。请不要上传任何剪辑或者使用这些素材创作的作品。再次强调，本书提供的所有素材不允许大家对外分享，仅用来帮助大家练习本书所学内容。

## 16.8.1  尝试其他工作区

Premiere Pro 内置了多个工作区，本书学习过程中只用到了其中几个。在此基础上，建议大家积极尝试一下其他工作区。

软件界面右上方有一个【工作区】按钮（▣），单击它会显示出所有内置工作区。

从【必要项】工作区开始，对每个工作区进行了解，不同工作区适用于不同的处理任务。在视频后期处理过程中，在不同处理阶段，切换至不同工作区，能够大大方便处理工作，并有效提高工作效率。

## 16.8.2 使用练习素材

Lessons 文件夹下的 Final Practice.prproj 项目文件中包含许多素材文件，可以使用它们练习在本书中学到的各种编辑技术。

- Andrea Sweeney NYC: 该素材箱包含多个城市景观片段。跟着画外音，练习在同一个序列中使用 4K 素材和 HD 素材。若序列设置的是高清，而使用的是 4K 视频素材，可以尝试制作镜头平移和扫描效果。

- Bike Race Multi-Camera: 该素材箱包含的是多机位拍摄的素材。尝试制作多机位视频时，可以使用它们。

- Boston Snow: 该素材箱中的 3 段视频素材拍摄的都是波士顿公园的雪景，只是使用了不同的分辨率。可以使用这些视频素材练习与缩放相关的操作，包括缩放帧、设置帧大小，以及使用关键帧制作缩放动画。尝试使用【变形稳定器】效果稳定一个高分辨率剪辑，然后放大剪辑，创建从一边到另一边的平移效果。

- City Views: 该素材箱包含一系列从空中和地面拍摄的城市素材。可以使用这些视频素材练习画面稳定、颜色调整、视觉效果应用等技术。

- Desert：包含一系列戈壁素材。这些素材可以用来练习颜色调整工具的用法，以及与音乐结合创建蒙太奇效果。

- Interview: 该素材箱中的剪辑非常适合用于练习转录和文本工具。里面的两个剪辑为同一段采访从不同角度拍摄得到。其中还有一个 SRT 字幕文件，用于练习导入字幕。

- Jolie's Garden: 该素材箱包含的是一个故事片的几个片段，用于在社交平台上做营销宣传，它们均以 96 帧 / 秒拍摄，而以 24 帧 / 秒播放。可以使用这些剪辑尝试【Lumetri 颜色】面板中的各种外观，以及变速效果。

- Laura in the Snow: 该素材箱包含一些商拍片段，这些片段以 96 帧 / 秒速率拍摄，以 24 帧 / 秒播放。可以使用这些剪辑练习颜色校正和颜色分级调整。还可以使用这些素材尝试制作慢动作动画，以及对视频和应用的效果添加遮罩。

- Music: 该素材箱包含多个音乐剪辑，可用来练习混音技术，以及根据音乐节奏剪辑视频画面的能力。

- She: 该素材箱中主要包括一系列风格化的慢动作剪辑，可以用来练习更改播放速度和添加视觉效果的方法。

- TAS: 该素材箱中的剪辑取自短片 *The Ancestor Simulation*（先人模拟）。这些剪辑可用来练习颜色分级调整，同时由于素材包含两种不同的画面比例，因此可以尝试练习混合并匹配这些镜头。

- Theft Unexpected: 该素材箱中的素材选自本书作者导演与制作的一个获奖短片。这些素材可用来练习修剪技术，调整简单对话的时间节奏，以达到不同的戏剧效果，改变演员的表演风格。

- Valley of Fire: 这些素材可以用来练习调色，营造视觉兴趣点；使用变速改变飞跃沙漠的画面；使用关键帧旋转视图，补偿抖动，得到稳定的画面。

学习使用 Premiere Pro 编辑视频的最佳方法是自己动手创建新项目并探索新技术。作为一款非线性编辑软件，Premiere Pro 功能极其强大。要想真正掌握并灵活运用它，必须不断学习，不断提升自己的技能，并积极培养自己的创新能力。

## 16.9  复习题

1. 要创建一个可以在大多数设备上播放的独立视频，有什么快速导出方法？
2. Media Encoder 提供了哪些导出选项，用于导出适合社交平台的视频？
3. 要导出高质量视频，应该使用哪种编码格式？
4. 必须等 Media Encoder 处理完队列中的所有任务，才能在 Premiere Pro 中编辑其他项目吗？

## 16.10  答案

1. 在 Premiere Pro 中单击界面右上方的【快速导出】按钮，进行导出设置后即可快速导出。
2. Premiere Pro 内置了针对 Vimeo、YouTube、X（前身为 Twitter）、Facebook 等各大热门社交平台的导出选项。
3. 要导出高质量视频，需要选用高质量视频编码格式。常见的高质量视频编码格式有 QuickTime（支持 ProRes 编解码器）和 DNxHR/DNxHD。导出前，一定要认真检查所选的导出格式是否满足指定的规范要求。
4. 不需要。Media Encoder 是一个独立的程序。在 Media Encoder 执行编码任务期间，可以同时在 Premiere Pro 中编辑其他项目或者使用其他应用程序。